Prüfungsbuch für Chemielaboranten

Fragen und Antworten

- für die Vorbereitung auf die Zwischenprüfung und Abschlussprüfung
- zur Wiederholung
- zum Nachschlagen

Prof. Dr. Franz Katzer
Dr. Uwe-Falko Kuhn
Dipl.-Ing. ök. Jens Lamm

Best.-Nr. 1630
Holland + Josenhans Verlag Stuttgart

Bildquellenverzeichnis

„Chemielaboranten – Teil 1", Holland + Josenhans GmbH & Co. KG, Stuttgart: Seite 303

„Chemielaboranten – Teil 2", Holland + Josenhans GmbH & Co. KG, Stuttgart: Seiten 187, 189–195, 196 u., 197, 216, 218, 220, 224, 238, 325–331, 333–335

Kropf, Hans-Hermann, Syrgenstein: Seiten 87, 88, 119, 125, 146 u., 149, 154, 168, 236, 241, 242, 260, 261, 264, 265 o., 312–314

Dipl.-Chem. Stefan Porath, Hamburg: Seiten 15, 121, 122, 137, 151, 158, 159, 160, 161, 162, 177, 178, 180, 196 o., 198, 222, 245, 258, 263, 265 u., 266, 321

Darüber hinaus wurden Abbildungen aus dem Labobibb Modul (Dr. Rainer Rensch, Heidelberg) von C-Design (Dr. Eric Fontain, Garching) verwendet: Seiten 135, 139, 146 o., 147, 148, 150, 172–175

1. Auflage 2010
Dieses Werk folgt der reformierten Rechtschreibung und Zeichensetzung.

Dieses Buch ist auf Papier gedruckt, das aus 100 % chlorfrei gebleichten Faserstoffen hergestellt wurde.

Umschlagfoto: adpic Bildagentur, 53121 Bonn
Umschlaggestaltung: Eleni Papagianopoulou, 70174 Stuttgart
Satzherstellung: Claudia Wild, 78467 Konstanz
Druck und Weiterverarbeitung: Konrad Triltsch, Print und digitale Medien GmbH, 97199 Ochsenfurt-Hohestadt

ISBN 978-3-7782-1630-9

Vorwort

Der Inhalt des vorliegenden Prüfungsbuches orientiert sich an den Lernfeldern der theoretischen Ausbildung, die im bundesweit gültigen „Rahmenlehrplan für den Ausbildungsberuf Chemielaborantin/Chemielaborant" allgemein vorgegeben sind. Gleichzeitig nehmen die Fragen mit den dazugehörigen Antworten Bezug auf die „Orientierungshilfe des PAL-Fachausschusses Chemielaborant/-in".

Das Prüfungsbuch für Chemielaboranten soll über die Zeit der gesamten Ausbildung hinweg das selbstständige individuelle Lernen und die Kontrolle des Wissensstandes unterstützen und insbesondere das schwerpunktmäßige Wiederholen von Lernstoff vor Tests, umfangreicheren Klassenarbeiten und vor allem vor Prüfungen fördern. Es wird auch bei der Wissensaneignung und -festigung in den Lerngruppen eine Hilfe sein.

Bei dem Vertiefen und Einprägen des Wissens sollte jedoch nicht allein auf das Prüfungsbuch zurück gegriffen, sondern stets das vom Lehrer empfohlene Lehrbuch an erster Stelle benutzt werden, um Verständnis für das Gesamtsystem der Chemie zu erwerben. Dieses kann durch ein Buch, wie das vorliegende, das einzelne Fakten und Gesetzmäßigkeiten unabhängig von den Zusammenhängen auflistet, nicht vermittelt werden. Andererseits enthält ein Prüfungsbuch die wichtigen Inhalte der einzelnen Unterrichtsthemen und orientiert auf wesentliche Schwerpunkte. Damit ist ein Prüfungsbuch eine wichtige Ergänzung des Lehrbuchs. Es ist eine weitere Lernhilfe bei der Nachbereitung des Unterrichts und bei der Vorbereitung auf Kontrollen und Prüfungen. Es kann aber auch zweckdienlich im Unterricht selbst sein, wenn ein Begriffsinhalt aktuell nicht gegenwärtig ist und man sich schnell informieren möchte. Das Buch sollte also immer zur Hand sein.

Im Sachwortverzeichnis sind alle im Buch verwendeten Fachbegriffe aufgenommen worden, wodurch das schnelle Auffinden leicht möglich ist.

Bei der Vorbereitung auf eine Prüfung sollte die Antwort auf eine Frage zunächst abgedeckt und die eigene Lösung gesucht werden. Danach erfolgt durch den Vergleich mit dem angegebenen Text die Kontrolle, inwieweit man den Lerninhalt beherrscht.

Wir wünschen den Auszubildenden viel Erfolg.
Verlag und Autoren

Inhaltsverzeichnis

Teil 1 Präparative Chemie

Wahlqualifikationen

Teil 1 der Abschlussprüfung
Präparative Chemie

1 Grundlegende Begriffe und Gesetzmäßigkeiten

1.1 Stoffe, Atome, Moleküle

1. Was versteht man in der Chemie unter einem Stoff?

Stoffe bestehen aus Teilchen – aus Atomen, Molekülen, Ionen. Sie können in allen Aggregatzuständen vorkommen.

2. Was bezeichnet der Begriff chemisches Element?

Als chemische Elemente werden die 92 natürlichen (und z. Zt. 20 künstlich erzeugten) chemischen Grundstoffe bezeichnet, die durch chemische Verfahren nicht weiter auftrennbar, d. h. nicht in einfachere Stoffe zerlegbar sind.
Die kleinsten Teilchen eines Elements sind die Atome. Die Atome eines Elements besitzen die gleiche Kernladungszahl, d. h. die gleiche Anzahl von Protonen und Elektronen, die mit der Ordnungszahl im Periodensystem der Elemente übereinstimmt.
Die Anzahl der Neutronen kann unterschiedlich sein (Isotope).

3. Welche Elemente sind Reinelemente?

Reinelemente bestehen aus einem Isotop gleicher Massenzahl (Nuklid), d. h. gleichartig zusammengesetzten Atomen (20 Elemente, z. B. Al, Na, P, F, I).
Die Atome enthalten die gleiche Anzahl von Neutronen, z. B. besteht die Fluor-Atome aus 9 Elektronen, 9 Protonen und 10 Neutronen.

4. Welche Elemente bezeichnet man als Mischelemente?

Mischelemente bestehen aus Atomen, die zwar die gleiche Anzahl von Protonen und Elektronen besitzen, jedoch unterschiedliche Neutronenzahl enthalten. Mischelemente bestehen somit aus mindestens zwei Isotopen oder Atomarten (Nukliden) unterschiedlicher Massenzahl, z. B. Chlor existiert in zwei Isotopen mit 18 bzw. 20 Neutronen (sowie je 17 Protonen und Elektronen), Zinn kommt in 10 verschiedenen Isotopen vor.

5. Was sind Nuklide?

Ein Nuklid ist eine Atomart des Elements E. Es besteht aus einem Atomkern mit bestimmter An-

→

zahl von Protonen und Neutronen sowie einer Atomhülle.

6. Was versteht man unter Isotopen?

Ein Mischelement besteht aus verschiedenen Atomarten oder Isotopen, d. h. Nukliden. Wie der Name sagt, besetzen Isotope den „gleichen Platz" im Periodensystem der Elemente, sind also chemisch gleichwertig: die Isotope eines Elements besitzen die gleichen chemischen Eigenschaften. Zu unterscheiden sind natürliche Isotope und künstliche Isotope.

7. Was sind chemische Verbindungen?

Sie bestehen aus Atomen von mindestens zwei verschiedenen Elementen. Ihre kleinsten Teilchen sind Moleküle oder Ionen. Sie sind bei echten Verbindungen stöchiometrisch zusammengesetzt. Die Teilchen werden durch primäre chemische Bindungen zusammengehalten.

8. Welche Stoffe gehören zur anorganischen Chemie?

Zur anorganischen Chemie gehören alle chemischen Elemente, deren Verbindungen und Eigenschaften sowie Vorgänge, einschließlich des Elements Kohlenstoff, seiner Oxide, Carbonate, Carbide sowie der Kohlen(stoff)säure.

9. Welche Stoffe gehören zu der organischen Chemie?

Zur organischen Chemie werden die Kohlenwasserstoffverbindungen und die davon abgeleiteten Verbindungen mit funktionellen Gruppen (Abkömmlinge oder Derivate) gerechnet.
Metallorganische Verbindungen wie z. B. GRIGNARD-Verbindungen nehmen eine Zwischenstellung ein. Sie werden jedoch auch der organischen Chemie zugerechnet.

10. Wie lauten die Definitionen für
a) das Atom,
b) das Molekül,
c) das Ion,
d) das Kation und
e) das Anion?

a) Atome sind die kleinsten Teilchen eines Elements.
b) Moleküle sind die kleinsten Teilchen eines Verbindung.
c) Ionen sind elektrisch geladene Teilchen, die aus Atomen oder Molekülen durch Abgabe oder Aufnahme von Elektronen entstanden sind.

→

d) Kationen sind positiv geladene Teilchen, die aus Atomen oder Molekülen durch Elektronenabgabe entstehen.
e) Anionen sind negativ geladene Teilchen, die aus Atomen oder Molekülen durch Elektronenaufnahme entstehen.

11. Welche Elektronenstruktur besitzen die Atome der Hauptgruppenelemente nach dem Bohrschen Atommodell?

Hauptgruppenelemente besetzen nach dem Bohrschen Atommodell die letzte Schale mit 1 bis 8 Elektronen. Nach der heute gültigen Zählweise sind es die chemischen Elemente der Gruppen 1, 2 und 13 bis 18 des Periodensystems.

12. Welche Elektronenstruktur besitzen die Nebengruppenelemente nach dem Bohrschen Atommodell?

Die Nebengruppenelemente der Gruppen 3 bis 12 füllen die vorletzte Schale von 8 bis auf 18 Elektronen auf (Gruppen 3 bis 12 des PSE).
Lanthaniden und Actiniden besetzen die vorvorletzte Schale von 18 bis 32 Elektronen.

13. Warum ist die Kenntnis der Elektronenstruktur für das Verständnis der chemischen Vorgänge wichtig?

Aus der Elektronenstruktur ergibt sich, in welchem Verhältnis sich die Atome oder Atomgruppen binden können, also die Wertigkeit bzw. die Bindigkeit oder Oxidations- bzw. Ladungszahl.

14. Was gibt die relative Atommasse an?

Die relative Atommasse des Stoffes X (Formelzeichen A_X, nach IUPAC auch Atomgewicht) gibt an, wie viel mal größer die Masse eines Atoms des Stoffes X ist als 1/12 des ^{12}C-Atoms (Kohlenstoff-Nuclid ^{12}C), dessen Masse gleich 12.000 gesetzt wird.

15. Wie ergibt sich die relative Molekülmasse?

Die relative Molekülmasse oder relative molare Masse, relative Molmasse eines Stoffes (Formelzeichen M_r, nach IUPAC auch Molekulargewicht) ergibt sich als Summe der relativen Atommassen der Elemente, die in der Formel der Verbindung enthalten sind.
Damit bezieht sich die relative Molmasse ebenfalls auf 1/12 des ^{12}C-Atoms.

16. Wie ist das Mol definiert?

Das Mol (Einheitenzeichen mol) ist die Stoffmenge eines Stoffes X (Element, Verbindung), die ebenso viele Teilchen enthält, wie Atome in 12 g des Kohlenstoffnuclids ^{12}C vorhanden sind.
Die Stoffmenge $n(X) = 1$ mol enthält $6{,}022 \times 10^{23}$ Teilchen (Formeleinheiten, Atome, Moleküle; Avogadro-Konstante).

17. Wie ist die Molmasse definiert?

Die Molmasse M (molare Masse, bei Atomen: Atommasse oder atomare Masse) des Stoffes X ist die Bezeichnung für den Quotienten aus der Masse m und der Stoffmenge n des Stoffes X:
$M(X) = m(X)/n(X)$; vereinfacht: $M = m/n$.

18. Welche Definition besitzt die Stoffmenge?

Die Stoffmenge n (alte Bezeichnung: Molzahl, Anzahl der Mole) ist der Quotient aus der Masse m des Stoffes X und seiner relativen Atom- bzw. Molekülmasse A_r bzw. M_r:
$n(X) = m(X)/A_r(X)$ bzw. $n = m(X)/M_r(X)$;
vereinfacht: $n = m/A_r$ oder $n = m/M_r$

19. Was bedeutet der Begriff Stoffmengenkonzentration?

Die Stoffmengenkonzentration c eines Stoffes X (alte Bezeichnung: Molarität) in einer Lösung ist der Quotient aus einer gelösten Stoffmenge n und dem Volumen V der Lösung: $c(X) = n(X)/V$;
vereinfacht: $c = n/V$.

20. Wofür wird der Begriff Stoffmengenanteil benutzt?

Der Stoffmengenanteil X (alte Bezeichnung: Atomprozent, Molprozent, Molenbruch) gibt den Anteil der Stoffmenge $n(X)$ des Stoffes X in einer Stoffmischung an. Er ist der Quotient aus $n(X)$ und der Gesamtheit aller in der Mischung enthaltenen Molzahlen n_{ges} an:
$X = n(X)/n_{ges}$

21. Welche Inhalte werden durch die Begriffe Modifikation, Allotropie und Polymorphie beschrieben?

Modifikationen sind verschiedene Erscheinungsformen eines Elements oder einer Verbindung, die sich durch das Kristallgitter oder die Kristallform und durch die physikalischen Eigenschaften (z. B. Schmelztemperatur) unterscheiden, jedoch gleiche chemische Eigenschaften besitzen.
Bei Elementen wird auch der Begriff Allotropie (allotrope Modifikationen), bei Verbindungen Allotropie oder Polymorphie verwendet.

22. Was versteht man unter einer Disproportionierung?

Bei einer Disproportionierung geht ein Stoff aus einer mittleren Oxidationszahl in Stoffe mit einer niedrigeren und einer höheren Ladungsstufe über, z. B.

$$\overset{\pm 0}{Cl_2} + 2\,NaOH \rightarrow Na\overset{1-}{Cl} + Na\overset{1-}{Cl}O + H_2O$$

23. In welcher Weise werden die Begriffe Oxidation und Reduktion bzw. Redoxvorgang verwendet?

Der Begriff Oxidation wird, wie auch der der Reduktion, in dreifacher Bedeutung verwendet.
Oxidation
- als Verbinden eines Stoffes mit Sauerstoff,
- als Abgabe von Wasserstoff aus einem Molekül und
- vor allem allgemein als Abgabe von Elektronen.

Reduktion
- als Abgabe von Sauerstoff aus einer Verbindung,
- als Aufnahme von Wasserstoff in einer Verbindung und
- vor allem allgemein als Aufnahme von Elektronen.

Der Redoxvorgang ist der miteinander gekoppelte Vorgang der Elektronenabgabe und -aufnahme zwischen den Reaktanden (Edukten).

24. Welche Gleichungen beschreiben
a) Redox-Vorgänge,
b) Neutralisationen,
c) Disproportionierungen,
d) Säure-Base-Reaktionen?

a) $Zn + 2\,H_2SO_{4,\,konz.} \rightarrow ZnSO_4 + 2\,H_2O + SO_2$
$2\,KI + Br_2 \rightarrow 2\,KBr + I_2$
$Na_2SO_3 + H_2O_2 \rightarrow Na_2SO_4 + H_2O$
$H_2O_2 + 2\,HI \rightarrow 2\,H_2O + I_2$

b) $HCl + NaOH \rightarrow NaCl + H_2O$

c) $Br_2 + H_2O \rightarrow HBr + HBrO$
$4\,KClO_3 \rightarrow KCl + 3\,KClO_4$
$2\,R{-}CHO + NaOH \rightarrow$
$R{-}COONa + R{-}CH_2OH$

d) $H_2O + CN^- \rightarrow HCN + OH^-$
$NH_3 + H_2O \rightarrow NH_4^+ + OH^-$

25. Was versteht man unter Bindigkeit?

Bindigkeit ist die Anzahl der Bindungspaare, die ein Atom bei der Atombindung ausbildet (als bindende Paare zu Reaktionspartnern).

26. Was beinhaltet der Begriff Ladungszahl (Ionenwertigkeit)?

Mit der Ladungszahl oder Ionenwertigkeit wird der Ladungszustand eines Ions durch hochgestellte arabische Ziffer mit nachgestelltem Ladungszeichen angegeben, z. B. Fe^{3+}.

27. Wozu wird der Begriff Oxidationszahl genutzt?

Insbesondere bei Redoxreaktionen und bei der Angabe der Ladung der Atome in Formeln dient die Oxidationszahl zur Kennzeichnung der Oxidationsstufe. Sie wird durch hochgestellte römische Ziffer und die (negative) Ladung angegeben, z. B. CCl_4 bzw. $C^{IV}\,Cl_4^{-I}$.
In Namen wird sie in Klammern dem Element nachgestellt, z. B. Kupfer(II)-chlorid.

28. Für welche Verbindungen wird der Begriff Polarität verwendet?

Er wird für Verbindungen benutzt,
- bei denen die Ladungen auf verschiedene Teilchen, die Ionen, getrennt verteilt sind: Ionenverbindungen (Ionenbindung),
- bei denen die Ladungen im Molekül räumlich getrennt verteilt sind, wie bei polarisierten Verbindungen, Dipolmolekülen (polare Atombindung).

29. In welcher Weise wird der Begriff Wertigkeit benutzt?

- Die *stöchiometrische* Wertigkeit eines Elements gibt an, wie viel einwertige Atome (z. B. H) ein Atom des betreffenden Elements binden kann. Geeigneter ist der Begriff Bindigkeit (für Atomwertigkeit) oder Ladungszahl (für Ionenwertigkeit).
- Die *koordinative* Wertigkeit ist die Koordinationszahl, d. h. die Anzahl der Atome oder Gruppen (Liganden), die in regelmäßiger räumlicher Anordnung von einem Atom oder Ion (Zentralteilchen) gebunden sind.
- Die Oxidationszahl wird auch als *elektrochemische Wertigkeit* bezeichnet und besonders bei elektrochemischen Prozessen benutzt.

30. Woraus ergibt sich die Bezeichnung s-, p-, d- und f-Elemente?

Die Bezeichnung ergibt sich nach dem quanten- bzw. wellenmechanischen Atommodell aus der räumlichen Elektronenverteilung oder den Atom-Orbitalen.

→ →

Die s-Elemente mit kugelsymmetrischen Orbitalen stehen in der 1. und 2. Hauptgruppe des Periodensystem, die p-Elemente mit hantelförmigen Orbitalen in der 3. bis 8 Hauptgruppe bzw. der Gruppe 13 bis 18.

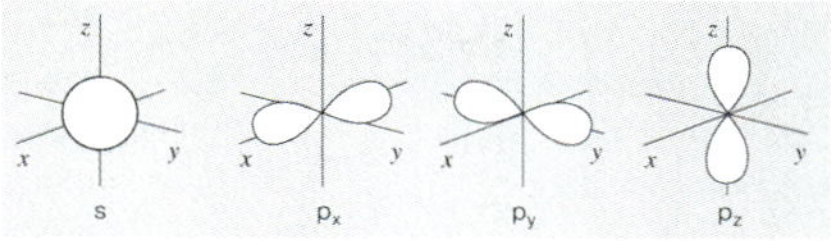

Die d-Elemente sind Nebengruppenelemente (Gruppen 3 bis 12). Die Orbitale besitzen vor allem die Form von Doppelhanteln.

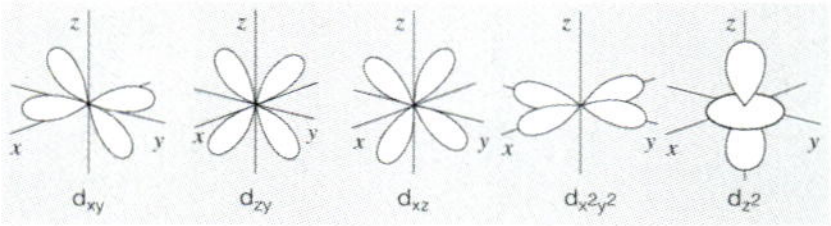

Als f-Elemente werden die Lanthaniden und die Actiniden bezeichnet. Die Orbitale besitzen noch kompliziertere Formen.

31. Was sind Eigenschaft eines Stoffes?

Eigenschaften eines Stoffes sind Eigenheiten, Merkmale oder Verhaltensweisen, durch sich der Stoff von anderen Stoffen mit anderen Merkmalen unterscheidet.

32. Welches sind chemische und physikalische Eigenschaften von Stoffen?

Chemische Eigenschaften bezeichnen, wie sich ein Stoff in andere Stoffe bei chemischen Vorgängen verändern lässt, z. B. durch Oxidieren, Nitrieren, Hydrieren, Neutralisieren usw.
Physikalische Eigenschaften sind Merkmale, die bei ungeänderter Zusammensetzung des Stoffes diesen charakterisieren, wie z. B. Wirkungen bei Energieänderungen (Schmelz-, Siede-, Verdampfungstemperatur usw.).

1.2 Chemische Vorgänge

1. Wie unterscheiden sich physikalischer und chemischer Vorgang?

Bei einem physikalischen Vorgang bleiben die chemische Zusammensetzung und Eigenschaften des Stoffes erhalten, beim chemischen Vorgang ändern sie sich.

2. Wie werden chemische Vorgänge oder Reaktionen eingeteilt?

Die Einteilung erfolgt nach verschiedenen Gesichtspunkten:

- in einfache oder elementare Reaktionen und in aus mehreren Reaktionsschritten zusammengesetzte Reaktionen,
- in Aufbau- oder Synthese- sowie Abbau- oder Analyse-Reaktionen,
- in Additions-, Eliminierungs-, Substitutions-, Polymerisations-Reaktionen (u. a.)

3. Was wird als Reaktanden bezeichnet?

Ausgangsstoffe einer Reaktion sind Reaktanden oder Edukte. Sie reagieren zu Endstoffen oder Produkten.

4. Wie werden die Begriffe Synthese und Analyse verwendet?

Synthese ist die Erzeugung von neuen sowie auch komplizierter zusammengesetzten chemischen Verbindungen aus Elementen oder einfacheren Verbindungen in einem oder mehreren Reaktionsschritten.
Analyse ist die Zerlegung komplizierter zusammengesetzter Verbindungen in einfacher zusammengesetzte Stoffe.

5. Welche Merkmale besitzen
a) Additions-,
b) Eliminierungs-,
c) Substitutions-,
d) Polymerisationsreaktionen?

Die Begriffe beziehen sich vorrangig auf organische Reaktionen.

a) Addition: Binden von Atomen oder Atomgruppen an Doppel- oder Dreifachbindungen.
b) Eliminierung: Abspaltung von Atomen oder Atomgruppen aus einem Molekül, sodass im Molekül eine Doppel- oder Dreifachbindung entsteht.
c) Substitution: Ersetzen (Austausch) eines Atoms oder einer Atomgruppe durch ein anderes Atom oder andere Atomgruppe.
d) Polymerisation: allgemein Aufbaureaktion von Polymermolekülen aus Monomeren – un-

→ →

terteilbar in Kettenpolymerisation, Polykondensation und Polyaddition.

6. Unter welchen Bedingungen verlaufen Vorgänge isobar, isotherm, isochor, adiabatisch?

- Vorgänge unter konstantem Druck verlaufen isobar,
- Vorgänge bei konstanter Temperatur isotherm,
- Vorgänge bei konstantem Volumen isochor und
- Vorgänge bei konstantem Druck und Volumen adiabatisch.

7. Was ist eine
a) Isobare,
b) Isotherme,
c) Isochore und
d) Adiabate?

a) Eine Isobare in einem p-V-Zustandsdiagramm ist eine Kurve, die die Punkte gleichen Drucks bei einem isobaren Prozess verbindet.
b) Eine Isotherme verbindet in einem p-V-Zustandsdiagramm die Punkte gleicher Temperatur bei isothermen Zustandsänderungen.
c) Eine Isochore verbindet die Punkte gleichen Volumens bei isochoren Zustandsänderungen.
d) Eine Adiabate ist in einem p-V-Zustandsdiagramm eine Kurve, die die Beziehung zwischen Druck und Volumen eines (idealen) Gases bei einer Zustandsänderung beschreibt (ohne Wärmeaustausch mit der Umgebung).

8. Welche Energieänderungen vollziehen sich bei chemischen Reaktionen?

Bei allen chemischen Reaktionen wird entweder Energie an die Umgebung freigesetzt oder aus der Umgebung aufgenommen. Die Energieänderung wird immer von den Edukten aus beurteilt.

9. Was bedeuten die Begriffe exotherm und endotherm?

Ein Vorgang erfolgt exotherm, wenn Energie freigesetzt wird.
Endotherm läuft ein Vorgang ab, wenn Energie aufgenommen wird.

10. Was versteht man unter Enthalpie?

Die Enthalpie $H = U + p \cdot V$ stellt eine Beziehung zwischen Innerer Energie U und der Volumenarbeit $W = p \cdot V$ her.
Die Enthalpieänderung ΔH eines isobaren Vorgangs (p = konst.) beträgt: $\Delta H = \Delta U + p\,\Delta V$.

11. Warum werden bei den Energiebetrachtungen die isobaren Prozesse hervorgehoben?

Die chemischen Prozesse verlaufen meist bei konstantem Druck ($\Delta p = 0$).

12. Wie setzt sich die Innere Energie eines Stoffsystems zusammen?

Die Innere Energie eines Systems ist die Summe aller Energiearten, die in dem System enthalten ist: Wärmeenergie, Bindungsenergie, Energie des Atomkerns.

13. Wie setzt sich die Änderung der Inneren Energie in einem geschlossenen System zusammen?

Die Änderung der Inneren Energie eines geschlossenen Systems ist gleich der Summe von Wärme und Arbeit, die aus der Umgebung aufgenommen oder an die Umgebung abgegeben wird: $\Delta U = Q + W$.
Bei einem isobaren Prozess ($p =$ konst.) ist $W = p\Delta V$

14. Wie ändert sich die Innere Energie, wenn bei einem chemischen Vorgang keine Volumenarbeit geleistet wird?

Bei einem isobar und isochor verlaufendem Prozess wird keine Volumenarbeit geleistet ($\Delta p = 0$, $\Delta V = 0$, $W = 0$). Dann ist die Änderung der inneren Energie gleich der aus der Umgebung aufgenommenen oder an die Umgebung abgegebenen Wärme: $\Delta U = \Delta Q$.

15. Was versteht man unter der Reaktionsenthalpie?

Die Reaktionsenthalpie ΔH oder Reaktionsenergie/-wärme ist die bei einer (isobaren) chemischen Reaktion aufgenommene oder abgegebene Energie (alte Bezeichnung: Wärmetönung). Sie wird in Joule pro Mol angegeben.

16. Warum werden nur Änderungen der Inneren Energie, der Enthalpie sowie anderer thermodynamischer Zustandsfunktionen angegeben?

Absolutwerte der Inneren Energie sind nicht messbar. Somit können nur Änderungen ΔU angegeben werden. Da die Enthalpie (und andere Zustandsfunktionen) mit der Inneren Energie durch $H = U + pV$ in Beziehung steht, können auch die Enthalpien nur als Änderung zwischen der Enthalpie der Produkte und der Enthalpie der Edukte angegeben werden: $\Delta H = \Sigma H_{\text{Produkte}} - \Sigma H_{\text{Edukte}}$.

1.3 Stoffkonstanten und chemische Gesetze

1. Wie groß ist die atomare Masseneinheit?

Die Atommasseneinheit m_u ergibt sich als 1/12 der Masse des ^{12}C-Atoms. Sie ist gleich der Atommassenkonstante u und beträgt:
$m_u = 1\ u = 1.6605402 \cdot 10^{-27}$ kg.

2. Welchen Wert besitzt die Elementarladung e?

Die Elementarladung e ist die kleinste negative oder positive elektrische Ladung:
$e_0 = 1.602\,17733 \cdot 10^{-19}$ C (Coulomb, 1C = 1A · s)

3. Was beinhaltet die AVOGADRO-Konstante?

Die AVOGADRO-Konstante N_A (veraltet auch als LOSCHMIDTsche Zahl bezeichnet) gibt die Anzahl der Teilchen (Atome, Moleküle) in einem Mol eines Stoffes an:
$N_A = 6.022\,1367 \cdot 10^{-23} \cdot \text{mol}^{-1}$.

4. Was wird als Normzustand bezeichnet?

Ein Normzustand (ältere Bezeichnung: Normbedingung) besteht für einen Stoff bei der Normtemperatur T_0 bzw T_n = 273,15 K oder ϑ = °C und dem Normdruck p_0 bzw. p_n = 101 325 Pa.

5. Welchen Wert besitzt die allgemeine Gaskonstante?

Die allgemeine Gaskonstante beträgt R = 8,314510 $\text{JK}^{-1}\text{mol}^{-1}$. Sie ergibt sich aus $p_0 \cdot V_0 / T_0 = R$.

6. Wie lautet das allgemeine Gasgesetz idealer Gase?

Das allgemeine Gasgesetz idealer Gase wird auch allgemeine Zustandsgleichung idealer Gase genannt: $p \cdot V = n \cdot R \cdot T$.

7. Welchen Zusammenhang beschreibt das AVOGADROsche Gesetz?

Bei gleicher Temperatur und gleichem Druck sind in gleichen Volumina idealer Gase die gleichen Teilchenzahlen enthalten.

8. Wie lautet das BOYLE-MARIOTTEsche Gesetz?

Bei konstanter Temperatur sind Druck und Volumen eines idealen Gases umgekehrt proportional bzw. das Produkt von Druck und Volumen konstant:
$p \cdot V$ = konst.

9. Welche Abhängigkeiten beschreibt das GAY-LUSSACsche Gesetz?

Das Volumen eines idealen Gases dehnt sich bei Erwärmung um 1 Kelvin um den 1/273,16. Teil seines Volumens bei 0 °C aus, wenn der Druck konstant bleibt (isobar):
$V = V_0\,(1 + \alpha\vartheta)$
Der Druck eines idealen Gases erhöht sich beim Erwärmen um 1 Kelvin um den 1/273,16. Teil seines Drucks bei 0 °C, wenn das Volumen konstant bleibt (isochor):
$p = p_0\,(1 + \alpha\vartheta)$

10. Wie lautet das Gesetz von der Erhaltung der Masse?

Bei einem chemischen Vorgang bleibt die Gesamtmasse der reagierenden Stoffe konstant.

11. Was besagt das Gesetz von der Erhaltung der Energie?

Der Energieerhaltungssatz (1. Hauptsatz) besagt, dass in einem abgeschlossenen thermodynamischen System die Summe aller Energieformen konstant ist.

12. Was beinhaltet das Gesetz von den konstanten Wärmesummen (Hesssches Gesetz)?

Die Energiemenge (-summe), die bei einer Umwandlung zwischen Ausgangs- und Endzustand abgegeben oder aufgenommen wird, ist unabhängig vom Weg gleich groß.

13. Was besagt das Gesetz der Partialdrücke (Dalton-Gesetz)?

In einem Gemisch idealer Gase, die nicht miteinander reagieren, ist der Gesamtdruck die Summe der einzelnen Partialdrücke.

14. Wie lautet das Gesetz von den konstanten Proportionen (Proust-Gesetz)?

In einer Verbindung ist das Massenverhältnis der beteiligten Elemente konstant (Elemente verbinden sich in einem bestimmten Verhältnis zu einer Verbindung).

15. Wie lautet das Gesetz von den multiplen Proportionen (Dalton-Gesetz)?

Bilden zwei Elemente mehrere Verbindungen miteinander, so stehen die Massenverhältnisse der Elemente zueinander im Verhältnis kleiner ganzer Zahlen.

16. Welchen Zusammenhang beschreibt das Raoultsche Gesetz?

Das Gesetz beschreibt den Zusammenhang zwischen der Konzentration einer (idealen) Lösung und der Erniedrigung des Dampfdrucks (Erhöhung der Siedetemperatur und Erniedrigung der Erstarrungstemperatur).

17. Was besagt der Nernstsche Verteilungssatz?

Wenn sich ein Stoff in zwei verschiedenen, sich nicht mischbaren, Flüssigkeiten löst, verteilt er sich in beiden Phasen derartig, dass das Verhältnis der Konzentration in beiden Phasen eine Konstante ist (konstanter Verteilungskoeffizient).

1.4 Bindungen

1. Welche Arten von Bindung unterscheidet man in der Chemie und worin liegen die Unterschiede?

Man unterscheidet zwischen den
- primären oder Hauptvalenzbindungen und den
- sekundären oder Nebenvalenzbindungen.

Die *primären oder Hauptvalenzbindungen* wirken intramolekular, d. h. zwischen den Teilchen innerhalb der Moleküle, zwischen Kationen und Anionen sowie zwischen Atomen (Ionen) der Metalle. Sie bewirken den Zusammenhalt der Atome in Molekülen, in Metallen oder zwischen Ionen und sind Elektronenpaar-Bindungen.

Die *sekundären oder Nebenvalenzbindungen* wirken ohne Elektronenaustausch zwischen den Stoffteilchen. Zusammengefasst werden sie VAN DER WAALS-Kräfte genannt. Sie sind inter- oder zwischenmolekulare Kräfte, die durch elektrische Beeinflussung der Moleküle untereinander zustande kommen (keine Elektronenpaar-Bindungen).

2. Wie werden die primären Bindungen eingeteilt?

Die primären Bindungen werden eingeteilt in:
- Ionenbindung (oder ionische Bindung),
- unpolare Atombindung,
- polare Atombindung und
- Metallbindung

3. Was versteht man unter Edelgaskonfiguration?

Als Edelgaskonfiguration wird die Besetzung der letzten Schale bei den Edelgasen mit 2 (He) bzw. 8 (Ne, Ar u. a.) Elektronen bezeichnet. Sie ist besonders stabil, wie sich aus der chemischen Reaktionsträgheit der Edelgase ergibt. Diese Stabilität ist auch bei Teilchen anderer Elemente (z. B. Ionen) zu finden, die eine abgeschlossene 8er Konfiguration besitzen, wie Verbindungen von Elementen der 2. Periode (C, N, O, F), die nur diese Besetzung erreichen können.
Für Elemente höherer Perioden können auch stabile Besetzungen mit mehr als 8 Elektronen gebildet werden.

4. Wie entstehen Ionenbindungen oder heteropolare Bindungen und wo kommen sie vor?

Die Ionenbindung entsteht zwischen Metallen und Nichtmetallen bzw. Nichtmetallgruppen, indem die Metallatome Valenz-Elektronen an Nichtmetalle abgeben (Redox-Reaktion). Beide Reaktionspartner erreichen dadurch stabile Elektronenkonfigurationen. Die Metallelektronen bilden mit Nichtmetallelektronen Elektronenpaare, die nur der Schale des Nichtmetalls angehören. Die entstehenden Ionen werden elektrisch geladen. Zwischen ihnen bestehen elektrostatische Kräfte.
Typische Ionenverbindungen sind Metallhydroxide, z. B. NaOH, Metallsalze, z. B. NaCl, Ammoniumsalze, z. B. NH_4Cl.

5. Welche Stoffe gehen Atom-Bindungen ein?

Es handelt sich um Molekül-Bindungen. Diese Bindungen entstehen durch gemeinsam gebildete Elektronenpaare zwischen Nichtmetallatomen, die beiden Partnern angehören und den Zusammenhalt der Atome im Molekül bewirken. Sie werden auch homöopolare Bindungen oder kovalente Bindungen genannt.

6. Wie werden Atom-Bindungen eingeteilt?

Man unterscheidet unpolare und polare Atombindungen.

- Unpolare Atombindungen kommen in Molekülen vor, die aus gleichen Nichtmetallatomen bestehen, z. B. H_2, Cl_2, O_2.
- Polare Atombindungen bestehen in Molekülen, die aus verschiedenen Nichtmetallatomen bestehen, z. B. HCl, H_2O, HNO_3.

7. Wodurch entstehen Moleküle mit unpolaren Atom-Bindungen?

Die Kräfte der gleichen Atome auf die bindenden Elektronenpaare sind gleich groß. Dadurch entsteht im Molekül keine Ladungsverschiebung, d. h. keine Polarität.

8. Warum sind die Bindungen in Molekülen, die aus verschiedenen Nichtmetallatomen bestehen, polar?

Die Kräfte der unterschiedlichen Nichtmetallatome auf bindende Elektronenpaare sind je nach der Elektronegativität der Atome verschieden groß. Das elektronegativere Element zieht bindende Elektronenpaare stärker an und wird negativ polarisiert, das Partneratom wird positiv polarisiert.

9. Unter welchen Bedingungen entstehen Dipol-Moleküle?

Dipol-Moleküle entstehen, wenn in den polaren Molekülen die Ladungsschwerpunkte nicht aufeinander fallen, d. h. durch einen Abstand *r* voneinander getrennt sind. Das ist der Fall bei unsymmetrisch gebauten polaren Molekülen.

10. Was kennzeichnet die Metallbindung?

Die Metallbindung ist an den festen Zustand, d. h. an das Metallgitter, gebunden. Die Metallatome geben ca. je 1 Elektron an das Gitter ab. Es entsteht ein Gitter aus positiv geladenen Atomrümpfen und dem so genannten Elektronengas und dadurch die metallischen Eigenschaften (z. B. elektrische Leitfähigkeit, Wärmeleitfähigkeit, Metallglanz).

11. Was sind koordinative Bindungen?

Koordinative Bindungen sind spezielle Atombindungen, die in Komplexen vorkommen. An ein Zentral-Atom oder -Ion sind Atome, Ionen oder Moleküle durch Elektronenpaare gebunden, die von den Liganden stammen. Das Zentralteilchen erhält dadurch eine höhere stabile Elektronenkonfiguration. Beispiele: $[SO_4]^{2-}$, $[Ni(CO)_4]$, $[Fe(CN)_6]^{2-}$, $[Ag(NH_3)_2]^+$, Chelate.

12. Was versteht man unter sekundären Bindungen?

Sie werden häufig zusammengefasst als VAN-DER-WAALS-Bindungen, VAN-DER-WAALS-Kräfte oder zwischenmolekulare Kräfte bezeichnet. Diese Bindungen werden nicht durch Elektronenpaare bewirkt, sondern durch gegenseitige elektrische Beeinflussung von unpolaren oder/und polaren Molekülen.

13. Was wird durch sekundäre Bindungen bewirkt?

Durch diese Bindungen entsteht der Zusammenhalt zwischen den Nichtmetallatomen oder Molekülen fester und flüssiger Stoffe sowie Wechselwirkungen zwischen verdichteten Gasmolekülen.

14. Wie werden die sekundären Bindungen eingeteilt? →

Die schwachen sekundären Bindungen werden unterteilt in:

- Pol-Orientierungskräfte zwischen polaren Molekülen mit permanentem Dipol (Dipol-Kräfte), →

- Dispersionskräfte zwischen unpolaren Molekülen,
- Induktionskräfte zwischen polaren und unpolaren Molekülen;
- Wasserstoffbrückenbindungen

15. Unter welchen Elementen wird die Wasserstoffbrückenbindung gebildet?

Die Wasserstoffbrückenbindung entsteht, wenn Wasserstoff, der an die elektronegativsten Elemente – d. h. an Fluor, Sauerstoff oder Stickstoff – primär gebunden ist, mit einem freien Elektronenpaar von Fluor, Sauerstoff oder Stickstoff eines anderen Moleküls in Wechselwirkung tritt.

1.5 Wichtige Nomenklatur-Richtlinien der anorganischen Chemie

1. Was bedeutet die Abkürzung IUPAC?

International Union of Pure and Applied Chemistry (Internationale Union für Reine und Angewandte Chemie).

2. Welche wichtige Aufgabe erfüllt vor allem die IUPAC?

Sie erarbeitet u. a. international gültige Nomenklaturregeln und Terminologien für die verschiedenen Gebiete der Chemie und legt chemische Symbole und Konstanten in Abstimmung mit der ISO (International Organization for Standardization) fest.

3. Welche Vorteile besitzt die Benutzung der IUPAC-Regeln?

Die Namen dienen der internationalen wissenschaftlichen Verständigung. Sie werden aus der Formel abgeleitet, z. B. Hydrogenchlorid aus HCl sowie die Formel aus dem Namen, z. B. Na_2O aus Natriumoxid (bzw. Dinatriumoxid).

4. Welche grundsätzlichen Benennungen von Verbindungen gibt es?

Es wird unterschieden zwischen
- Trivialnamen (unsystematische, herkömmliche Namen, Namen für sehr kompliziert aufgebaute Verbindungen wie Naturstoffe),
- halbsystematischen Namen und
- systematischen oder rationellen Namen.

→ →

Beispiel für H_2SO_4:
Schwefelsäure (Trivialname), Tetraoxoschwefelsäure (halbsystematisch) und Dihydrogentetraoxido-sulfat(VI) (systematisch).

5. Wie werden die Namen und Formeln binärer Verbindungen gebildet?

- Im Namen wird das elektropositive Element zuerst, danach der Wortstamm des elektronegativen Elements mit der Endung –id genannt (Binärnamen).
- In der Formel steht das elektropositive links, das elektronegative Element rechts, bzw. es werden die Elemente nach steigender Elektronegativität genannt und in der Formel aufgeführt, z. B. Chlordioxid ClO_2, Sauerstoffdifluorid OF_2.
- Durch vorangestellte griechische Zahlwörter mon(o), di, tri, tetra, penta, hexa, hepta, octa wird im Namen die stöchiometrische Zusammensetzung angegeben, z. B. Dichlorpentoxid, in der Formel durch tiefgestellte Zahlen hinter dem Symbol, z. B. Cl_2O_5.
- Wenn Verwechslungen vorkommen können, wird im Namen die Oxidationszahl hinter dem Element in Klammern mit der römischen Ziffer angegeben, z. B. Kupfer(I)-chlorid CuCl, Kupfer(II)-chlorid $CuCl_2$.

6. Welche Namen tragen die Liganden?

- Die Namen neutraler Liganden werden nicht geändert, z. B. Pyridin C_5H_5N.
- Besonders bezeichnet werden H_2O mit aqua, NH_3 mit ammin, CO mit carbonyl, NO mit nitrosyl.

7. Wie werden die Formeln von komplexen Kationen formuliert und wie benennt man sie?

- Anorganische komplexe Kationen werden in der Formel in Klammern gesetzt und in der Folge „Zentralion-Liganden (mit deren Anzahl)" aufgeschrieben.
- Der Namen wird in der Reihenfolge „Anzahl der Liganden-Ligandenname-Ladung des Komplexes" (nach der Klammer) gebildet. Können Verwechslungen mit anderen Verbindungen auftreten, wird die Ladung des Zen- →

tralions mit römischer Ziffer in Klammern zugefügt, z. B.:

$[Al(H_2O)_6]^{3+}$	Hexaquaaluminium-(Ion),
$[Ag(NH_3)_2]^+$	Diamminsilber-(Ion),
$[Cr(NH_3)_6]^{3+}$	Hexaammin-chrom(III)-(Ion),
$[Ni(NH_3)_4]^{2+}$	Tetraamminnickel-(Ion).

- Angefügt wird das Anion, z. B.

$[Al(H_2O)_6]Cl_3$	Hexaquaaluminiumchlorid,
$[Cu(NH_3)_4]SO_4$	Tetraamminkupfer(II)-sulfat.

- Enthält der Komplex verschiedene Liganden, werden sie in alphabetischer Reihenfolge genannt, in der Formel werden zuerst anionische, dann neutrale Liganden geschrieben, z. B. Pentaamminchloridocobalt(III)- $[CoCl(NH_3)_5]^{2+}$

8. Welche anorganischen komplexen Kationen werden besonders bezeichnet?

Das betrifft das Ammonium-Ion $[NH_4]^+$ (abgeleitet von Ammoniak), das Oxonium-Ion $[H_3O]^+$ (alte Bezeichnung Hydronium), das Phosphonium-Ion $[PH_4]^+$.

9. Wie heißen Anionen, wenn sie als Liganden auftreten?

- In einfachen Fällen wird an den (eingekürzten) Element-Namen oder Ionen-Namen ein o angehängt, z. B. Cl^- chlorido, F^- fluorido, $O2^-$ oxido, Br^- bromido, I^- iodido, H^- hydrido, OH^- hydroxido, CN^- cyanido, NCO^- cyanato, NCS^- thiocyanato, S^{2-} thio, SO_4^{2-} sulfato, $S_2O_3^{2-}$ thiosulfato.
- Kohlenwasserstoffradikale haben als Liganden keine Endung.
- Größere organische Liganden werden abgekürzt angegeben, z. B. „en" für Ethylendiamin.

10. Wie wird der Name und die Formel von komplexen Anionen gebildet?

- Der Name des Anions setzt sich in der Reihenfolge „Ligandenanzahl-Ligandennamelat. Wortstamm des Zentralions mit Endung -at" (evt. Oxidationszahl) zusammen z. B.
  Hexacyanidoferrat(II)-(Ion) $[Fe(CN)_6]^{4-}$,
  Dithiosulfatoargentat-(Ion) $[Ag(S_2O_3)]^{2-}$,
  Tetrahydroxidoaluminat-Ion $[Al(OH)_4]^-$,
  Hexafluoridoaluminat-(Ion) $[AlF_6]^{3-}$.
- In der Formel wird der Name des Kations vorangestellt, es folgen in eckigen Klammern Zentralion und Liganden, z. B. Kaliumhexacyanidoferrat(III) $K_3[Fe(CN)_6]^3$.

11. Mit welchen rationellen Namen werden die anorganischen Säuren bezeichnet?

- Die Trivialnamen dürfen weiter verwendet werden, z. B. Salzsäure.
- Die sauerstofffreien Säuren erhalten als systematische Namen die Vorsilbe Hydrogen- und angehängt den Namen des Anions, z. B. HCl Hydrogenchlorid.
- Die sauerstoffhaltigen Säuren erhalten als halbsystematische Namen die Vorsilbe Hydrogen und den Namen des Elements mit einer Nachsilbe, z. B. H_2SO_4 Hydrogensulfat.
- Die systematischen Namen der sauerstoffhaltigen Säuren werden nach der Säurenomenklatur in der Reihenfolge „Anzahl der Wasserstoffatome-Hydrogen-Anzahl der Sauerstoffatome-eingekürztes säurebildendes Element mit Endung -at(Oxidationszahl)" gebildet, z. B. H_2SO_4 Dihydrogentetraoxosulfat(VI). Die Salze der Säuren werden entsprechend benannt, z. B. Na_2SO_4 Dinatriumtetraoxosulfat(VI).

12. Wie werden die Nach- und Vorsilben -at, -it, Hypo-, Per-, Peroxo- sowie Meta- und Ortho- verwendet?

- Die Endung -at wird für die wichtigste und die Endung -it für die nächst niedrigere Oxidationsstufe verwendet, z. B. Chlorat ClO_3^-, Chlorit CLO_2^-.
- Die Vorsilbe Hypo- vor dem Element zeigt an, dass dieses in der niedrigsten Oxidationsstufe vorliegt, z. B. Hypochlorit ClO^-.
- Die Vorsilbe Per- gibt an, dass das folgende Element die höchste Oxidationsstufe besitzt. Sie wird für Elemente der VII. Gruppe verwendet z. B. Perchlorat ClO_4^-, Permanganat $Mn\ O_4$.
- Peroxo- zeigt an, dass eine Sauerstoffbrücke im Anion besteht, z. B. Peroxoschwefelsäure/-sulfat H_2SO_5.
- Die Vorsilben Meta- und Ortho- dürfen für Bor- und Phosphorsäuren benutzt werden, die in der gleichen Oxidationsstufe vorliegen und sich durch H_2O-Anteil in der Formel unterscheiden: HBO_2 Metaborsäure und H_3BO_3 Orthoborsäure, HPO_3 Metaphosphorsäure und H_3PO_4 Orthophosphorsäure.

13. Wie werden die Salze bezeichnet?

- Die meisten Salze werden binär bezeichnet, z. B. KCl Kaliumchlorid, $FeCl_3$ Eisen(III)-chlorid. Sie können auch wie die Säuren rationell benannt werden:
  K_2SO_3 Dikaliumtrioxosulfat(IV),
- Salze mit Wasserstoff im Anion sind Hydrogensalze (alt: „saure Salze"), z. B. $KHSO_4$.
- Hydroxidsalze enthalten Hydroxid-Ionen, z. B. $Al(OH)SO_4$ Aluminium-hydroxid-sulfat.
- Oxidsalze (alt: Oxysalze) enthalten O^{2-} Ionen, z. B. BiOCl Bismut-oxid-chlorid.
- Doppelsalze enthalten zwei verschiedene Kationen, die in alphabetischer Reihenfolge genannt werden, z. B. Aluminium-kalium-sulfat $AlK(SO_4)_2$, Calcium-magnesium-carbonat $CaMg(CO_3)_2$ (Dolomit) oder
- zwei verschiedene Anionen, z. B. CaCl(ClO) Calciumchlorid-hypochlorit (Chlorkalk).

1.6 Wichtige Nomenklatur-Richtlinien der organischen Chemie

1. Was sind
a) primäre,
b) sekundäre und
c) tertiäre Kohlenstoffatome?

a) Primäre Kohlenstoffatome besitzen nur eine Bindung zu einem weiteren C-Atom (fett hervorgehoben), z. B. $H_3\mathbf{C} - CH_2 - CH_2 - \mathbf{C}H_3$.

b) Sekundäre C-Atome besitzen zwei Bindungen zu benachbarten C-Atomen, z. B.
$H_3C - \mathbf{C}H_2 - \mathbf{C}H_2 - \mathbf{C}H_2 - CH_3$.

c) Tertiäre C-Atome haben drei Bindungen zu benachbarten C-Atomen, z. B.

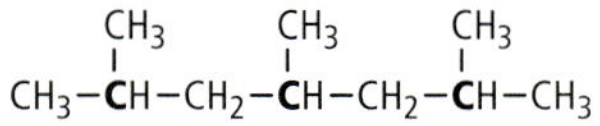

2. Was versteht man in der organischen Chemie unter Stammverbindungen bzw. Stammnamen?

Systematische (rationelle) Namen leiten sich von einfachen chemischen Verbindungen ab, die als Stammverbindungen bezeichnet werden. Der Name oder der Wortstamm dieser Verbindungen (z. B. Methyl- oder Meth-, Ethyl- oder Eth-, Benz-) wird ergänzt durch

- Vorsilben (z. B. Di-, Tri-),

→ →

- Nachsilben (-an, -en, -in),
- Funktionsnamen (z. B. -amin, -chlorid, -säure),
- Zahlen oder Buchstaben.

3. Welche Stammverbindungen sind Grundlage der rationellen Nomenklatur?

Die Namen der Alkane sind die Grundworte für die Benennung der aliphatischen, acyclischen (kettenförmigen) und gesättigten sowie ungesättigten ringförmigen (alicyclischen, nicht aromatischen) Kohlenwasserstoffe.

- Die alicyclischen Verbindungen erhalten als Vorsilbe Cyclo-.
  Die wichtigste Stammverbindung der aromatischen Kohlenwasserstoffe (Arene) ist Benzen oder Benzol.
- Aliphatische Kohlenwasserstoff-Gruppen werden allgemein mit R- (für „Rest" – nicht treffend auch als „Radikal") und aromatische Gruppen mit Ar- (für Aryl-) bezeichnet.

4. Dürfen Trivialnamen noch benutzt werden?

Trivialnamen sind kürzer. Sie dürfen verwendet werden, wenn die Verbindungen dadurch eindeutig (unverwechselbar) bezeichnet werden. Systematische Namen sollten bevorzugt werden. Bei kompliziert gebauten Stoffen, z. B. Naturstoffen, sind diese oft sehr kompliziert und man benutzt deshalb meist die Trivialnamen.

5. Wie werden Mehrfachbindungen und deren Lage angegeben?

Doppelbindungen werden durch die Endung -en, Dreifachbindungen durch die Endung -in, die Lage durch eine Zahl vor der Endung gekennzeichnet: $CH_2 = CH - CH_2 - CH_3$ But-1-en. Es ist aber noch gestattet, die Zahl voran zu stellen: 1-Buten.

Die Zählung erfolgt von demjenigen Molekülende her, das der Mehrfachbindung am nächsten liegt. Dieses Prinzip gilt generell für Stellungsangaben in der gesamten organischen Chemie.

6. Wie werden mehrfach ungesättigte Verbindungen bezeichnet? →

Die Lage und Anzahl wird vor der Endung durch Zahlen (mit Bindestrich, getrennt durch Komma) und Zahlwörter (z. B. di, tri-) angegeben: z. B. →

$CH_2 = CH - CH = CH_2$ Buta-1,3-dien, auch möglich Butadien-(1,3).
Bei gleichzeitig vorhandenen Doppel- und Dreifachbindungen wird die Doppelbindung (und Lage) vor der Dreifachbindung genannt. $CH_2 = CH - C \equiv CH$ But-1-en-3-in.

7. Welchen Namen tragen wichtige einbindige (einwertige) acyclische gesättigte Kohlenwasserstoff-Gruppen (so genannte Reste R-)?

- Gesättigte unverzweigte Gruppen oder Reste (Alkyl-Gruppen): Die Endung -an der Stammverbindung wird durch die Endung -yl ersetzt: $-CH_3$ Methyl-, $-C_2H_5$ Ethyl-, $-C_3H_7$ Propyl usw.
- gesättigte verzweigte Gruppen oder Reste:

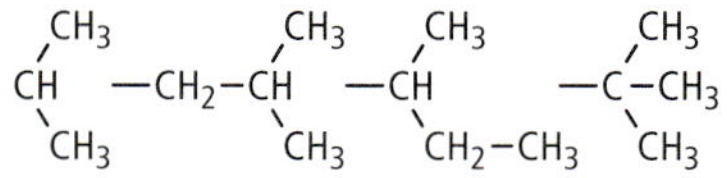

Isopropyl- Isobutyl- sek. Butyl- tert. Butyl-

Diese und andere Gruppen/Reste werden auch als Radikale bezeichnet, obwohl ihnen ungepaarte Elektronen fehlen.

8. Wie lauten die Formeln folgender ungesättigter acylischer Gruppen: Vinyl-, Propenyl-, Allyl-, Ethinyl-?

$-CH = CH_2$	Vinyl-
$-CH = CH - CH_3$	Propenyl-
$-CH_2 - CH = CH_2$	Allyl-
$-C \equiv CH$	Ethinyl-

9. Welche Formeln haben die aromatischen Reste Phenyl- und Benzyl-?

$-C_6H_5$	Phenyl-
$C_6H_5 - CH_2-$	Benzyl-

10. Welche Formeln besitzen die aromatischen Gruppen 3-Tolyl-, 1-Naphthyl-, 1,2-Phenylen?

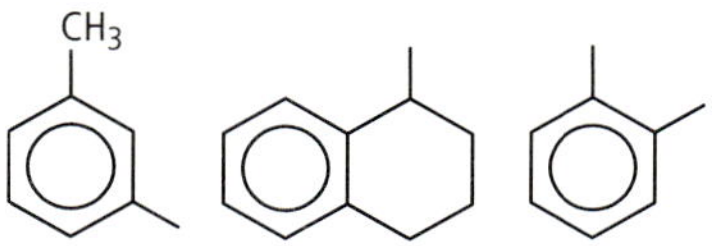

3-Tolyl- 1-Naphthyl- 1,2-Phenylen-

11. Wie werden die Säurereste Formyl-, Acetyl- und Benzoyl- durch Formeln angegeben?

$H - CO-$	Formyl-
$CH_3 - CO-$	Acetyl-
$C_6H_5 - CO-$	Benzoyl-

12. Wie werden verzweigtkettige gesättigte acyclische Kohlenwasserstoffe benannt?

Die längste Kohlenstoffkette ist der Stammkohlenwasserstoff.
Vorangestellt werden mit Angabe der Position die Alkylnamen der Seitenketten (beachten: den kürzesten „Weg" und in alphabetischer Reihenfolge angeben), z. B.
$CH_3–CH(CH_3)–CH_2–CH_3$
2-Methylbutan
$CH_3–CH(CH_3)–CH(C_2H_5)–CH_2–CH_2–CH_3$
3-Ethyl-2-methylhexan

Für jede gleiche Seitenkette ist die Position anzugeben:
$CH_3–CH(CH_3)–CH(CH_3)–CH_2–CH_3$
2,3-Dimethyl-pentan
$CH_3–CH_3–C(CH_3)_2–CH_2–CH_2–CH_3$
3,3-Dimethyl-hexan

13. Wie werden verzweigtkettige ungesättigte acyclische Kohlenwasserstoffe benannt?

Bei verzweigten ungesättigten Kohlenwasserstoffen wird die längste Kette mit den meisten Mehrfachbindungen als Stammkohlenwasserstoff angegeben, z. B.

$$\begin{array}{c} \qquad\qquad\quad CH_2 \\ \qquad\qquad\quad \| \\ CH_3-(CH_2)_4-C-CH=CH-CH_3 \end{array}$$

2-Pentyl-penta-1,3-dien

14. Wie wird der Name von Aromaten
a) mit einer Alkyl-Gruppe als Seitenkette,
b) mit mehreren Alkyl-Gruppen gebildet?

a) Es werden meist Trivialnamen benutzt. Der systematische Name setzt sich bei einer Seitengruppe i. d. R. aus der Alkyl-Gruppe und -benzen zusammen, z. B. $C_6H_5–CH_3$ Methylbenzen (Methylbenzol), Toluen (Toluol). Aber: $C_6H_5–CH=CH_2$ Vinylbenzol.
(Die Schreibweise mit Endung -en bei Aromaten entspricht der IUPAC-Richtlinie und wird vor allem im englischen Sprachbereich verwendet).

b) Bei zwei Seitenketten werden die Positionen durch Zahlen oder durch die Vorsätze o (ortho), m (meta), p (para) angegeben.

15. Was sind
a) funktionelle Gruppen →

a) Als funktionelle Gruppen (auch charakteristische Gruppen genannt) werden Atome und →

b) Substituenten?

Atomgruppen außer Wasserstoff und Kohlenwasserstoff-Gruppen bezeichnet.

b) Ein Substituent sind Atome oder Atomgruppen, die Wasserstoffatome einer Stammverbindung ersetzen.

16. Wie werden funktionelle Gruppen angegeben?

Sie werden durch Vorsetzen der Bezeichnung (Präfix) oder durch eine Endung (Suffix) angegeben. Für manche funktionelle Gruppen gibt es sowohl einen Vorsatz sowie eine Endung.
Mehrere gleichartige Gruppen werden durch Zahlbezeichnungen, Di-, Tri- usw. gekennzeichnet.

17. Welche funktionellen Gruppen werden nur durch Präfixe benannt?

Nur durch Präfixe und Funktionsbezeichnung werden z. B. angegeben: -F Fluor-, -Cl Chlor-, -Br Brom-, -I Iod-, -NO Nitroso-, $-NO_2$ Nitro-, -OR Alkoxy-, -NCO Isocyanato-, -OCN Cyanato-.

18. Welche funktionellen Gruppen werden durch Präfixe sowie durch Suffixe angegeben?

Durch Präfixe sowie durch Suffixe werden z. B. folgende Verbindungsklassen benannt:

- Carbonsäuren -COOH Carboxy-, -carbonsäure;
- Sulfonsäuren $-SO_3H$ Sulfo-, -sulfonsäure;
- Carbonsäurehalogenide -COX Halogencarbonyl-, -carbonylhalogenid;
- Nitrile -CN Cyan-, -nitril;
- Aldehyde -CHO Formyl-, -al (-aldehyd);
- Ketone =O Oxo-, -on (-keton);
- Oxime =N–OH Hydroxyimino-, -aldoxim;
- Alkohole, Phenole –OH Hydroxy-, -ol;
- Amine $–NH_2$ Amino-, -amin;
- Imine =NH -Imino-, -imin-isocyanat

19. In welcher Reihenfolge (Rangfolge oder Priorität) werden unterschiedliche funktionelle Gruppen im systematischen Namen einer Verbindung angegeben?

Die Rangfolge legt fest, in welcher Reihenfolge die Verbindungen zu benennen sind und

– welche funktionellen Gruppen einen höheren Rang einnehmen und mit einem Suffix (Vorsatz) oder der Funktionsbezeichnung anzugeben sind,
– welche funktionellen Gruppen einen niederen Rang besitzen und mit einem Präfix (Endung) oder der Funktionsbezeichnung benannt werden.

→ →

Rangfolge einiger Substituenten in zunehmender Priorität:
-COOH, $-SO_3H$, -COOR, -COX, $-CONH_2$, -CN, -CHO, =O, =N–OH, -OH, $-NO_2$, $-NH_2$, =NH, -F, -Cl, -Br, -I.
Richtige Bezeichnungen in Rangfolge sind z. B. 1-Chlor-2-brom-ethan, Bromnitromethan, Sulfonsäureethylester, Methylphenylketon.

20. Wie werden die folgenden Verbindungen bezeichnet?
a) $CH_2F-CHClBr$,
b) $CH_3-CH(OH)-CH_3$
c) $CH_3-O-C_2H_5$,
d) $CH_3-CO-C_2H_5$,
e) CH_3-CHO,
f) CH_3-CH_2-COOH,
g) C_6H_5-COOH,
h) $CH_2-(OH)-COOH$,
i) $CH_3-CO-OC_3H_7$,
j) CH_3-CN
k) $CH_3-CH(OH)-CH(CH_3)-CH_3$
l) $CH_3-CH(CH_3)-CO-CH_3$
m) $CH_3-CH(CH_3)-CHO$
n) $CH_3-CH_2-CO-Cl$
o) $C_6H_5-CO-C_2H_5$
p) $Br-CH_2-CH(CH_3)-CH(CH_3)-CH_3$

Die Formeln stehen als Beispiele für die wichtigen Verbindungsklassen:
a) 1-Fluor-2-chlor-2-brom-ethan,
b) Propan-2-ol, (2-Propanol),
c) Methoxyethan, Methylethylether,
d) Butanon, Ethylmethylketon,
e) Ethanal, Acetaldehyd,
f) Propansäure, Propancarbonsäure,
g) Benzencarbonsäure, Benzolcarbonsäure, (Benzoesäure),
h) Hydroxyethansäure, (Hydroxyessigsäure, Glycolsäure),
i) Propylethanoat, Ethansäurepropylester, Essigsäurepropylester,
j) Ethannitril, Acetonitril, Essigsäurenitril,
k) 3-Methylbutan-2-ol,
l) 3-Methylbutan-2-on,
m) 2-Methylpropanal,
n) Propanoylchlorid,
o) Ethylphenylketon,
p) 1-Brom-2,3-dimethyl-butan

21. Wie werden die Symbole α-, β-, γ- usw. verwendet?

Sie werden für Stellungsangaben an Stelle von Zahlen verwendet, z. B. bei Aminosäuren: α für 2-Stellung, β für 3-Stellung usw.:
$CH_3-CH(NH_2)-COOH$
2-Amino- oder α–Aminopropansäure.

2 Syntheseverfahren, Reaktionsgleichungen, Beeinflussung von Reaktionen

Weitere Wiederholungsfragen zu Synthesen sind im Kapitel 12 „Präparative Chemie – Reaktionstypen – Reaktionsführung" enthalten.

2.1 Chemische Reaktionen, Reaktionstypen, Reaktionsmechanismen

1. Welche Wirkung besitzen Katalysatoren?

Katalysatoren setzen die Aktivierungsenergien herab und beschleunigen damit die Reaktionsgeschwindigkeit.

2. Was besagt das Prinzip von LE CHATELIER?

Das Prinzip vom kleinsten Zwang besagt: Ein Stoffsystem weicht einem äußeren Zwang aus, in dem es den Zwang verringert, z. B. bei Temperaturerhöhung (Energiezufuhr) in den energiereicheren Zustand übergeht oder bei Druckanwendung das Volumen reduziert (Reaktion unter Volumenreduzierung).

3. Wodurch kann das chemische Gleichgewicht einer Reaktion verschoben werden?

Allgemein:
- durch Temperaturänderung,
- durch Druckänderung (Gasreaktionen),
- durch Konzentrationsänderung.

4. Wann hat eine Reaktion ein chemisches Gleichgewicht erreicht?

Die Geschwindigkeit der Hin- und Rückreaktion ist gleich groß. Die chem. Reaktion ist scheinbar zum Stillstand gekommen. Im chemischen Gleichgewicht ist die Anzahl der sich bildenden Moleküle gleich der Anzahl der zerfallenden Moleküle (dynamisches Gleichgewicht).

5. Welche Vorgänge bezeichnet man
a) als Protolyse,
b) als Autoprotolyse?

a) Den Übergang eines Protons von einer Säure an ein freies Elektronenpaar einer Base nennt man Protolyse.

b) Wasser kann sowohl als Säure als auch als Base auftreten, was zu einer Autoprotolyse des Wassers führt:

$$2\ H_2O \leftrightarrows H_3O^+ + OH^-$$

6. Wie sind Lewis-Säuren definiert?

Lewis-Säuren sind Teilchen mit Elektronenlücken und somit Elektronenacceptoren bzw. elektrophile Stoffe, z. B. $FeCl_3$, $AlCl_3$.

7. Was sind Lewis-Basen?

Lewis -Basen sind Teilchen mit freien Elektronenpaaren und somit Elektronendonatoren bzw. nucleophile Stoffe, z. B. H_2O, NH_3.

8. Wie erfolgt die Einteilung in elektrophile und nucleophile Reaktionen?

Die Reaktionen werden nach dem Reagenz bezeichnet. Als solches gilt das einfacher gebaute Edukt. Ist das Reagenz „Elektronen suchend" ist die Reaktion elektrophil, ist es „Kern suchend" nucleophil.

9. Durch welche Vorgänge entstehen Carbenium- und Carbeniat-Ionen?

Carbenium-Ionen oder Carbokationen entstehen durch Abtrennung eines Substituenten mit Bindungselektronenpaar und Carbeniat-Ionen durch Abtrennen eines Substituenten ohne Bindungselektronenpaar. Beide Ionen sind Übergangszustände mit begrenzter Lebensdauer. Am stabilsten sind tertiäre Carbokationen und primäre Carbeniat-Ionen.

10. Welche Stoffe sind Nucleophile?

Nucleophile („kernfreundliche") Reagenzien sind
- Ionen, die negativ geladen sind,
- Moleküle, die freie Elektronenpaare besitzen (Dipole mit ihrem negativem Pol): Anionen, Lewis-Basen, NH_3, H_2O, Alkohole, Ether, Amine u. a.

Sie wirken beim Binden mit dem Partner als Elektronendonatoren (-spender).

11. Welche Stoffe sind Elektrophile?

Elektrophile („elektronensuchende") Reagenzien sind
- Kationen (H^+, Carbokationen),
- Lewis-Säuren wie $AlCl_3$, BCl_3, $FeCl_3$ (Teilchen mit Elektronenlücken).

Sie wirken als Elektronenacceptoren.

12. Welche C-Atome sind am nucleophilsten?

Am nucleophilsten ist das C-Atom des Methyl-Anions CH_3^-. Mit Zunahme der Alkyl-Gruppen werden negative Ladungen durch +I-Effekte (Elektronenschub) verringert.

13. Welche C-Atome sind am elektrophilsten?

Elektrophiler Kohlenstoff ist in Verbindungen vorhanden, bei denen C an Metall gebunden ist, wie z. B. in Lithiumethyl CH_3Li oder in GRIGNARD-Verbindungen R-MgX (elektrophil ist das C-Atom, das an Li oder Mg gebunden ist).

14. Welche Vorgänge sind mit Carbenium- und Carbeniat-Ionen möglich?

- Carbenium-Ionen sind wegen positiver Ladung elektrophil. Mit Carbenium-Ionen reagieren nucleophile Reagenzien.
- Carbeniat-Ionen sind negativ geladen und somit nucleophil. Carbeniat-Ionen binden elektrophile Reagenzien.

15. Was wird als Hydrolyse in der anorganischen und organischen Chemie bezeichnet?

Hydrolyse ist die Reaktion einer Verbindung mit Wasser. In der anorganischen Chemie bezeichnet man damit die alkalische Reaktion eines Salzes einer schwachen Säure und starken Base mit Wasser oder die saure Reaktion eines Salzes einer starken Säure und schwachen Base mit Wasser.
Die Hydrolyse organischer Verbindungen führt zur Spaltung einer Verbindung und geht zumeist katalysiert durch Säure oder Base vor sich, z. B. Esterhydrolyse (-spaltung) in Säure oder Alkohol.

16. Was sind elektrophile bzw. nucleophile Reaktionen?

Eine elektrophile Reaktion erfolgt, wenn ein elektrophiles Reagenz sich an ein Edukt, das ein Elektronendonator ist, bindet.
Bei einer nucleophilen Reaktion bindet sich ein nucleophiles Reagenz an ein Edukt mit positiver Ladung (Elektronenacceptor).

17. Was versteht man unter Reaktionstypen? Nennen Sie Beispiele.

Reaktionstypen (-arten) beschreiben mit Hilfe einer chemischen Bruttogleichung, wodurch sich Veränderungen bei der Umsetzung von Edukten zu Produkten in der Zusammensetzung und Struktur ergeben, z. B. durch Addition, Eliminierung, Substitution, Umlagerung, Oxidation/Reduktion, Disproportionierung, Säure-Base-Reaktion, Dissoziation, Kondensation, Polymerisation.

18. Was versteht man unter Reaktionsmechanismen? →

Reaktionsmechanismen beschreiben, wie die Reaktion im einzelnen über Aktivierungszustände und Zwischenverbindungen abläuft (wie das →

chemische Geschehen im Einzelnen zwischen Edukten und Produkten über Zwischenstufen erfolgt, z. B. elektrophil, nucleophil, säurekatalysiert, radikalisch, über Carbenium- oder Carbeniat-Ionen).

19. Definieren Sie folgende allgemeine Reaktionstypen: Substitution, Eliminierung, Addition!

Substitution ist der Austausch eines Atoms oder einer Atomgruppe durch ein anderes Atom oder eine andere Atomgruppe.
Beim Eliminieren werden Atome oder Atomgruppen (ohne Ersatz) abgespalten.
Bei der Addition erfolgt die Anlagerung von Atomen oder Atomgruppen an Doppel- oder Dreifachbindungen.

20. Welche speziellen Synthese-Verfahren gehören zu den drei allgemeinen Reaktionstypen?

Substitution: Austauschreaktion durch Halogenierung, Nitrierung, Alkylierung, Acylierung, Sulfonierung, Acetylierung, Sulfochlorierung u. a.
Eliminierung: Abspaltung z. B. durch Dehydrierung, Dehydratisierung. Dehydrohalogenierung.
Addition: z. B. Binden an eine Doppelbindung, wie Halogenierung, Hydrierung, Hydrohalogenierung, Hydratisierung.

21. Wie wird eine radikalisch verlaufende Reaktion (radikalische Substitution) gestartet?

Radikalische Reaktionen werden durch Radikale (Teilchen mit einem ungepaarten Elektron) gestartet. Sie entstehen beim Zerfall z. B. von Peroxiden oder durch Bestrahlung mit UV-Licht.

22. Was bedeutet +I-Effekt?

+I-Effekt besagt, dass Substituenten Elektronen in benachbarte Molekülteile „schieben" – wie z. B. Alkylgruppen und elektronenreiche Gruppen wie $-O^-$ – wodurch sich in benachbarten Gruppen die negative Ladung/Polarität verringert.

23. Was besagt der –I-Effekt?

Durch den –I-Effekt werden durch elektronegative Atome/Gruppen aus benachbarten Molekülteilen Elektronen angezogen. Dadurch entsteht oder verstärkt sich die positive Polarität (Elektrophilie), z. B erzeugen –I-Effekte $-NH_2$, -OH, Halogene, -COOR, -CN, $-SO_3H$, $-NO_2$.

24. Welches Merkmal besitzt die Kondensation?

Bei der Kondensation verbinden sich zwei Edukt-Moleküle unter Wasserabspaltung, wie z. B. bei der Reaktion von Alkohol und Säure zu Ester.

25. Was versteht man unter intramolekularer Wasserabspaltung?

Erfolgt die Wasserabspaltung *im* Molekül, so ist das eine

- intramolekulare Abspaltung (Eliminierung), z. B. $C_2H_5OH \rightarrow CH_2{=}CH_2 + H_2O$,
- *oder* Propan-2-ol geht (katalytisch) über in Propen und Wasser:
  $CH_3{-}CH(OH){-}CH_3 \rightarrow CH_3{-}CH{=}CH_2 + H_2O$

26. Was versteht man unter intermolekularer Wasserabspaltung?

Wenn die Abspaltung des Wassers *zwischen* zwei Molekülen eintritt (wie bei der Ester-Bildung), ist es eine intermolekulare Abspaltung oder Kondensation, z. B.

- bei der Bildung von 2-Buten-1-al aus Ethanal:
  $2\ CH_3{-}CHO \rightarrow CH_3{-}CH{=}CH{-}CHO + H_2O$
- *oder* 2 Mol Isopropylalkohol $(CH_3)_2CH{-}OH$ gehen über in Diisopropylether $(CH_3)_2{-}CH{-}O{-}CH{-}(CH_3)_2$.

27. Was sind Umlagerungen?

Bei Umlagerungen ändern Atome oder Gruppen ihren Bindungsplatz. Es erfolgt im Molekül – d. h. intramolekular – ein Platzwechsel von Atomen oder Atomgruppen, der durch Wärme oder Katalysatoren ausgelöst wird, z. B. Beckmann-Umlagerung von Cyclohexanonoxim zu ε–Caprolactam unter katalytischer Wirkung von Schwefelsäure:

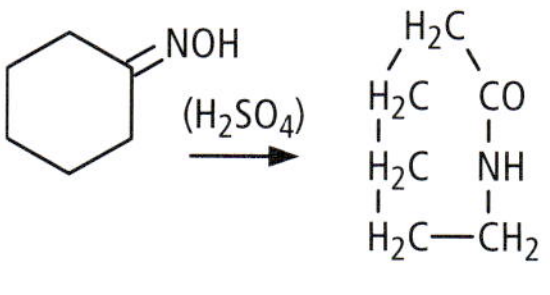

Weiteres Beispiel: Benzidin-Umlagerung (Umlagerung von Hydrazobenzol zu Benzidin):
$C_6H_5{-}NH{-}NH{-}C_6H_5 \rightarrow H_2N{-}C_6H_4{-}C_6H_4{-}NH_2$

28. Was ist eine Cyclisierung?

Cyclisierung ist der Übergang von aliphatischen Verbindungen in Ringverbindungen. z. B. Cyclisierung von Ethin zu Benzen oder Benzol (intermolekulare Cyclisierung): $3\ HC{\equiv}CH \rightarrow C_6H_6$

29. Welche allgemeinen Möglichkeiten gibt es, die Geschwindigkeit einer Reaktion zu steigern?

Die Reaktionsgeschwindigkeit bei chemischen Umsetzungen kann erhöht werden

- durch die Erhöhung der Temperatur (Erhöhung der kinetischen Energie der Teilchen, Erhöhung der Stoßzahl und eine stärkere Aktivierung),
- durch Erhöhung der Konzentration (Erhöhung der Stoßzahl),
- durch Verwendung von Katalysatoren (Erniedrigung der Aktivierungsenergie, Beschleunigung der Reaktion).

30. Wie kann speziell bei Gas-Reaktionen die Reaktionsgeschwindigkeit erhöht werden?

Wenn der Druck erhöht wird, erhöht sich die Stoßzahl, weil eine Verdichtung (Abstandsverringerung der Teilchen) eintritt.

31. Wie kann speziell bei festen und flüssigen Stoffen die Reaktionsgeschwindigkeit erhöht werden?

- Bei festen Stoffen wird durch Zerkleinerung die Angriffsfläche vergrößert.
- Die Oberfläche von Flüssigkeiten wird z. B. durch intensives Rühren, Versprühen, Eindüsen eines Edukts in feinen Tröpfchen vergrößert.

32. Wie lautet allgemein das Massenwirkungsgesetz (MWG) für die angegebenen Gleichungen?

$$A + B \leftrightarrows C + D = \frac{c(C) \cdot c(D)}{c(A) \cdot c(B)}$$

$$2A + 3B \leftrightarrows C + 2D = \frac{c(C) \cdot c^2(D)}{c^2(A) \cdot c^3(B)}$$

33. Woraus ergibt sich, dass im Massenwirkungsgesetz (MWG) die Molzahlen zu Exponenten werden?

Reaktionen erfolgen bei Zusammenstoß von Teilchen. Die mögliche Stoßzahl ergibt sich nicht durch Summierung sondern durch Multiplikation der Konzentrationen (der Mole oder stöchiometrischen Faktoren).

34. Wie wird das Massenwirkungsgesetz bei Gasreaktionen mit Hilfe der Partialdrücke formuliert?

Aus dem idealen Gasgesetz $p \cdot V = n \cdot R \cdot T$ ergibt sich für den Druck
$p = n/V \cdot RT$, $p = c \cdot RT$ und $c = p/RT$.
Beispielsweise besitzt das MWG für die Reaktion $A_{(g)} + B_{(g)} \rightarrow AB_{(g)}$ die Form:

$$K = \frac{p_{AB}/RT}{p_A/RT \cdot p_B/RT} = \frac{p_{AB} \cdot RT}{p_A \cdot p_B}$$

2.2 Syntheseplanung

1. Was wird durch die Synthese-Verfahren angegeben?

Synthese-Verfahren geben die chemischen Vorgänge an, die zu Stoffwandlungen führen: Halogenierung, Hydrierung, Nitrierung, Sulfonierung, Diazotierung, Polymerisation u. a.

2. Wie kann allgemein eine Synthese charakterisiert werden?

Eine Synthese kann allgemein charakterisiert werden, indem man Reaktionstyp, Reaktionsmechanismus und Synthese-Verfahren (-Prinzip) miteinander verknüpft, z. B. bei der Synthese von Chlorbenzol in folgender Weise:
Durch eine Substitution (Typ) entsteht elektrophil über π– und σ–Übergänge (Mechanismus) aus Benzol durch Chlorierung (Synthese-Prinzip oder -Verfahren) Chlorbenzol.

3. Was beinhaltet der Begriff Syntheseplanung?

Der Begriff orientiert auf die Aufstellung eines Syntheseplans, der alle notwendigen materiellen und experimentell-technischen Bedingungen für die Herstellung eines zu synthetisierenden Produkts enthält, z. B. die Festlegung der Edukte, Bereitstellung der notwendigen Geräte, die Abfolge der Syntheseschritte, die Synthesebedingungen (Temperatur, Druck, Schutzgas u. a.), Maßnahmen zur Unterdrückung von Nebenreaktionen oder ungewollten Reaktionen (evtl. Einführung von Schutzgruppen).

4. Was versteht man unter Retrosynthese?

Die Retrosynthese oder retrosynthetische Analyse (retro = lat. zurück) ist die gedankliche Zerlegung (Analyse) einer Zielverbindung zu immer einfacheren Verbindungen (Vorstufen), bis man zu geeigneten leicht beschaffbaren bzw. zugänglichen Ausgangsstoffen gelangt.
Aus dem Ergebnis der Retrosynthese ergibt sich, in welchen Syntheseschritten die gewünschte Verbindung erzeugt werden kann.

5. Es soll eine Retrosynthese von Ethylphenylketon bis zur Ausgangssubstanz Ethen →

1. Überführung von Ethylphenylketon in Propansäurechlorid durch Abspaltung von Benzol und Addition von HCl:

→

durchgeführt werden. Welcher Syntheseweg ergibt sich?

$C_6H_5–CO–CH_2–CH_3 + HCl$
$\rightarrow CH_3–CH_2–CO–Cl + C_6H_6$

2. Überführung des Propansäurechlorid in die Propansäure:
$CH_3–CH_2–CO–Cl + H_2O \rightarrow$
$CH_3–CH_2–COOH + HCl$
3. Bildung des Propannitrils:
$CH_3–CH_2–COOH + NH_3 \rightarrow$
$CH_3–CH_2–CN + 2\ H_2O$
4. Abspaltung der Nitril-Gruppe mit NaCl:
$CH_3–CH_2–CN + NaCl \rightarrow$
$CH_3–CH_2–Cl + NaCN$
5. Dehydrochlorierung des Ethylchlorids:
$CH_3–CH_2–Cl \rightarrow$
$CH_2{=}CH_2 + HCl$

In der Umkehrung ergibt sich die Synthese:
$CH_2{=}CH_2 + HCl \rightarrow CH_3–CH_2–Cl$
$CH_3–CH_2–Cl + NaCN \rightarrow CH_3 – CH_2 – CN + NaCl$
$CH_3–CH_2–CN + 2\ H_2O \rightarrow CH_3–CH_2–COOH + NH_3$

Bildung des Säurechlorids z. B. mit Thionylchlorid und Binden des Benzols
$CH_3–CH_2–COOH + SOCl_2 \rightarrow$
$CH_3–CH_2–CO–Cl + SO_2 + HCl$
$CH_3–CH_2–CO –Cl + C_6H_6 \rightarrow$
$C_6H_5–CO–CH_2–CH_3 + HCl$

2.3 Synthesen und Reaktionen von Alkanen, Alkenen, Alkinen, Halogenalkanen

1. Was versteht man unter Isomerie?

Isomerie (griech. = gleich,Teilchen) besteht zwischen Molekülen, die eine gleiche Summen- aber verschiedene Strukturformeln besitzen.

2. Welche Arten der Isomerie gibt es?

Die wichtigsten Isomerien sind:
- Strukturisomerie (an unterschiedlichen Stellen innerhalb des Moleküls gebundene Atome, z. B. Ethanol – Dimethylether),
- Kettenisomerie (verzweigt, unverzweigt, z. B. Butan, Isobutan),

→ →

- Stellungsisomerie (an verschiedene C-Atome der Kette gebundene Substituenten, z. B. 1,2-Dibromethan, 1,1-Dibromethan),
- Konfigurationsisomerie (cis-trans- oder Z/E-Isomerie),
- Konformationsisomerie (z. B. Sessel-/Wannenform),
- Spiegelbildisomerie oder optische Isomerie (auch: Enantiomerie),
- Tautomerie (Isomerie, die sich durch Wanderung einer Bindung und einer Gruppe – vor allem eines Protons – ausbildet, z. B. Keto-Enol-Tautomerie).

3. In welcher Struktur existieren organische Verbindungen in cis-trans-Isomerie? Bei welcher Molekülstruktur gibt es keine cis-trans-Isomerie?

Die einfachen Verbindungen, die in cis- und trans-Isomerie existieren, besitzen eine Doppelbindung und an jedem C-Atom, z. B. neben Wasserstoff, einen Substituenten. Keine cis-trans-Isomerie tritt auf, wenn beide Substituenten am gleichen C-Atom gebunden sind, z. B.:

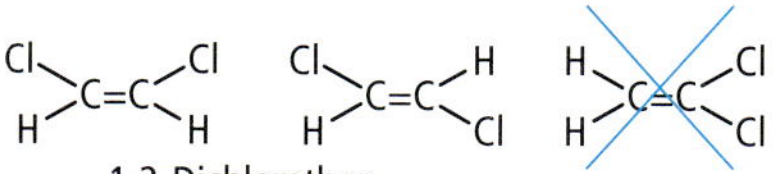

1,2-Dichlorethen

(Z)- oder cis-Form | (E)- oder trans-Form | keine cis-trans-Isomerie möglich

Cis-trans-Isomerie tritt auch an Dreifachbindungen nicht auf.

4. Welche Struktur besitzt Acetessigester in der Keto- und Enol-Form im Gleichgewicht?

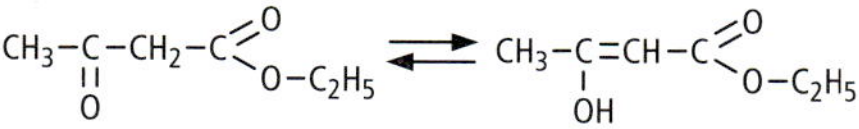

Keto-Form | Enol-Form

5. Welche Verbindungen sind mit Butanon isomer?

Butanon: $CH_3–CH_2–CO–CH_3$
Butanal: $CH_3–CH_2–CH_2–CHO$

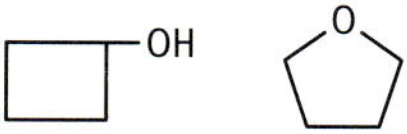

Cyclobutanol | Tetrahydrofuran

6. Welche Trivialnamen gestattet die IUPAC-Nomenklatur für verzweigte und ungesättigte Alkylgruppen?

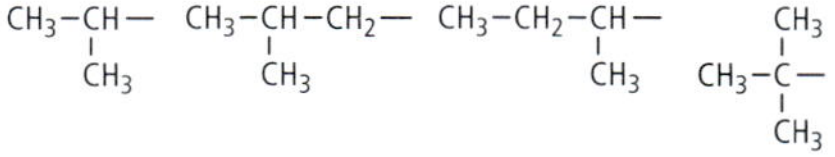

Isopropyl- Isobutyl- sec. Butyl- tert. Butyl-

Vinyl- Allyl-

7. Wie können Alkane gewonnen bzw. synthetisiert werden?

- Gewinnung durch fraktionierende Destillation von Erdöl.
- Hydrierung von Alkenen, z. B. $R\text{-}CH{=}CH_2 + H_2 \rightarrow R\text{-}CH_2\text{-}CH_3$
- WURTZsche Synthese vor allem aus Iodalkan und Natrium, z. B. $2\ RI + 2\ Na \rightarrow R\text{-}R + 2\ NaI$
- KOLBE-Synthese durch Elektrolyse von Carbonsäuresalzen (Decarboxylierung durch anodische Oxidation).
- Reduktion von Halogenalkan mit Säure und Zink,
- Hydrolyse von GRIGNARD-Verbindungen.

8. Welche wichtigen Verbindungen können aus Alkanen hergestellt werden?

- Radikalische Halogenierung zu Halogenalkanen (Alkylhalogenide), (radikalische Substitution), $R–H + Cl_2 \rightarrow R–Cl + HCl$
- Sulfochlorierung von Alkan mit $SO_2 + Cl_2$ oder Sulfurylchlorid SO_2Cl_2 zu Alkan-/Alkylsulfonylchloriden
  $R–H + SO_2 + Cl_2 \rightarrow R\text{-}SO_2Cl + HCl$,
  oder $R–H + SO_2Cl_2 \rightarrow R–SO_2Cl + HCl$
- Nitrierung zu Nitroalkanen, z. B.:
  $R–H + HNO_3 \rightarrow R–NO_2 + H_2O$
- Sulfoxidation zu Alkansulfonsäuren:
  $2\ R–H + 2\ SO_2 + O_2 \rightarrow 2\ R–SO_3H$
- Katalytische Oxidation höherer Alkane zu Carbonsäuregemischen,
- Pyrolyse (Cracken und Dehydrierung) höherer Alkane zu Gemischen aus niederen Alkanen, Alkenen und Wasserstoff.

9. Wie können Alkene dargestellt werden?

- Pyrolyse von gesättigten Kohlenwasserstoffen (wie Benzin), z. B.

$C_{10}H_{22} \rightarrow C_2H_6 + 2\ C_2H_4 + C_3H_6 + C + H_2$
oder $C_8H_{18} \rightarrow C_2H_6 + C_2H_4 + C_3H_6 + H_2 + C$

- Katalytisches Dehydratisieren von Alkoholen bei höherer Temperatur mit Katalysator, z. B. $CH_3\text{-}CH_2\text{-}OH \rightarrow CH_2{=}CH_2 + H_2O$
- Teilweises Hydrieren von Alkinen mit Katalysator (LINDLAR-Kat.): $CH{\equiv}CH + H_2 \rightarrow CH_2{=}CH_2$
- Dehydrieren von Alkanen bei höherer Temperatur
- Dehydrohalogenieren von Halogenalkan: $RCH_2CH_2X \rightarrow R{-}CH{=}CH_2 + HX$

10. Wie reagiert Hexan im UV-Licht mit Brom (gleiches Molverhältnis)?

Es findet sofort eine radikalische Substitution zu 1-Bromhexan statt:
$CH_3{-}(CH_2)_4{-}CH_3 + Br_2 \rightarrow$
$CH_2{-}(CH_2)_4{-}CH_2Br + HBr$
(Fotolyse des Brommoleküls in Radikale durch das UV-Licht.)

11. Wie reagiert Hex-1-en mit Brom (gleiches Molverhältnis)?

Die elektrophile Addition zu 1,2-Dibromhexan läuft sofort ohne zusätzliche Anregung ab, d. h. ohne UV-Licht:
$CH_3{-}(CH_2)_3{-}CH{=}CH_2 + Br_2 \rightarrow$
$CH_3{-}(CH_2)_3{-}CHBr{-}CH_2Br$

12. Was besagt die MARKOWNIKOW-Regel?

Die Regel besagt, dass bei der elektrophilen Addition von HX, H_2O, ROH an Alkene (aliphatische u. aromatische oder Alkenylbenzene) der Wasserstoff *bevorzugt* an das C-Atom gebunden wird, das den meisten Wasserstoff enthält $R{-}CH{=}CH_2 + HX \rightarrow R{-}CHX{-}CH_3$ Hauptprodukt; $R{-}CH_2{-}CH_2X$ Nebenprodukt.

13. Wie lautet die Reaktion von Propen mit HI?

$CH_3{-}CH{=}CH_2 + HI \rightarrow CH_3{-}CH(I){-}CH_3$

14. Buten addiert Iodwasserstoff. Welches ist
a) das Haupt-,
b) das Nebenprodukt?

Nach der MARKOWNIKOW-Regel entstehen vor allem
a) 2-Iodbutan (neben 1-Iodbutan als Nebenprodukt) und
$CH_3{-}CH_2{-}CH{=}CH_2 + HI \rightarrow$
$CH_3{-}CH_2{-}CH(I){-}CH_3$
b) 2-Iodpropan (neben 1-Iodpropan):
$CH_3{-}CH_2{-}CH{=}CH_2 + HI \rightarrow$
$CH_3{-}CH_2{-}CH_2{-}CH_2I$

15. Wie werden Alkine dargestellt?

Teilweise Oxidation (Katalysator) von CH_4 zu Ethin: $4\ CH_4 + O_2 \rightarrow CH{\equiv}CH + CO + 7\ H_2$
Reaktion von Halogenalkan mit Alkinylid-Ionen:
$CH{\equiv}C^-\ Na^+ + R{-}X \rightarrow R{-}C{\equiv}CH + NaX$
Reaktion von Calciumcarbid mit Wasser:
$CaC_2 + H_2O \rightarrow HC{\equiv}CH + H_2O$

16. Welche Reaktionen können z. B. mit Propan
a) durchgeführt,
b) nicht durchgeführt werden?

a) Propan kann durch folgende Reaktionen verändert werden:
   - durch Oxidation zu CO_2 und H_2,
   - durch Substitution von Wasserstoff, z. B. mit Halogenen, zu Halogenalkan,
   - durch Dehydrierung zu Propen.

b) Additionen sind nicht möglich.

17. Wie läuft eine radikalische Chlorierung von Methan ab? Wie wird sie gestartet?

Durch UV-Licht werden im Start Chlor-Radikale erzeugt. Unter Reproduktion von Radikalen läuft eine Kettenreaktion ab. Es entstehen Radikale Cl·, CH_3· und CH_3Cl sowie HCl. Durch Vereinigen von zwei Radikalen folgt der Kettenabbruch.

18. Zu welcher Verbindung reagiert vorrangig 3-Methylbut-1-en mit HCl?

$CH_3{-}CH(CH_3){-}CH{=}CH_2 + HCl \rightarrow$
$CH_3CH(CH_3){-}CH(Cl){-}CH_3$
Reaktion nach MARKOWNIKOW-Regel vorrangig zu 2-Chlor-3-methylbutan, Nebenprodukt: 1-Chlor-3-methylbutan.

19. Welche Verbindungen können u. a. aus Alkinen erzeugt werden?

- 1-Alkine haben sauren Charakter und binden in wässrigen Lösungen Schwermetallionen zu Salzen (Acetylide) z. B. Silber zu Silberacetylid $HC{\equiv}C^-Ag^+$.
- Hydrierung zu Alkenen mit LINDLAR-Katalysator.
- Bromierung, Chlorierung zu ungesättigten und gesättigten Dihalogenkohlenwasserstoffen, z. B. zu 1,2-Dihalogenalkenen mit LEWIS-Säure ($FeCl_3$, $AlCl_3$).
- Hydrohalogenierung z. B. Addition von Chlorwasserstoff zu Chlorethen (Vinylchlorid), $HC{\equiv}CH + HCl \rightarrow CH_2{=}\ CH{-}Cl$.
- Bildung von Vinylverbindungen, z. B. mist Alkohol von Vinylether
  $HC{\equiv}CH + ROH \rightarrow H_2C{=}CH{-}OR$.

20. Welche Reaktionen sind für Halogenalkane typisch?

Typisch sind Substitution und Eliminierung, die auch nebeneinander ablaufen können, z. B.:

- R-Br + NaOH → R-OH + NaBr
- CH_3-CH_2Br + NaOH →
  CH_2=CH_2 + H_2O + NaBr
- WURTZsche Synthese, z. B.
  2 R-Br + 2 Na → R-R + 2 NaBr

21. In einer WURTZschen Synthese reagieren Bromethan und 2-Brompropan. Wie ist das Reaktionsgemisch zusammengesetzt?

CH_3–CH_2–Br + CH_3–CH(Br)–CH_3 + 2 Na →
2 NaBr +

a) CH_3–CH_2–CH_2–CH_3 Butan

b) CH_3–CH–CH–CH_3 2-Methylbutan

```
CH3–CH–CH–CH3   2-Methylbutan
    |
    CH3
```

c)
```
CH3–CH–CH3   2,3-Dimethylbutan
    |
CH3–CH–CH3
```

22. Wie lautet die Gleichung für die Reaktion von Alkanhalogenen mit NaOH sowie mit NaCN?

Es entstehen durch Base-Austausch Alkohole sowie Nitrile:

Allgemein: R–Br + NaOH → R–OH + NaBr (Alkanol)

R–Cl + NaCN → R–CN + NaCl (Alkannitril)

CH_3Br + NaOH → CH_3-OH + NaBr (Methanol)

CH_3–CH_2–CH_2Cl + NaOH →
CH_3–CH_2–CH_2OH + NaCl (Propan-1-ol)

CH_3–CH_2–CH_2Cl + NaCN →
CH_3–CH_2–CH_2CN + NaCl (Butannitril)

23. Welche Verbindungen erhält man durch säurekatalysierte Reaktion von Ethylenoxid
a) mit Wasser,
b) mit Alkohol,
c) durch Reaktion mit Ammoniak,
d) mit Blausäure?

Ethylenoxid besitzt eine Schlüsselstellung für die Synthese verschiedener Verbindungen durch säurekatalysierte elektrophile Addition, z. B.:

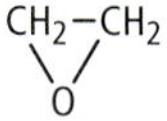

a) + H_2O → HO–CH_2–CH_2–OH 1,2-Ethandiol

b) + R–OH → R–O–CH_2–CH_2–OH Glykolether

c) + NH_3 → H_2N–CH_2–CH_2–OH Ethanolamin

→

d) + HCN → $HO-CH_2-CH_2-CN$
3-Hydroxypropionitril
Analoge Reaktionen verlaufen mit Propenoxid zu den entsprechenden Verbindungen.

24. Welche Verbindung entsteht bei der Umsetzung von 3-Methylbut-1-en mit HCl sowie mit Chlor?

1) Hauptprodukt: 3-Methyl-2-chlorbutan (MARKOWNIKOW):
$CH_3-CH(CH_3)-CH=CH_2 + HCl$
$\rightarrow CH_3-CH(CH_3)-CH(Cl)-CH_3$
Nebenprodukt: 3-Methyl-1-chlorbutan.
2) $CH_3-CH(CH_3)-CH=CH_2 + Cl_2 \rightarrow$
$CH_3-CH(CH_3)-CHCl-CH_2Cl$
1.2-Dichlor-3-methylbutan

25. Welche Verbindung entsteht beim Hydrohalogenieren aus je einem Mol Bromwasserstoff und Penta-1,3-dien?

Es entsteht 4-Brompent-2-en:
$CH_2=CH-CH=CH-CH_3 + HBr \rightarrow$
$CH_3-CH=CH-CHBr-CH_3$

2.4 Synthesen und Reaktionen von Alkanolen, Alkanalen, Alkanonen

1. Wie können primäre Alkohole synthetisiert werden?

- Methanol durch katalytische Hydrierung von Kohlenstoffmonoxid,
- Ethanol durch Vergärung von Rohrzucker und Stärke,
- Ethanol durch katalytische Hydratisierung von Ethen,
- Ethanol durch katalytische Hydrierung von Ethanal CH_3-CHO,
- Ethanol durch Bildung von Ethylhydrogensulfat aus Ethen, und konz. H_2SO_4 und anschließender Hydrolyse
  $CH_2=CH_2 + H_2SO_4 \rightarrow CH_3\text{-}CH_2\text{-}OSO_3H$
  $CH_3-CH_2-SO_3H + H_2O \rightarrow$
  $CH_3\text{-}CH_2OH + H_2SO_4$,
- höhere Alkohole durch katalytische Hydratisierung von höheren Alkenen.

2. Welche Reaktionen sind für primäre Alkohole typisch?

- Typisch sind Oxidation, Eliminierung, Säure-Base-Reaktion.
- Stufenweise Oxidation (Dehydrierung) durch starke Oxidationsmittel führt zu Alkanal R-CHO und Carbonsäure R-COOH: $RCH_2OH \rightarrow RCHO \rightarrow RCOOH$
- Bildung von Alkoholaten mit Alkalimetallen (Säurereaktion),
- Umsetzung von Alkoholat mit Iodalkan zu Ether (Williamson-Synthese), z. B.
  $R\text{-}O^- Na^+ + R'\text{-}I \rightarrow R\text{-}O\text{-}R' + NaI$
- mit HX entstehen Halogenalkane R-X und Wasser
- Dehydratation (Eliminierung) bei höherer Temperatur zu Alken durch konz. H_2SO_4:
  $CH_3\text{–}CH_2\text{–}CH_2\text{–}OH \rightarrow CH_3\text{–}CH{=}CH_2 + H_2O$
- gleichartig reagieren sek. Alkohole, z. B.
  $CH_3\text{-}CH(OH)\text{-}CH \rightarrow CH_2{=}CH_2 + H_2O$
- Reaktion mit Säuren zu Estern R-COOH-R'
- Dehydratation von 2 Mol Ethylalkohol mit konz. Schwefelsäure zu Diethylether.

3. Welche Reaktion erfolgt bei der Oxidation von Cyclohexanol?

Die Oxidation mit Kaliumpermanganat in schwefelsaurer Lösung führt zu Cyclohexanon:

$$5\ C_6H_{11}\text{–}OH + 2\ KMnO_4 + 3\ H_2SO_4 \rightarrow 5\ C_6H_{10}O + 2\ MnSO_4 + K_2SO_4 + 8\ H_2O$$

4. Welche typischen Reaktionen gehen sekundäre Alkohole ein?

- Oxidation mit Oxidationsmitteln zu Keton (Alkanon) z. B.
  $CH_3\text{-}CH(OH)\text{-}CH_3 + (OM) \rightarrow CH_3\text{-}CO\text{-}CH_3 + H_2O$
- Dehydratisierung zu Alken,
- Veresterung mit Carbonsäuren.
- Die Acidität (Neigung zur Alkoholat-Bildung mit Natrium) ist geringer, die Reaktivität zu HX ist dagegen größer als bei primärem Alkohol.

Tertiäre Alkohole können nur zu CO_2 und H_2O oxidiert werden.

5. Welche Synthesemöglichkeit gibt es für Pentan-2-ol?

An Pent-1-en wird in Gegenwart von Säure Wasser nach der Markownikow-Regel addiert (säurekatalysierte Hydratation):

$$CH_3\text{–}CH_2\text{–}CH_2\text{–}CH{=}CH_2 + H_2O \rightarrow CH_3\text{–}CH_2\text{–}CH_2\text{–}CH(OH)\text{–}CH_3$$

6. Wie kann eine Dehydrierung von Propan-2-ol realisiert werden?

Mit Cu-Katalysator und bei einer Temperatur von ca. 325 °C erfolgt eine Wasserstoffabspaltung zu Propanon (Aceton):
$CH_3–CH(OH)–CH_3 \rightarrow CH_3–CO–CH_3 + H_2$.

7. Wie erfolgt eine Dehydratisation von Propan-2-ol?

Mit 60 %iger H_2SO_4 entsteht bei 100 °C durch Dehydratisation Propen.
$CH_3–CH(OH)–CH_3 \rightarrow CH_3–CH{=}CH_2$

8. Wie lautet die Reaktionsgleichung für die Dehydrierung von 1-Propanol?

$CH_3–CH_2–CH_2OH \rightarrow CH_2–CH{=}CH_2 + H_2O$

9. Wie reagiert Propan-1-ol (1-Propanol) mit Natrium?

Bildung von Alkoholat (Natrium-1-propanolat) und Wasserstoff:
$2\ CH_3CH_2CH_2OH + 2\ Na \rightarrow$
$2\ CH_3CH_2CH_2O^-\ Na^+ + H_2$.
Das Alkoholat-Ion kann mit Monohalogenalkan zu Ether reagieren.

10. Propan-2-ol spaltet intra- und intermolekular Wasser ab. Erläutern Sie den Unterschied!

Intramolekulare Wasserabspaltung (intra, innerhalb, innen) erfolgt im Molekül:
$CH_3–CH(OH)–CH_3 + H^+ \rightarrow CH_3–CH{=}CH_2 + H_3O^+$
(Bedingungen: 100 °C; 60 % H_2SO_4; Säurekatalyse). Es entsteht Propen.
Intermolekulare Abspaltung von Wasser erfolgt durch Reaktion zwischen zwei Molekülen (Nebenreaktion der o. g. Reaktion):
$2\ CH_3–CH(OH)–CH_3 \rightarrow$
$(CH_3)_2CH–O–CH(CH_3)_2 + H_2O$

11. Welche Verbindungen entstehen bei folgenden Reaktionen:
a) Ethylbromid mit NaOH,
b) Phenol mit NaOH,
c) 1-Butanol mit Natrium,
d) Phenol mit Essigsäurechlorid,
e) Essigsäure mit Isopropylalkohol?

a) $H_3C–CH_2–Br + NaOH \rightarrow$
$H_3C–CH_2–OH + NaBr$ (Alkohol)
b) $C_6H_5–OH + NaOH \rightarrow$
$C_6H_5–O^-Na^+ + H_2O$ (Natriumphenolat)
c) $2\ H_3CCH_2CH_2CH_2–OH + 2\ Na \rightarrow$
$2\ H_3CCH_2\ CH_2CH_2O^-Na^+ + H_2$
(Natriumbutanolat)
d) $C_6H_5–OH + CH_3–COCl \rightarrow$
$C_6H_5–O–COCH_3 + HCl$
(Essigsäurephenylester (-phenolester))
e) $CH_3COOH + (CH_3)_2CHOH + (H^+) \rightleftarrows$
$CH_3COOCH(CH_3)_2 + H_3O^+$
(Essig-/Ethansäureisopropylester)

12. Zu welchem Zweck werden Schutzgruppen verwendet?

Wenn bei einer Synthese die Gefahr besteht, dass eine ungewollte Reaktion an einer funktionellen Gruppe eintritt, muss diese durch die Einführung einer Schutzgruppe, die nicht an der gewünschten Reaktion teilnimmt, vorübergehend blockiert werden. Schutzgruppen müssen leicht abgespalten werden können, damit sich die geschützte Gruppe wieder zurückbildet.

13. Wie können OH-Gruppen vor Oxidation geschützt werden?

Wenn eine Verbindung, die eine OH-Gruppe besitzt, oxidiert werden soll, jedoch die OH-Gruppe erhalten bleiben soll, wird sie vor der Oxidation mit Triphenylmethylchlorid $(C_6H_5)_3C\text{-}Cl$ verbunden (vorübergehende Etherbildung). Nach der Oxidation wird die Schutzgruppe durch Säure abgespalten.

14. Wie können Carbonyl-Gruppen geschützt werden?

Die Carbonyl-Gruppe >C=O der Aldehyde und Ketone kann durch Bildung von Acetal geschützt werden, die gegenüber Alkalien stabil sind. Nach Ablauf einer Reaktion kann der Alkohol durch verdünnte Säuren leicht wieder abgespalten werden.

15. Wie können Alkanale erzeugt werden?

- Oxidation primärer Alkohole durch Oxidationsmittel wie CrO_3/H_2SO_4, und Abdestillierung vor Weiteroxidation zur Carbonsäure, z. B. 2-Methylpropan-1-ol zu 2-Methylpropanal:
  $3\ CH_3–CH(CH_3)–CH_2–OH + 2\ CrO_3 \rightarrow$
  $CH_3–CH(CH_3)–CHO + 3\ H_2O + Cr_2O_3$
  Ethanal oder Acetaldehyd,
- katalytisches Hydratisieren von Ethin,
- katalytische Oxidation von Ethen.

16. Welche Verbindungen können aus Alkanalen erzeugt werden?

- Durch Oxidation entstehen Carbonsäuren.
- Die katalytische Reduktion mit H_2 führt zu primärem Alkohol.
- Durch Addition von GRIGNARD-Verbindungen und anschließende Hydrolyse bilden sich sek. Alkohole.
- Im sauren wasserfreien Medium werden mit 1 Mol Alkohol Halbacetale, mit 2 Mol Acetale gebildet.

17. Durch welche Reaktionen können Alkanone synthetisiert werden?

- Durch Oxidation von sekundären Alkohol mit CrO_3 (verdünnte Schwefelsäure), z. B. 3-Methylbutan-2-ol zu 3-Methylbutan-2-on
  $3\ CH_3{-}CH(CH_3){-}CH(OH){-}CH_3 + 2\ CrO_3 \rightarrow$
  $CH_3{-}CH(CH_3){-}CO{-}CH_3 + 3H_2O + Cr_2O_3$,
- durch katalytische Dehydrierung (mit Cu-Kontakt) von sek. Alkohol bei höherer Temperatur,
- katalytische Oxidation von Propen zu Propanon (Aceton),
- vollständige Umsetzung von Propin mit H_2O:
  $CH_3{-}C{\equiv}CH + H_2O \rightarrow CH_3{-}CO{-}CH_3$

18. Wie kann Propanon (Aceton) synthetisiert werden?

- Oxidation von Propan-2-ol (mit nascierendem Sauerstoff):
- $CH_3{-}CH(OH){-}CH_3 + [O] \rightarrow$
  $CH_3{-}CO{-}CH_3 + H_2O$
- Dehydrierung von Propan-2-ol (Cu-Katalysator): $CH_3{-}CH(OH){-}CH_3 \rightarrow CH_3{-}CO{-}CH_3 + H_2$
- Pyrolyse von Ca-Acetat:
  $(CH_3COO)_2Ca \rightarrow CH_3{-}CO{-}CH_3 + CaCO_3$
- Oxidation von Isopropylbenzol (2-Phenylpropan, Cumol) zu Propanon und Phenol:

$$C_6H_5{-}CH{-}\underset{\displaystyle CH_3}{\underset{|}{CH_3}} + O_2 \rightarrow CH_3{-}CO{-}CH_3 + C_2H_5OH$$

19. Wie ändert sich die Reaktivität von Methanal zu höheren Alkanalen und Ketonen?

Die Reaktivität nimmt von Methanal über höhere Alkanale zu Ketonen hin wegen +I-Effekt der Alkylgruppen ab. Somit kommt es zur Abnahme der Polarität/Reaktivität des Carbonylkohlenstoffs:
$HCHO > R{-}CHO > R{-}CO{-}R$

20. Was ist eine Keto-Enol-Umlagerung?

Man versteht darunter die Umlagerung von einer alkoholischen Gruppe in eine Keto-(Oxo-)-Gruppe, d. h. =O-Gruppe, allgemein als Keto-Enol-Tautomerie bezeichnet.
Beispiel: Propin reagiert hydrolytisch über eine Keto-Enol-Umlagerung zu Propanon (Aceton). Zunächst entsteht durch Reaktion von $CH_3{-}C{\equiv}CH + H_2O$ als Zwischenverbindung die instabile Enol-Form $CH_3{-}C(OH){=}CH_2$, die sich sofort zu $CH_3{-}CO{-}CH_3$ umlagert.

2.5 Synthesen und Reaktionen von Ethern

1. Welche Möglichkeiten bestehen für die Synthese von Ethern?

- Allgemein durch WILLIAMSON-Synthese aus Alkoholat und Iodalkan:
  $R{-}O^- Na^+ + R'{-}I \rightarrow R{-}O{-}R' + NaI$
- Diethylether durch Dehydratation von Ethylalkohol mit konzenztrierter Schwefelsäure bei 130 °C (Nebenprodukt: Ethen): aus 2 Mol Ethanol entsteht 1 Mol Diethylether
  $2\ C_2H_5{-}OH \rightarrow C_2H_5{-}O{-}C_2H_5 + H_2O$.
- Diethylether durch katalytische Dehydratation (Al_2O_3-Kontakt) von Ethylalkohol bei 300 °C:
  $2\ C_2H_5{-}OH \rightarrow C_2H_5{-}O{-}C_2H_5 + H_2O$

2. Wie reagieren Ether mit starken Säuren?

Es findet eine Etherspaltung statt, z. B. mit HBr zu Alkohol und Bromalkan.

3. Wie werden Ether eingeteilt?

Die Einteilung erfolgt in
- aliphatische Ether, Alkoxyalkane R–O–R',
- aliphatisch-aromatische Ether, Alkoxybenzole, Alkylphenylether $C_6H_5{-}O{-}R$
- cyclische Ether, z. B. Dioxan, Tetrahydrofuran

4. Wie lauten die Formeln folgender Ether:
a) Methylethylether,
b) Methylvinylether,
c) Methylphenylether?

a) $CH_3{-}O{-}C_2H_5$
b) $CH_3{-}O{-}CH{=}CH_2$
c) $C_6H_5{-}O{-}CH_3$

5. Nach welcher Gleichung ist die Synthese von 2-Propoxybenzol (Phenylisopropylether) zu formulieren?

Die Verbindung entsteht durch die WILLIAMSON-Synthese:

$$C_6H_5^-\ Na^+ + (CH_3)_2CH{-}I \rightarrow C_6H_5{-}O{-}CH(CH_3)_2 + NaI$$

6. Welche wichtigen Reaktionen gehen Ether ein?

- Mit starken Säuren erfolgt Etherspaltung R–O–R, z. B. mit HBr zu R–OH und R–Br.
- Besonders wichtig ist die Bildung von GRIGNARD-Verbindungen aus Monohalogenalkanen und Magnesium in wasserfreier etherischer Lösung: $R{-}X + Mg \rightarrow R{-}Mg{-}X$.
- An der Luft erfolgt unter Lichteinwirkung die Bildung von explosiblen Etherperoxiden (Aufbewahrung luftdicht in braunen Flaschen).

2.6 GRIGNARD-Synthesen

2

1. Wozu werden GRIGNARD-Verbindungen verwendet?

Die Verbindungen R–Mg–X sind wichtige Alkylierungsmittel (Einführung/Übertragung von Alkyl- sowie Aryl-Gruppen). Sie addiert sich leicht an den Kohlenstoff mit polaren Mehrfachbindungen, z. B. Carbonyl-Gruppen >C=O sowie –CN, -NO.

2. Worauf beruht die Reaktivität der GRIGNARD-Verbindungen?

Der Kohlenstoff der Alkyl- bzw. Aryl-Gruppen, der an das Magnesium gebunden ist, ist negativ polarisiert. Die Gruppen können als Carbanionen von der GRIGNARD-Verbindung nucleophil an positiv polarisierten Kohlenstoff eines Reaktionspartners wandern.

3. Wie werden GRIGNARD-Verbindungen hergestellt?

In einen Rührapparat werden in wasserfreiem Ether trockene Mg-Späne eingebracht und unter Rühren sowie bei leichtem Sieden gasförmiges Monohalogenalkan oder Arylhalogenid eingeleitet oder flüssiges Monohalogenalkan bzw. Arylhalogenid tropfenweise zugeführt (Temperaturkontrolle). Halogenalkane und Magnesium reagieren zur GRIGNARD-Verbindung: R–X + Mg → R–Mg–X, entsprechend Ar-X zu Ar–MgX.
Bei zu heftiger Reaktion wird der Kolben gekühlt und die Zufuhr des Halogenalkans verringert. Die Verbindung erhält man nach Abdestillieren des Ethers und evtl. Erwärmen der GRIGNARD -Verbindung im Vakuum.

4. Woran ist zu erkennen, dass sich die GRIGNARD-Verbindung bildet?

Die Magnesiumspäne lösen sich auf und die etherische Lösung beginnt zu sieden. Bei zu heftiger Reaktion wird der Kolben vorsichtig gekühlt.

5. Wie kann der Start für die Bildung von GRIGNARD-Verbindungen aktiviert werden?

Magnesium ist von einer schwer löslichen Oxidhaut bedeckt. Durch Zusatz weniger Iodkristalle wird das Magnesium depassiviert. Die Aktivierung der Reaktion erkennt man am Auflösen des Magnesiums.

6. Welche Synthesemöglichkeiten bestehen durch die Umsetzung von GRIGNARD-Verbindungen?

- Die Umsetzung mit Wasser führt zu Alkanen,
- mit Methanal und Hydrolyse zu primärem Alkohol,
- mit höherem Aldehyd und Wasser zu sek. Alkohol,
- mit Keton und Hydrolyse zu tert. Alkohol,
- mit CO_2 (Carboxylierung) und Hydrolyse zu Carbonsäure,
- mit Carbonsäurechlorid und Hydrolyse zu Keton,
- mit Nitril und Hydrolyse zu Keton,
- mit Alkylhalogenid zu höheren Alkanen.

7. Zu welcher Verbindung führt die Addition von Propylmagnesiumbromid an Ethanal und die anschließende Hydrolyse?

$$CH_3-CHO+CH_3-CH_2-CH_2-MgBr \rightarrow$$

$$\begin{array}{l} CH_3-CH-O-MgBr+H_2O \\ \;| \\ CH_2-CH_2-CH_3 \end{array}$$

$$\rightarrow CH_3-CH_2-CH_2-CH(OH)-CH_3$$

Pentan-2-ol + Mg(OH)Br

8. Zu welcher Verbindung reagiert Isopropylmagnesiumbromid mit CO_2 und danach mit Wasser?

$$\begin{array}{l} CH_3 \searrow \\ \qquad CH-MgBr+CO_2 \rightarrow \\ CH_3 \nearrow \end{array}$$

$$\begin{array}{l} CH_3 \searrow \\ \qquad CH-COOMgBr+H_2O \rightarrow \\ CH_3 \nearrow \end{array}$$

Isobuttersäure

$$\begin{array}{l} CH_3 \searrow \\ \qquad CH-COOH+Mg(OH)Br \\ CH_3 \nearrow \end{array}$$

2-Methylpropansäure

9. Im welchen Schritten verläuft die Reaktion, wenn ein Propanon mit einer GRIGNARD-Verbindung und danach mit Wasser umgesetzt wird?

Es entsteht ein tert. Alkohol:

$$CH_3-CO-CH_3+R'-MgX \rightarrow \begin{array}{c} O-MgX \\ | \\ CH_3-C-R' \\ | \\ CH_3 \end{array}$$

$$\xrightarrow[-\,Mg(OH)X]{+\,H_2O} \begin{array}{c} OH \\ | \\ CH_3-C-R' \\ | \\ CH_3 \end{array}$$

10. Welche Verbindung entsteht, wenn Propanal mit Methylmagnesiumbromid reagiert und anschließend hydrolysiert wird?

$$CH_3CH_2CHO + CH_3MgBr \rightarrow CH_3CH_2\underset{\displaystyle O-MgBr}{\underset{|}{C}H}-CH_3 + H_2O \rightarrow$$

$$CH_3CH_2\underset{\displaystyle OH}{\underset{|}{C}H}CH_3 + Mg(OH)Br$$

2-Butanol, Butan-2-ol

2.7 Synthesen und Reaktionen von Carbonsäuren und Carbonsäurederivaten

1. Wie werden Carbonsäuren dargestellt?

- Durch katalytische Drucksynthese bei höherer Temperatur aus Alken, CO und H_2O (Carbonylierung), z. B.
  $CH_2{=}CH_2 + CO + H_2O \rightarrow CH_3{-}CH_2{-}COOH$
- Carboxylierung (Einführung von CO_2) von GRIGNARD-Verbindungen mit anschließender Zerlegung mit verdünnter HCl:
  $R{-}Mg{-}X + CO_2 \rightarrow R{-}CO{-}OMgX + HCl \rightarrow$
  $R{-}COOH + MgX_2$
- durch Oxidation von Alkohol oder Aldehyd,
- durch Hydrolyse von Carbonsäurehalogeniden, $R{-}CO{-}X + H_2O \rightarrow R{-}COOH + HX$,
- durch Hydrolyse von Nitrilen zu Carbonsäuren (bzw. deren Ammoniumsalzen)
  $R{-}CN + 2\ H_2O \rightarrow R{-}COOH + NH_3$.

2. Welche Synthesen können mit Carbonsäurechloriden durchgeführt werden?

- Mit Alkohol Bildung von Estern $R{-}CO{-}X + R'{-}OH \rightarrow R{-}CO{-}OR' + HX$, z. B. mit Propanylchlorid (Propansäurechlorid) und Ethanol zu Propansäureethylester:
  $CH_3{-}CH_2{-}CO{-}Cl + C_2H_5{-}OH \rightarrow$
  $CH_3{-}CH_2{-}CO{-}OC_2H_5$,
- mit Wasser Hydrolyse zu Carbonsäure, z. B. mit Propanoylchlorid zu Propansäure
  $CH_3{-}CH_2{-}CO{-}Cl + H_2O \rightarrow$
  $CH_3{-}CH_2{-}COOH + HCl$,
- mit NH_3 Reaktion zu Amid, z. B. mit Propanylchlorid zu Propansäureamid
  $CH_3{-}CH_2{-}CO{-}Cl + 2\ NH_3 \rightarrow$
  $CH_3{-}CH_2{-}CO{-}NH_2 + NH_4Cl$,

→ →

- mit Carbonsäure und Carbonsäurechlorid bilden sich Säureanhydride
  R–COOH + R–CO–Cl →
  R–CO–O–CO–R + HCl.

3. Wie werden Carbonsäurechloride erzeugt?

Es werden Carbonsäure und Phosphorpentachlorid oder Thionylchlorid $SOCl_2$ zur Reaktion gebracht:
R–COOH + PCl_5 → R–CO–Cl + $POCl_3$ + HCl
R–COOH + $SOCl_2$ → R–CO–Cl + HCl + SO_2

4. Welche Reaktionen sind mit Estern möglich?

- Umesterung mit höheren Alkoholen,
- alkalische Esterspaltung (Hydrolyse) zu Carbonsäure und Alkohol,
- Umsetzung des Esters mit Ammoniak zu Amid R–CO–NH_2 und Alkohol,
- Reaktion mit GRIGNARD-Verbindung RMgX und anschließender Hydrolyse zu Keton:
  R–CO–OR″ + R′MgX + H_2O →
  R–CO–R` + R″–OH + Mg(OH)X

5. Woraus werden Säureanhydride hergestellt?

Die Säureanhydride werden aus Carbonsäuren und Säurechlorid synthetisiert:
R–COOH + R–CO–Cl → R–CO–O–CO–R + HCl
Gemischte Säureanhydride:
R–COOH + R′–CO–Cl → R–CO–O–CO–R′ + HCl

6. Welche Verbindungen können mit Hilfe von Carbonsäureanhydriden synthetisiert werden?

- Mit Wasser Bildung der Carbonsäure:
  R–CO–O–CO–R + H_2O → 2 R–COOH,
- mit Alkohol Bildung von Ester:
  R–CO–O–CO–R + 2 R′–OH →
  2 R–COOR′ + H_2O,
- mit Ammoniak Bildung von Ammoniumsalz und Amid:
  R–CO–O–CO–R + 2 NH_3 →
  R–$COONH_4$ + R–CO–NH_2.

7. Welche Möglichkeit besteht allgemein, die Ausbeute von Estern zu erhöhen?

Die Ausbeute von Esthern kann
- durch Konzentrationserhöhung eines Edukts,
- durch Entfernung des Wassers bzw. durch Binden des Wassers oder
- durch ständiges Abdestillieren des Esters (evtl. fraktionierend unter Vakuum) erhöht werden.

8. Wie kann die Ausbeute von Ethansäureethylester erhöht werden?

Die Ausbeute kann durch Erhöhung der Konzentration eines Edukts, z. B. der Säure oder des Alkohols oder durch Erniedrigung der Konzentration eines Produkts erhöht werden. Wirkungsvoll ist die Bindung des Wassers durch Zusatz von konz. Schwefelsäure, die gleichzeitig katalytisch wirkt, oder das Abdestillieren des Esters.

9. Ester werden häufig säurekatalysiert (z. B. mit H_2SO_4) synthetisiert. Wie wird die Säure nach der Reaktion entfernt?

Nach der Reaktion wird das Gemisch mit Natriumhydrogencarbonat neutralisiert. Das sich bildende Salz (z. B. Natriumsulfat) bleibt nach Abdestillieren des Esters im Destillierkolben zurück.

10. Wie wird die Umesterung durchgeführt?

Die Umesterung (Alkoholyse) eines Esters mit Alkohol wird durch Säure oder Lauge katalysiert. Es erfolgt in Gleichgewichtsreaktion ein Austausch des niederen Alkohols durch einen höheren Alkohol, z. B. Umesterung von Essigsäureethylester mit 1-Pentanol zu Essigsäurepentylester

$$CH_3CO{-}OC_2H_5 + C_5H_{11}{-}OH \rightarrow CH_3CO{-}OC_5H_{11} + C_2H_5{-}OH$$

Der Ethylalkohol wird abdestilliert.

11. Woraus wird der Ester $CH_3CH_2CO\text{-}O(CH_2)_3CH_3$ hergestellt?

Die Synthese erfolgt aus Propansäure und 1-Butanol (Butan-1-ol).

$$CH_3CH_2COOH + CH_3CH_2CH_2CH_2OH \rightarrow CH_3CH_2CO\text{-}OCH_2CH_2CH_2CH_3 + H_2O$$

12. Durch welche Gleichung wird die Synthese von Ethansäurepentylester beschrieben?

$$CH_3COOH + CH_3(CH_2)_3CH_2\,OH \rightarrow CH_3CO\text{-}OCH_2(CH_2)_3CH_3 + H_2O$$

13. Welche Produkte entstehen bei der Fetthydrolyse?

Bei der sauren Hydrolyse mit Säuren entstehen Glycerol (Glycerin) und Fettsäuren, bei der basischen Hydrolyse mit Alkalihydroxiden Glycerol und Natrium- oder Kaliumsalze der Fettsäuren (Seifen).

14. Wie lautet die Gleichung für die säurekata- →

Allgemein:

$$R{-}CO{-}O{-}R' + H_3O^+ \rightarrow R{-}COOH + R'{-}OH + H^+$$ →

lysierte Spaltung von Estern, z. B. Ethansäurethylester?

CH_3-CO–O–CH_2–CH_3 + H_3O^+ →
CH_3COOH + CH_3CH_2OH + H^+
Ethansäurethylester

15. Welche Verbindung entsteht aus Propan-2-ol und Essigsäure?

Bei der säurekatalysierten Reaktion entsteht Essigsäureisopropylester:
CH_3COOH + CH_3–CH(OH)–CH_3 →
CH_3–CO–O–CH$(CH_3)_2$

16. Welche Alkohole und Säuren entstehen bei der Verseifung der unten angegebenen Ester (Hydrolyse, säurekatalysierte Esterspaltung)?
a) Essigsäurepropylester
b) Propansäurebutylester
c) Butansäureisopropylester

a) 1-Propanol (Propan-1-ol), Essigsäure (Ethansäure)
b) 1-Butanol (Butan-1-ol), Propansäure
c) 2-Propanol (Propan-2-ol), Butansäure

17. Wie werden
a) Acetonitril und
b) Propannitril
synthetisiert?

Nitrile werden aus Alkanchloriden und Natriumcyanid synthetisiert:
a) mit Methylchlorid:
CH_3–Cl + NaCN → CH_3–CN + NaCl
b) mit Ethylchlorid:
CH_3–CH_2–Cl + NaCN → CH_3–CH_2–CN

18. Welche Verbindung entsteht bei der Hydrolyse von Acetonitril CH_3CN?

Bei der vollständigen Hydrolyse mit starken Basen oder Mineralsäuren entsteht über Carbonsäureamid die Carbonsäure, z. B. aus Acetonitril (Ethannitril) Essigsäureamid bzw. Essigsäure:
$CH_3CN + H_2O \rightarrow CH_3CONH_2$
$CH_3CONH_2 + H_2O \rightarrow CH_3COOH + NH_3$.
Das Amid kann vor weiterer Hydrolyse durch konz. H_2SO_4 geschützt und isoliert werden.

19. Acetonitril wird katalytisch hydriert. Welche Verbindung entsteht?

Es entsteht durch Reduktion Ethanamin $CH_3CH_2NH_2$. Allgemein entstehen aus Nitrilen R–CN beim Hydrieren primäre Amine mit gleicher Anzahl der C-Atome.

20. Welche Verbindung entsteht aus Benzonitril durch Hydrolyse?

Benzonitril ergibt durch saure oder alkalische Hydrolyse Benzoesäure und Ammoniak:
C_6H_5-CN + 2 H_2O → C_6H_5-COOH + NH_3

21. Was versteht man unter säurekatalysierter Reaktion?

Viele organische Reaktionen verlaufen nur bei Gegenwart von Säure befriedigend schnell, z. B.

- Umsetzung von Alken mit Wasser zu Alkohol:
  $R\text{-}CH{=}CH_2 + H^+ \rightarrow CH_3CH^+CH_3$
  $CH_3CH^+CH_3 + H_2O \rightarrow CH_3CH(OH_2^+)CH_3$
  $CH_3CH(OH_2)^+ + H_2O \rightarrow$
  $CH_3CH(OH)CH_3 + H_3O^+$
- analog: Umsetzung von Alken mit Alkohol zu Ether,
- Umsetzung von Epoxid durch Anlagerung von H^+ an den Sauerstoff,
- Esterspaltung.

Bei der Säurekatalyse von Reaktionen lagert sich das katalysierende Proton immer an das Atom mit der höchsten Elektronendichte an (die ersten beiden Beispiele oben an die Doppelbindung, die anderen beiden an den Sauerstoff).

2.8 Aromatische Verbindungen

1. Unter welchen Bedingungen erfolgt bei Aromaten eine Kernsubstitution?

KKK-Regel: **K**atalysator und tiefe Temperaturen („**K**älte", Zimmertemperatur) führen zu Substitution von Wasserstoff am **K**ern (Ring). Als Katalysator dient eine Lewis-Säure.

2. Welche Bedingungen führen bei Alkylaromaten zu Seitenkettensubstitution?

SSS-Regel: Hohe Temperaturen (**S**iedehitze) und Bestrahlung mit UV-Licht („**S**onnenlicht") führen zur Substitution von Wasserstoff in der Alkylgruppe (**S**eitenkette).

3. Welches Produkt wird bei der Seitenkettenchlorierung von Toluen (Toluol) gebildet?

Unter Wirkung von UV-Licht werden die Wasserstoffatome der CH_3-Gruppe nacheinander substituiert, sodass Benzylchlorid $C_6H_5\text{-}CH_2Cl$, Benzylidenchlorid $C_6H_5\text{-}CHCl_2$ und schließlich Benzotrichlorid $C_6H_5CCl_3$ entsteht.

4. Welche Verbindungen entstehen bei der Einfachsubstitution von Benzen (Benzol),
a) durch Chlorierung,
b) durch Sulfonierung,
c) durch Nitrierung?

Es entsteht mit Hilfe von Friedel-Crafts-Katalysatoren ($AlCl_3$, $FeCl_3$) durch elektrophile Substitution:

a) mit Chlor: Chlorbenzol $C_6H_5\text{–}Cl$
b) mit Schwefeltrioxid Benzolsulfonsäure $C_6H_5\text{–}SO_3H$
c) mit Nitriersäure Nitrobenzol $C_6H_5\text{–}NO_2$

5. Was sind Friedel-Crafts-Katalysatoren?

Es handelt sich um Lewis-Säuren (Elektronenpaarlücken), z. B. $AlCl_3$, $FeCl_3$, BF_3, die bei Friedel-Crafts-Reaktionen als Katalysatoren verwendet werden.

6. Was sind Friedel-Crafts-Synthesen?

Durch diese Synthesen werden am Aromaten-Kern durch Alkylierung mit R-X Alkylaromate (z. B. Toluol, -en) oder durch Acylierung mit R-COCl Acylaromate (z. B. Acetophenon) mit Hilfe von Lewis-Säuren, z. B. $AlCl_3$, erzeugt.

7. Was sind Friedel-Crafts-Reaktionen?

Friedel-Crafts-Reaktionen sind Alkylierungen und Acylierungen von aromatischen Verbindungen. Sie verlaufen in nichtwässrigen Lösungsmitteln unter Einfluss von Lewis-Säuren (z. B. $AlCl_3$) als Katalysatoren. Für die Alkylierung werden Alkene, Alkohole oder Alkylhalogenide und für die Acylierung Säurechloride oder Anhydride verwendet.

8. Was versteht man unter einer Alkylierung von Benzen?

Bei einer Alkylierung wird Wasserstoff durch eine Alkylgruppe ersetzt. Monohalogenalkan reagiert dabei mit Hilfe eines Friedel-Crafts-Katalysators ($AlCl_3$) in einer Kernsubstitution, z. B. $C_6H_6 + R\text{-}Cl \rightarrow C_6H_5\text{-}R + HCl$.

9. Welche Aufgabe hat $AlCl_3$ als Friedel-Crafts-Katalysator bei der Alkylierung von Benzen?

Reaktionspartner des Benzens ist bei der Alkylierung Alkylhalogenid, z. B R-Cl. Der Katalysator $AlCl_3$ bindet durch seine Elektronenlücke (Lewis-S.) das Chlor des R–Cl zu $[AlCl_4^-]$ und aktiviert damit die Alkyl-Gruppe R^+ für die elektrophile Substitution von Wasserstoff am Benzen:
$R\text{-}Cl + AlCl_3 \rightarrow R^+ + [AlCl_4]^- + C_6H_6 \rightarrow C_6H_5\text{–}R + HCl + AlCl_3$

10. Es wird
a) Benzen,
b) Toluen
mit Methylchlorid in Gegenwart von $AlCl_3$ umgesetzt. Welches Edukt reagiert schneller? Welche Verbindungen entstehen?

Es handelt sich um Friedel-Crafts-Reaktionen mit Hilfe von Friedel-Crafts-Katalysatoren ($AlCl_3$ u. a.):
a) $C_6H_6 + CH_3Cl \rightarrow C_6H_3\text{–}CH_3 + HCl$
b) $C_6H_5\text{–}CH_3 + CH_3Cl \rightarrow CH_3\text{–}C_6H_4\text{–}CH_3 + HCl$
Die Reaktion mit Toluol verläuft schneller, weil die Alkyl-Gruppe einen +I/+M-Effekt bewirkt, wodurch der Kern nucleophiler wird und leichter eine elektrophile Substitution durch die CH_3-Gruppe erfolgen kann.

11. Welche Verbindung entsteht, wenn Benzen nitriert wird?

Mit Nitriersäure entsteht aus Benzol Nitrobenzen oder Nitrobenzol $C_6H_5–NO_2$
Die Nitriersäure besteht aus einem Gemisch von konz. HNO_3 und konz. H_2SO_4 als Wasser entziehendes Mittel für die Bildung von NO_2^+-Ionen, die elektrophil den Wasserstoff des Benzens substituieren.

12. Wie werden Alkylphenylketone erzeugt und wie wird speziell die Acetylierung von Benzen realisiert?

Die Synthesen werden mit Benzen und Carbonsäurechloriden durchgeführt $R–CO–Cl + C_6H_6 \rightarrow CH_3–CO–R + HCl$.
Die Reaktion von Benzol mit Acetylchlorid (BF_3-Katalysator) führt zu Methylphenylketon: $C_6H_6 + CH_3–COCl \rightarrow C_6H_5–CO–CH_3 + HCl$.

13. Nach welchem Reaktionsmechanismus läuft die Erst- oder Einfachsubstitution von Benzen ab?

Die Kernsubstitution beim Halogenieren, Nitrieren, Sulfonieren oder bei der Friedel-Crafts-Alkylierung verläuft allgemein mit Hilfe einer Lewis-Säure (Friedel-Crafts-Kat.) über einen π-Komplex und ein Carbenium-Ion zum Endprodukt.

14. Was besagt der –I- bzw. –M-Effekt sowie der +I bzw. +M-Effekt?

Die Begriffe beziehen sich auf die Einflüsse des Substituenten der Erstsubstitution auf Zweitsubstitution von Benzen (Benzol):

Substituenten 2. Ordnung (-CHO, -COOR, -COOH, $-SO_3H$, -CN, NO_2) mit –I- und –M-Effekt senken durch Elektronenzug auf das π-Elektronensextett die Elektronendichte und desaktivieren den Kern für eine 2. Substitution. Die Zweitsubstitution erfolgt in *meta-* oder 1,3-Stellung.

Substituenten 1. Ordnung ($-CH_3$, $-C_5H_5$, -OH, $-NH_2$, $-O^-$) erhöhen durch Elektronenschub die Elektronendichte im Kern und aktivieren ihn für eine zweite Substitution. Die Zweitsubstitution erfolgt in *ortho* und *para*-Stellung (1,2 und 1,4-Stellung).

Halogene besitzen einen +M und –I-Effekt, haben eine desaktivierende Wirkung, dirigieren aber einen zweiten Substituenten in *o-* und *p*-Position.

15. Welche Verbindung entsteht bei der Nitrierung von Nitrobenzen (-ol)?

Bei der Zweitsubstitution von Nitrobenzol dirigiert die Nitro-Gruppe die zweite NO_2-Gruppe in die *meta*-Position. Es entsteht *m*- oder 1,3-Dinitrobenzen (-ol).

16. Welches Haupt- und welches Nebenprodukt entsteht
a) bei der Nitrierung
b) bei der Chlorierung von Toluen (-ol)?

Es handelt sich in beiden Fällen um eine Zweitsubstitution. Die Alkylgruppe dirigiert a) die Nitrogruppe, b) das Chlor vor allem in die *para*-Position. Als Hauptprodukte entstehen a) *p*- oder 4-Nitrotoluen (-ol) bzw. b) *p*- oder 4-Chlortoluen (-ol), als Nebenprodukt die entsprechenden *ortho- oder* 2-Verbindungen: a) *o*- oder 2-Nitrotoluen (-ol) und b) *o*- oder 2-Chlortoluen (-ol).

17. Was versteht man unter Wurtz-Fittig-Synthese?

Durch die Synthese entsteht (in analoger Weise wie bei der Wurtz-Synthese von Alkanen) aus Halogenbenzol und Natrium Phenylnatrium. Dieses kann mit Alkylhalogenid zu Alkylbenzolen wie Toluen (-ol) umgesetzt werden, z. B.:
$C_6H_5Br + 2\ Na \rightarrow C_6H_5Na + NaBr$
$C_6H_5Na + R\text{-}Br \rightarrow C_6H_5\text{-}R + NaBr$

18. Welches Produkt entsteht bei der Chlorierung von Nitrobenzol?

Bei der Chlorierung von Nitrobenzol entsteht durch –I/-M-Effekt der Nitro-Gruppe 1-Chlor-3-nitrobenzol.

19. Welche Verbindung wird bei der Nitrierung von Chlorbenzol gebildet?

In diesem Fall entstehen durch –I/+M-Effekt des Chlors 1-Chlor-4-nitrobenzol (Hauptprodukt) und 1-Chlor-2-nitrobenzol (Nebenprodukt).

20. Welche Verbindung entsteht bei der Hydrolyse von Benzylchlorid?

Benzylchlorid verhält sich chemisch wie die Alkylchloride und geht mit verdünntem Alkali beim Erwärmen in Benzylalkohol über:
$C_6H_5\text{-}CH_2Cl + NaOH \rightarrow C_6H_5\text{-}CH_2OH + NaCl$.

21. Nach welchem Reaktionstyp setzt sich Phenol mit NaOH um?

Phenol reagiert mit NaOH in einer Säure-Base-Reaktion zu Phenolat und Wasser:
$C_6H_5\text{–}OH + NaOH \rightarrow C_6H_5\text{–}O^-Na^+ + H_2O$

22. Wie werden aromatische Diazonium-Salze gebildet?

Diazonium-Salze werden aus Anilin (oder substituierten Anilinen) mit Salpetriger Säure (oder Nitrit) und Mineralsäure Phenyl- bzw. Aryldiazonium-Salze erzeugt:

→

$C_6H_5{-}NH_2 + 2\ HCl + NaNO_3 \rightarrow$
$[C_6H_5{-}N^+{}_2]Cl^- + NaCl + H_2O$
Benzoldiazoniumchlorid

Aromatische Diazonium-Salze sind bei tieferen Temperaturen beständig. Die aus primären aliphatischen Aminen gebildeten Diazosalze sind unbeständig und spalten sofort Stickstoff ab.

23. Was versteht man unter Diazotierung?

Die Ausbildung der $-N{\equiv}N^+$-Gruppierung wird Diazotierung genannt.

24. Was ist eine Diazospaltung?

Aromatische Diazonium-Salze spalten in der Wärme Stickstoff ab. Benzoldiazoniumchlorid geht dabei in Phenol, Stickstoff und HCl über:
$[C_6H_5{-}N^+{}_2]Cl^- + H_2O \rightarrow C_6H_5{-}OH + N_2 + HCl$

25. Welche Umsetzung ist mit der Sandmeyer-Reaktion möglich?

Zunächst wird durch Diazotierung aus Anilin (oder substituierten Anilinen) mit Salpetriger Säure (oder Nitrit) und Mineralsäure Benzoldiazoniumchlorid erzeugt:
$C_6H_5{-}NH_2 + 2\ HCl + NaNO_3 \rightarrow$
$[C_6H_5{-}N_2^+]Cl^- + NaCl + H_2O$
Nachfolgend kann die Sandmeyer-Reaktion durchgeführt werden. Im einfachsten Fall zerfällt Benzoldiazoniumchlorid $[C_6H_5{-}N^+{}_2]Cl^-$ in salzsaurer CuCl-Lösung in Chlorbenzol und N_2 (Diazospaltung). Analog entsteht aus Benzoldiazoniumbromid Brombenzol (oder aus substituierten Verbindungen die entsprechenden substituierten Arylhalogeniden).

26. Welche Synthesen sind mit der Cannizzaro-Reaktion möglich?

Aldehyde, die keinen Wasserstoff in α–Position zur Carbonylgruppe besitzen, können kein Aldol bilden. Sie disproportionieren (sog. Oxidoreduktion) in der Cannizzaro-Reaktion mit Alkali zu Carbonsäure-Salz und Alkohol. Benzaldehyd disproportioniert mit Alkali zu Benzoat und Benzylalkohol:
$2\ C_6H_5{-}CHO + NaOH \rightarrow$
$C_6H_5{-}COO^-Na^+ + C_6H_5{-}CH_2{-}OH$

→ →

Methanal setzt sich zu Methanol und Salz der Ameisensäure um:
$2\ HCHO + NaOH \rightarrow HCOONa + CH_3OH$.

Glyoxylsäure disproportioniert bei der Oxidoreduktion in Glykolsäure und Oxalsäure:
$2\ CHO{-}COOH + H_2O \rightarrow$
$HO{-}CH_2{-}COOH + HOOC{-}COOH$.

27. Welche Reaktionen sind mit der Williamson-Synthese realisierbar?

Es reagieren
- Alkoholat mit Monohalogenalkan zu aliphatischen Ethern R-O-R',
- Phenolat mit Monohalogenalkan zu aliphatisch-aromatischen Ethern (Alkylphenylether) $C_6H_5{-}O{-}R$,
- Phenolat mit Arylhalogenid (p, T, Cu-Kat.) zu Diphenylether $C_6H_5{-}O{-}C_6H_5$.

3 Stöchiometrie und chemisches Rechnen

Die nachfolgenden Gleichungen und Erläuterungen sind Grundlagen zum Lösen von stöchiometrischen Aufgaben. Bei umfassenderen Berechnungen sind teilweise verschiedene Gleichungen miteinander zu kombinieren.

3.1 Gehaltsgrößen

3.1.1 Stoffmenge

Die Stoffmenge n eines Stoffes ist der Quotient aus einer Masse m und der Molaren Masse M dieses Stoffes.

$$n = \frac{m}{M};\ [\mathrm{mol}]$$

3.1.2 Massenanteil

Der Massenanteil ω_i einer Komponente i in einer Mischung ist das Verhältnis, das sich aus der Masse einer Komponente m_i zu der Gesamtmasse m_{ges} aller Komponenten ergibt.

$$\omega_i = \frac{m_i}{m_1 + m_2 + m_3 + m_4 + \ldots} \text{ bzw. } \omega_i = \frac{m_i}{m_{ges}};\ [\%]$$

3.1.3 Volumenanteil

Der Volumenanteil φ einer Komponente i ist das Verhältnis des Volumens von i zum Gesamtvolumen (Summe der Ausgangsvolumen).

$$\varphi_i = \frac{V_i}{V_1 + V_2 + V_3 + \ldots} \text{ bzw. } \varphi_i = \frac{V_i}{V_{ges}};\ [\mathrm{Vol}\%]$$

3.1.4 Stoffmengenanteil

Der Stoffmengenanteil χ ist das Verhältnis, das sich aus der Molzahl n_i der Komponente i zu den Molzahlen aller in der Mischung vorhandenen Komponenten n_{ges} ergibt.

$$\chi_i = \frac{n_i}{n_1 + n_2 + n_3 + n_4 + \ldots} \text{ bzw. } \chi_i = \frac{n_i}{n_{ges}};\ [\%]$$

3.1.5 Massenkonzentration

Die Massenkonzentration β eines Stoffes i ist der Quotient der gelösten Stoffmasse m_i und dem Lösungsvolumen V_L.

$$\beta_i = \frac{m_i}{V_L}; \quad \left[\frac{mg}{l}\right] \text{ bzw. } \left[\frac{g}{l}\right]$$

3.1.6 Volumenkonzentration

Die Volumenkonzentration σ eines Stoffes ist der Quotient aus dem Volumen des gelösten reinen Stoffes V_i und dem Volumen V_L der Lösung (z. B. 100 ml).

$$\sigma_i = \frac{V_i}{V_L} \text{ bzw. } \sigma_i = \frac{V_i\,[ml]}{100\,ml}; \quad [\%]$$

3.1.7 Stoffmengenkonzentration (Molarität)

Die Stoffmengenkonzentration c eines Stoffes i in einer Lösung ist der Quotient aus einer Stoffmenge n_i des gelösten Stoffes und dem Volumen V der Lösung.

$$c_i = \frac{n_i}{V}; \quad [mol \cdot l^{-1}]$$

3.1.8 Äquivalentkonzentration (Normalität)

Die Äquivalentkonzentration c_{eq} gibt an, welche Äquivalentmenge n_{eq} in einem Liter Lösung enthalten ist.

$$c_{eq} = \frac{n_{eq}}{V}; \quad \left[\frac{mol}{l}\right] \text{ bzw. } \left[\frac{mol}{dm^3}\right] \qquad n_{eq} = z \cdot n; \ [mol] \qquad c_{eq} = z \cdot c$$

z = Äquivalentzahl bzw. Wertigkeit;

3.1.9 Umrechnungen

Stoffmengenkonzentration in Massenkonzentration:
Die Stoffmengenkonzentration c ist der Quotient aus der Massenkonzentration eines Stoffes β_i und seiner Molaren Masse M_i.

$$c_i = \frac{\beta_i}{M_i} \text{ bzw. } \beta_i = c_i \cdot M_i$$

Massenanteil in Massenkonzentration:
Der Massenanteil eines Stoffes ω_i in einer Lösung ist der Quotient aus der Massenkonzentration β_i des Stoffes und der Dichte der Lösung ρ_L.

$$\omega_\text{i} = \frac{\beta_\text{i}}{\rho_\text{L}} \text{ bzw. } \beta_\text{i} = \omega_\text{i} \cdot \rho_\text{L}$$

Massenanteil in Volumenkonzentration:
Der Massenanteil eines Stoffes ω_i in einer Lösung ist das Produkt aus der Volumenkonzentration σ des Stoffes und dem Quotienten der Dichte des Stoffes ρ_i zur Dichte der Lösung ρ_L.

$$\omega_\text{i} = \sigma_\text{i} \cdot \frac{\rho_\text{i}}{\rho_\text{L}} \text{ bzw. } \sigma_\text{i} = \omega_\text{i} \cdot \frac{\rho_\text{L}}{\rho_\text{i}}$$

3

3.1.10 Prozentuale Zusammensetzung von Verbindungen

am Beispiel der Verbindung A_2B_3

$$n_\text{A} = 2 \text{ mol und } n_\text{B} = 3 \text{ mol} \qquad m_\text{A} = n \cdot M_\text{A} \text{ und } m_\text{B} = n \cdot M_\text{B}$$

$$m_\text{A} + m_\text{B} = m_\text{ges} \qquad \omega_\text{A} = \frac{m_\text{A}}{m_\text{ges}} \text{ und } \omega_\text{B} = \frac{m_\text{B}}{m_\text{ges}}$$

3.2 Mischungsrechnen

3.2.1 Mischungsgleichung

Die Mischungsgleichung wird zur Berechnung von Massenanteilen des Stoffes *i* angewendet.

$$m_1 \cdot \omega_1(\text{i}) + m_2 \cdot \omega_2(\text{i}) = (m_1 + m_2) \cdot \omega(\text{i}) \text{ bzw. } m_1 \cdot \omega_1 + m_2 \cdot \omega_2 + \ldots = m_\text{M} \cdot \omega_\text{M}$$

m_1 = Masse der Lösung 1
m_2 = Masse der Lösung 2
m_M = Masse der Mischungslösung
ω_1 = Massenanteil der Lösung 1
ω_2 = Massenanteil der Lösung 2
ω bzw. ω_M = Massenanteil der Mischungslösung

Die Summe der Massen der einzelnen Komponenten ist gleich der Gesamtmasse der Mischung.

$m_1 + m_2 = m_M$ bzw. $m_2 = m_M - m_1$

Durch Einsetzen dieser Beziehung in die Ausgangsgleichung und Umformen der Gleichung ist die Berechnung einer Einzelmasse möglich, z. B.:

$$m_1 = \frac{m_M \cdot (\omega_M - \omega_2)}{\omega_1 - \omega_2}$$

Unter Verwendung der Dichte kann das Volumen der Stoffkomponenten berechnet werden, z. B.:

$$m_1 = \frac{\rho_M \cdot V_M \cdot (\omega_M - \omega_2)}{\omega_1 - \omega_2} \text{ und } V_1 = \frac{m_1}{\rho_1} \quad \text{bzw.} \quad V_1 = \frac{\rho_M \cdot V_M \cdot (\omega_M - \omega_2)}{(\omega_1 - \omega_2) \cdot \rho_1}$$

und $V_2 = \dfrac{m_M - m_1}{\rho_2}$

3.2.2 Mischungskreuz

Das Mischungskreuz ist aus der Mischungsgleichung abgeleitet.

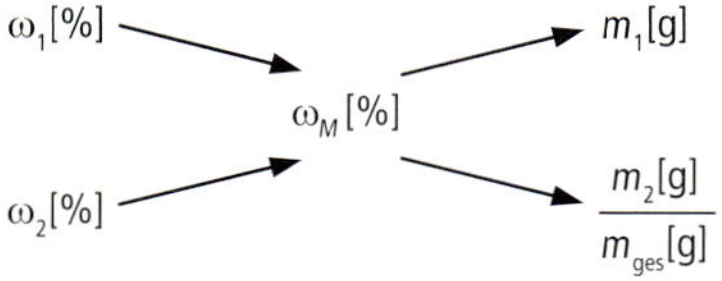

Zur Ermittlung der Massen werden in Pfeilrichtung die Differenzen der Massenanteile gebildet. Dabei ist der kleinere Betrag vom größeren abzuziehen.

$\omega_1\,[\%]$ = Massenanteil des Stoffes der konz. Ausgangslösung
$\omega_2\,[\%]$ = Massenanteil des Stoffes der geringer konz. Ausgangslösung
$\omega_M\,[\%]$ = geforderter Massenanteil der herzustellenden Lösung
$m_1\,[g]$ = zu mischende Massenteile der konz. Ausgangslösung
$m_2\,[g]$ = zu mischende Massenteile der geringer konz. Ausgangslösung
$m_{ges}\,[g]$ = Summe der zu mischenden Massenteile

Mit einer Verhältnisgleichung können aus den Massenteilen der Ausgangslösungen und der Masse der herzustellenden Lösung m_{her} die benötigten Massen berechnet werden, z. B.:

$$\frac{x}{m_1} = \frac{m_{her}}{m_{ges}}$$

Bei der Berechnung der Volumina ist für jeweilige Massenteile die entsprechende Dichte zu verwenden und analog zu verfahren, z. B.:

$$V_2 = \frac{m_2}{\rho_2} \text{ und } \frac{x}{V_2} = \frac{V_{her}}{V_{ges}}$$

3.2.3 Einwaage für Lösungen

Die Stoffmenge des einzuwiegenden Stoffes entspricht der Stoffmenge des gelösten Stoffes.

$$\frac{m}{M} = n = c \cdot V$$

Die Einwaage ist das Produkt aus Stoffmengenkonzentration und Volumen der herzustellenden Lösung und der Molaren Masse des einzuwiegenden Stoffes.

$$m_i = c_L \cdot V_L \cdot M_i; \text{ [mg] bzw. [g]}$$

3.2.4 Veränderung der Konzentration von Lösungen

In die verdünnte Lösung wird die Stoffmenge eines Stoffes eingebracht, die der konzentrierten Lösung entnommen wurde (n_i).

$$n_i = n_{verd}$$

Damit ergibt sich bei Einsatz der:

a) Stoffmengenkonzentration

$$c_i \cdot V_i = c_{verd} \cdot V_{verd} \text{ bzw. } \frac{c_i}{V_{verd}} = \frac{c_{verd}}{V_i}$$

b) Massenkonzentration

$$\beta_i \cdot V_i = \beta_{verd} \cdot V_{verd} \text{ bzw. } V_i = \frac{\beta_{verd} \cdot V_{verd}}{\beta_i}$$

Da auch die Masse eines Stoffes sich beim Verdünnen nicht ändert, gilt für den Massenanteil:

$$\omega_i \cdot m_i = \omega_{verd} \cdot m_{verd}$$

Siehe hierzu auch Absatz 3.1.9 – Umrechnungen. S. 66.

3.2.5 Mischung aus mehreren Komponenten

Siehe hierzu auch Absatz 3.2.1 – Mischungsgleichung. S. 67.

3.3 Chemisches Gleichgewicht

3.3.1 Massenwirkungsgesetz und Gleichgewichtskonstante

Die Berechnungen sind auf Grundlage der allgemeinen Reaktionsgleichung

$xA + yB \rightarrow vC + wD$

erläutert. Bei Veränderung der Anzahl der Edukte oder Produkte sind die Gleichungen anzupassen.

a) Massenwirkungsgesetz für die Reaktion A + B → C + D:

$$K_C = \frac{c_C \cdot c_D}{c_A \cdot c_B}$$

b) Massenwirkungsgesetz für die Reaktion xA + yB → vC + wD:

Die Gleichgewichtskonstante K_C lässt sich errechnen, indem aus den Koeffizienten der chemischen Reaktionsgleichung im Massenwirkungsgesetz Exponenten werden.

$$K_C = \frac{c_C^v \cdot c_D^w}{c_A^x \cdot c_B^y}$$

Auf der gleichen Grundlage ergeben sich weitere Konstanten:

a) Dissoziationskonstante K_D

$$KA \leftrightarrow K^+ + A^- \qquad K_D = \frac{c_{K^+} \cdot c_{A^-}}{c_{KA}}$$

b) Ionenprodukt des Wassers K_W

$$K_W = c_{H^+} \cdot c_{OH^-} = 10^{-14} \frac{mol^2}{l^2}$$

c) Säurekonstante K_S

$$K_S = \frac{c_{Base} \cdot c_{H_3O^+}}{c_{Säure}}; \qquad K_S = \frac{c^2_{H_3O^+}}{c_{Säure}} \qquad pK_S = -\lg K_S$$

d) Basenkonstante K_B

$$K_B = \frac{c_{OH^-} \cdot c_{Säure}}{c_{Base}}; \qquad pK_B = -\lg K_B; \qquad pK_S + pK_B = pK_W = 14$$

e) Komplexbildungskonstante

$A + B + nH_2O \leftrightarrow \text{Komplex}$

$$K_{Komplex} = \frac{c_{Komplex}}{c_A \cdot c_B}$$

f) Löslichkeitsprodukt

$KA \leftrightarrow K^+ + A^-; \quad K_L = c_{K^+} \cdot c_{A^-}$

Die jeweilige Einheit ist aus dem Massenwirkungsgesetz abzuleiten.

3.3.2 Umsatz bei Gleichgewichtsreaktionen

Die Berechnung wird am Beispiel einer Veresterung demonstriert.

$$\underset{(S)}{\text{Säure}} + \underset{(A)}{\text{Alkohol}} \leftrightarrow \underset{(E)}{\text{Ester}} + \underset{(W)}{\text{Wasser}}$$

Nach dem Massenwirkungsgesetz gilt bei 20 °C:

$$K = \frac{c_E \cdot c_W}{c_S \cdot c_A} = 4$$

Bei der Gleichgewichtsreaktion entstehen Ester und Wasser in gleichen Stoffmengen und pro entstandener Stoffmenge Ester wird die gleiche Stoffmenge Säure und Alkohol umgesetzt.

$c_E = c_W = c_{S,Umsatz} = c_{A,Umsatz}$

Es gilt weiterhin, dass die Konzentration von Säure bzw. Alkohol am Zeitpunkt *t* der Reaktion gleich der Differenz der Ausgangskonzentration von Säure bzw. Alkohol $c_{A,0}$ und der Konzentration von Wasser bzw. Ester zum gleichen Zeitpunkt ist. Damit ergibt sich:

$$K = \frac{c_E^2}{(c_{S,0} - c_E) \cdot (c_{A,0} - c_E)} = 4$$

und damit $c_E^2 - \frac{4}{3} c_E (c_{S,0} + c_{A,0}) + \frac{4}{3} \cdot c_{S,0} \cdot c_{A,0} = 0$

Für $c_{S,0}$ und $c_{A,0}$ sind die Ausgangskonzentrationen einzusetzen und die Gleichung ist nach c_E aufzulösen. Bei der Auflösung der quadratischen Gleichung ist neben mathematischer Korrektheit auch auf ein stöchiometrisch sinnvolles Ergebnis zu achten – die ermittelte Konzentration kann nicht größer als die Ausgangskonzentration von Säure oder Alkohol sein.

Die Ausbeute η ergibt sich aus dem Quotienten der berechneten Esterkonzentration und der maximal möglichen Konzentration (Edukte):

$$\eta = \frac{c_{\text{berechnet}}}{c_{\text{max}}}$$

3.3.3 Sonderfall Gleichgewichtsreaktionen von Gasen

Die Berechnung wird an der allgemeinen Gleichung

$$\underset{Gas}{2AB} \leftrightarrow \underset{fest}{A} + \underset{Gas}{AB_2}$$

demonstriert.

Auf die beteiligten Gase wird das Massenwirkungsgesetz angewandt:

$$K_C = \frac{c_{AB_2}}{c_{AB}^2}$$

Wird die Gasgleichung $p \cdot V = n \cdot R \cdot T$ mit der Stoffmenge $n = c \cdot V$ verbunden, ergibt sich für die Konzentration:

$$c = \frac{p}{R \cdot T}$$

und damit für die Gleichgewichtskonstante:

$$K_C = \frac{p_{AB_2} \cdot R \cdot T}{p_{AB}^2}$$

mit dem Ausdruck $K_P = \frac{p_{AB_2}}{p_{AB}^2}$ ergibt sich:

$$K_C = K_P \cdot R \cdot T$$

Somit kann K_C bei bekannter Temperatur und bekannten Drücken berechnet werden.

3.3.4 pH-Wert

Der pH-Wert ist der negative dekadische Logarithmus des Zahlenwertes der Oxoniumionenkonzentration in mol/l.

a) starke Säuren bzw. Basen

$$pH = -\lg (c_{H_3O^+})$$

$$pH = 14 - pOH \; ; \; pOH = -\lg(c_{OH^-})$$

$$\left| c_{H_3O^+} \right| = \frac{10^{-14}}{\left| c_{OH^-} \right|} \; ; \; \left| c_{H_3O^+} \right| = 10^{-pH}$$

b) schwache Säuren bzw. Basen

$$pH = \frac{pK_S - \lg c_{Säure}}{2}; \quad pH = 7 + \frac{pK_S + \lg c_{Base}}{2}; \quad pH = 14 - \frac{pK_B - \lg c_{Base}}{2}$$

oder über folgende Näherungsgleichungen:

$$c_{H_3O^+} \approx \sqrt{K_S \cdot c} \text{ bzw. } c_{OH^-} \approx \sqrt{K_B \cdot c}$$

c = Ausgangskonzentration der Säure bzw. Base

c) Salzlösungen
Der pH-Wert wird auf Grundlage des Massenwirkungsgesetzes aus den Konzentrationen der Hydronium- bzw. der Hydroxid-Ionen berechnet.
Für ein Salz aus einer starken Säure und einer schwachen Base gilt:

$$c_{H_3O^+} = \sqrt{\frac{K_W \cdot c_{0,Salz}}{K_B}}$$

Für ein Salz aus einer schwachen Säure und einer starken Base gilt:

$$c_{OH^-} = \sqrt{\frac{K_W \cdot c_{0,Salz}}{K_S}}$$

d) Pufferlösungen

$$HA + OH^- \rightarrow A^- + H_3O^+$$

$$pH = pK_{S,(HA)} + \lg \frac{c_{A^-}}{c_{HA}}$$

$$A^- + H_3O^+ \rightarrow HA + H_2O$$

$$pH = pK_{B,(A^-)} + \lg \frac{c_{HA}}{c_{A^-}}$$

Das Maß der Pufferwirkung ist die Pufferkapazität β:

$$\beta \approx \frac{c_{Säure} \cdot c_{Base}}{c_{Säure} + c_{Base}}$$

3.3.5 Protolysegrad

a) für Säuren: $\alpha_S = \dfrac{c_{H_3O^+}}{c_{0,Säure}}$

b) für Basen: $\alpha_B = \dfrac{c_{OH^-}}{c_{0,Base}}$

c_0 = Ausgangskonzentration der Säure bzw. Base

$c_{0,Säure} = c_{Säure} + c_{H_3O^+}$; $c_{0,Base} = c_{Base} + c_{OH^-}$

3.3.6 Ostwaldsches Verdünnungsgesetz

a) für Säuren: $K_S = \dfrac{\alpha_S^2}{1 - \alpha_S} \cdot c_{0,Säure}$

b) für Basen: $K_B = \dfrac{\alpha_B^2}{1 - \alpha_B} \cdot c_{0,Base}$

3.4 Stoffumsatz und Ausbeute

3.4.1 Massenberechnungen bei chemischen Reaktionen

Die Berechnungen sind auf Grundlage der allgemeinen Reaktionsgleichung

$xA + yB \rightarrow zC$

erläutert.
Bei Veränderung der Anzahl der Edukte oder Produkte sind die Gleichungen anzupassen

Beim Umsatz reiner Stoffe wird über das Verhältnis der Stoffmengen von Edukt und Produkt die Masse an notwendigem Edukt oder an entstehendem Produkt (bei 100 % Stoffumsatz) berechnet:

$$\frac{x \cdot m_A}{M_A} = \frac{z \cdot m_C}{M_C} \quad \text{bzw.} \quad \frac{x \cdot m_B}{M_B} = \frac{z \cdot m_C}{M_C}$$

Bei der Aufstellung des Stoffmengenverhältnisses sind die stöchiometrischen Faktoren der Reaktionsgleichung zu beachten:

$\dfrac{n_A}{n_B} = \dfrac{x}{y}$ oder $n_A = \dfrac{x \cdot n_B}{y}$

Der Umsatz unreiner Stoffe wird nach dem gleichen Prinzip berechnet:

$$m_A = \frac{z \cdot m_C \cdot M_A}{x \cdot M_C}$$

Die Masse des entstandenen unreinen Produkts oder die eingesetzte Masse eines unreinen Edukts werden über den Massenanteil des jeweiligen Stoffes berechnet:

$$\omega_{m_C} = \frac{m_C}{m_{C,\text{unrein}}} \text{ bzw. } m_C = \omega_{m_C} \cdot m_{C,\text{unrein}}$$

Die umgestellten Gleichungen können auch sofort in die Grundgleichung eingesetzt werden:

$$m_A = \frac{z \cdot \omega_{m_C} \cdot m_{C,\text{unrein}} \cdot M_A}{x \cdot M_C}$$

$$m_{A,\text{unrein}} = \frac{z \cdot m_C \cdot M_A}{x \cdot M_C \cdot \omega_{m_A}}$$

3.4.2 Umsatz bei chemischen Reaktionen

Der Umsatz U_{AS} einer chemischen Reaktion ergibt sich aus dem Quotienten der Differenz der Massen vor und nach der Reaktion und der Masse vor der Reaktion:

$$U_{AS} = \frac{m_{AS_0} - m_{AS}}{m_{AS_0}}$$

m_{AS_0} = Masse vor Reaktion
m_{AS} = Masse nach Reaktion

3.4.3 Umsatz bei Lösungen

Die Berechnungen sind auf Grundlage der allgemeinen Reaktionsgleichung

$xA + yB \rightarrow zC$

erläutert, wobei B als flüssiger Stoff vorliegt.

Die Stoffmenge einer Flüssigkeit ist definiert durch $n = c \cdot V$. Damit kann der Umsatz über das Verhältnis

$$y \cdot c_B \cdot V_B = \frac{z \cdot m_C}{M_C}$$

berechnet werden.

Mit $\beta = c \cdot M$ kann c durch die Massenkonzentration β ersetzt werden.

$$\frac{y \cdot \beta_B \cdot V_B}{M_B} = \frac{z \cdot m_C}{M_C}$$

Das Volumen des Edukts ist zu berechnen nach:

$$V_B = \frac{z \cdot m_C \cdot M_B}{y \cdot M_C \cdot \beta_B}$$

Beim Einsatz eines unreinen Stoffes ist nach dem Abschnitt 3.4.1, S. 74 zu arbeiten.

3.4.4 Umsatz bei Gasen

Bei der Umsatzberechnung von Gasen ist zu unterscheiden, ob die Reaktion bei Normbedingungen abläuft oder nicht.
Normbedingungen:

$$p = 101,325\,\text{kPa}$$

$$T = 273,15\,\text{K}$$

$$c = 1\,\frac{mol}{l}$$

Bei einem Umsatz unter Normbedingungen ist das Volumen des Gases V_G mit dem molaren Volumen $V_{m,n}$ zu berechnen:

$$V_{m,n} = 22,414\,\frac{\text{l}}{\text{mol}}$$

$$V_G = n \cdot V_{m,n}$$

Weichen die Reaktionsbedingungen von den Normbedingungen ab, ist der Umsatz nach der allgemeinen Gasgleichung zu berechnen:

$$p \cdot V = n \cdot R \cdot T$$

$$R = 8,3145\,\frac{\text{J}}{\text{mol} \cdot \text{K}} = 8,3145\,\frac{\text{l} \cdot \text{kPa}}{\text{mol} \cdot \text{K}}$$

Die Stoffmenge n kann durch verschiedene Beziehungen ersetzt werden.

3.4.5 Überschuss

Der Überschuss $m_Ü$ ist die Differenz aus der praktisch einzusetzenden Masse m_E und der stöchiometrisch berechneten Masse m_S:

$$m_Ü = m_E - m_S$$

Der Überschuss wird in der Regel als Prozentsatz angegeben ($x\,[\%]$).

$$\frac{x\,\%}{m_Ü} = \frac{100\,\%}{m_S} \quad \text{bzw.} \quad m_Ü = \frac{x\,\% \cdot m_S}{100\,\%}$$

Der geforderte Überschuss ist bei der Berechnung der Massen für eine chemische Reaktion zu berücksichtigen:

$$\frac{m_E}{100\,\% + x\,\%} = \frac{m_S}{100\,\%} \quad \text{bzw.} \quad m_E = \frac{m_S \cdot (100\,\% + x\,\%)}{100\,\%}$$

3.4.6 Ausbeute

Die Ausbeute η ist der Quotient aus der Masse des erhaltenen Reaktionsproduktes m_P und der stöchiometrisch berechneten Masse m_S:

$$\eta = \frac{m_P}{m_S}$$

bei Angabe in %: $\eta = \frac{m_P}{m_S} \cdot 100\,\%$

3.4.7 Verlust

Der Verlust V wird in % im Bezug auf die theoretisch maximal erreichbare bzw. stöchiometrisch berechnete Masse m_S angegeben:

a) Angabe von V in $x\,\%$ *gegenüber* m_S:

$$m_S\,[\%] = 100\,\% - V\,[\%] \quad \text{bzw.} \quad m_S + V\,[\%] = 100\,\%$$

b) Angabe V ist $x\,\%$ höher als die tatsächlich erreichte Masse m:
Hierbei gilt $m = 100\,\%$ und V ist über eine Verhältnisgleichung zu berechnen:

$$\frac{V}{x\,\%} = \frac{m}{100\,\%} \; ; \; m_S = m + V$$

3.5 Elementaranalyse organischer Verbindungen

3.5.1 Berechnung der relativen Molekülmasse

Die relative Molekülmasse M_r ist die Summe der relativen Atommassen aller beteiligten Atome.
Für die allgemeine Formel $A_n B_m CB$ gilt:

$A = n \cdot M_A = x$

$B = (m + 1) \cdot M_B = y$

$C = 1 \cdot M_C = z$

$x + y + z = M_r$

3.5.2 Berechnung der Molaren Masse

Die Molare Masse ist der Quotient aus der Masse und der Stoffmenge.

$$M = \frac{m}{n}; \quad \left[\frac{g}{mol}\right]$$

$n = 1\ mol = 6 \cdot 10^{23}$ Teilchen (LOSCHMIDTsche Konstante); 1 Mol eines Stoffes enthält genau so viele Teilchen, wie in 12 g des Kohlenstoffisotops $^{12}_{6}C$ enthalten sind.

3.5.3 Experimentelle und mathematische Bestimmung organischer Verbindungen

Bei der Analyse wird die Probe mit Sauerstoff (Reinsauerstoff oder O_2-haltige Verbindung) umgesetzt.
Dabei werden das entstandene Volumen an CO_2 und die entstandene Masse an H_2O bestimmt.
Die Bestimmung des Stickstoffanteils in einer organischen Verbindung erfolgt nach der Kjeldahl-Methode.

Die rechnerische Ermittlung der Zusammensetzung erfolgt nach folgendem Ablauf:

a) ermittelte Messgrößen aus der experimentellen Bestimmmung:

eingesetztes Volumen der Verbindung:	V_E [ml]
Dichte der Verbindung:	$\rho_E \left[\frac{g}{ml}\right]; \left[\frac{g}{cm^3}\right]$
entstandenes Volumen CO_2:	V_{CO_2} [ml]
entstandene Masse H_2O:	m_{H_2O} [g]
Massenanteil Stickstoff:	ω_N [%]

Luftdruck: p [kPa]

Temperatur: T [K]

b) Berechnung der eingesetzten Masse m_E der Verbindung:

$$\rho_E = \frac{m_E}{V_E};\ m_E = \rho_E \cdot V_E;\ [g]$$

c) Umrechnung des entstandenen Volumens V_{CO_2} auf Normzustand:

$$\frac{p \cdot V}{T} = \frac{p_N \cdot V_N}{T_N}$$

$$p_N = 101,325\,kPa$$

$$T_N = 273,15\,K$$

$$V_{N,CO_2} = \frac{p \cdot V_{CO_2} \cdot T_N}{V \cdot p_N};\ [ml]$$

d) Berechnung der Masse des Kohlenstoffes m_C in der Verbindung:

$$V_{m,n} = 22{,}414\,\frac{l}{mol}\ \text{bzw.}\ 22414\,\frac{ml}{mol}$$

$$n_C = \frac{m_C}{M_C};\ \frac{n_C}{n_{CO_2}} = \frac{1}{1}$$

$$n_{CO_2} = \frac{m_{CO_2}}{M_{CO_2}} = \frac{V_{N,CO_2}}{V_{m,n}}$$

$$m_C = \frac{n_C \cdot M_C \cdot V_{N,CO_2}}{n_{CO_2} \cdot V_{m,n}} = \frac{1 \cdot M_C \cdot V_{N,CO_2}}{1 \cdot V_{m,n}}$$

$$m_C = \frac{M_C \cdot V_{N,CO_2} \cdot mol}{22414 \cdot ml};\ [g]$$

e) Berechnung der Masse des Wasserstoffs m_H in der Verbindung:

$$n_H = \frac{m_H}{M_H};\ \frac{n_H}{n_{H_2O}} = \frac{2}{1}$$

$$n_{H_2O} = \frac{m_{H_2O}}{M_{H_2O}}$$

$$m_H = \frac{n_H \cdot M_H \cdot m_{H_2O}}{n_{H_2O} \cdot M_{H_2O}};\ [g]$$

$$m_H = \frac{2 \cdot M_H \cdot m_{H_2O}}{1 \cdot M_{H_2O}} = 2 \cdot \frac{M_H \cdot m_{H_2O}}{M_{H_2O}}$$

f) Berechnung der Masse am Stickstoff m_N in der Verbindung:

$$\omega_N = \frac{m_N}{m_E}; m_N = \omega_N \cdot m_E; [g]$$

g) Berechnung der Masse des Sauerstoffs m_O in der Verbindung:

$$m_O = m_E - (m_C + m_H + m_N); \; [g]$$

h) Berechnung der Verhältnisformel:

$$n_C : n_H : n_N : n_O = \frac{m_C}{M_C} : \frac{m_H}{M_H} : \frac{m_N}{M_N} : \frac{m_O}{M_O} = w : x : y : z$$

Division der Werte durch die kleinste Zahl aller drei Werte, z. B. x = kleinster Wert:

$$\frac{w}{x} = a; \; \frac{x}{x} = b; \; \frac{y}{x} = c; \; \frac{z}{x} = d$$

Damit ergibt sich folgende Verhältnisformel:

$C_aH_bN_cO_d$

3.5.4 Bestimmung der Summenformel der Verbindung durch die Ermittlung der Molaren Masse der Verbindung

Die Molare Masse einer Verbindung wird z. B. nach der Methode von Victor Meyer durch das Verdampfen einer definierten Stoffmenge bestimmt, indem das entstehende Volumen ermittelt wird.

Ermittelte Messwerte:

eingesetztes Volumen:	V_E [ml]
Dichte des eingesetzten Stoffes:	$\rho_E \left[\frac{g}{ml}\right]$
entstandenes Volumen:	V_p [ml]
Temperatur:	T [K]
Luftdruck:	p [kPa]

a) Umrechnung von V_p auf Normzustand V_N:

$$\frac{p \cdot V_P}{T} = \frac{p_N \cdot V_N}{T_N} \text{ bzw. } V_N = \frac{p \cdot V_P \cdot T_N}{T \cdot p_N}; \; [ml]$$

b) Umrechnung von V_E in m_E:

$$\rho = \frac{m_E}{V_E} \text{ bzw. } m_E = \rho_E \cdot V_E; \ [\text{g}]$$

c) Berechnung der Molaren Masse M_E:

$$n = \frac{m_E}{M_E} \text{ bzw. } M_E = m_E \cdot n; \ n = \frac{V_{n,m}}{V_N}$$

$$M_E = m_E \cdot \frac{V_{n,m}}{V_N}; \ [\text{g/mol}]$$

d) Berechnung der Summenformel:
Die unter 3.5.3.h ermittelte Verhältnisformel $C_aH_bN_cO_d$ dient zur Berechnung der Molaren Masse der Verhältnisformel M_V:

$$M_V = (a \cdot M_C) + (b \cdot M_H) + (c \cdot M_N) + (d \cdot M_O); \ \left[\frac{\text{g}}{\text{mol}}\right]$$

e) Bestimmung des Faktors F:

$$F = \frac{M_E}{M_V}$$

F ist auf eine ganze Zahl bzw. auf „.,5" zu runden. Die Summenformel ergibt sich aus dem Produkt der stöchiometrischen Faktoren der Verhältnisformel und F:

$$(C_aH_bN_cO_d) \cdot F = C_{a \cdot F}H_{b \cdot F}N_{c \cdot F}O_{d \cdot F}$$

Beispiel:
Verhältnisformel = CH_4N_2O bzw. $C_1H_4N_2O_1$;
mit F = 1 ergibt sich damit:

$$C_{1 \cdot 1}H_{4 \cdot 1}N_{2 \cdot 1}O_{1 \cdot 1} = CH_4N_2O$$

Daraus ergibt sich eine mögliche Strukturformel:

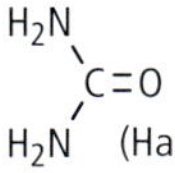
(Harnstoff)

3.5.5 Bestimmung der Summenformel einer Verbindung aus den Stoffmengenanteilen

Für eine allgemeine Verbindung $A_xB_yC_z$ sind die stöchiometrischen Faktoren x, y und z zu ermitteln. Mit den bekannten Molaren Massen der Verbindung M_{Verb} und der einzelnen Elemente A, B und C (M_A, M_B und M_C) sowie bekannten Stoffmengenanteilen χ_A, χ_B und χ_C ergibt sich:

$$x = \frac{M_{\text{Verb}} \cdot \chi_{\text{A}}\ [\text{in }\%]}{M_{\text{A}} \cdot 100\,\%};\quad y = \frac{M_{\text{Verb}} \cdot \chi_{\text{B}}\ [\text{in }\%]}{M_{\text{B}} \cdot 100\,\%};\quad z = \frac{M_{\text{Verb}} \cdot \chi_{\text{C}}\ [\text{in }\%]}{M_{\text{C}} \cdot 100\,\%}$$

3.6 Statistik/Fehlerrechnung

3.6.1 Mittelwert

$$\bar{x} = \frac{1}{n}\sum_{i=1}^{n} x_i$$

3.6.2 absoluter Fehler

$$\Delta x = x_i - \bar{x}$$

3.6.3 relativer Fehler

$$x_r = \frac{\Delta x}{\bar{x}}$$

3.6.4 durchschnittlicher Fehler

$$\Delta\bar{x} = \frac{1}{n} \cdot \sum_{i=1}^{n} (x_i - \bar{x})^2$$

3.6.5 absoluter mittlerer quadratischer Fehler

$$x_m = \sqrt{\frac{\sum \Delta x^2}{n \cdot (n-1)}}$$

3.6.6 Spannweite (Variationsbreite oder Range)

$$R = x_{\max} - x_{\min}$$

3.6.7 Standardabweichung der Einzelwerte (Streuung)

$$s_x = \sqrt{\frac{\sum_{i=1}^{n} (x_i - \bar{x})^2}{n-1}}$$

3.6.8 Standardabweichung des Mittelwertes (mittlerer Fehler des Mittelwertes)

$$\Delta\bar{x} = \frac{\bar{s}}{\sqrt{n}} = \sqrt{\frac{\sum_{i=1}^{n}(x_i - \bar{x})^2}{n \cdot (n-1)}}$$

3.6.9 Varianz

$$v(x) = s_x^2 = \frac{\sum_{i=1}^{n}(x_i - \bar{x})^2}{n-1}$$

3.6.10 Variationskoeffizient

$$vk(x) = \frac{s_x}{\bar{x}} \cdot 100\,\%$$

3.6.11 Standardabweichung des Mittelwertes

$$s_{\bar{x}} = \frac{s_x}{\sqrt{n}}$$

3.6.12 Lineare Regression

Grundlage ist die Geradengleichung:

$$y = ax + b$$

Berechnung von α:

$$\alpha = \frac{\sum_{i=1}^{n} x_i y_i - \bar{y}\sum_{i=1}^{n} x_i}{\sum_{i=1}^{n} x_i^2 - \bar{x}\sum_{i=1}^{n} x_i}$$

Berechnung von b:

$$b = \bar{y} - a\bar{x}$$

3.6.13 Korrelationskoeffizient

$$r = \frac{\sum_{i=1}^{n} x_i y_i - n\bar{x}\bar{y}}{\sqrt{\left(\sum_{i=1}^{n} x_i^2 - n\bar{x}^2\right) \cdot \left(\sum_{i=1}^{n} y_i^2 - n\bar{y}^2\right)}}$$

Es gilt:

$\lvert r\rvert < 0{,}5$	schwacher Zusammenhang
$0{,}5 \leq \lvert r\rvert \leq 0{,}8$	mittlerer Zusammenhang
$\lvert r\rvert \geq 0{,}8$	starker Zusammenhang

3.6.14 Median

Der Median *M* bzw. Zentralwert einer Datenreihe ist der in der Mitte einer Datenreihe stehende Wert, wenn die Einzeldaten der Größe nach geordnet sind.
Dabei ist zwischen Messreihen mit einer ungeraden oder einer geraden Anzahl von Einzeldaten zu unterscheiden.

a) Ungerade Anzahl von Einzeldaten:
M steht bei nach der Größe geordneten Daten genau in der Mitte der Datenreihe.
Bsp.: Datenreihe mit 5 Einzeldaten
Bei nach Größe geordneten Einzeldaten steht *M* an Position 3.

Berechnung: $M = \frac{5+1}{2} = \frac{6}{2} = 3$

allg. Formel: $M = \frac{n+1}{2}$

mit n = Anzahl der Einzeldaten

b) Gerade Anzahl der Einzeldaten:
M ergibt sich bei nach der Größe geordneten Daten aus dem Mittelwert der Einzeldaten, die vor und nach der Mitte liegen.
Bsp.: Datenreihe mit 6 Einzeldaten
Die Mitte der Datenreihe wird von den Werten an Position 3 (n_3) und 4 (n_4) eingeschlossen. *M* ergibt sich aus deren Mittelwert.

Berechnung: $M = \frac{n_3 + n_4}{2}$

allg. Formel: $M = \frac{\left(\frac{n}{2}\right) + \left(\frac{n}{2} + 1\right)}{2}$

mit n = Anzahl der Einzeldaten.

3.6.15 Wiederfindungsrate

Die Wiederfindungsrate *WFR* ergibt sich aus dem Quotienten der experimentell ermittelten Größe $G_{\text{ermittelt}}$ (z. B. Masse, Konzentration, Stoffmenge) und der tatsächlich enthaltenen bzw. zugegebenen Größe $G_{\text{enthalten}}$ (z. B. in einer Standardlösung).

$$WFR = \frac{G_{\text{ermittelt}}}{G_{\text{enthalten}}}$$

Bei Angaben in %: $$WFR = \frac{G_{\text{ermittelt}}}{G_{\text{enthalten}}} \cdot 100\%$$

Achtung! Bei der tatsächlich enthaltenen Größe ist der genaue Gehalt (z. B. Massen- oder Volumenanteil) zu beachten.

3

3.7 Berechnungen zu spektroskopischen Analysemethoden

3.7.1 Lambert-Beersches-Gesetz (Fotometrie)

$$E = \lg \frac{I_0}{I} = \varepsilon \cdot c \cdot d$$

E = Extinktion

I_0 = Intensität der eindringenden Strahlung

I = Intensität der austretenden Strahlung

ε = molarer Extinktionskoeffizient; $\left[\frac{l}{\text{mol} \cdot \text{cm}}\right]$

c = Stoffmengenkonzentration; $\left[\frac{\text{mol}}{l}\right]$

d = Schichtdicke der durchstrahlten Lösung; [cm]

In neuerer Literatur auch:

$$A = \lg \frac{I_0}{I} = K_n \cdot c \cdot d$$

A = Absorption (entspricht Extinktion)

K_n = Absorptionskoeffizient (entspricht ε)

Vereinfachte Beziehung:
Bei konstanter Schichtdicke und gleichem molaren Extinktionskoeffizienten gilt:

$$\frac{E_1}{c_1} = \frac{E_2}{c_2} \text{ bzw. } c_2 = \frac{E_2}{E_1} \cdot c_1$$

Der molare Absorptionskoeffizient (Extinktionskoeffizient) ist für eine bestimmte Wellenlänge eine Stoffkonstante.

3.7.2 Berechnung des Extinktionskoeffizienten ε

$$\varepsilon = \frac{E}{c \cdot d}; \left[\frac{l}{\text{mol} \cdot \text{cm}}\right]$$

3.7.3 Berechnung der Stoffmengenkonzentration c

$$c = \frac{E}{\varepsilon \cdot d}; \left[\frac{\text{mol}}{l}\right]$$

3.7.4 Transmissionsgrad τ

Der Transmissionsgrad τ gibt den Anteil der durchgelassenen Strahlung an.

$$\tau = \frac{I}{I_0} \text{ bzw. } \tau \text{ in } \% = \frac{I}{I_0} \cdot 100\,\%$$

3.7.5 Absorptionsgrad α

Der Absorptionsgrad α gibt den Anteil der Strahlung an, der vom durchstrahlten Stoff absorbiert wird.

$$\alpha = \frac{I_0 - I}{I_0} \text{ bzw. } \alpha \text{ in } \% = \frac{I_0 - I}{I_0} \cdot 100\,\%$$

Die Summe aus τ und α muss 1 bzw. 100 % ergeben

$$\tau + \alpha = 1 \text{ bzw. } \tau + \alpha = 100\,\%$$

3.7.6 Umrechnungen

$$E = \lg \frac{I_0}{I}; \tau = \frac{I}{I_0}; \tau + \alpha = 1$$

$$E = -\lg \tau; 10^{-E} = \tau$$

3.7.7 Fotometrische Kalibrierkurven

Kalibrierkurven zur fotometrischen Bestimmung ergeben sich aus der grafischen Darstellung der Extinktion E oder der Absorption als Funktion der Konzentration β.

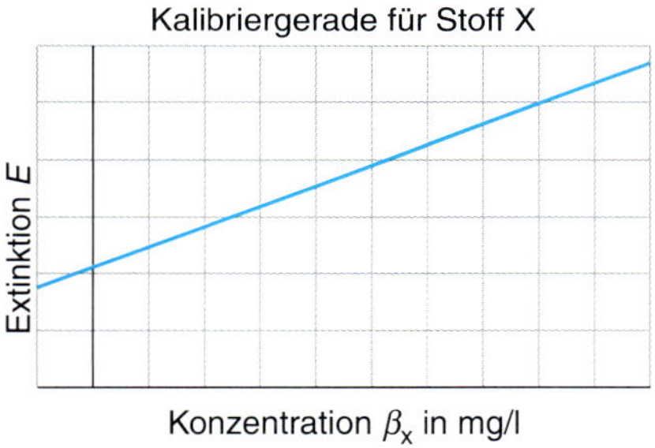

Über den Anstieg der Gerade können für ermittelte Extinktionen die Konzentrationen berechnet oder grafisch ermittelt werden.

Geradengleichung allgemein: $y = m \cdot x + n$

Für das Diagramm ergibt sich somit:

$$E = m \cdot \beta + n \; ; \; \beta = \frac{E - n}{m}$$

Die genaue Geradengleichung ergibt sich aus der Ermittlung des Anstiegs aus einem Steigungsdreieck oder durch das Einsetzen von zwei Punkten.

$$E_1 - m \cdot \beta_1 = E_2 - m \cdot \beta_2$$

$$m = \frac{E_2 - E_1}{\beta_2 - \beta_1} \text{ bzw. } m = \frac{\Delta E}{\Delta \beta}$$

Der Schnittpunkt der Gerade mit der y-Achse ergibt den Blindwert E_0 der vermessenen Lösung, da β an diesem Punkt 0 ist.

$n = E - m \cdot \beta$; mit $\beta = 0$ gilt: $E_0 = n$

3.7.8 Snelliussches Brechungsgesetz (Refraktometrie)

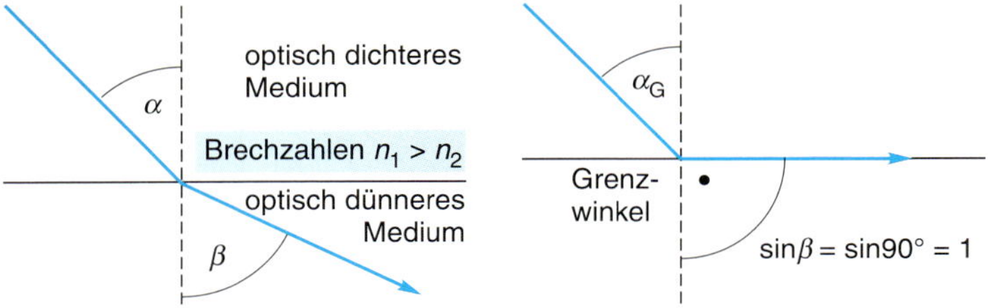

Die Brechzahl für das optisch dünnere Medium wird mit n_1, für das optisch dichtere mit n_2 bezeichnet.
Einfallswinkel α und Ausfallswinkel β stehen nach dem Snelliusschen Brechungsgesetz in folgender Beziehung:

$$\frac{n_1}{n_2} = \frac{\sin\alpha}{\sin\beta}$$

Am Grenzwinkel ist $\beta = 90°$ und $\sin\beta = 1$. Somit wird $\sin\alpha_G = \frac{n_1}{n_2}$

Da die Brechzahl des Glasprismas konstant ist, kann mit Hilfe des Grenzwinkels (Hell-Dunkel-Zone) die gesuchte Brechzahl abgelesen werden.
Der Brechungsindex n ist das Verhältnis der Lichtgeschwindigkeit im Vakuum (in Luft – dünneres Medium) c_1 zur Geschwindigkeit im anderen, dichteren Medium c_2:

$$n = \frac{c_1}{c_2}$$

3.7.9 Drehwinkel (Polarimetrie)

Der Drehwinkel α ist abhängig vom Lösungsmittel, Wellenlänge, Temperatur sowie Konzentration und Schichtdicke der durchstrahlten Substanz.

$$\alpha = [\alpha]_D^{20} \cdot \beta(x) \cdot d$$

$[\alpha]_D^{20}$= spezifische Drehung von α bei einer Schichtdicke d von 10 cm und einer Massenkonzentration β von 1 g/ml gemessen bei 20 °C und Licht der Wellenlänge der Natrium-D-Linie.

3.7.10 Wellenlänge, Frequenz, Energie

Die Wellenlänge λ ist der Abstand zwischen zwei Wellenbergen. [m]; [nm]

Die Frequenz f gibt die Anzahl der Schwingungen pro Zeiteinheit an. $[s^{-1}]$; [Hz]

Die Energie E ist das Produkt aus dem Planckschen Wirkungsquantum h und der Frequenz f. [J]

Bei spektroskopischen Untersuchungen wird häufig die Wellenzahl $\bar{v}$ benutzt. $[\mathrm{cm}^{-1}]$

Für Berechnungen gilt:

$$\lambda = \frac{c}{f};\; c = \text{ Lichtgeschwindigkeit; } 2{,}998 \cdot 10^{8}\,\frac{\mathrm{m}}{\mathrm{s}}$$

$$f = \frac{c}{\lambda};\; \bar{v} = \frac{1}{\lambda}$$

$$E = h \cdot f;\; E = h \cdot \frac{c}{\lambda}$$

h = PLANCKsches Wirkungsquantum $6{,}626 \cdot 10^{-34}\,\mathrm{Js}$

3.8 Kennzahlen von Fetten

3.8.1 Säurezahl

Die Masse an KOH in mg, welche zu Neutralisation von in 1 g Probesubstanz (Fett) enthaltener freier Säure verbraucht wird, wird durch die Säurezahl SZ angegeben.

$$SZ = \frac{m_{\mathrm{KOH}}}{m_{\mathrm{Probe}}};\; \left[\frac{\mathrm{mg(KOH)}}{\mathrm{g}}\right]$$

Ca. 5 g Probesubstanz m_{Probe} werden in 50 ml einer Ethanol-Diethylether-Mischung (1:1) gelöst und mit KOH; $c = 0{,}1\,\mathrm{mol/l}$ gegen Phenolphthalein titriert. Das Volumen von verbrauchter KOH am Äquivalenzpunkt $\ddot{A}P$ ist zu ermitteln.
Berechnung von m_{KOH}:

$$\frac{m_{KOH}}{M_{\mathrm{KOH}}} = c_{\mathrm{KOH}} \cdot t_{\mathrm{KOH}} \cdot V_{\mathrm{KOH,\ddot{A}P}}$$

$$m_{\mathrm{KOH}} = c_{\mathrm{KOH}} \cdot t_{\mathrm{KOH}} \cdot V_{\mathrm{KOH,\ddot{A}P}} \cdot M_{\mathrm{KOH}}$$

t_{KOH} = Titer der KOH-Lösung

3.8.2 Verseifungszahl

Die Masse an KOH in mg, welche zu Neutralisation von in 1 g Probesubstanz (Fett) enthaltener freier Säure und zur Verseifung der veresterten Säuren verbraucht wird, wird durch die Verseifungszahl VZ angegeben.

$$VZ = \frac{m_{KOH}}{m_{Probe}}; \quad \left[\frac{mg(KOH)}{g}\right]$$

Ca. 2 g Probesubstanz werden mit ethanolischer KOH-Lösung im Überschuss versetzt und unter Rückfluss gekocht. Anschließend ist der KOH-Überschuss mit HCl zu titrieren.

n_0 = Ausgangsstoffmenge
n_T = bei der Titration verbrauchte Stoffmenge
V_{KOH} = eingesetztes Volumen an KOH-Lösung

$$m_{KOH} = n_{KOH} \cdot M_{KOH}$$
$$n_{KOH} = n_{0,KOH} - n_{T,KOH}$$
$$m_{KOH} = \left(n_{0,KOH} - n_{T,KOH}\right) \cdot M_{KOH}$$
$$n_{T,KOH} = n_{HCl} = c_{HCl} \cdot V_{ÄP,HCl}$$
$$n_{0,KOH} = c_{KOH} \cdot t_{KOH} \cdot V_{KOH}$$
$$n_{KOH} = (c_{KOH} \cdot t_{KOH} \cdot V_{KOH}) - \left(c_{HCl} \cdot V_{ÄP,HCl}\right)$$
$$m_{KOH} = \left[(c_{KOH} \cdot t_{KOH} \cdot V_{KOH}) - \left(c_{HCl} \cdot V_{ÄP,HCl}\right)\right] \cdot M_{KOH}$$

3.8.3 Esterzahl

Die Differenz von Verseifungszahl und Säurezahl ist die Esterzahl *EZ*.
Sie gibt den Esteranteil im Fett an.

$$EZ = VZ - SZ; \quad \left[\frac{mg(KOH)}{g}\right]$$

3.8.4 Iodzahl

Die Masse von Iod, die von 100 g Fett zur Bestimmung ungesättigter Fettsäuren verbraucht wird, wird durch die Iodzahl *IZ* angegeben:

$$IZ = \frac{m_{I_2}}{m_{Probe}}; \quad \left[\frac{g(I_2)}{100\,g\ Fett}\right]$$

Das Fett wird mit WIJS-Lösung (Iodtrichlorid und Iod in einem Gemisch von Tetrachlormethan und Essigsäure) unter vorgeschriebenen Bedingungen zur Reaktion gebracht. Danach werden KI-Lösung, H_2O und Stärkelösung zugegeben und bis zur Entfärbung mit $Na_2S_2O_3$-Lösung titriert. Zusätzlich werden 25,0 ml WIJS-Lösung mit der $Na_2S_2O_3$-Lösung (gegen Stärke) titriert, um die effektive Stoffmenge an I_2 (n_{E,I_2}) zu bestimmen.

$$m_{I_2} = n_{I_2} \cdot M_{I_2}$$
$$n_{I_2} = n_{E,I_2} - n_{T,I_2}$$

bei den Titrationen gilt

$$\frac{n_{I_2}}{n_{S_2O_3^{2-}}} = \frac{1}{2}; \; n_{I_2} = \frac{1}{2} \cdot n_{S_2O_3^{2-}}$$

$$n_{E,I_2} = \frac{1}{2} \cdot c_{S_2O_3^{2-}} \cdot t_{S_2O_3^{2-}} \cdot V_{ÄP,S_2O_3^{2-}-WIjs}$$

$$n_{T,I_2} = \frac{1}{2} \cdot c_{S_2O_3^{2-}} \cdot t_{S_2O_3^{2-}} \cdot V_{ÄP,S_2O_3^{2-}-Probe}$$

$$m_{I_2} = \left(n_{E,I_2} - n_{T,I_2}\right) \cdot M_{I_2}$$

$$m_{I_2} = \left[\left(\frac{1}{2} \cdot c_{S_2O_3^{2-}} \cdot t_{S_2O_3^{2-}} \cdot V_{ÄP,S_2O_3^{2-}-WIjs}\right) - \left(\frac{1}{2} \cdot c_{S_2O_3^{2-}} \cdot t_{S_2O_3^{2-}} \cdot V_{ÄP,S_2O_3^{2-}-Probe}\right)\right] \cdot M_{I_2}$$

3

3.9 Maßanalyse

3.9.1 Volumetrie

Die Volumetrie ist ein Bereich der quantitativen Analytik, bei dem die Bestimmung einer Stoffmengenkonzentration durch Volumenwerte erfolgt.
Dabei wird ein bekanntes Volumen einer Analysensubstanz unbekannter Konzentration mit einer Maßlösung bekannter Konzentration titriert. Das verbrauchte Volumen der Maßlösung kann exakt bestimmt werden.
Man unterscheidet:
a) Säure-Base- oder Neutralisations-Titration
b) Redoxtitration
c) Fällungstitration
d) Komplexometrische Titration (Komplexometrie).

Herstellung der Maßlösung
Die Maßlösung ist durch Verdünnen einer Lösung oder durch Auflösen einer berechneten Masse herzustellen.
Siehe hierzu auch Abschnitte 3.2.3 und 3.2.4, S. 69.

Gehalt der Maßlösung
Der Gehalt einer Maßlösung entspricht ihrer Stoffmengenkonzentration c; $\left[\frac{\text{mol}}{\text{l}}\right]$.

Sie steht in Beziehung zur Äquivalentkonzentration c_{eq}.
Siehe hierzu auch Abschnitte 3.1.7 und 3.1.8, S. 66.

$$c_{eq} = c \cdot z; \; \left[\frac{\text{mol}}{\text{l}}\right]$$

$$c = \frac{c_{eq}}{z} = \frac{1}{z} \cdot c_{eq} \text{ bzw. } c\left(\frac{1}{z} A_z BC\right)$$

Beispiel: H_2SO_4

$$c_{eq} = c\left(\frac{1}{2} H_2SO_4\right); \; c_{H_2SO_4} = 0{,}1 \frac{\text{mol}}{\text{l}}$$

$$c_{eq,H_2SO_4} = z \cdot c = 2 \cdot 0{,}1 \frac{\text{mol}}{\text{l}} = 0{,}2 \frac{\text{mol}}{\text{l}}$$

Titer

Der Titer bzw. Korrekturfaktor t dient zur Berechnung der tatsächlichen Konzentration c der Maßlösung aus der Sollkonzentration $\tilde{c}$.

$$c = \tilde{c} \cdot t \text{ bzw. } t = \frac{c}{\tilde{c}}$$

Bei einer Titration gilt am Äquivalenzpunkt:

$$n_{eq,A} = n_{eq,B}$$

und mit $n = c \cdot V$ ergibt sich:

$$c_{eq,A} \cdot V_A = c_{eq,B} \cdot V_B$$

$$c_A \cdot V_A \cdot z_A = c_B \cdot V_B \cdot z_B$$

$$\tilde{c}_A \cdot t_A \cdot V_A \cdot z_A = \tilde{c}_B \cdot t_B \cdot V_B \cdot z_B$$

$$\frac{\tilde{c}_A \cdot t_A}{z_B} \cdot V_A = \frac{\tilde{c}_B \cdot t_B}{z_A} \cdot V_B$$

Urtiter

Urtiter sind Substanzen, welche mit einer Maßlösung in einem bekannten Stoffmengenverhältnis reagieren. Sie müssen im Handel mit dem höchsten Reinheitsgrad erhältlich sein, dürfen in einer wässrigen Lösung nicht mit Wasser oder Kohlendioxid reagieren und müssen gut handhabbar sein.

Urtiter werden verwendet um den genauen Gehalt einer Maßlösung zu überprüfen (Ermittlung des Titers).

Übersicht Urtiter

Urtiter		geeignet für
Natriumcarbonat	Na_2CO_3	HCl-Maßlösung; auch für HNO_3, H_2SO_4
Kaliumhydrogencarbonat	$KHCO_3$	HCl-Maßlösung, H_2SO_4

Kaliumhydrogenphthalat	$C_8H_5O_4K$	NaOH-Maßlösung
Oxalsäure	$C_2H_2O_4$	Manganometrie ($KMnO_4$) Chromatometrie ($K_2Cr_2O_7$)
Oxalsäure-Dihydrat	$C_2H_2O_4 \cdot 2H_2O$	NaOH-Maßlösung Manganometrie ($KMnO_4$) Chromatometrie ($K_2Cr_2O_7$)
Natriumoxalat	$Na_2C_2O_4$	Manganometrie ($KMnO_4$) Chromatometrie ($K_2Cr_2O_7$)
Ammoniumeisen(II)-sulfat	$(NH_4)_2Fe(SO_4)_2 \cdot 6H_2O$	Chromatometrie ($K_2Cr_2O_7$)
Natriumiodat	$NaIO_3$	Iodometrie (I_2)
Kaliumdichromat	$K_2Cr_2O_7$	Iodometrie ($Na_2S_2O_3$)
Kaliumiodat	KIO_3	Natriumthiosulfat ($Na_2S_2O_3$)
Zinksulfat-Heptahydrat	$ZnSO_4 \cdot 7H_2O$	Komplexometrie
Natriumchlorid	NaCl	Silbernitrat ($AgNO_3$)

3

Neutralisationstitration

Eine Neutralisationstitration ist die quantitative Umsetzung einer Säure mit einer Base. Der Äquivalenzpunkt wird durch den Farbumschlag eines Indikators angezeigt.
Es gilt: Gleiche Volumina von Lösungen gleicher Äquivalentkonzentration enthalten äquivalente Stoffmengen.

$$n_{\text{Säure}} = n_{\text{Base}}$$

$$c_{\text{eq,Säure}} \cdot V_{\text{Säure}} = c_{\text{eq,Base}} \cdot V_{\text{Base}}$$

Redoxtitration

Bei einer Redoxtitration findet eine Oxidation des vorgelegten Stoffes (Titrand) mittels eines Reduktionsmittels als Titrator statt. Dabei vollziehen sich Elektronenübergänge: das Reduktionsmittel gibt Elektronen ab und das Oxidationsmittel nimmt Elektronen auf und die Oxidationszahlen ändern sich.

$$n_{\text{Oxidationsmittel}} = n_{\text{Reduktionsmittel}}$$

Redoxäquivalente

Manganometrie $c\left(\frac{1}{5}\text{KMnO}_4\right);\ z = 5$

Bromatometrie $c\left(\frac{1}{6}\text{KBrO}_3\right);\ z = 6$

Iodometrie $c\left(\frac{1}{2}I_2\right);\ z = 2$

$c\left(\frac{1}{1}S_2O_3^{2-}\right);\ z = 1$

Cerimetrie $c\left(\frac{1}{1}Ce(SO_4)_2\right);\ z = 1$

$c\left(\frac{1}{1}Ce(NO_3)_4\right);\ z = 1$

Chromatometrie $c\left(\frac{1}{6}K_2Cr_2O_7\right);\ z = 6$

Argentometrie $c\left(\frac{1}{1}AgNO_3\right);\ z = 1$

Fällungstitration

Bei einer Fällungstitration werden aus gelösten Ionen schwerlösliche Niederschläge gebildet. Für die quantitative Analyse sind Reaktionsprodukte mit sehr kleinem Löslichkeitsprodukt und ohne Nebenreaktionen geeignet.

$n_{\text{Metallion}} = n_{\text{Anion}}$

Es gilt weiterhin:

$K_{\text{L,MeAn}} = c_{\text{Me}^+} \cdot c_{\text{An}^-}$

$p_{\text{Me}^+} = -\lg c_{\text{Me}^+}$ und $p_{\text{An}^-} = -\lg c_{\text{An}^-}$

Komplexometrie

Bei einer Komplextitration wird die Konzentration von Metallionen durch die Zugabe von Komplexbildnern (z. B. EDTA) bestimmt. Unabhängig von der Ladung des Metallions gilt immer:

$n_{\text{Metallion}} = n_{\text{Komplexion}}$

Wasserhärte

Unter Wasserhärte versteht man den Gehalt an Calcium- und Magnesium-Ionen in Millimol je Liter $\left[\frac{\text{mmol}}{\text{l}}\right]$.

Die Gesamthärte einer Wasserprobe (Summe aus Calcium- und Magnesiumhärte) lässt sich durch komplexometrische Titration mit EDTA-Maßlösung bestimmen.

Es gilt:

1 ml 0,01 M EDTA-Lösung = 0,01 mmol Ca^{2+} = 0,56 mg CaO

10 mg CaO oder 7,14 mg MgO = 1°dH in 1 Liter Wasser

Übersicht Härtebereiche

Härtebereich	$c_{(Ca^{2+}+Mg^{2+})}$ in $\left[\frac{mmol}{l}\right]$	Wasserhärte
1	0–1,3	sehr weich
2	1,3–2,6	weich
3	2,6–3,8	mittel
4	über 3,8	hart

Die temporäre Härte einer Wasserprobe (Carbonathärte) lässt sich durch Titration mit einer HCl-Maßlösung bestimmen. Es gilt:

$1\ ml\ 0{,}1\ M\ HCl = 0{,}61\ mg\ HCO_3 = 0{,}2\ mg\ Ca^{2+} = 0{,}005\ mmol\ Ca^{2+} =$
$0{,}28\ mg\ CaO = 2{,}8°\ dH$

Sonderfall Rücktitration
Bei einer Rücktitration wird ein bekanntes Volumen an Analysensubstanz mit einem bestimmten Volumen Maßlösung ($V_{MÜ}$) bekannter Konzentration im Überschuss versetzt.
Der Überschuss der zugegebenen Maßlösung wird durch Titration mit einer zweiten Maßlösung bekannter Konzentration bestimmt.
Aus dem hierbei verbrauchten Volumen (V_{MT}) ergibt sich $V_{R,MÜ}$, der durch die Analysensubstanz nicht verbrauchte Anteil von $V_{MÜ}$.

$n_{eq,R,MÜ} = n_{eq,MT}$ bzw. $c_{eq,R,MÜ} \cdot V_{R,MÜ} = c_{eq,MT} \cdot V_{MT}$

$$V_{R,MÜ} = \frac{c_{eq,MT} \cdot V_{MT}}{c_{eq,R,MÜ}}$$

Das für die Analysensubstanz verbrauchte Volumen $V_{MÜ,Analyse}$ der Maßlösung ($V_{MÜ}$) ergibt sich aus:

$$V_{MÜ,Analyse} = V_{MÜ} - V_{R,MÜ}$$

Die Masse der Analysensubstanz in der Lösung ergibt sich somit aus:

$$m_{Analyse} = c_{MÜ} \cdot V_{MÜ} \cdot M_{Analyse}$$

3.9.2 Gravimetrie

Die Gravimetrie ist ein Bereich der quantitativen Analytik bei dem die Bestimmung des Gehalts einer Probe durch Gewichtswerte erfolgt.

Dabei wird die Analysesubstanz in eine Lösung überführt und mit Hilfe einer Reagenz vollständig ausgefällt (Fällungsform) und anschließend durch Trocknung in eine Wägeform gebracht.

Feuchtigkeitsgehalt

Der Feuchtigkeitsgehalt der Probe wird durch Trocknen einer bekannten Masse (Einwaage) m_E und Auswiegen der Trockensubstanz m_T bestimmt.

$$G_F = \frac{m_E}{m_T};\ [\text{g}]\ \text{bzw.}\ [\text{mg}]$$

$$G_F\ \text{in}\ \% = \frac{G_F}{m_E} \cdot 100\,\%$$

Analytischer Faktor

Der analytische (stöchiometrische) Faktor ergibt sich aus

$$f = \frac{a \cdot M_A}{M_{A_aB_b}}$$

Beispiel: Ca als zu bestimmender Stoff aus der Wägeform CaC_2O_4:

$$f = \frac{1 \cdot M_{Ca}}{M_{CaC_2O_4}}$$

Massenanteil in der Probe

Der Massenanteil des zu bestimmenden Stoffanteils in der Analysensubstanz ergibt sich aus dem Quotienten der Masse der Wägeform (Auswaage) m_A und der Masse der Analysensubstanz (Einwaage) m_E unter Berücksichtigung des analytischen Faktors *f*.

$$\omega = f \cdot \frac{m_A}{m_E}$$

$$\omega = f \cdot \frac{m_A}{m_E} \cdot 100\,\%;\ [\%]$$

Aliquotierfaktor

Der Aliquotierfaktor f_A dient der Umrechung der bestimmten Substanzmenge in der Vorlage $V_{Vorlage}$ auf die Gesamtmenge der Probe $V_{Ausgang}$.

$$f_A = \frac{V_{Ausgang}}{V_{Vorlage}}$$

Damit ergibt sich für die Masse m_X des zu bestimmenden Stoffes:

$$m_X = m_A \cdot f \cdot f_A$$

3.10 Elektrochemie

3.10.1 Ohmsches Gesetz

$$R = \frac{U}{I} \text{ bzw. } U = R \cdot I$$

R = Widerstand;	$[\Omega]$
U = Spannung;	[V]
I = Stromstärke	[A]

3.10.2 Widerstand

$$R = \rho \cdot \frac{l}{A}$$

ρ = spezifischer elektrischer Widerstand	$[\Omega \cdot \text{cm}]$
l = Länge des Leiters	[cm]
A = Querschnitt des Leiters	$[\text{cm}^2]$

3.10.3 Faradaysche Gesetze

$$\frac{m}{M} = \frac{I \cdot t}{z \cdot F} \text{ bzw. } \frac{m}{M} = \frac{I \cdot t \cdot \eta}{z \cdot F}$$

z = Ionenladung
F = Faraday Konstante $F = e \cdot N_A$
e = Elementarladung $1{,}6022 \cdot 10^{-19}\,\text{A} \cdot \text{s}$
N_A = Avogadro Konstante $6{,}022 \cdot 10^{23}\,\text{mol}^{-1}$

$$F = 9{,}65 \cdot 10^4 \frac{\text{A} \cdot \text{s}}{\text{mol}} = 96485{,}3 \frac{\text{C}}{\text{mol}}$$

$$\left(26{,}8 \frac{\text{A} \cdot \text{h}}{\text{mol}}\right)$$

I = Stromstärke	[A]
m = Masse	[g]
M = Molare Masse	$\left[\frac{\text{g}}{\text{mol}}\right]$
t = Zeit	[s]

η = Stromausbeute $\qquad \eta = \dfrac{n_{\text{tat}}}{n_{\text{theo}}}$

n_{tat} = tatsächlich abgeschiedene Stoffmenge

n_{theo} = theoretisch abgeschiedene Stoffmenge

3.10.4 NERNSTsche Gleichung

$$E = E^0 + \frac{R \cdot T}{z \cdot F} \cdot \ln c$$

E = Potenzial einer Elektrode [V]

E^0 = Normalpotenzial (Standardbedingungen) [V]

R = allgemeine Gaskonstante; siehe 3.4.4, S. 76

T = Temperatur [K]

F = FARADAY Konstante; siehe 3.10.3, S. 97

z = elektrochemische Wertigkeit der Ionen

c = Konzentration der Lösung

Bei 25 °C bzw. 298,15 K ergibt sich aus $\dfrac{R \cdot T}{\text{F}}$ und Verwendung des dekadischen Logarithmus:

$$E = E^0 + \frac{0{,}059}{z} \cdot \log c$$

Taucht ein Metall in zwei Lösungen unterschiedlicher Konzentration c_1 und c_2 seiner Ionen, so gilt bei $c_1 < c_2$:

$$\Delta E = E^0 - \frac{0{,}059}{z} \cdot \ln \frac{c_1}{c_2}$$

Für die elektrolytisch wirksame Konzentration wird die Aktivität a eingesetzt, welche sich durch den Aktiviätskoeffizienten f aus der Konzentration c ergibt.

$$a = f \cdot c$$

3.10.5 Leitwert und Leitfähigkeit

Leitwert

Der Leitwert G eines Stoffes oder Stoffgemisches ist der Kehrwert des elektrischen Widerstandes.

$$G = \frac{1}{R}; \quad [S] \text{ bzw. } \left[\frac{1}{\Omega}\right]$$

Elektrische Leitfähigkeit

Die elektrische Leitfähigkeit χ ist der Kehrwert des spezifischen elektrischen Widerstandes ρ.

$$\chi = \frac{1}{\rho} \text{ bzw. } \chi = G \cdot \frac{l}{A}; \quad \left[\frac{S}{cm}\right] \text{ bzw. } \left[\frac{1}{\Omega \cdot cm}\right]$$

Molare Leitfähigkeit

Die Molare Leitfähigkeit Λ_m ist der Quotient aus dem elektrischen Leitwert χ und der Konzentration c.

$$\Lambda_m = \frac{\chi}{c}; \quad \left[\frac{cm^2}{\Omega \cdot mol}\right]$$

3.11 Viskosität

3.11.1 Dynamische Viskosität

Die dynamische Viskosität η ist das Produkt aus Kugelkonstante K, der Kugelfallzeit t und der Differenz der Dichten der Kugel ρ_K und der Flüssigkeit ρ_{Fl}.

$$\eta = K \cdot (\rho_K - \rho_{Fl}) \cdot t; \quad [Pa \cdot s] \text{ bzw. } [mPa \cdot s]$$

Weiterhin gilt: die dynamische Viskosität ist der Quotient aus Schubspannung τ und Schergefälle γ.

$$\eta = \frac{\tau}{\gamma}$$

3.11.2 Kinematische Viskosität

Die kinematische Viskosität υ ist der Quotient aus der dynamischen Viskosität η und der Dichte der Flüssigeit ρ_{Fl}.

$$v = \frac{\eta}{\rho_{Fl}}; \quad \left[\frac{Pa \cdot s \cdot cm^3}{g}\right]$$

3.12 Chromatografie

3.12.1 Retentionsfaktor

$$R_f = \frac{s_{Substanz}}{s_{Laufmittel}}$$

R_f = Retentionsfaktor

$s_{Substanz}$ = Strecke von der Startlinie bis zum Fleckmittelpunkt

$s_{Laufmittel}$ = Strecke von der Startlinie bis zur Laufmittelfronts

Es gilt: $0 < R_f < 1$

3.13 Extraktion

3.13.1 NERNSTscher Verteilungskoeffizient

$$K_i = \frac{c_{stationär}(i)}{c_{mobil}(i)} = \frac{c_1(i)}{c_2(i)}$$

K_i= Verteilungskoeffizient des Stoffes *i*

$c_{stationär}(i)$= Konzentration des Stoffes i in der stationären Phase

$c_{mobil}(i)$= Konzentration des Stoffes i in der mobilen Phase

3.13.2 Analytgehalt

$$\frac{n_{stat}(i)}{n_0(i)} = \left(\frac{1}{1 + \frac{V_{mob}}{V_{stat} + K(i)}}\right)^A$$

$n_{stat}(i)$ = Stoffmenge des Stoffes *i* in der stationären Phase

$n_0(i)$ = Ausgangsstoffmenge des Stoffes *i*

V_{mob} = Volumen der mobilen Phase

V_{stat} = Volumen der stationären Phase

$K(i)$ = Verteilungskoeffizient des Stoffes *i*

A = Anzahl der Extraktionsschritte

Es gilt auch: $n_0(i) = n_{stat}(i) + n_{mob}(i)$

$n_{mob}(i)$ = Stoffmenge des Stoffes *i* in der mobilen Phase

$$K(i) = \frac{c_{stat}(i)}{c_{mob}(i)} = \frac{\frac{n_{stat}(i)}{V_{stat}}}{\frac{n_{mob}(i)}{V_{mob}}} = \frac{\frac{n_{stat}(i)}{V_{stat}}}{\frac{n_0(i) - n_{stat}(i)}{V_{mob}}}$$

3.14 Übungsaufgaben

1. Berechnen Sie die Stoffmenge von
a) 25 g Kalium;
b) 125 mg Calciumchlorid Dihydrat;
c) 1 kg Silberchlorid.

a) 0,6394 mol
b) $8{,}503 \cdot 10^{-4}$ mol
c) 6,9774 mol

2. Berechnen Sie die Masse von
a) 1 mol Kaliumbromid;
b) 0,1 mol Eisen(II)-sulfat Heptahydrat;
c) 0,275 mol Natrium-acetat.

a) 119,0 g
b) 27,8021 g
c) 22,5588 g

3. 48,0 g eines Salz-gemisches bestehen aus 32,0 g Natriumsulfat Deca-hydrat, 9,0 g Natriumchlo-rid und 0,0939 mol Kalium-chlorid. Berechnen Sie:
a) die Stoffmengen an Natriumsulfat Decahy- →

a) Natriumsulfat Decahydrat: 0,0993 mol
Natriumchlorid: 0,1540 mol
b) 7,0 g
c) Natriumsulfat Decahydrat: 66,67 %
Natriumchlorid: 18,75 %
Kaliumchlorid: 14,58 %
→

Lösungswege auf S. 348/349

drat und Natriumclorid im Salzgemisch; **b) die Masse an Kaliumchlorid im Salzgemisch;** **c) die Massenanteile der einzelnen Salze im Gemisch;** **d) die Stoffmengenanteile der einzelnen Salze im Gemisch.**	d) Natriumsulfat Decahydrat: 28,60 % Natriumchlorid: 44,36 % Kaliumchlorid: 27,04 %
4. Wie viel mg Silbernitrat benötigen Sie zur Herstellung von 250 ml einer wässrigen Silbernitratlösung mit einer Massenkonzentration von 1,75 g/l?	437,5 mg
5. Welche Masse an Kaliumpermanganat ist aufzulösen, wenn 2 Liter 0,1 N $KMnO_4$ – Lösung hergestellt werden sollen? (Redoxreaktion im sauren Milieu, Übergang von 5 Elektronen).	6,32144 g
6. Wie groß ist die Äquivalentkonzentration c_{eq} einer Schwefelsäure-Lösung, deren Massenanteil 35 % und deren Dichte 1,260 g/ml ist?	9 mol/l
7. Wie viel g Kaliumdichromat werden benötigt, um 500 ml einer sauren $K_2Cr_2O_7$-Lösung herzustellen, die **a) eine Konzentration $c = 0,01$ mol/l** →	a) 1,4709 g b) 2,4515 g →

Lösungswege auf S. 349/350

b) eine Äquivalent-konzentration c_{eq} = 0,1 mol/l hat?

8. Berechnen Sie den Massenanteil einer Lösung, welche durch Mischen von 180 g einer Lösung w = 40 % mit 350 g einer Lösung w = 25 % und 420 g einer Lösung w = 75 % entsteht.	49,95 %
9. Welche Masse Schwefelsäure w = 54,9 % wird zur Herstellung von 2,358 t Schwefelsäure w = 18,3 % benötigt?	1,572 t
10. Wie viel g Wasser benötigen Sie, um aus 50 g Natriumcarbonat Decahydrat die maximal mögliche Menge einer Natriumcarbonat-Lösung (ω (Na_2CO_3) = 1 %) herzustellen?	1833,48 g
11. Wie viel Wasser wird benötigt, um aus 15 kg 65 %iger Salpetersäure eine 2 %ige Säure herzustellen?	472,5 kg
12. Berechnen Sie die Masse an Feststoff, die zur Herstellung a) von 250 ml einer 0,1 N Natronlauge aus Natriumhydroxidplätzchen; b) von 500 ml einer 5 · 10^{-4} mol/l Eisen(III)-chlorid-Lösung aus Eisen(III)-chlorid Hexahydrat benötigt werden.	a) 0,999925 g b) 0,0675725 g

Lösungswege auf S. 350/351

13. Berechnen Sie die Stoffmengenkonzentration des zweiten Produktes für die Reaktion $2F \rightleftarrows 2G + H$, wenn gilt: $K = 1{,}5 \cdot 10^{-3}$ mol/l; $c_F = 0{,}145$ mol/l und $c_G = 0{,}035$ mol/l.	0,02575 mol/l
14. Berechnen Sie den pK_S-Wert von Propansäure, wenn bekannt ist, dass 1 Liter einer wässrigen Lösung von 0,2 mol Propansäure einen pH-Wert von 2,8 hat.	4,90
15. Berechnen Sie den pH-Wert für jeweils 1 Liter einer wässrigen Lösung von: **a) 2 g Natriumhydroxid** **b) 3,5 ml Ethansäure (Dichte = 1,044 g/ml).**	a) 12,7 b) 2,98
16. Berechnen Sie den pH-Wert für: **a) 0,025 M Salzsäure;** **b) 0,1 M Ameisensäure;** **c) 0,1 N Schwefelsäure**	a) 1,602 b) 2,375 c) 1,301
17. Berechnen Sie den Protolysegrad α für eine 0,01 M Essigsäure.	4 %
18. Für Milchsäure ist $K_S = 1{,}5 \cdot 10^{-4}$ mol/l. **a) Wenn 0,16 mol/l Milchsäure in Lösung sind, wie groß ist dann $c(H_3O^+)$?** **b) Wie viel % Milchsäure sind dissoziiert?**	a) $4{,}89 \cdot 10^{-3}$ mol/l b) ≈ 3 %

Lösungswege auf S. 351/352/353

19. Welche Massen an Ausgangsstoffen (Calciumfluorid und Schwefelsäure 98 %) benötigen Sie zu Herstellung von 1500 g Fluorwasserstoff mit einem Massenanteil von 38 %?	Calciumfluorid: 1112,249 g Schwefelsäure: 1425,764 g
20. Wie viel Ethanol wurde bei der Veresterung mit Essigsäure umgesetzt, wenn von 114 g Ethanol am Reaktionsende noch 30 g vorhanden waren?	73,68 %
21. Berechnen Sie die Ausbeute, wenn durch Einleiten von Chlor in 22,5 t einer Magnesiumbromid-Lösung (Massenanteil 0,3 %) 56,55 kg Brom hergestellt werden.	96,52 %
22. Durch Oxidation einer Natriumiodit-Lösung sollen bei einer 85 %igen Ausbeute 125 kg Natriumiodat hergestellt werden. Berechnen Sie die benötigten Massen an **a) Natriumiodit (Massenanteil 25 %) und** **b) Schwefelsäure (96 %).**	a) 445,560 kg b) 227,779 kg
23. Es werden 100 g Aluminium in Salzsäure bei 10 °C und 970 mbar aufgelöst. Wie viel Liter Wasserstoff entstehen bei dieser Reaktion?	134,937 l

Lösungswege auf S. 353/354

24. Durch überschüssige schwefelsaure Kaliumpermanganat-Lösung soll Chlor aus Salzsäure (Massenanteil 15 %) entwickelt werden. Wie viel trockenes Chlor entsteht bei 96 %iger Ausbeute aus 85 g Salzsäure bei 25 °C und 1015 mbar?	2,562 l
25. Durch Oxidation wurde aus 5 ml Benzaldehyd Benzoesäure dargestellt. Berechnen Sie die Ausbeute bei vollständigem Stoffumsatz. Nach Abschluss der Darstellung erhielt man 6,8578 g verunreinigte Benzoesäure. Diese wurde durch Umkristallisieren gereinigt und nach Trocknung ergab sich eine Masse von 1,6845 g Benzoesäure. Berechnen Sie die tatsächliche Ausbeute und den Verlust.	Ausbeute: 4,3558 g Verlust: 72,11 %
26. 1,99 g β-Naphthol wurden mit Benzoesäure zu 0,715 g Benzoesäure-β-naphthylester umgesetzt. Berechnen Sie **a) die theoretisch maximale Ausbeute,** **b) die maximale praktische Ausbeute (74 %) und** **c) die erreichte praktische Ausbeute.**	a) 3,427 g b) 2,536 g c) 27,66 %

Lösungswege auf S. 355/356

27. Eine quantitative Analyse ergab $m_C = 0{,}024$ g, $m_H = 0{,}004$ g und $m_O = 0{,}032$ g. Berechnen Sie die Verhältnisformel des aus Kohlenstoff, Wasserstoff und Sauerstoff bestehenden Stoffes.

CH_2O

28. Bei der vollständigen Oxidation von 0,3 g einer aus Kohlenstoff, Wasserstoff und Sauerstoff bestehenden Verbindung entstehen 0,66 g Kohlendioxid und 0,36 g Wasser. Beim Verdunsten von 0,12 g der unbekannten Substanz ergibt sich bei Zimmertemperatur und 101,3 kPa ein Volumen von 48 ml.

a) Bestimmen Sie die Summenformel der Verbindung und

b) geben Sie eine mögliche Strukturformel an.

a) C_3H_8O

b) $H_3C–CH_2–CH_2OH$

29. Die Summenformel eines organischen Stoffes ist aus folgenden Messgrößen zu berechnen:

- **Qualitative Zusammensetzung: Kohlenstoff, Wasserstoff, Sauerstoff;**
  $p = 101{,}99$ kPa;
  $T = 291$ K; $m_E = 0{,}166$ g;
  $V_{CO_2} = 128{,}5$ ml;
  $m_{H_2O} = 0{,}101$ g
- **Bestimmung des Dampfvolumens:**
  $m_E = 0{,}119$ g;
  $V = 44{,}3$ ml.

$C_2H_4O_2$

Lösungswege auf S. 356/357/358

3

30. Berechnen Sie die Summenformel einer organischen Verbindung aus folgenden Angaben: 45,9 % Kohlenstoff, 2,75 % Wasserstoff, 26,2 % Sauerstoff, 17,5 % Schwefel und 7,65 % Stickstoff sowie einer Molaren Masse von 183,18 g/mol.	$C_7H_5O_3SN$
31. Die titrimetrische Bestimmung von Ca^{2+}-Ionen mit EDTA wurde mehrmals durchgeführt, wobei folgende Werte erhalten wurden: 14,85; 14,80; 14,87; 14,85; 14,82; 14,85 [ml]. Berechnen Sie mit Hilfe der Statistik/Fehlerrechnung die vorgegebene Menge Ca^{2+}-Ionen, wenn für die Titration 1/10 der ursprünglichen Menge Lösung eingesetzt wurde (Umrechnungsfaktor 4,008 · 10 = 40,08).	Ca^{2+} = (594,7872 ± 0,4008) mg
32. Bei einer Pipetteneichung wurden folgende Werte aufgenommen: 0,2003; 0,1997; 0,1983; 0,1990; 0,1990; 0,1977; 0,1986; 0,2006; 0,2003; 0,1988 [g]. Berechnen Sie zu dieser Messreihe: **a) Mittelwert;** **b) absoluter Fehler;** **c) Spannweite;** **d) Standardabweichung des Mittelwertes;** **e) Median.**	a) 0,19923 g b) Spalte $\Delta x = x_i - x$ in der Tabelle (s. Lösungswege S. 360) c) 0,0029 g d) 0,0003 g e) 0,1990

Lösungswege auf S. 358/359/360

33. Berechnen Sie aus folgenden Angaben mit Hilfe der linearen Regression
a) die Geradengleichung,
b) den Korrelationskoeffizienten sowie
c) die Temperatur in 1000 m Höhe:
Wien 203 m/9,1 °C; Salzburg 437 m/8,6 °C; Innsbruck 579 m/8,4 °C; Graz 342 m/9,4 °C; Klagenfurt 448 m/8,1 °C. Stellen Sie die Werte grafisch dar.

a) $T = -0{,}0026\ h + 9{,}76$
b) $|r| = 0{,}70$
c) $T = 7{,}16$ °C
(Grafik siehe Lösungswege, S. 362)

34. Ermitteln Sie mit Hilfe der Regression die Gleichung der Geraden $V = f(T)$:

δ [°C]	20	30	60	90	100
V [ml]	500	551	602	653	705

Wie groß ist für δ = 50 °C das Volumen? Welche Temperatur muss im Gasvolumen von 800 ml herrschen?

$V = 2{,}252\ \delta + 467{,}08$
$V = 579{,}58$ ml
$\delta = 147{,}83$ °C

35. Proben von a) 50 mg, b) 100 mg und c) 150 mg eines zu analysierenden Stoffes, der einen Massenanteil ω = 95 % besitzt, wurden untersucht. Dabei erhielt man folgende Ergebnisse:
a) 46,75 mg,
b) 94,20 mg,
c) 141,50 mg. Berechnen Sie die Wiederfindungsrate in %. Wie wird die ermittelte Abweichung genannt?

a) 98,42 %
b) 99,16 %
c) 99,30 %
Es handelt sich um eine proportional-systematische Abweichung.

Lösungswege auf S. 360/361/362/363

36. **Berechnen Sie den Extinktionswert einer Lösung, wenn β = 0,3 g/l; *M* = 600 g/mol; *d* = 1 cm und ε = 100 l/mol · cm sind.**	$E = 0{,}05$
37. **Eine Lösung mit *c* = 55 mmol/l zeigt bei *d* = 0,5 cm einen Extinktionswert von 0,22. Wie groß ist ε?**	$\varepsilon = 8$ l/mol · cm
38. **Bei der Titration von 2,502 g eines Öls wurden 22,3 ml einer Kaliumhydroxidlösung mit einer Konzentration von 0,05 mol/l und einem Titer von 1,0000 verbraucht. Berechnen Sie die Säurezahl des Öls.**	$SZ = 25{,}004$ mg/g
39. **Berechnen Sie die zur Herstellung von 250 ml einer 0,1 mol/l Natronlauge benötigte Menge Natriumhydroxid. Der Titer der Natronlauge wurde mit 0,1 N Salzsäure bestimmt (Verbrauch für 10,3 ml NaOH = 10 ml HCl). Bei der Titration von 10 ml Weinsäure mit Natronlauge gegen Bromthymolblau wurden durchschnittlich 10,1 ml Natronlauge verbraucht. Berechnen Sie die Konzentration der Weinsäurelösung und die Masse Weinsäure pro Liter.**	$m_{NaOH} = 0{,}999925$ g $C_{ws} = 0{,}04903$ mol/l $m_{ws} = 7{,}3589$ g

Lösungswege auf S. 363/364

40. Berechnen Sie die Konzentration einer Phosphorsäurelösung aus dem Mittelwert der Titration der ersten Dissoziationsstufe (10 ml H_3PO_4 = 9,4 ml 0,1 mol/l NaOH) und der zweiten Stufe (20 ml H_3PO_4 = 20,2; 19,8; 20,0 ml 0,1 mol/l NaOH).

1. Stufe: 0,094 mol/l
2. Stufe: 0,097 mol/l

41. 5 ml einer H_2SO_4-Probe werden zu 100 ml verdünnt und davon jeweils 25 ml mit NaOH, c = 0,1 mol/l titriert – Durchschnittsverbrauch 26,32 ml. Der Titer der Natronlauge wurde mit 0,1 M HCl eingestellt (10 ml HCl = 10,53 ml NaOH).
a) Wie viel g H_2SO_4 befinden sich in den 5 ml der Probe?
b) Welche Konzentration hat die zu analysierende Schwefelsäurelösung?

a) 490,312 mg = 0,490312 g
b) 0,9998 mol/l ≈ 1 mol/l

42. Der Titer einer Maßlösung, $\tilde{c}$ = (1/1 $Na_2S_2O_3$), soll mit $K_2Cr_2O_7$ bestimmt werden, das aus KI eine äquivalente Portion I_2 freisetzt. Wie viel mg $K_2Cr_2O_7$ sind einzuwiegen, damit der Verbrauch an $Na_2S_2O_3$-Maßlösung ca. 35 ml beträgt?

$m_{K_2Cr_2O_7} = 172$ mg

43. Wie viel g KCl enthält eine Lösung, die 30,7 ml →

$m_{KCl} = 0,2258$ g →

Lösungswege auf S. 364/365

$AgNO_3$-Lösung, $c = 0{,}1$ mol/l zur Titration erfordert?

44. Zur komplexometrischen Al-Bestimmung werden 4,8234 g einer Lösung auf 250 ml verdünnt. 50 ml dieser Lösung werden mit 50 ml EDTA-Maßlösung $c = 0{,}05$ mol/l versetzt. Zur Rücktitration der überschüssigen EDTA-Maßlösung werden 20,4 ml Maßlösung verbraucht, $\tilde{c}(ZnSO_4) = 0{,}05$ mol/l, $t = 0{,}975$.

a) Welche Stoffmenge EDTA wurde bei der Titration zur Al-Bestimmung verbraucht?

b) Wie viel g Al sind in den 50 ml Probelösung enthalten?

c) Wie groß ist der Massenanteil von Aluminium in % der eingesetzten Lösung?

a) 30,11 ml
b) 0,04062 g
c) 4,21 %

45. Wie viel % Feuchtigkeit errechnet sich aus einer Einwaage von 2,6388 g und einer Auswaage von 1,6845 g?

$G_F = 59{,}365$ %

46. Wie viel g Kristallwasser verlieren 5,0 g Kupfersulfat Pentahydrat bei vollständiger Trocknung?

$m_{H_2O} = 1{,}8037$ g

47. Berechnen Sie den analytischen Faktor für Barium für die Fällungsform Bariumsulfat.

$f = 0{,}5884$

Lösungswege auf S. 365/366

48. Bei einer gravimetrischen Bestimmung soll der Gehalt an $AlCl_3 \cdot 6\ H_2O$ bestimmt werden. Als Wägeform liegt Al_2O_3 vor. Welchen Wert hat der analytische Faktor?	$f = 4{,}7357$
49. Durch Analyse von 0,2939 g eines Grauspießglanzes wurden 0,192 g Antimonsulfid Sb_2S_3 erhalten. Wie hoch ist der Massenanteil von Antimon in der Probe?	$\omega_{Sb} = 46{,}83\ \%$
50. Berechnen Sie: **a) die Elektrizitätsmenge, die theoretisch erforderlich ist, um 150 t Natriumhydroxid zu produzieren;** **b) die Volumen an Wasserstoff und Chlor im Normzustand, die dabei entstehen.**	a) 100,5 Ah b) 42029402,21 l $\approx$ 42000 m^3
51. 25 ml einer Nickelsulfat-Lösung ($\rho = 1{,}19$ g/ml) werden mit Wasser auf 100 ml verdünnt. 25 ml der neuen Lösung werden elektrolysiert. Dabei sind 665 As zur vollständigen Nickelabscheidung notwendig. Wie groß ist der Massenanteil von Nickelsulfat in der Ausgangslösung?	7,17 %
52. Berechnen Sie die Zellspannung für Mg/Mg^{2+} ($c = 0{,}05$ mol/l)//Ni^{2+} ($c = 1{,}5$ mol/l)/Ni.	–2,179 V

Lösungswege auf S. 366/367/368

53. Bei einer Zink/Wasserstoff-Zelle wird bei einer Temperatur von 25 °C und $c(Zn^{2+}) = 1$ mol/l eine Zellspannung von 0,45 V gemessen. Welchen pH-Wert hat die Wasserstoffhalbzelle?	pH = 5,25
54. Eine gesättigte Bariumsulfat-Lösung hat bei einer bestimmten Temperatur eine spezifische Leitfähigkeit von $2{,}41 \cdot 10^{-6}$ S/cm. Bei dieser Temperatur beträgt die molare Leitfähigkeit von Bariumchlorid 230 cm²/Ω · mol; von Kaliumchlorid 122 cm²/Ω · mol; von Kaliumsulfat 256 cm²/Ω · mol. Berechnen Sie die Massenkonzentration von Bariumsulfat.	$\beta_{BaSo_4} = 2{,}324$ mg/l
55. Bei einer chromatografischen Analyse von Aminosäuren wurden folgende Werte ermittelt: Entfernung Startlinie – Laufmittelfront 96,5 mm; Entfernung Substanzfleck – Startlinie a) 69,5 mm; b) 57,9 mm und c) 36,7 mm. Berechnen Sie die einzelnen R_f-Werte.	a) 0,72 (Isoleucin) b) 0,60 (Valin) c) 0,38 (Alanin)
56. Bei der chromatografischen Auftrennung eines Blattgrünfarbstoffes betrug die Entfernung Laufmittelfront – Start- →	a) 9,00 cm b) 3,51 cm c) 1,89 cm d) 1,17 cm →

Lösungswege auf S. 368/369

linie 9,0 cm. Berechnen Sie die Entfernung der einzelnen Farbstoffe zur Startlinie, wenn folgende R_f-Werte ermittelt wurden: a) 1,00; b) 0,39; c) 0,21 und d) 0,13.

57. Eine 0,025 %ige wässrige Probelösung eines zu analysierenden Stoffes wird dreimal extrahiert. Dabei werden 200 g der Probelösung verwendet und bei jedem Extraktionsschritt die gleiche Menge des organischen Lösungsmittels. Bei jedem Extraktionsschritt werden 80 % des Stoffes aus der wässrigen Lösung entfernt.

a) Berechnen Sie die Masse des extrahierten Stoffes in jedem Extraktionsschritt und die Gesamtmasse.

b) Berechnen Sie die Masse des zu analysierenden Stoffes, die in der wässrigen Lösung verbleibt.

a) 1. Extraktion: $c = 0{,}04$ g
2. Extraktion: $c = 0{,}008$ g
3. Extraktion: $c = 0{,}0016$ g
$c_{ges} = 0{,}0496$ g

b) $m = 0{,}0004$ g

3

Lösungswege auf S. 369

4 Trennen und Reinigen von Stoffen, allgemeine Labortechnik

4.1 Grundbegriffe

1. Nennen Sie Arbeitsgänge, die nötig sind, um eine Probe zur weiteren Analyse vorzubereiten.

Zur Analyse müssen Proben in eine für die weitere Verarbeitung geeignete Form gebracht werden. Von der jeweilig benötigten Form sind die auszuführenden Arbeitsgänge abhängig.
Mögliche Arbeitsgänge sind:
- Zerkleinern der Probe in weiter verarbeitbare Portionen (z. B. Zerschneiden, Abspalten von Bruchstücken usw.);
- Überführen von Feststoffen in eine flüssige Form durch Aufschlüsse oder Herstellen von Lösungen (z. B. mit Wasser, Säuren, organischen Lösungsmitteln, Königswasser usw.);
- Extrahieren der Probe, um einzelne Bestandteile abzutrennen und Spurenbestandteile anzureichern;
- Vermahlen (z. B. in Kugelmühlen) oder Verreiben (z. B. in Achatmörsern), um Proben in homogenisierte Stoffgemische zu überführen;
- Entnahme von aliquoten Teilen einer Probe (Abnahme von definierten Analysevolumen aus einem definierten Probevolumen);
- Trocknen, um Wasseranteil zu entfernen;
- Kristallisieren gelöster Stoffe, um Proben zur Schmelzpunktbestimmung zu erhalten.

2. Erläutern Sie die Begriffe Klassieren und Hydroklasssieren.

Durch Klassieren (Sieben) können Feststoffgemische auf Grund ihrer unterschiedlichen Korngrößen mechanisch getrennt werden. Dies wird z. B. bei der Herstellung von verschiedenen Sand- oder Kiesfraktionen für die Baustoffindustrie genutzt.
Im Gegensatz dazu beruht die Stofftrennung durch Hydroklassieren auf der unterschiedlichen Sinkgeschwindigkeit der Bestandteile. So können unlösliche Feststoffe unterschiedlicher Dichte getrennt werden (z. B. beim Goldwaschen).

3. Nennen Sie Verfahren zur Trennung von Flüssigkeitsgemischen.

Flüssigkeitsgemische können getrennt werden durch:
- Ausschütteln mit Scheidetrichter,
- Extraktion,
- Destillation (Vakuum oder Wasserdampf),
- Rektifikation,
- Zentrifugieren.

4. Können Sie durch Zugabe eines Feststoffes die Trennung einer Emulsion beeinflussen? Begründen Sie Ihre Aussage.

Durch die Zugabe eines Feststoffes, der in einem Bestandteil der Emulsion löslich ist, kann die Trennung verbessert werden. Die Trennung der Bestandteile ist mit Hilfe einer Zentrifuge möglich. Dabei wirkt sich die Dichte der einzelnen Bestandteile auf deren Absetzgeschwindigkeit aus. Durch die Zugabe des Feststoffes wird die Dichte der einen Komponente erhöht und somit deren Abtrennung verbessert.

5. Mit welchem Kältemittel können Sie eine Kühlung von -70 °C gewährleisten?

Mit einer Trockeneis(CO_2)-Aceton-Mischung ist eine Temperatur von –75 °C bis –78 °C erreichbar.

6. Ordnen Sie die untenstehenden Kühlmedien nach der Temperatur, beginnen Sie mit der tiefsten Temperatur:
- **flüssige Luft**
- **Eis-Magnesiumchlorid-Gemisch**
- **Eis-Natriumchlorid-Gemisch**
- **Trockeneis-Aceton-Gemisch**
- **flüssiger Stickstoff**
- **Eis-Calciumchlorid-Gemisch**
- **Eis-Wasser-Gemisch**
- **Trockeneis-Ethanol-Gemisch**

1. flüssiger Stickstoff –195,82 °C
2. flüssige Luft –180 °C
3. Trockeneis-Ethanol-Gemisch –80 °C
4. Trockeneis-Aceton-Gemisch –75 °C bis –78 °C
5. Eis-Calciumchlorid-Gemisch –40 °C
6. Eis-Magnesiumchlorid-Gemisch –30 °C
7. Eis-Natriumchlorid-Gemisch –21,3 °C
8. Eis-Wasser-Gemisch 0 °C

7. Was ist eine Sperrflüssigkeit?

Eine Sperrflüssigkeit dient dazu, einen Stoff oder eine Substanz von Wechselwirkungen mit der Umgebung abzuschirmen. Dabei soll es auch nicht zu Wechselwirkungen (z. B. chemischen Reaktionen oder Lösungsvorgängen) zwischen Sperrflüssigkeit und abgesperrten Medium kommen.

8. Für welche Gase ist Wasser als Sperrflüssigkeit geeignet?

Wasser ist als Sperrflüssigkeit für Gase geeignet, die sich nur sehr gering darin lösen, z. B. Kohlenstoffmonoxid, Sauerstoff, Stickstoff, Wasserstoff.
Durch Zusatz von Natriumchlorid (gesättigte Lösung) eignet sich Wasser auch für Chlor und Schwefelwasserstoff.

9. Für welche Gase ist Wasser als Sperrflüssigkeit nicht geeignet?

Wasser ist als Sperrflüssigkeit nicht geeignet für Ammoniak, Chlorwasserstoff, Kohlenstoffdioxid und Schwefeldioxid.

10. Welche anderen Stoffe können als Sperrflüssigkeit verwendet werden?

Eine schwefelsaure Natriumsulfatlösung ist bei $> 16\,°C$ z. B. für Kohlenstoffmonoxid und -dioxid, Schwefeldioxid, Methan, Ethan, Ethen und Ethin einsetzbar.
Als Sperrflüssigkeit kommen auch Quecksilber oder organische Flüssigkeiten wie Glykol und Paraffinöl zum Einsatz.

11. Erläutern Sie den NERNSTschen Verteilungssatz.

Wenn ein Stoff in zwei verschiedenen Flüssigkeiten eine unterschiedliche Löslichkeit besitzt, so verteilt er sich nach dem NERNSTschen Verteilungssatz in unterschiedlichen Konzentrationen c_1 und c_2 in beiden Phasen, wenn beim Lösen keine chemische Reaktion eintritt. Das Verhältnis der Stoffmengenkonzentration c_1 und c_2 in der Lösung 1 und 2 wird durch den Verteilungskoeffizienten K bestimmt:

$$K = \frac{c_1}{c_2}$$

12. Für welche Systeme ist der NERNSTsche Verteilungssatz gültig?

Der NERNSTsche Verteilungssatz gilt streng genommen nur für ein ideales Extraktionssystem, d. h. für ein stark verdünntes Phasensystem.

13. Wie kann Ethanol 100 % aus Ethanol 96 % hergestellt werden?

Ethanol absolut kann hergestellt werden, indem
- Ethanol 96 % mit Magnesiumspänen am Rückfluss gekocht wird,
- man nach Zusatz von elementarem Natrium destilliert,
- ein Molekularsieb verwendet,
- man destilliert, nachdem eine nicht mit Wasser mischbare Flüssigkeit zugesetzt wurde (z. B. Benzol).

14. Welchen Einfluss hat ein Druckanstieg über einer siedenden Flüssigkeit?

Eine Veränderung des Drucks hat Einfluss auf die Siedetemperatur: eine Druckerhöhung führt zum Anstieg der Siedetemperatur; Druckverminderung lässt die Siedetemperatur sinken (Extremfall Vakuumdestillation).

15. Wie können Sie den Siedepunkt eines Flüssigkeitsgemisches beeinflussen?

Der Siedepunkt von Flüssigkeiten oder Flüssigkeitsgemischen ist vom Druck abhängig. Bei Flüssigkeitsgemischen haben auch die Mischungsanteile der einzelnen Komponenten Einfluss auf den Siedepunkt.

16. Welche Zusammensetzung besitzt der Dampf eines siedenden idealen Flüssigkeitsgemisches aus leichter und schwerer siedender Flüssigkeit?

Erhitzt man ein Flüssigkeitsgemisch mit der Zusammensetzung x_1/y_1 zum Sieden, ergibt sich ein Dampfgemisch mit der Zusammensetzung x_2/y_2, wobei der Anteil der leichter siedenden Flüssigkeit x zunimmt.

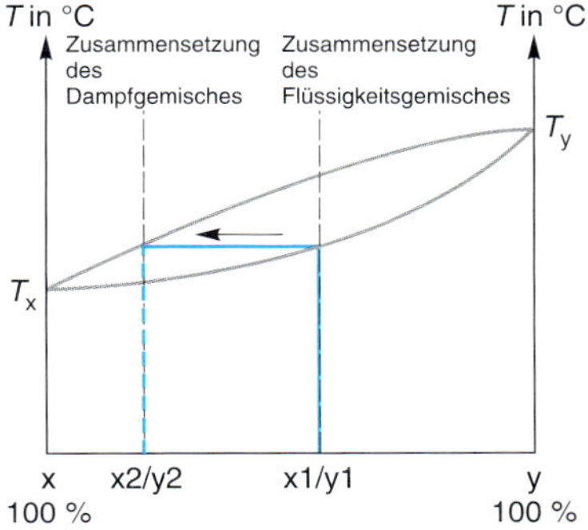

Siedediagramm eines idealen Flüssigkeitsgemisches

17. Wozu dient bei einer Destillation eine Kolonne?

Die Wirkung einer Kolonne besteht darin, dass leichter siedende Anteile die Kolonne schneller passieren und im Kühler kondensieren, während höher siedende Anteile schon in der Kolonne kondensieren, zurückfließen und erneut verdampfen. Durch eine Kolonne können die einzelnen Fraktionen schärfer getrennt werden, wobei die Trennwirkung mit steigendem Stoffdurchsatz sinkt. Der Stoff- und Energieaustausch einer Kolonne kann durch die Vergrößerung der Oberfläche (Austauschfläche) durch Füllkörper (z. B. Glasperlen, -ringe) verbessert werden. Dies ist auch durch den Einbau von Böden (Glockenbodenkolonne) möglich.

18. Was gibt die theoretische Bodenzahl einer Kolonne an?

Ein theoretischer Boden bezeichnet den Abschnitt bzw. die Höhe einer Kolonne, in dem eine einfache Destillation erfolgt. Mit der Anzahl an theoretischen Kolonnenböden wird angegeben, wie viel einzelne Destillationen durchgeführt werden müssen, um das gleiche Ergebnis zu erreichen.

19. Für welches Trennverfahren gilt folgende Aussage: „Dadurch, dass der nachströmende Dampf in der Kolonne dem dort gebildeten und zurückfließenden Kondensat entgegenströmt, kommt es zu einem Stoff- und Energieaustausch."?

Die Aussage kennzeichnet das Trennverfahren einer fraktionierenden Destillation bzw. Rektifikation.

20. Welche Möglichkeit gibt es, einen Stoff durch Destillation zu gewinnen, wenn der Zersetzungspunkt des Stoffes kleiner als die Siedetemperatur ist?

Um die Zersetzung des Reaktionsproduktes zu vermeiden, muss die Siedetemperatur unter die Zersetzungstemperatur gesenkt werden. Dies ist durch Verringerung des Drucks (Vakuumdestillation) möglich.

21. Aus welchen Stoffen setzt sich das Reaktionsprodukt in einer Soxhlet-Apparatur zusammen und wie →

Das Reaktionsprodukt (die Extraktlösung) besteht aus Lösungsmittel und abgetrennter Stoffkomponente, dem Extrakt (z. B. Fett aus Fleisch). →

können die einzelnen Bestandteile getrennt werden?

Der Extrakt kann z. B. durch Destillation vom Lösemittel getrennt werden.

22. Zeichnen Sie ein Siedediagramm eines idealen binären Flüssigkeitsgemisches.

Das Siedediagramm einer idealen Mischung aus einer niedriger siedenden Komponente B und einer höher siedenden Komponente A ist im nachfolgenden Diagramm dargestellt.

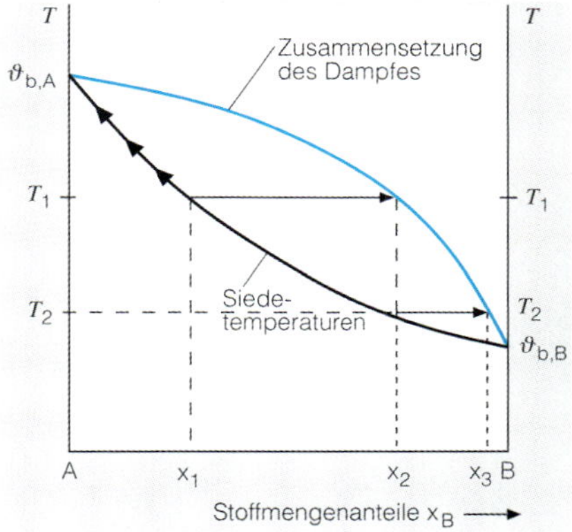

Die schwarze Linie kennzeichnet die Siedetemperaturen der Mischung und die blaue die Zusammensetzung des Dampfes.

23. Erläutern Sie eine ablaufende Destillation, wenn ein Gemisch mit der Ausgangskonzentration x_1 vorliegt.

Erwärmt man ein Gemisch mit der Konzentration x_1, beginnt es bei T_1 zu sieden. Der Dampf hat die Zusammensetzung x_2, ist also mit Stoff B angereichert. Die Siedetemperatur von x_2 liegt bei T_2. Eine weitere Destillation führt dann zu einem Gemisch x_3. Mit jeder durchgeführten Destillation nimmt der Anteil der niedriger siedenden Komponente B in der Vorlage zu, während gleichzeitig der Anteil der Komponente A im Kolben zunimmt. Die Ausgangsmischung wird mit der höher siedenden Komponente angereichert.

24. Definieren Sie den Begriff Azeotrop.

Ein Azeotrop oder azeotropes Gemisch liegt vor, wenn ein siedendes Flüssigkeitsgemisch und der Dampf dieses Gemisches die gleiche Zusammensetzung aufweisen.

4

25. Welche Kurvenverläufe zeigt ein Siedediagramm eines azeotropen Gemisches mit Siedepunktminimum?

Im folgenden Diagramm ist ein azeotropes Gemisch mit Siedepunktminimum dargestellt. Es gibt auch azeotrope Gemische mit Siedepunktmaximum.

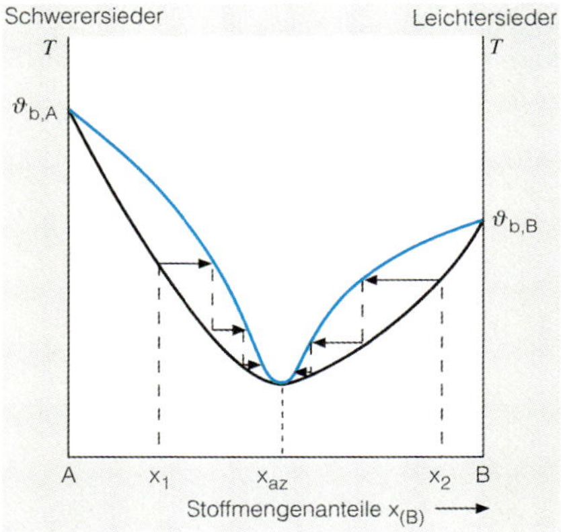

26. Kann ein azeotropes Gemisch durch Destillation getrennt werden?

Es ist nicht möglich, ein azeotropes Gemisch durch Destillation zu trennen. Im vorangegangenen Diagramm ist der Verlauf von Destillationen beginnend bei einer Ausgangskonzentration x_1 bzw. x_2 dargestellt. Am Destillationsende hat sich im Gemisch der Anteil x_{az} angereichert. Nach weiteren Destillationen ist die Zusammensetzung des azeotropen Gemisches erreicht – der Endzustand.

27. Zu welchem Zweck wird eine Rektifikation durchgeführt?

Die Rektifikation wird zur Trennung von organischen Flüssigkeitsgemischen verwendet. Dabei werden die unterschiedlichen Siedetemperaturen der einzelnen Stoffe (Fraktionen) ausgenutzt.

28. Wo und wie kommt es bei einer Rektifikation zu einem Stoff- und Energieaustausch?

Der Stoff- und Energieaustausch bei einer Rektifikation findet in der Kolonne statt. Die Wirkung der Kolonne besteht darin, dass leichter siedende Anteile die Kolonne schneller passieren und im Kühler kondensieren, während höher siedende Anteile schon in der Kolonne kondensieren, zu-

→

rückfließen und erneut verdampfen (Gegenstromdestillation). Zwischen den gegenläufig strömenden Medien kommt es dabei zum Stoff- und Energie-(Wärme)austausch.

4.2 Arbeitsweise und Arbeitsschutz

1. Erläutern Sie den Umgang mit einer Analysenwaage, insbesondere die Vermeidung von Wägefehlern!

Neben dem optimalen Standort dient die richtige Behandlung des Wägegutes der Vermeidung von Wägefehlern. Dabei sind insbesondere folgende Punkte zu beachten:

- Wägegut nicht mit der Hand anfassen;
- Wägegut immer mittig auf der Waage auflegen, Ecklastfehler vermeiden;
- elektrostatische Aufladung der Waage und des Wägegefäßes vermeiden;
- hygroskopisches Wägegut nur in geschlossenen Gefäßen wiegen;
- Wägegut akklimatisieren lassen, Vermeidung von Kondenswasserbildung durch sehr kaltes oder sehr warmes Wägegut;
- Wägegefäß der Menge des Wägegutes anpassen – jeweils das kleinste mögliche Gefäß nutzen;
- leicht flüchtige Stoffe nicht in offenen Wägegefäßen wiegen.

2. Nennen Sie die Gliederungspunkte für eine Betriebsanweisung für Gefahrstoffe.

Die Betriebsanweisungen für Gefahrstoffe werden nach den verschiedenen Gefahrengruppen (z. B. Giftig, Reizend, Hochentzündlich usw.) unterschieden.
Eine Betriebsanweisung für Gefahrstoffe enthält aber in jedem Fall:

1. Gefahrstoffbezeichnung und Gefahrensymbole (Stoffgruppe wie „Säuren" oder Substanzname);
2. Gefahren für Mensch und Umwelt (H-Sätze; alt: R-Sätze – Gefahrenhinweise);
3. Schutzmaßnahmen und Verhaltensregeln (P-Sätze; alt: S-Sätze – Sicherheitsratschläge);
4. Verhalten im Gefahrfall (Sicherheitseinrichtungen, Brandfall usw.);

→

→

5. Erste Hilfe (Wund- bzw. Erstversorgung, Arzt usw.);
6. Sachgerechte Entsorgung (Entsorgungsbehälter, Abfallbehandlung, E-Sätze).

3. Welche Anforderungen an den Standort einer Waage gibt es?

Bei der Auswahl des Standortes für eine Waage sind folgende Punkte zu beachten:

- Unter Berücksichtigung der Abhängigkeit des Wägevorganges von der Höhe über NN muss eine elektronische Waage für den Messort kalibriert werden.
- Der Einfluss von Luftströmungen ist möglichst gering zu halten. Deshalb Waagen nicht in Durchgangszimmern und Türnähe platzieren. Analysenwaagen sind mit einem Gehäuse ausgestattet.
- Um Erschütterungen zu vermeiden, sind Waagen auf speziellen Wägetischen (sehr schwere und gedämpfte Tischplatte) aufzustellen.
- Zur Vermeidung von Schrägstellung sind Waagen mit der eingebauten Libelle zu justieren.
- Klimaeinflüsse sind möglichst gering zu halten. Schnelle Temperaturänderungen (z. B. durch Heizkörper oder direkte Sonneneinstrahlung) sind zu vermeiden. Die Luftfeuchtigkeit beträgt optimal 45 % bis 60 %. Die Waage soll sich an die herrschenden Bedingungen anpassen – akklimatisieren.

4. Warum darf elementares Natrium nicht mit halogenierten Kohlenwasserstoffen (z. B. Tetrachlormethan) versetzt werden?

Wird elementares Natrium mit halogenierten Kohlenwasserstoffen wie Chloroform oder Tetrachlormethan in Berührung gebracht, ist eine explosive Umsetzung möglich.

5. Was ist bei der Gasentnahme aus Druckgasflaschen zu beachten?

Die Gasentnahme aus Druckgasflaschen erfolgt über speziele Reduzierventile. Beim Umgang mit diesen sind Schutzmaßnahmen zu beachten:

- nur das für das jeweilige Gas entsprechende Ventil verwenden – farbliche Kennzeichnung;
- nur TÜV-geprüfte Ventile und

→

- besonders bei Sauerstoff nur fettfreie und saubere Ventile verwenden.

Besondere Sicherheitsvorschriften für Reduzierventile gibt es aber nicht.

6. Welche Sicherheitsbestimmungen beim Umgang mit Druckgasflaschen gibt es?

Beim Umgang mit Druckgasflaschen gelten folgende Sicherheitsbestimmungen:

1. Druckgasflaschen sind beim Transport und bei der Lagerung gegen Umstürzen und Verrutschen zu sichern. Dies gilt auch für Abstellplätze im Labor.
2. Druckgasflaschen sind in besonders gekennzeichneten Räumen senkrecht und gesichert aufzubewahren. Diese Räume sind ausreichend zu be- und entlüften.
3. Druckgasflaschen dürfen wegen der Gefahr zu starker Erwärmung nicht in unmittelbarer Nähe von Wärmequellen aufbewahrt werden (Mindestabstand zur Heizung 0,5 m).
4. Vorschriften unterscheiden den Schutzbereich für brennbare Gase, in solche für brennbare Gase und Gase leichter als Luft.
5. Druckgasflaschen dürfen nicht in Fluren, Treppenhäusern und Rettungswegen aufbewahrt werden.

7. Erläutern Sie die farbige Kennzeichnung von Druckgasflaschen.

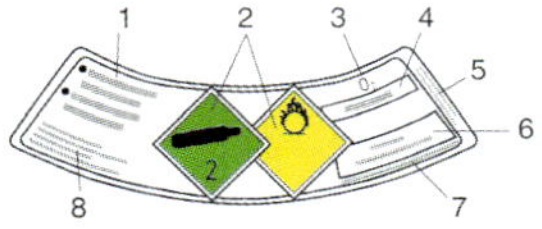

1) H- und P-Sätze; alt: R- und S-Sätze
2) Gefahrzettel nach ADR/RID
3) Zusammensetzung des Gases/Gasgemisches
4) Produktbezeichnung des Gasherstellers

→

Die Kennzeichnung von Druckgasflaschen ist in der DIN-EN-1089-3 „Ortsbewegliche Gasflaschen – Gasflaschen – Kennzeichnung – Teil 3: Farbkodierung' festgelegt.

Druckgasflaschen werden nach Norm farbig an der Flaschenschulter gekennzeichnet, wobei die Farbe zusätzliche Informationen über den Flascheninhalt angibt (z. B. brennbar, giftig, oxidierend, erstickend, inert).

Um Verwechslungen mit der alten Kennzeichnung zu vermeiden, wird bei veränderten Farben der Flaschenhals zusätzlich mit N (Neu) gekennzeichnet. Siehe hierzu nachfolgende Tabelle, S. 126.

Der Gasinhalt einer Flasche wird durch einen Gefahrgutaufkleber verbindlich gekennzeichnet.

→

5) EG-Nr. bei Einzelstoffen oder „Gasgemisch"
6) UN-Nummer und Stoffbenennung nach GGVS
7) Gasherstellerhinweise
8) Name, Anschrift, Telefon-Nr. des Herstellers

Tabellen zur Kennzeichnung für Gase und Gasgemische

1. Allgemeine Kennzeichnung

Eigenschaft	Schulterfarbe		Beispiele
giftig und/oder ätzend	gelb	N	NH_3, CO, SO_2
entzündbar	rot		H_2, CH_4, Formiergas
oxidierend	hellblau	N	O_2, Lachgas (N_2O)
erstickend	leuchtendes Grün	N	Ne, techn. Druckluft

2. Spezielle Kennzeichnung für gebräuchliche Gase

Gas	Schulterfarbe (NEU)		Farbe (ALT)
Acetylen	kastanienbraun	N	gelb
Sauerstoff	weiß	N	blau
Distickstoffoxid	blau	N	grau
Argon	dunkelgrün	N	grau
Stickstoff	schwarz	N	dunkelgrün
Kohlenstoffdioxid	grau		grau
Helium	braun	N	grau

3. Kennzeichnung für Inhalationsgemische

Gas/Gasgemisch	Schulterfarbe (NEU)		Farbe (ALT)
Druckluft für Atemzwecke (O_2 = 20–23 %)	weiß		blau (schwarz)
	schwarz		
Sauerstoff/Helium	weiß		blau
	braun		
Sauerstoff/Kohlenstoffdioxid	weiß		blau
	grau		
Sauerstoff/Distickstoffoxid	weiß		blau
	blau		

8. Welche Hinweise zum Umgang mit Chemikalien können Sie dem Etikett eines Chemikalienbehälters entnehmen?

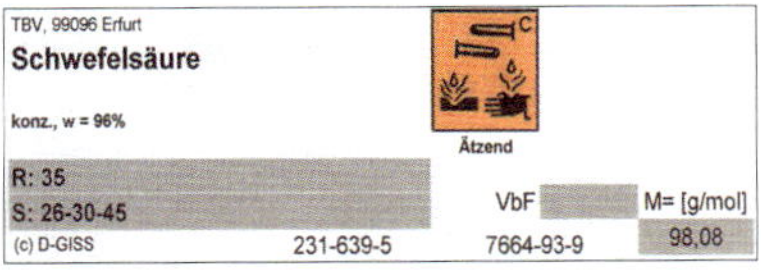

Auf einem Etikett für Chemikalienbehälter (links) sind der Name des Stoffes (auch Trivialname), die Konzentration, das Gefahrensymbol und der Kennbuchstabe, die H- und P-Sätze (alt: R- und S-Sätze) sowie die Molare Masse angegeben. Zusätzlich können Hinweise zur Lagerung oder zur Ersten Hilfe enthalten sein.

neues Piktogramm:

9. Welche Angaben zu Gefahren und zum Umgang mit den jeweiligen Chemikalien können Sie folgenden Etiketten entnehmen:
a) Ammoniak 25 %

a) Ammoniak 25 %
Gefahrensymbol: „Ätzend“; „Umweltgefährlich“
Gefahrenbuchstabe: „C“; „N“ (alt)
Gefahren:

- verursacht Verätzungen;
- ist sehr giftig für Wasserorganismen;
- Ammoniak 25 % und die Dämpfe reizen Haut, Augen, Atemwege („Ätzend“);
- giftig für Wasser- und Bodenorganismen; Pflanzen und Tiere („Umweltgefährlich“).

→ →

Umgang:

- Dämpfe bzw. Gase nicht einatmen („Ätzend");
- bei Berührungen mit der Haut oder den Augen gründlich mit Wasser spülen und Arzt konsultieren;
- Schutzkleidung, Schutzhandschuhe, Schutzbrille tragen;
- Freisetzung in die Umwelt vermeiden; Entsorgungshinweise beachten, Sicherheitsdatenblatt zu Rate ziehen;
- bei Unfall oder Unwohlsein sofort Arzt hinzuziehen; Etikett vorlegen;

b) Kaliumchlorid,

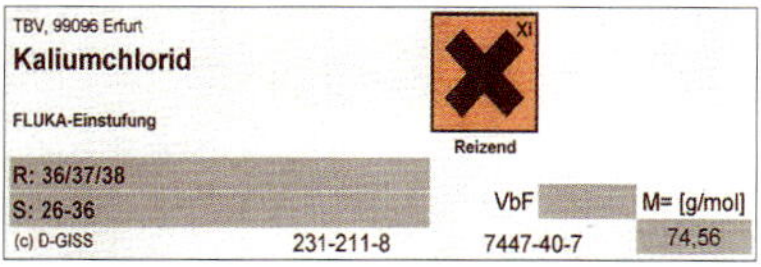

b) Kaliumclorid

Gefahrensymbol: „Reizend"
Gefahrenbuchstabe (alt): „Xi"

neues Piktogramm: 

Gefahren:

- reizt Augen, Atmungsorgane und die Haut;
- kann eine Sensibilisierung durch Hautkontakt hervorrufen.

Umgang:

- Bei Berührungen mit der Haut oder den Augen gründlich mit Wasser spülen und Arzt konsultieren;
- Berührung mit Haut, Augen und Atmungsorganen vermeiden; Stoff, Staub und Dampf nicht einatmen;
- Schutzhandschuhe, Schutzkleidung und Schutzbrille tragen.

10. Was bedeutet GHS?

GHS bedeutet „Global Harmonisiertes System" (Globally Harmonised System of Classification and Labelling of Chemicals).

11. Wann trat die GHS-Verordnung in Kraft und wie soll sie zeitlich umgesetzt werden?

Die GHS-Verordnung trat am 20. Januar 2009 in Kraft. Die Umsetzung für Stoffe soll bis zum 1. Dezember 2010 erfolgen. Gemische sollen bis zum 1. Juni 2015 entsprechend der GHS-Verordnung eingestuft und gekennzeichnet werden.

12. Wie viel Piktogramme beinhaltet die GHS-Verordnung?

Statt den bisher 10 Gefahrensymbolen werden 9 Gefahren-Piktogramme verwendet.

13. Benennen Sie die Piktogramme der GHS-Verordnung.

a)
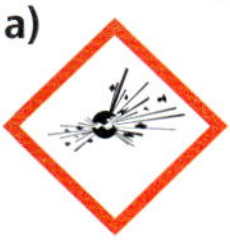

b)

c)

d)

e)

f)

g)

h)

i)

a) Explosive Stoffe (explodierende Bombe)
b) Enzündbare Flüssigkeiten (Flamme)
c) Oxidierende Flüssigkeiten (Flamme über Kreis)
d) Gase unter Druck (Gasflasche)
e) Korrosiv gegenüber Metallen, Ätzwirkung auf die Haut (Ätzend)
f) Akute Toxizität (Totenkopf mit Knochen)
g) Reizwirkung auf die Haut (Ausrufezeichen)
h) CMR (Karzinogenität, Keimzellmutagenität, Reproduktionstoxität), STOT (Spezifische Ziel-organ-Toxizität), Aspirationsgefahr (Gesundheitsgefahr)
i) Gewässer gefährdend (Umwelt).

14. Wie werden die bisher gültigen Gefahrensymbole durch die neuen GHS-Piktogramme ersetzt?

Alt	Neu (GHS)	Alt	Neu (GHS)
 Ätzend		 Giftig	
 Brandfördernd		 Sehr giftig	

Alt	Neu (GHS)	Alt	Neu (GHS)
 Explosionsgefährlich		 Gesundheitsschädlich	Keine direkte Entsprechung
 Umweltgefährlich		 Reizend	
 Leichtentzündlich		Keine direkte Entsprechung	
 Hochentzündlich		Keine Entsprechung	
		Keine Entsprechung	

15. Welche Veränderungen gibt es durch die Einführung der GHS-Verordnung hinsichtlich der Gefahrenbezeichnungen?

Die 10 bisher gültigen Gefahrenbezeichnungen werden durch die Signalwörter „Achtung" oder „Gefahr" ersetzt.

16. Wie werden in der GHS-Verordnung die bisherigen R- und S-Sätze ersetzt?

Die R-Sätze (Gefahrenhinweise) werden durch H-Sätze (Hazard Statements) und die S-Sätze (Sicherheitshinweise) durch P-Sätze (Precautionary Statements) ersetzt.

17. Wie viele Gefahrenklassen beinhaltet die GHS-Verordnung?

Nach GHS gibt es insgesamt 28 Gefahrenklassen – 16 physikalische, 10 für die menschliche Gesundheit und 2 für die Umweltgefährdung.

18. In welche Gruppierungen werden H-Sätze eingeteilt?

Bei H-Sätzen gilt folgende Einteilung der Gruppierung:
2 = physikalische Gefahren
3 = Gesundheitsgefahren
4 = Umwelt

19. In welche Gruppierungen werden P-Sätze eingeteilt?

Bei P-Sätzen unterscheidet man folgende Gruppierungen:
1 = Allgemein
2 = Vorsorgemaßnahmen
3 = Empfehlungen
4 = Lagerhinweise
5 = Entsorgung

20. Was bedeutet laut GHS:
a) H201
b) H331
c) H400
d) P102
e) P235

a) Explosiv, Gefahr der Massenexplosion.
b) Giftig beim Einatmen.
c) Sehr giftig für Wasserorganismen.
d) Darf nicht in die Hände von Kindern gelangen.
e) Kühl halten.

21. Was ist bei der Arbeit mit Glaselektroden zu beachten?

Mit Glaselektroden ist vorsichtig und gewissenhaft zu arbeiten. Die Glasmembran ist äußerst bruchempfindlich. Glaselektroden müssen mit einer KCl-Lösung (3 mol/l) ständig feucht gehalten werden. Die Elektroden bestehen zum Teil aus Edelmetallen, die wiederverwendbar sind.

22. Begründen Sie eventuelle Einschränkungen bei der Messgenauigkeit von pH-Einstabmessketten.

Eine pH-Einstabmesskette ist für Messungen mit einer Zweipunktkalibrierung vorzubereiten. Damit werden zwischen pH 1 und pH 10 sehr genaue Ergebnisse erreicht. Über pH 10 entstehen durch Natrium- und Kalium-Ionen Abweichungen.

23. Warum müssen Ether vor ihrer Verwendung auf das Vorhandensein von Peroxiden geprüft werden? Welche Möglichkeiten dazu gibt es?

Bei längerem Aufbewahren bilden sich in Ethern unter Lichteinfluss und in Gegenwart von Luft explosive Peroxide.
Auf das Vorhandensein von Peroxiden kann getestet werden durch:
- Umsetzung mit essigsaurer Kaliumiodidlösung (Iodid wird durch Peroxide zu Iod oxidiert – Iodausscheidung),
- Test mit schwefelsaurer Titan(IV)-sulfatlösung,
- Überprüfung mit Peroxidteststäbchen.

24. Wie können Peroxide aus Lösungsmitteln entfernt werden?

Peroxide werden durch Schütteln mit wässriger Eisen(II)sulfatlösung reduziert ($Fe^{2+} \rightarrow Fe^{3+}$) und können so entfernt werden.
Eine weitere Möglichkeit ist die Adsorption an Aluminiumoxid.

25. Welche Hinweise zum Umgang mit Ethern sind zu beachten?

Um die Gefahr der Peroxidbildung zu minimieren, bewahrt man Ether über festem Kaliumhydroxid auf. Dadurch werden die sauren Peroxide als Salze gebunden und der Ether gleichzeitig getrocknet.
Ether bilden mit Luft explosive Gemische. Deshalb und wegen der Peroxidbildung niemals bis zur Trockne eindampfen oder destillieren.
Achtung! THF enthält sehr viel Peroxid, darf aber nicht mit Kaliumhydroxid behandelt werden!

26. Mit welcher Gefahr muss beim Abfüllen von Hexan gerechnet werden?

Beim Abfüllen von Hexan kann es zu statischen Aufladungen kommen.

27. Welche Maßnahmen der Ersten Hilfe sind bei Brandwunden durchzuführen?

Die Wunde ist zur Schmerzlinderung mit fließendem kaltem Wasser zu kühlen. Kein Eis verwenden, da es zu Unterkühlung führen kann. Eingebrannte Kleidung nicht entfernen. Bei Bedarf ist die Wunde zur Vermeidung von Verunreinigungen steril abzudecken (Brandwundentuch) und ein Arzt aufzusuchen.

28. Welche Maßnahmen der Ersten Hilfe sind bei Verätzungen der Haut durch Säure oder Laugen durchzuführen?

Bei Verätzungen sind betroffene Kleidungsstücke sofort auszuziehen und erst danach sind die betroffenen Hautstellen mit viel kaltem Wasser zu spülen.

29. Welche Maßnahmen der Ersten Hilfe sind bei Hautverletzung durch Brom durchzuführen?

Die betroffene Hautstelle ist vorsichtig mit einem sauberen Tuch abzutupfen – keinesfalls reiben. Danach ist mit viel Wasser zu spülen und die Verletzung dem Arzt vorzustellen.

30. Welche Maßnahmen der Ersten Hilfe sind bei →

Schnittwunden mit Wasser abspülen, aber nicht auswaschen. Blutende Wunden zur Reinigung etwas ausbluten lassen. Fremdkörper nicht aus der →

Schnittwunden durchzuführen?

Wunde entfernen sondern Wunde steril abdecken, verbinden und Arzt vorstellen. Kleinere Wunden können mit einem Heftpflaster versorgt werden.

4.3 Absorption

1. Definieren Sie Absorption.

Als Absorption wird ein gleichmäßiges Eindringen von Gasen in Flüssigkeiten oder feste Stoffe bezeichnet.

2. Erläutern Sie den Begriff Adsorption.

Bei der Adsorption werden Gase, Dämpfe und manche gelöste Stoffe an ein Adsorptionsmittel oder Adsorbens gebunden. Adsorbierte Teilchen können durch Desorption wieder freigesetzt werden.

4

3. Was versteht man unter Sorption?

Adsorption und Absorption zusammen werden als Sorption bezeichnet.

4. Durch welche Absorptionsmittel können folgende Gase oder Dämpfe abgetrennt (absorbiert) werden?
Ammoniak, Benzol, Brom, Chlor, Ethen, Iod, Kohlenstoffmonoxid, Kohlenstoffdioxid, Sauerstoff, Schwefeldioxid, Schwefelwasserstoff, Ozon und Wasserstoff.

- Ammoniak (NH_3) durch:
  - wässrige Natriumhypobromit-Lösung
- Brom, Chlor, Iod (Br_2, Cl_2, I_2) durch:
  - wässrige Eisen(II)-sulfat-Lösung
  - wässrige Alkalihydroxidlösung (NaOH, KOH)
  - hydrogencarbonathaltige wässrige Arsen(III)-oxid-Lösung
- Kohlenstoffmonoxid (CO) durch:
  - ammoniakalische Kupfer(I)-chlorid-Lösung
  - Suspension von Kupfer(I)-oxid in konzentrierter Schwefelsäure
  - getrocknetes und gekörntes Silber(I)-oxid
- Kohlenstoffdioxid (CO_2) durch:
  - wässrige Kaliumhydroxid-Lösung
- Kohlenwasserstoffe (z. B. Benzol, Ethen) durch:
  - gesättigte wässrige Bromwasser-Lösung
  - rauchende Schwefelsäure (Oleum)
- Sauerstoff (O_2) durch:
  - Lösung von Pyrogallol in Kaliumhydroxid Lösung

→ →

  - ammoniakalische Kupfer-Lösung
  - wässrige Chrom(II)-chlorid-Lösung
- Schwefeldioxid (SO_2) durch:
  - wässrige Natriumhydroxid-Lösung
- Schwefelwasserstoff (H_2S) durch:
  - saure Bleinitrat-Lösung
  - phosphorsaure Mangan(IV)-oxid-Kugeln
- Wasserstoff (H_2) durch:
  - wässrige Kaliumpermanganat-Lösung
  - festes Kupfer(II)-oxid.

4.4 Extraktion

1. Warum sollten sich die unterschiedlichen Lösungsmittel bei einer Extraktion gut und schnell trennen?

Das Prinzip der Extraktion beruht auf der unterschiedlichen Löslichkeit von Bestandteilen eines Stoffgemisches in verschiedenen Lösungsmitteln. Im Idealfall löst sich jeder Bestandteil des Stoffgemisches in einem anderen Lösungsmittel und die Lösungsmittel vermischen sich nicht untereinander. Zur Trennung der einzelnen Gemischbestandteile ist es notwendig, dass sich durch verschiedene Lösungsmitteldichten Phasen ausbilden, die im Scheidetrichter trennbar sind. Lassen sich die Lösungsmittel nicht trennen, sind auch die Bestandteile des Stoffgemisches durch Extraktion nicht trennbar.

2. Worauf ist bei der Auswahl von Lösungsmitteln für eine Extraktion zu achten?

Der abzutrennende Bestandteil eines Stoffgemisches muss sich im verwendeten Lösungsmittel gut lösen. Bei der Verwendung von mehreren Lösungsmitteln für verschiedene Gemischbestandteile dürfen die Lösungsmittel untereinander nicht mischbar sein.

3. Worauf beruht das Prinzip einer Fest/Flüssig-Extraktion?

Bei einer Extraktion wird die unterschiedliche Löslichkeit vermengter Stoffe in einem Lösungsmittel zur Stofftrennung genutzt. Angewandt wird dieses Verfahren bei der Gewinnung von ätherischen Ölen aus Pflanzenteilen und bei der Gewinnung von Tee- oder Kaffeeauszügen.

4. Welche Geräte eignen sich für die Flüssig/Flüssig-Extraktion?

Geeignete Geräte zur Ausführung einer Flüssig/Flüssig-Extraktion sind:
Scheidetrichter

Perforator (Kutscher-Steudel)

5. Erläutern Sie die richtige Handhabung eines Scheidetrichters.

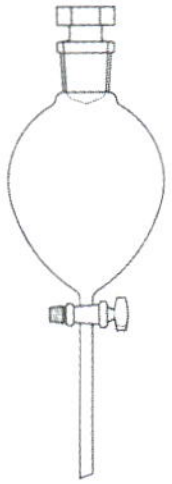

Der Scheidetrichter wird zu maximal zwei Drittel seines Volumens gefüllt. Dabei ist das Hahnküken verschlossen. Beim Schütteln immer mit beiden Händen festhalten und Hahnküken und Stopfen verschlossen halten. Nach dem Schütteln ist über den Ablasshahn zu entlüften – gegebenenfalls ist dies mehrmals zu wiederholen. Danach soll die Flüssigkeit im Scheidetrichter zur Ruhe kommen, damit sich die einzelnen Phasen ausbilden können. Die untere Phase ist über den Hahn abzulassen, die obere Phase wird über den Einfüllstutzen ausgegossen. Beide Phasen sind auf Rückstände zu überprüfen und die Trennung ist bei Bedarf zu wiederholen.

6. Warum ist es bei einer Flüssig/Flüssig-Extraktion nicht möglich, die Stofftrennung in einem Arbeitsgang durchzuführen? →

Wenn ein Stoff in zwei verschiedenen Flüssigkeiten eine unterschiedliche Löslichkeit besitzt, so verteilt er sich nach dem NERNSTschen Verteilungssatz in unterschiedlichen Konzentrationen in beiden Phasen. →

Somit stellt sich nach jedem Arbeitsgang ein Gleichgewicht ein und es sind zur vollständigen Trennung mehrere Extraktionen durchzuführen.

7. Was ist bei der Auswahl des Extraktionsmittels für eine Flüssig/Flüssig-Extraktion zu beachten? Begründen Sie.

Das eingesetzte Extraktionsmittel soll sich mit dem Lösungsmittel des Substanzgemisches nicht mischen und es soll den zu extrahierenden Stoff besser lösen als das Lösungsmittel.
Nach dem Nernstschen Verteilungssatz stellt sich zwischen den beiden flüssigen Phasen (Lösungsmittel und Extraktionsmittel) ein Konzentrationsgleichgewicht ein.
Wurde ein entsprechendes Extraktionsmittel ausgewählt, erhöht sich in diesem die Konzentration des zu extrahierenden Stoffes, d. h. der Verteilungskoeffizient

$$K = \frac{c_1}{c_2}$$

wird größer und bis zur vollständigen Extraktion werden weniger Arbeitsgänge benötigt.

4.5 Filtration

1. Charakterisieren Sie die Stofftrennung durch Filtration.

Bei der Stofftrennung durch Filtration nutzt man die Unlöslichkeit eines festen Stoffes sowie den Unterschied zwischen Korngröße des Feststoffes und Porengröße des Filters aus. Es ist möglich mit Unter-, Normal- oder Überdruck zu arbeiten.

2. Beschreiben Sie die Anforderungen an verschiedene Filter.

Der Einsatz der Filterpapiere ist auf die jeweilige Verwendung abzustimmen. Die Porengröße des Filters ist der Korngröße des Niederschlages und der Filtrationsgeschwindigkeit anzupassen. Bei gravimetrischen Bestimmungen ist der Aschegehalt des Filterpapiers zu beachten. Außerdem spielen Säurebeständigkeit, Festigkeit bei Saug- oder Druckfiltration sowie die Oberflächenbeschaffenheit und der Preis der Filter eine Rolle.

3. Welche Geräte werden zur Filtration bei Unterdruck verwendet?

Bei Unterdruckfiltrationen werden Filternutschen oder -fritten aus Glas oder Porzellan verwendet. Aus diesen muss der Filterkuchen meist mit mechanischen Hilfsmitteln entfernt werden.

4. Womit kann die Leistung einer Filternutsche erhöht werden?

Die Filterleistung einer Nutsche lässt sich erhöhen durch:

- eine größere Filterfläche;
- Anlegen eines stärkeren Vakuums;
- größere Teilchen des Filterrückstandes;
- geringere Viskosität des Filtrats (z. B. erwärmen).

5. Nennen Sie Möglichkeiten die Geschwindigkeit bei einer Vakuumfiltration zu erhöhen.

Bei einer Vakuumfiltration kann die Geschwindigkeit erhöht werden durch:

- Verstärken des angelegten Vakuums,
- Filtrieren der warmen oder heißen Lösung (Viskosität des Lösungsmittels verringern),
- Verwendung eines grobporigeren Filters (Filterwirkung beachten, Poren nicht zu groß wählen).

Außerdem ist zu beachten, dass während der Filtration in der Saugnutsche der Filterkuchen ständig mit Flüssigkeit bedeckt ist.

4.6 Löslichkeit

1. Interpretieren Sie das Diagramm Löslichkeitsverhalten von Salzen in Abhängigkeit zur Temperatur.

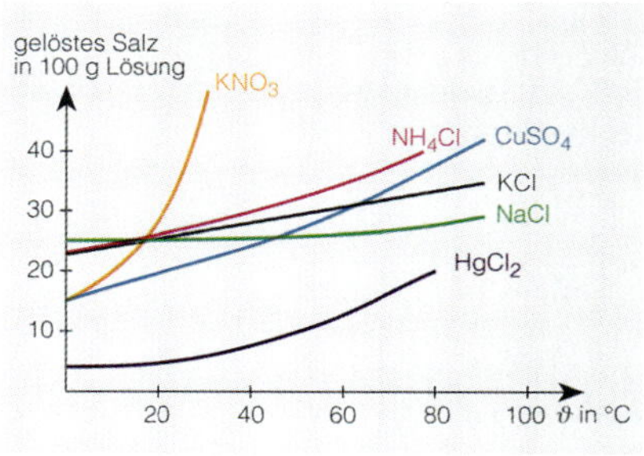

In der Regel sind Feststoffe mit zunehmender Temperatur besser löslich. Die Löslichkeitszunahme ist unterschiedlich stark ausgeprägt und im Diagramm bei NaCl am geringsten, d. h. hier hat die Temperatur den geringsten Einfluss auf die Löslichkeit.

2. Nennen Sie Eigenschaften von organischen Lösungsmitteln.

Zu den Eigenschaften von organischen Lösungsmitteln gehören z. B.:
- Brennbarkeit,
- Fett lösend,
- Aufnahme über die Haut möglich,
- teilweise narkotisierende Wirkung,
- Löslichkeit in Abhängigkeit von der chemischen Struktur.

3. Ordnen Sie folgende Stoffe nach ihrer Polarität. Beginnen Sie mit der stärksten: Methanol, Pentan, Trichlormethan, Wasser

Wasser
Methanol
Trichlormethan
Pentan

↓ Polarität abnehmend

4. Wovon ist die Löslichkeit eines Stoffes oder Stoffgemisches abhängig?

Die Löslichkeit eines Stoffes oder Stoffgemisches ist abhängig von:
- dem Lösungsmittel,
- der Temperatur,
- dem Druck (Gase in Flüssigkeiten),
- dem pH-Wert,
- der Gitterenergie,
- gleichionigen Zusätzen.

5. Womit kann die Löslichkeit zusätzlich beeinflusst werden?

Die Löslichkeit von Feststoffen in Flüssigkeiten kann z. B. verbessert werden, indem der Feststoff möglichst fein vermahlen und die Lösung ständig gerührt wird.

6. Welche der folgenden Stoffe bilden mit Wasser saure Lösungen und welche bilden mit Wasser basische Lösungen? HCl, HBr, NH_3, H_2S, NO_2, CO, CO_2, CH_4, SO_2, C_2H_4, C_2H_2

Saure Lösungen mit Wasser bilden:
HCl, HBr, H_2S, NO_2, CO_2, SO_2;
Basische Lösungen mit Wasser bildet NH_3.
In Wasser nur sehr schlecht oder wenig löslich sind CO, CH_4, C_2H_4, C_2H_2.

7. Woran erkennt man eine übersättigte Lösung?

Im Gegensatz zu ungesättigten oder gesättigten Lösungen bildet sich in übersättigten Lösungen ein Bodenkörper.

8. Wovon ist die Löslichkeit von Gasen in einer Flüssigkeit abhängig?

Die Löslichkeit von Gasen in Flüssigkeiten ist stark von Druck und Temperatur abhängig. Es gilt: die Löslichkeit nimmt mit steigendem Druck zu und mit steigender Temperatur ab.

4.7 Rektifikation/Destillation

1. Erläutern Sie das Verfahren der Rektifikation.

Bei einer Rektifikation oder fraktionierenden Destillation wird die Stofftrennung eines siedenden Flüssigkeitsgemisches durch die Verwendung einer Kolonne verbessert. In einer Kolonne ist die Oberfläche durch Füllkörper vergrößert oder es sind Böden (z. B. Glockenböden) eingebaut. Dadurch wird die Trennleistung erhöht.

2. Wofür wird eine Rektifikation verwendet?

Durch eine Rektifikation werden Stoffgemische aus mehreren organischen Flüssigkeiten, die unterschiedliche Siedetemperaturen (evtl. mit geringem Unterschied) besitzen, in ihre Stoffanteile (Fraktionen) zerlegt und können getrennt aufgefangen werden.

3. Wovon ist die Trennleistung einer Kolonne bei einer Rektifikation abhängig?

Die Trennleistung einer Kolonne ist abhängig von:

- der Oberfläche der Füllkörper (zur Verbesserung vergrößern);
- dem Rücklaufverhältnis (zur Verbesserung erhöhen);
- der Kolonnenlänge (zur Verbesserung verlängern);
- der Anzahl der theoretischen Böden.

4. Welche Aussage zu einem Kolonnenkopf gilt bei einer Rektifikation?

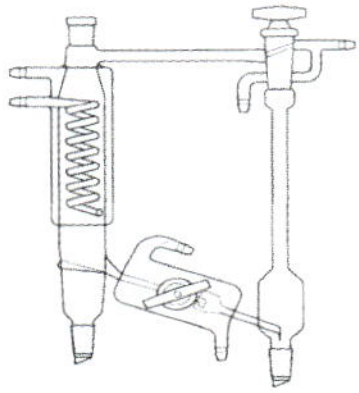

Kolonnenkopf

Der Anteil der Komponenten mit dem höchsten Dampfdruck (der niedrigsten Siedetemperatur) ist im Kolonnenkopf am größten, somit kann die Fraktion mit der niedrigsten Siedetemperatur immer zuerst abgenommen werden.

5. Welche Regel (Druck–Temperatur) gilt bei einer Vakuumrektifikation?

Bei einer Verringerung des Drucks um die Hälfte vermindert sich die Siedetemperatur um ca. 15 °C.

6. Bei einer Rektifikation soll die Trennwirkung verbessert werden. Mit welchen Maßnahmen können Sie Einfluss darauf nehmen?

Auf die Trennwirkung bei einer Rektifikation haben Einfluss:
- die Länge der Kolonne,
- die Isolierung
- die Art der Füllkörper einer Kolonne,
- die Destillationsgeschwindigkeit,
- das Rücklaufverhältnis.

7. Sie sollen ein Stoffgemisch aus zwei Flüssigkeiten durch Wasserdampfdestillation trennen. Welche Aussage zur Siedetemperatur des Gemisches ist möglich?

Die Siedetemperatur des Gemisches liegt unter der Siedetemperatur der niedriger siedenden Substanz. Bei einer Wasserdampfdestillation ist die zweite Komponente im Wasser nicht löslich. Dadurch ergibt sich der Dampfdruck über dem Gemisch aus der Summe der Dampfdrücke der Einzelkomponenten. Dies hat die Absenkung der Siedetemperatur zur Folge – bei einer Wasserdampfdestillation mit Wasser als niedriger siedender Komponente also unter 100 °C.

8. Mit welchen Stoffen ist eine Wasserdampfdestillation durchführbar?

Das Prinzip einer Wasserdampfdestillation beruht darauf, dass der abzudestillierende Stoff in Wasser praktisch unlöslich ist. Dies gilt besonders für mit Wasser nicht mischbare organische Stoffe, die schonend (niedrige Temperatur – <100 °C) abgetrennt werden sollen (z. B. ätherische Öle, Alkaloide).

9. Kann ein Flüssigkeitsgemisch bei einer Wasserdampfdestillation unter 100 °C sieden? Begründen Sie.

Bei einer Wasserdampfdestillation addieren sich der Dampfdruck des Wassers und derjenige der hochsiedenden organischen Verbindung zum Gesamtdruck. Die Siedetemperatur kann unter 100 °C gesenkt werden, weil der Gesamtdampfdruck somit höher liegt als der der tiefer siedenden Komponente.

10. Welche Destillationsverfahren gibt es?

Man unterscheidet die Wasserdampfdestillation, die einfache und die fraktionierende Destillation, wobei alle Verfahren bei Normaldruck oder mit angelegtem Vakuum ausgeführt werden können.

11. Wofür wird die einfache Destillation bevorzugt verwendet? Nennen Sie ein Beispiel.

Einfache Destillation: bei Stoffgemischen mit hohen Siedepunktdifferenzen und keiner Azeotropbildung, z. B. Abtrennung von Aceton aus einem Aceton-Heptan-Gemisch.

12. Welche Anwendung findet die Wasserdampfdestillation?

Wasserdampfdestillation: bei wärmeempfindlichen und wasserdampfflüchtigen Stoffen, z. B. Gewinnung von ätherischen Ölen und Alkaloiden, Trennung von Terpentinöl und Kolophonium.

13. Wann wird eine Vakuumdestillation durchgeführt?

Vakuumdestillation (fraktionierend): bei hohen Siedepunkten (Temperatur absenken) und bei der Gefahr der Zersetzung des Destillationsproduktes unterhalb des Normalsiedepunktes; fraktionierende Variante bei geringen Siedepunktunterschieden, z. B. Abtrennung von Nonanol aus einem Nonanol-Dekanol-Gemisch.

14. In welchen Fällen wird die fraktionierende Destillation angewendet?

*Fraktionierende Destillation (*Normaldruck): geringe Siedepunktunterscheide und Bildung eines Azeotrops; Normaldruck bei niedrigen Siedetemperaturen, z. B. die Gewinnung von Ethanol 96 % aus einem Ethanol-Wasser-Gemisch.

4.8 Trocknen

1. Nennen Sie Stoffe, die als Trockenmittel einsetzbar sind.

Als Trockenmittel können eingesetzt werden:

- Calciumchlorid $CaCl_2$
- Silicagel/Kieselgel SiO_2
- konz. Schwefelsäure H_2SO_4
- Phosphorpentoxid P_2O_5
- Natronkalk $NaOH + CaO$
- wasserfreies Soda Na_2CO_3
- Natriumsulfat, wasserfrei Na_2SO_4
- metallisches Natrium Na
- Lithiumalanat $Li[AlH_4]$
- Calciumcarbid CaC_2
- Aluminiumoxid Al_2O_3
- Molekularsiebe.

4

2. Worauf beruht die Wirksamkeit von Trockenmitteln?

Die meisten Trockenmittel haben eine stark hygroskopische Wirkung. Sie sind in der Lage Wasser aufzunehmen und können das Wasser bei Erwärmung auch wieder abgeben. Sie sind somit regenerierbar. Die Wirksamkeit von Phosphorpentoxid beruht dagegen auf seiner chemischen Umsetzung.

3. Was unterscheidet Phosphorpentoxid als Trockenmittel von Silicagel oder Kieselgel?

Bei der Verwendung von Phosphorpentoxid (P_2O_5) als Trockenmittel laufen chemische Prozesse zu HPO_3 bzw. H_3PO_4 ab. Im Gegensatz zu Silicagel, Kieselgel und vielen anderen Trockenmitteln ist es deshalb nicht regenerierbar.

4. Sie sollen ein ätherisches Öl trocknen. Welche Methoden bzw. Geräte können Sie dazu einsetzen?

Da sich ätherische Öle bei starker Wärmeeinwirkung zersetzen, sind Methoden bzw. Geräte einzusetzen, die eine schonende Trocknung erlauben, z. B.:

- Gefriertrocknen,
- Vakuumtrockenschrank,
- Exsikkator.

Die Trocknung mit dem Exsikkator kann durch Anlegen eines Vakuums verbessert werden.

4.9 Umkristallisieren

1. Worauf beruht das Prinzip der Umkristallisation?

Beim Umkristallisieren eines Stoffes wird das unterschiedliche Löslichkeitsverhalten des Stoffes im kalten und heißen Lösungsmittel ausgenutzt. Der Stoff wird im warmen Lösungsmittel gelöst und durch Abkühlung wird ein Auskristallisieren bewirkt.

2. Warum wird eine Umkristallisation durchgeführt?

Durch eine Umkristallisation soll der gelöste Stoff gereinigt werden. Er kristallisiert als Reinstoff in der erkaltenden Lösung aus, während Verunreinigungen in der Lösung bleiben. Eventuell ist der Vorgang zu wiederholen, um das Ergebnis zu verbessern.

3. Warum ist der Einsatz von Aktivkohle beim Umkristallisieren sinnvoll?

Die beim Umkristallisieren in der Lösung verbleibenden Verunreinigungen können durch Aktivkohle adsorbiert werden.

4. Worin unterscheiden sich Umkristallisation und Umfällung?

Bei einer Umkristallisation kommt es zu keiner Stoffveränderung. Es ist ein physikalischer Vorgang.
Im Gegensatz dazu laufen bei einer Umfällung chemische Vorgänge ab, es kommt zu Stoffveränderungen.

5. Erläutern Sie die Bedeutung des Löslichkeitsverhaltens eines Stoffes für eine Umkristallisation.

Voraussetzung zur Durchführung einer Umkristallisation sind Kenntnisse über das Löslichkeitsverhalten des Stoffes. Es muss bekannt sein, in welchem Lösungsmittel der Stoff löslich ist und ob es bei diesem Lösungsmittel eine Veränderung der Löslichkeit bei Temperaturänderung gibt.
Es gilt: je größer der Löslichkeitsanstieg bei Temperaturzunahme, desto besser ist ein Umkristallisieren möglich.

6. Ist die Kristallgröße beim Umkristallisieren von der Auskristallisierzeit abhängig?

Es gilt: langsames Abkühlen bzw. Verdampfen führt zu größeren Kristallen.
Ziel des Umkristallisierens ist eine möglichst reine Substanz. Verunreinigungen können z. B. durch relativ große Kristalle minimiert werden, da hier die Gesamtoberfläche kleiner ist als bei einer entsprechenden Stoffmenge kleiner Kristalle. Die Kristallgröße lässt sich über die Abkühlgeschwindigkeit bzw. über die Verdampfungsgeschwindigkeit des Lösungsmittels steuern.

7. Wozu dient ein Impfstich mit einem dünnen Glasstab?

Durch einen Impfstich kann man die Kristallisation anregen (z. B. beim Umkristallisieren oder bei nass- und mikrochemischen Nachweisen).

8. Wodurch kann die Kristallisation beschleunigt werden?

Die Kristallisation kann durch einen Impfkristall, durch Reiben mit einem Glasstab an der Gefäßinnenwand, durch leichtes Rühren der Lösung oder Ultraschall verbessert werden. Es ist auch möglich ein Lösungsmittel zuzusetzen, in dem sich der Stoff schlechter löst.

4.10 Zentrifugieren

1. Sie trennen einen Niederschlag durch Zentrifugieren ab. Wodurch können Sie die Absetzgeschwindigkeit des Niederschlags beeinflussen?

Bei der Arbeit mit einer Zentrifuge wird die entstehende Zentrifugalkraft F_Z zur Stofftrennung genutzt:

$F_Z = m \cdot r \cdot (2\pi \cdot n)^2$

Die Absetzgeschwindigkeit eines Niederschlages nimmt mit der auf ihn einwirkenden Zentrifugalkraft zu und kann somit durch eine größere Kraft erhöht werden. Aus der Gleichung ergibt sich, dass F_Z durch den Radius r bzw. den Durchmesser und die Drehzahl n des Rotors verändert werden kann. Die Masse m der zu trennenden Stoffe bzw. deren Dichte $\left(\rho = \frac{m}{V}\right)$ beeinflusst ebenfalls die Zentrifugalkraft. Da der Ausdruck $r \cdot (2\pi \cdot n)^2$ der relativen Zentrifugalbeschleunigung a_r entspricht, ergibt sich: $F_Z = m \cdot a_r$. Somit ist F_Z auch von der Beschleunigung abhängig.

2. Mit welcher Methode sind sehr feindisperse Feststoffe aus einer Lösung abtrennbar?

Einen feindispersen Niederschlag (z. B. $BaSO_4$) kann man am einfachsten durch Zentrifugieren abtrennen. Bei einer Filtration muss die Porengröße des Filterpapiers bzw. der Fritte beachtet werden. Der Zeitaufwand ist aber in jedem Fall größer.

3. Wieso kann eine Emulsion durch Zentrifugieren getrennt werden?

Eine Emulsion ist ein Gemisch aus verschiedenen Flüssigkeiten. Die unterschiedliche Dichte der einzelnen Komponenten kann zur Stofftrennung mit einer Zentrifuge ausgenutzt werden.

4.11 Labortechnik

1. Ordnen Sie folgende Geräte entsprechend ihrer zunehmenden Wirksamkeit bei der Trocknung von Feststoffen: Exsikkator, Trocken- →

Wasserbad
Exsikkator
Vakuumexsikkator
Trockenschrank
Vakuumtrockenschrank

↓ Wirksamkeit zunehmend

→

schrank, Vakuumexsikkator, Vakuumtrockenschrank, Wasserbad.

2. In welchen Fällen sind die genannten Laborwärmequellen geeignet bzw. nicht geeignet?
a) Gasbrenner,
b) Heizplatte,
c) Wasserbad, Ölbad,
d) Sandbad,
e) Heizpilz, Infrarotstrahler,
f) Muffelofen,
g) Trockenschrank.

a) Gasbrenner: Wird verwendet zum schnellen Erzeugen von hohen Temperaturen (300 bis 1500 °C); z. B. Erwärmen von Stoffen in Reagenzgläsern.
Nicht geeignet für brennbare Lösungsmittel oder Dämpfe; örtliche Überhitzung möglich; mit Luftzufuhr – nicht leuchtende Flamme; ohne Luftzufuhr – leuchtende Flamme.
b) Heizplatte: Benötigt man zum Erwärmung von Substanzen in Gefäßen mit flachem Boden z. B. Becherglas.
Nicht geeignet für brennbare Lösungsmittel oder Dämpfe; örtliche Überhitzung möglich.
c) Wasser- bzw. Ölbad: Anwendung bis 100 °C bzw. 250 °C für schonende und gleichmäßige Erwärmung bei guter Temperaturregulierung und konstanter Temperatur; keine örtliche Überhitzung; gut geeignet für brennbare Lösungsmittel oder Dämpfe und Gefäße mit runden Böden.
d) Sandbad: Zum Erwärmen von Glasgeräten. Reagiert jedoch nur träge, schwierige Temperaturregulierung.
e) Heizpilz, Infrarotstrahler: Zum Erwärmen von Glasgeräten, gut geeignet für Rundkolben. Keine örtliche Überhitzung; bei direkter elektrischer Heizung nicht für brennbare Lösungsmittel bzw. Dämpfe geeignet.
f) Muffelofen: Zum Glühen von Tiegeln und Substanzen bei 1000 bis 1200 °C.
g) Trockenschrank: Zum Trocknen von Geräten und Substanzen bis 300 °C.

3. Welche Vorteile hat ein Ölbad als Heizquelle?

Da ein Ölbad keine offene Flamme besitzt, sind die damit verbundenen Gefahrenquellen minimiert. Außerdem ist mit einem Ölbad eine gleichmäßige und allseitige Erwärmung des Reaktionsgefäßes möglich. Somit wird eine punktuelle Überhitzung vermieden.

4

4. Nach welchen Gesichtspunkten wählen Sie einen Kühler für eine Laborapparatur aus?

Neben passenden Anschlüssen ist bei einem Kühler die Kühlfläche und die zu erfüllende Aufgabe (Durchfluss- oder Rückflusskühler) das entscheidende Auswahlkriterium.

5. Benennen Sie die Einzelteile der dargestellten Apparatur.

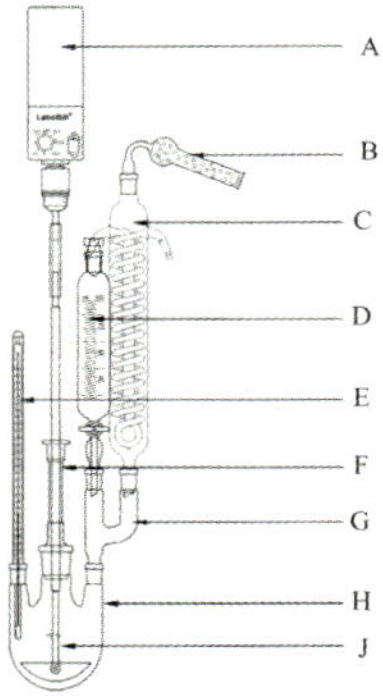

Bei der dargestellten Apparatur handelt es sich um eine Rückflussapparatur mit Rührer, die aus folgenden Einzelteilen besteht:

A Rührerantrieb; Rührermotor
B Trockenrohr
C Rückflusskühler (Dimroth-Kühler)
D Tropftrichter
E Laborthermometer mit Schliff
F Hülse für KPG-Rührer; Lagerhülse; Rührerführung
G Verteileraufsatz
H Dreihalsrundkolben
J Flügelrührer; KPG-Rührer

6. Das Bild zeigt einen Vakuumwechselvorstoß. Wie müssen die Hähne zum Vorlagenwechsel bei angelegtem Vakuum gestellt werden?

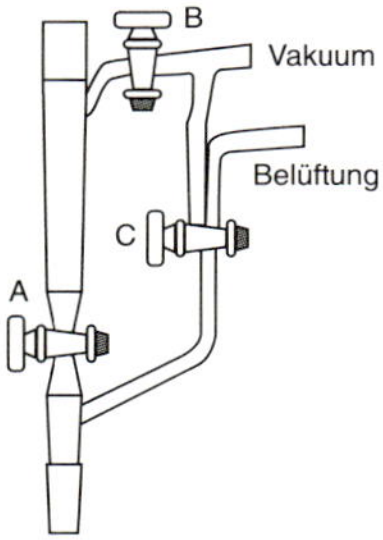

Zum Wechseln der Vorlage bei angelegtem Vakuum sind die Hähne A und B zu schließen und über den Zweiwegehahn C ist die Vorlage zu belüften. Danach kann die Vorlage erneuert werden, während der Arbeitsdruck (Vakuum) in der Apparatur erhalten bleibt.

7. Bezeichnen Sie die abgebildete Apparatur sowie deren Einzelteile. Beschreiben Sie Aufgaben und Verwendungszweck der Einzelteile. Wozu wird die Apparatur verwendet?

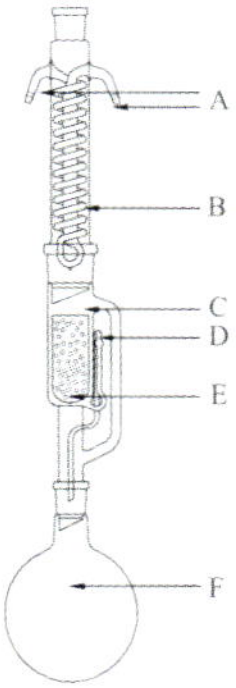

Die Abbildung zeigt eine Soxhlet-Apparatur mit folgenden Einzelteilen:

- Rückflusskühler (B) mit Zu- und Abfluss für Kühlwasser (A); das Lösungsmittel soll im unteren Drittel des Kühlers kondensieren.
- Soxhlet (C); dient zur Aufnahme der Extraktionshülse (E), in der sich das Extraktionsgut befindet. Das Lösungsmittel läuft über das Überlaufröhrchen (Heberöhrchen) (D) in den Rundkolben zurück.
- Rundkolben (F); dient zur Aufnahme und Erwärmung des Lösungsmittels. Nach Abschluss der Extraktion befindet sich im Rundkolben die Extraktlösung.

Die Apparatur dient zur Extraktion, insbesondere zur Abtrennung von einzelnen Komponenten aus Feststoffen.

8. Benennen Sie die drei Destillationsvorstöße.

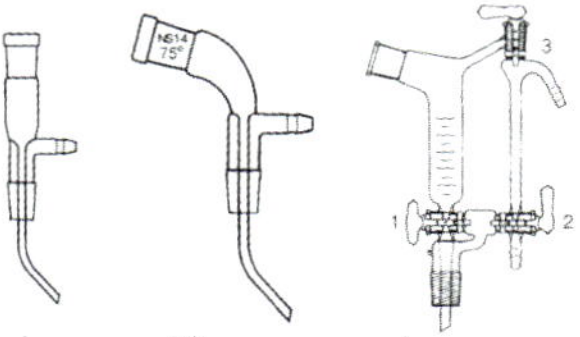

a) b) c)

a) Vakuumvorstoß, gerade
b) Vakuumvorstoß, gebogen
c) Vakuumwechselvorstoß nach Anschütz-Thiele

9. Bezeichnen Sie die wichtigsten Teile der dargestellten Wasserdampfdestillationsapparatur und erläutern Sie Punkte, die zu beachten sind.

A) Glasrohr/Steigrohr: muss lang genug sein, damit es ständig in die Flüssigkeit eintaucht.
B) Verteileraufsatz: alternativ Mehrhalskolben verwenden.
C) Einhalsrundkolben: Volumen entsprechend der Flüssigkeitsmenge auswählen.
D) Wärmequelle: regelbar, zur Steuerung der zugeführten Wärmemenge.

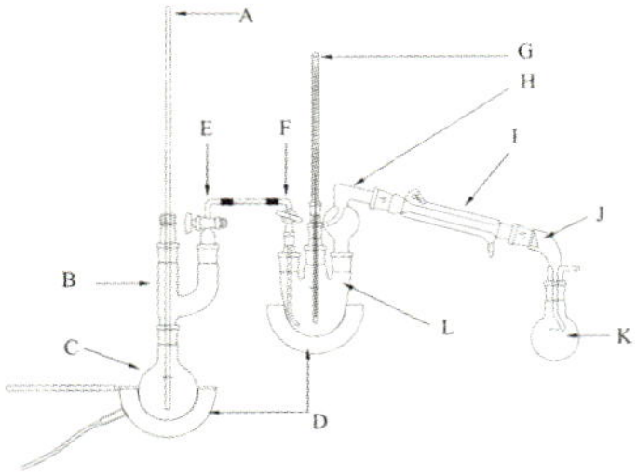

E) Abgangsstück auf Schliffkern: Überleiten des Wasserdampfes in den Dreihalskolben.
F) Einleitungsrohr: muss lang genug sein, um in die Flüssigkeit einzutauchen.
G) Laborthermometer mit Schliff: muss ständig in die Flüssigkeit eintauchen.
H) Tropfenfänger
I) Liebig-Kühler: Kondensation des Destillats, auch andere Kühler möglich.
J) Destillationsvorstoß: Destillat in Vorlage einleiten; Vakuumanschluss möglich.
K) Einhalsrundkolben als Vorlage: Volumen entsprechend der zu erwartenden Flüssigkeitsmenge auswählen.
L) Dreihalsrundkolben: Volumen entsprechend der Flüssigkeitsmenge auswählen.

10. Benennen und erläutern Sie die dargestellte Vakuumdestillationsapparatur.

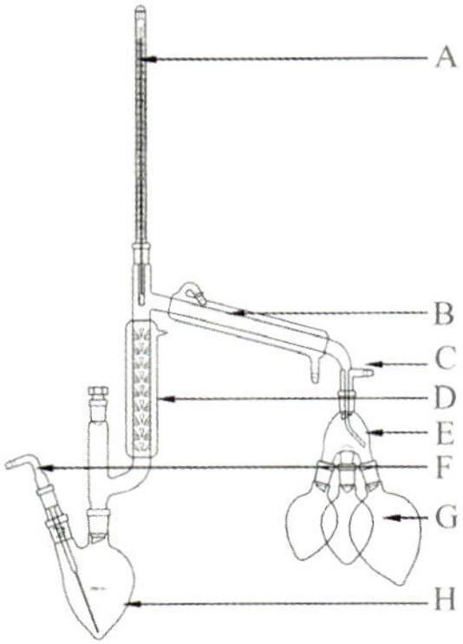

Die dargestellte Apparatur zur fraktionierenden Vakuumdestillation besteht aus folgenden Einzelteilen:
A) Laborthermometer mit Schliff; dient zur Kontrolle der Temperatur; Eintauchtiefe beachten.
B) Liebig-Kühler; Kondensation des Destillats.
C) Vakuumvorstoß; Anschluss einer Vakuumpumpe z. B. über Vakuumschlauch möglich; zum Vorlagenwechsel Vakuum abschalten oder Vakuumwechselvorstoß einbauen.
D) Kolonne/Füllkörperkolonne; bessere Trennung des Flüssigkeitsgemisches durch Art, Länge und Füllung der Kolonne.
E) Spinne/Euter; verteilt das Destillat in die verschiedenen Vorlagen.
F) Siedekapillare; muss ständig in die Flüssigkeit eintauchen, verhindert Siedeverzug, Glasrohr muss dünn ausgezogen werden.
G) Vorlagekölbchen; nehmen die verschiedenen Fraktionen auf.
H) Spitzkolben; enthält das zu trennende Flüssigkeitsgemisch; Destillation gegenüber Rundkolben bis auf kleineren Rückstand ausführbar.

11. Welches Gerät ist hier abgebildet? Geben Sie den Verwendungszweck an und erläutern Sie die Funktionsweise.

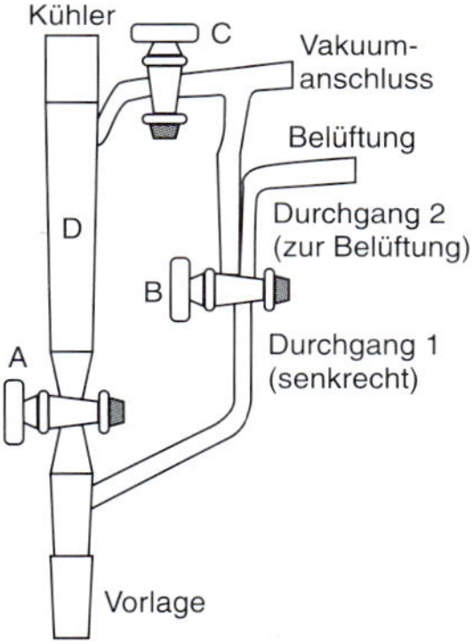

Das Bild zeigt eine Destilliervorlage (Vakuumwechselvorstoß) nach Anschütz-Thiele, bestehend aus den Einweghähnen A und C, dem Zweiwegehahn B und dem Sammelbehälter für Destillat D.

Verwendung: Der Vorstoß wird bei Vakuumdestillationen verwendet, um die Vorlage ohne Destillationsunterbrechung wechseln zu können.

Funktionsweise:

1. Destillation: Dazu wird Hahn A geschlossen und Hahn C geöffnet. Hahn B befindet sich in der Stellung „Durchgang 1" – senkrechte Verbindung/Vakuum geöffnet.
2. Vorlagenwechsel: Das im Sammelbehälter angefallene Destillat wird durch Öffnen des Hahns A in die Vorlage eingeleitet. Danach wird Hahn A wieder geschlossen und die Vorlage über Hahn B belüftet – Stellung „Durchgang 2" – Belüftung. Die Vorlage wird ausgetauscht.
3. Vakuum in der Vorlage herstellen:
   Die Hähne A und C sind zu schließen und Hahn B ist auf „Durchgang 1" – senkrechte Verbindung/Vakuum – zu stellen. Ist der Arbeitsdruck in der Vorlage erreicht, wird Hahn C geöffnet und der Ablauf beginnt wieder bei 1.

12. Skizzieren Sie eine Rektifikationskolonne und das Gefälle der in dieser herrschenden Temperatur.

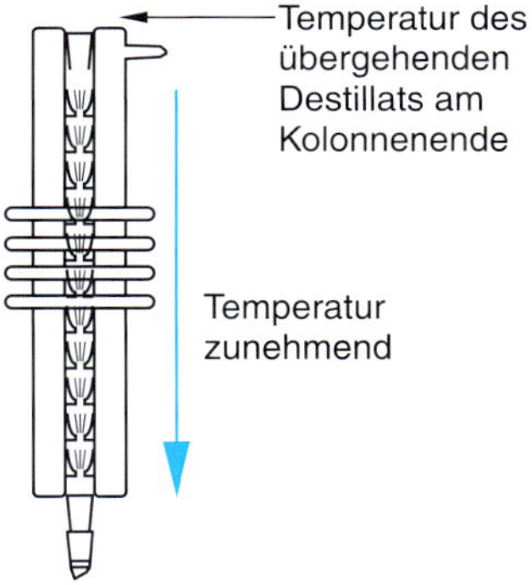

13. Benennen Sie die einzelnen Bauteile einer Apparatur zur Vakuumdestillation und erläutern Sie deren Verwendungszweck.

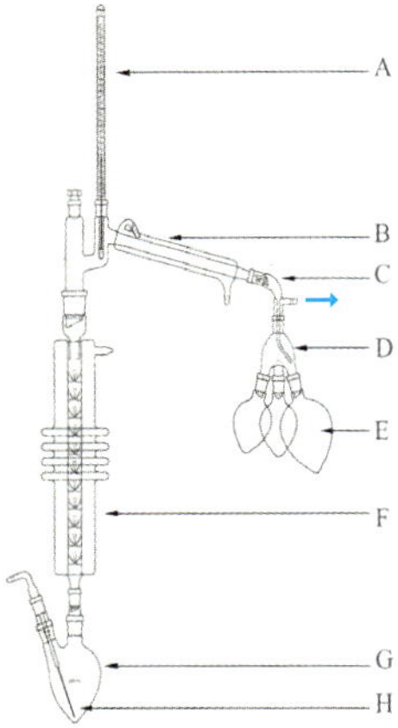

→ Vakuumanschluss

Das Thermometer (A) dient zur Überwachung der Siedetemperatur, hier ist auf die richtige Eintauchtiefe zu achten.
Die Destillationsbrücke (B) dient zur Abkühlung und Überleitung des Kondensats. Sie setzt sich aus Aufsatz (Claisen) und Kühler (Liebig) zusammen.
Am Vakuumvorstoß (C) befindet sich der Anschluss für eine Vakuumpumpe und er dient zur Einleitung des Kondensats in die Vorlage (hier in eine Spinne (D) zur Aufteilung der Fraktionen).
Die durch die Spinne (D) getrennten Fraktionen werden in verschiedenen Vorlagegefäßen (E) – hier Spitzkolben aufgefangen. Dazu kann die Spinne auch während der Destillation gedreht werden. Sie ist deshalb mit dem Vorstoß z. B. durch Ligaturen zu verbinden (beweglich aber sicher).
Zur Trennung von Gemischen mit wenig unterschiedlichen Siedetemperaturen kann eine Kolonne (F) verwendet werden (hier Vigreux-Kolonne).
Das zu destillierende Gemisch befindet sich im Kolben (G). Bei geringen Gemischmengen ist die Verwendung eines Spitzkolbens von Vorteil, da hier bis auf einen sehr geringen Rückstand abdestilliert werden kann.
Zur Verhinderung eines Siedeverzuges wird eine Siedekapillare (H) eingesetzt, die immer in die Flüssigkeit eintauchen muss.

4.12 Säulen- und Dünnschichtchromatografie

1. Definieren Sie die Begriffe Eluieren und Eluat.

Wird bei einer Säulenchromatografie ein Stoffgemisch mit Hilfe eines Lösungsmittels (Elutionsmittels) getrennt und aus der stationären Phase der Säule ausgewaschen, bezeichnet man diesen Vorgang als Eluieren.
Unter einem Eluat versteht man die Lösung der einzelnen Komponenten eines Stoffgemisches im Elutionsmittel.

2. Wie wird eine Chromatografie-Säule vorbereitet?

Befüllen der leeren Säule mit einer Suspension aus Adsorbens (stationäre Phase, z. B. Aluminiumoxid) und Lösungsmittel (z. B. Ethanol).
Beachten:

- Säulenfüllung muss frei von Luftblasen und Rissen sein;
- Säulenfüllung muss immer mit Löse- oder Elutionsmittel bedeckt sein;
- Säule darf nie trocken laufen;
- durch sehr feinkörniges Adsorptionsmittel kann die Oberfläche und somit die Trennwirkung erhöht werden.

3. Erläutern Sie die Trennung eines Farbstoffgemisches mit Hilfe einer Säulenchromatografie.

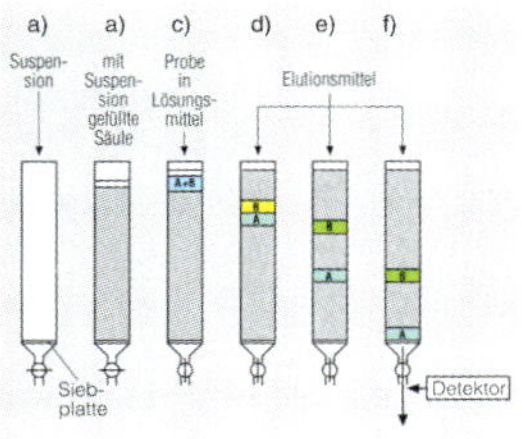

1. Zu trennendes Gemisch in möglichst konzentrierter Form am Säulenkopf auf stationäre Phase auftragen;
2. Elutionsmittel entsprechend der Ablaufgeschwindigkeit der mobilen Phase nachlaufen lassen;
3. Einzelne Gemischkomponenten werden entsprechend der Affinität zur stationären Phase und zum Elutionsmittel zurückgehalten – getrennt.
4. Die einzelnen Komponenten des Stoffgemisches werden am Säulenende als Eluat (Fraktion) abgenommen. Dabei erscheint der am wenigsten adsorbierte Stoff zuerst und der am stärksten adsorbierte Stoff zum Schluss.

4. Nach welchem Prinzip erfolgt die Stofftrennung bei der Chromatografie?

Es gilt: Polare Verbindungen werden an einer polaren stationären Phase länger festgehalten als schwächer polare oder unpolare Verbindungen.

5. Charakterisieren Sie die Dünnschichtchromatografie als Analyseverfahren.

Für eine Dünnschichtchromatografie ist nur eine geringe Substanzmenge zur Analyse erforderlich. Außerdem ist der Bedarf an Geräten und Apparaten gering und eine sehr gute Trennleistung wird in relativ kurzer Zeit erreicht. Nachteilig ist die schwierige und wenig leistungsfähige Möglichkeit einer quantitativen Analyse.

6. Womit können DC-Platten beschichtet werden? →

Platten zur Dünnschichtchromatografie sind als Fertigprodukte erhältlich. Sie können auch selbst →

4

hergestellt werden. Als Beschichtungsmaterial kommen dabei z. B. zum Einsatz:

- Kieselgur bzw. Kieselgel oder Silicagel,
- Aluminiumoxid,
- Cellulose bzw. Acetylcellulose,
- Polyamide.

Die Schichten können auch mit Fluoreszenz-Indikator imprägniert sein.

7. Sie sollen den R_F-Wert von Phenol mit Hilfe einer Dünnschichtchromatografie bestimmen. Als stationäre Phase steht Silicagel zur Verfügung. Welches Laufmittel ist geeignet?

Da es sich bei Phenol um eine polare Substanz handelt und mit Silicagel eine hydrophile, polare Adsorbens zur Verfügung steht, eignet sich für die durchzuführende Chromatographie am besten ein polares Lösungsmittel, z. B. Butan-1-ol oder noch besser Aceton. Ungeeignet sind unpolare Lösungsmittel wie Pentan oder Hexan.

8. Erläutern Sie den Begriff der Adsorptionsaffinität. Worauf beruht sie und wie kann sie eingeschätzt werden?

Die Adsorptionsaffinität ist das Vermögen des Lösungsmittels (der mobilen Phase), den adsorbierten Stoff von der stationären Phase zu lösen und zu transportieren. Eine steigende Adsorptionsaffinität beruht somit auf einer Zunahme der Elutionswirkung des Lösungsmittels bzw. Laufmittels.

Unter Beachtung, dass stationäre Phasen wie Silicagel, Cellulose oder Aluminiumoxid als hydrophile Substanzen einen polaren Charakter besitzen, kann zur Einschätzung der Adsorptionsaffinität von funktionellen Gruppen die eluotrope Reihe von Lösungsmitteln verwendet werden.

9. Ordnen Sie die funktionellen Gruppen nach steigender Adsorptionsaffinität.
Zu ordnende funktionelle Gruppen:
Amino-, Carbonyl-, Carboxyl-, Ether-, Hydroxyl- und Sulfonsäuregruppe

Von geringer (1) zu hoher Adsorptionsaffinität (6):

1. Ethergruppe $R{-}O{-}R$
2. Keto- oder Carbonylgruppe $R{-}C{=}O$
3. Hydroxylgruppe $R{-}OH$
4. Carboxylgruppe $R{-}COOH$
5. Sulfonsäure- oder Sulfogruppe $R{-}SO_3H$
6. Aminogruppe $R{-}NH_2$

(Siehe auch Tabelle Elutrope Reihe auf S. 153)

Elutrope Reihe für Lösungsmittel mit Aluminiumoxid oder Kieselgel als stationärer Phase			
Zunahme der Elutionswirkung	Polarität	Stoffgruppe/Stoff (Beispiel)	funktionelle Gruppe
↓	unpolar ↓	Alkane (Petrolether)	
		Cycloalkane (Cyclohexan)	
		Tetrachlormethan	
		Aromaten (Toluol)	
		Dichlormethan, Trichlormethan	
		Ether (Diethylether)	Ethergruppe $R-O-R$
		Nitrile (Acetonitril)	Nitrilgruppe $R-C\equiv N$
		iso-Propanol	
		Ester (Essigester)	Estergruppe $R-C(=O)-O-R$
		Ketone (Methylethylketon, Aceton)	Keto- oder Carbonylgruppe $R-C=O$
		Alkohole (Ethanol, Methanol)	Hydroxylgruppe $R-OH$
		Wasser	
		Carbonsäuren (Ethansäure, konz.)	Carboxylgruppe $R-COOH$
		Sulfonsäuren	Sulfonsäure- oder Sulfogruppe $R-SO_3H$
↓	polar	Amine, Amide (Methanamid)	Aminogruppe $R-NH_2$

10. Erläutern Sie die Bestimmung eines R_F-Wertes in einem Chromatogramm.

Der R_F-Wert (Rückhalte- bzw. Retentionsfaktor) ist eine Zahl zwischen null und eins.
Berechnung:
Die Entfernung des Fleckmittelpunktes zur Startlinie (b) wird durch die Entfernung der Laufmittelfront zur Startlinie (a) geteilt.
Dazu sind Laufmittelfront und Fleckumrandung nach der Entwicklung des Chromatogramms zu markieren.

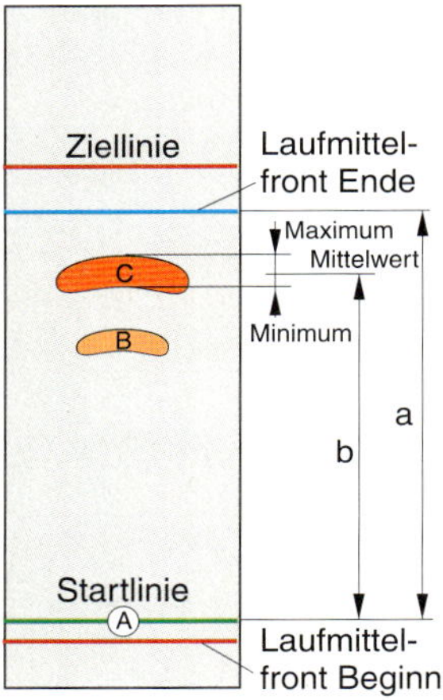

Der berechnete Wert wird mit Tabellenwerten verglichen, welcher dann einer Substanz zugeordnet werden kann.
Siehe hierzu auch Kapitel Stöchiometrie, S. 100.

11. Sie stellen aus den Edukten A und B ein Produkt her, von dem Sie in verschiedenen Phasen eine Probe nehmen. Skizzieren Sie zu nachfolgenden Aussagen das zu erwartende Dünnschichtchromatogramm.

a) Die Reaktion ist vollständig abgelaufen und beendet. Das Endprodukt liegt als Reinstoff vor.

b) Die Reaktion ist beendet, aber unvollständig abgelaufen. Im Endprodukt sind noch Ausgangsstoffe enthalten. Es liegt nicht als Reinstoff vor.

c) Die Reaktion ist abgeschlossen. Die Aus-

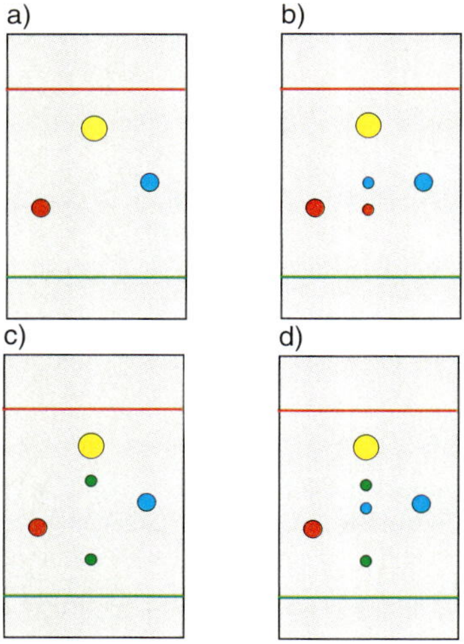

→

gangsstoffe wurden vollständig umgesetzt. Neben dem Produkt sind Verunreinigungen durch entstandene Nebenprodukte nachzuweisen.

d) **Die Reaktion ist beendet. Das Edukt A wurde vollständig umgesetzt. Edukt B wurde im Überschuss eingesetzt. Neben dem Produkt sind Verunreinigungen durch entstandene Nebenprodukte nachzuweisen.**

5 Charakterisieren von Produkten und Arbeitsstoffen

5.1 Grundbegriffe

1. Welche physikalischen Grundgrößen sind durch das SI-System festgelegt worden? Nennen Sie Größe und Einheit.

Größe		Einheit	
Länge	l	Meter	[m]
Zeit	t	Sekunde	[s]
Masse	m	Kilogramm	[kg]
Temperatur	T	Kelvin	[K]
Stromstärke	I	Ampere	[A]
Stoffmenge	n	Mol	[mol]
Lichtstärke	I	Candella	[cd]

2. Nennen Sie physikalische Größen, die von der Temperatur abhängig sind.

Von der Temperatur sind z. B. folgende Größen abhängig:

- Brechzahl bzw. Brechungsindex,
- Viskosität,
- Drehwinkel,
- Dichte,
- Oberflächenspannung,
- elektrischer Widerstand (Leitfähigkeit).

3. Mittels welcher Größen kann die Stoffreinheit festgestellt werden?

Zur Beurteilung der Reinheit von Stoffen können genutzt werden:

- die Siedetemperatur von Flüssigkeiten,
- die Schmelztemperatur von Feststoffen,
- der Brechungsindex,
- die Dichte von Flüssigkeiten,
- die Viskosität,
- der Drehwinkel.

4. Sie sollen eine unbekannte feste oder flüssige organische Substanz untersuchen. Welche Methoden zur Identifizierung stehen Ihnen zur Verfügung? →

Zur Identifizierung einer organischen Substanz ist es möglich, physikalische Kenngrößen zu überprüfen oder Spektren mit verschiedenen Geräten aufzunehmen. Entscheidend für ein optimales Ergebnis ist in jedem Fall die Reinheit des Stoffes sowie die Beachtung von äußeren Einflüssen (z. B. Temperatur) auf die Messung. →

Physikalische Kenngrößen zur Identifizierung eines Stoffes sind z. B.:
- Siedepunkt einer Flüssigkeit,
- Schmelzpunkt eines Feststoffes,
- Brechungsindex einer Flüssigkeit,
- Dichte der Substanz,
- Molare Masse der Substanz,
- R_F-Wert der Substanz,
- Drehwinkel einer optisch aktiven Substanz.

Spektren können unter anderem aufgenommen werden mit:
- Kernresonanz-Spektrometer,
- Infrarot-Spektrometer,
- Massen-Spektrometer,
- UV-Spektrometer.

5. Wovon wird die elektrische Leitfähigkeit des Wassers beeinflusst?

Für die elektrische Leitfähigkeit sind freie Ladungsträger notwendig. Neben H_3O^+- und OH^--Ionen stehen dazu im Wasser Ionen von gelösten Salzen zur Verfügung. Entfernt man diese Ionen z. B. durch Destillation, verringert sich dadurch die Leitfähigkeit.

5

6. Ordnen Sie die nachfolgenden Lösungsmittel nach steigender Polarität. Aceton, Butanon, Chloroform, Ethanol, Formamid, Hexan, Methanol, Tetrachlormethan, Toluol, Wasser.

Hexan — Unpolar
Tetraclomethan
Toluol
Chloroform
Butanon
Aceton
Ethanol
Methanol
Wasser
Formamid — Polar

7. Nennen Sie Zweistoffsysteme und erläutern Sie diese.

Zweistoffsysteme sind z. B.:
- Emulsion: ein Gemenge aus nicht mischbaren Flüssigkeiten, die tröpfchengroß ineinander verteilt sind und bei unterschiedlicher Dichte Phasen bilden.
- Kolloid: ein heterogenes Gemenge, welches auf Grund der Größe der dispergierten Teilchen einfallendes Licht streut.

→ →

- Lösung: ein homogenes Gemisch aus Lösungsmittel und gelöstem Stoff, bei dem einfallendes Licht durch die sehr kleinen, gleichmäßig verteilten Teilchen nicht gestreut wird.
- Schaum: ein Gemenge aus Flüssigkeit oder Feststoff und einem Gas, bei dem Gasportionen (Blasen) durch dünne Stoffschichten eingeschlossen werden.
- Suspension: ein kolloides Gemenge aus einem Feststoff, der in einer Flüssigkeit fein verteilt ist, wobei sich eine trübe Lösung bildet, aus der der Feststoff bei entsprechend großer Dichte sedimentiert.

8. Welche Größe haben die Teilchen in verschiedenen Zweistoffsystemen?

- Lösung: ca. 1 nm; mit dem Mikroskop nicht sichtbar.
- Kolloid: 1–100 nm; nur mit Ultramikroskopen sichtbar.
- Suspension: > 100 nm; mit dem Mikroskop sichtbar.
- Emulsion: >> 100 nm; z. T. mit dem Auge sichtbar.
- Schaum: >> 100 nm; mit dem Auge sichtbar.

Die kleinsten Teilchen in Zweistoffsystemen sind in echten Lösungen vorhanden.

5.2 Bestimmung des Brechungsindex

1. Was ist ein Refraktometer?

Ein Refraktometer ist ein Messgerät, mit dem unter Ausnutzung des Snelliusschen Brechungsgesetzes die Brechzahl von Flüssigkeiten bestimmt wird.

2. Erläutern Sie den Aufbau eines Refraktometers.

→

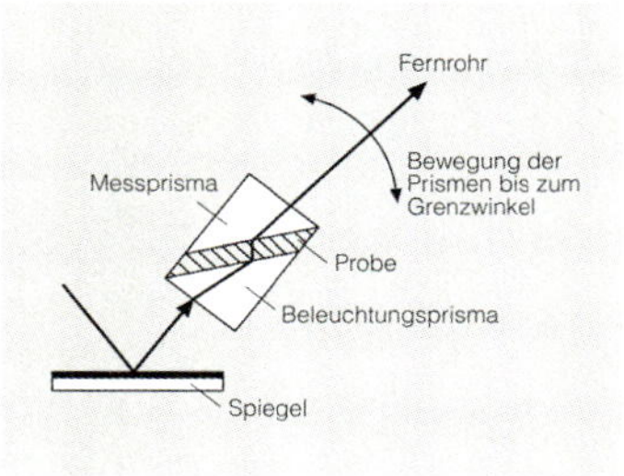

→

Hauptbauteil eines Refraktometers sind zwei unterschiedlich optisch dichte Glas-Prismen: das Beleuchtungsprisma lässt nur Licht der gelben Natrium-D-Linie (589,6 nm) passieren. Es fällt in die Probe, die zwischen diesem Prisma und einem Messprisma aufgebracht wird. Der monochromatische Lichtstrahl wird durch einen darunter befindlichen Spiegel auf das Doppelprisma und danach in das Fernrohr gelenkt. Durch Einstellen der Hell-Dunkel-Grenze (Grenzwinkel), die scharf auf ein Fadenkreuz auszurichten ist, kann die Brechzahl an einer Skala abgelesen werden.

3. Wozu wird ein Refraktometer verwendet?

Mit einem Refraktometer wird der Brechungsindex bzw. die Brechzahl ermittelt. Dies ist z. B. für organische Flüssigkeiten oder Edelsteine möglich. Die Brechzahl ist eine Stoffkonstante, welche für die Stoffidentifizierung, die Überprüfung der Reinheit und zur Konzentrationsbestimmung von Lösungen und Gemischen verwendet werden kann.

4. Kann durch die Bestimmung der Brechzahl die Konzentration einer Lösung ermittelt werden?

Die in Tabellen angegebenen Brechzahlen beziehen sich auf den Reinstoff. Mit einer Veränderung der Konzentration (sowie Verunreinigungen) ändert sich auch die Brechzahl. Somit lässt sich die Konzentration einer Lösung auch über den Brechungsindex ermitteln. So können z. B. der Zuckergehalt in Säften, die Oechslegrade in Traubensaft oder der Alkoholgehalt in Getränken mit speziellen Refraktometern bestimmt werden.

5. Erläutern Sie das Messprinzip eines Refraktometers.

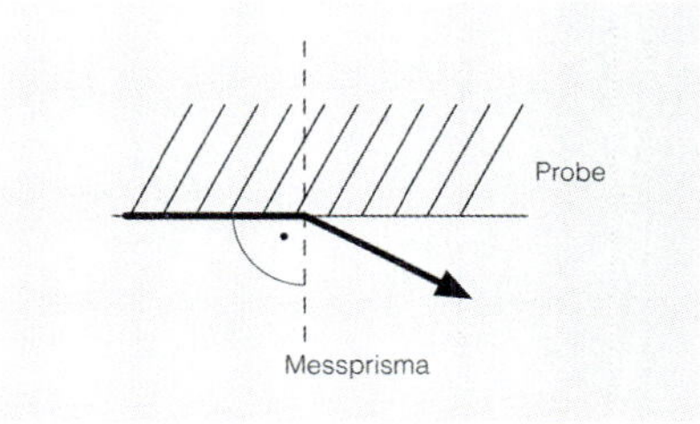

→ →

Bei der Messung der Brechzahl mit einem Refraktometer wird der Grenzwinkel der Totalreflexion bestimmt. Der Grenzwinkel gibt den Winkel an, ab dem kein Licht mehr durch das Prisma gelangt. Somit entsteht eine Dunkelzone. Die Grenze der Hell-Dunkel-Zone entspricht somit dem Grenzwinkel.

6. Unter welchen Bedingungen muss eine Messung mit dem Refraktometer durchgeführt werden?

Zur Bestimmung der Brechzahl ist das Refraktometer auf 20 °C zu temperieren, das Messprisma ist vollständig mit der zu messenden Flüssigkeit zu benetzen ohne dabei Kratzer zu hinterlassen und vor und nach jeder Messung ist das Prisma vorsichtig aber gründlich zu reinigen.

7. Welche Größen haben bei der Messung Einfluss auf die Brechzahl (Brechungsindex)?

Die Brechzahl ist abhängig von

- der Temperatur,
- der Wellenlänge des verwendeten Lichts,
- der Konzentration des Stoffes,
- dem jeweiligen Stoff selbst.

8. Erläutern Sie den Ausdruck n_D^{20}.

Für n_D^{20} gilt:
Der Brechungsindex n einer Flüssigkeit wurde mit Licht der Natrium-*D*-Linie bei einer Temperatur von 20 °C gemessen. Wurde die Brechzahl bei einer anderen Temperatur ermittelt, ist dies gesondert angegeben (z. B. 1,33057/15 ° für Methanol).

5.3 Dichte und Dichtebestimmung

1. Nennen Sie Geräte zur Dichtebestimmung.

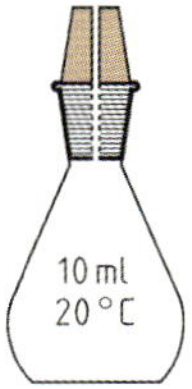

Pyknometer

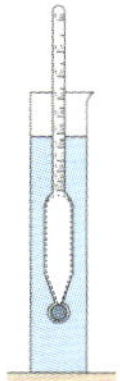

Aräometer

→

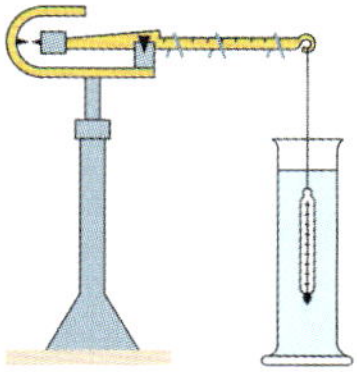

Mohr-Westphal'sche Waage

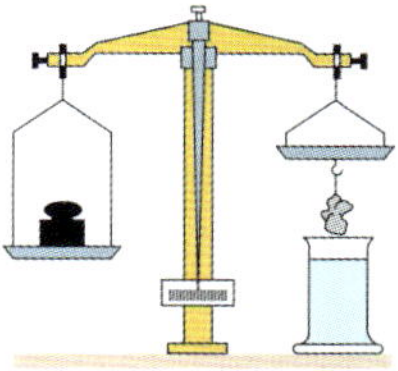

Hydrostatische Waage

2. Erläutern Sie die Durchführung der Dichtebestimmung mit einem Aräometer.

Zur Dichtebestimmung mit einem Aräometer wird die Flüssigkeit in ein zylindrisches Gefäß hoher Form eingefüllt (z. B. Messzylinder). Die Aräometerspindel wird unter leichtem Drehen in die Flüssigkeit gesetzt. Es ist darauf zu achten, dass die Spindel frei schwimmt (keine Berührung von Gefäßboden oder -wand). An der Flüssigkeitsoberfläche wird an der Skala des Aräometers die Dichte abgelesen.
Grundsätzlich gilt: Je tiefer das Aräometer in die Flüssigkeit eintaucht, desto geringer ist die Dichte der Flüssigkeit.

3. Erläutern Sie die Bestimmung der Dichte einer Flüssigkeit mit einem Pyknometer.

Das Leergewicht eines sauberen und trockenen Pyknometers ist mit einer Genauigkeit von ± 0,1 mg zu bestimmen (m_{leer}). Das auf 20 °C temperierte Pyknometer wird mit der auf 20 °C temperierten Flüssigkeit vollständig gefüllt. Überlaufende Flüssigkeit ist mit einem saugfähigen Filterpapier zu entfernen. Vom gefüllten Pyknometer ist die Masse auf ± 0,1 mg genau zu bestimmen (m_{voll}). Aus den Massen und dem Pyknometervolumen wird die Dichte der Flüssigkeit berechnet:

$$\rho = \frac{m_{\text{voll}} - m_{\text{leer}}}{V}$$

5

5.4 Bestimmung des Drehwinkels

1. Was ist ein Polarimeter?

Mit einem Polarimeter kann der Drehwinkel und die Drehrichtung von optisch aktiven Substanzen gemessen werden.

2. Beschreiben Sie den Aufbau eines Polarimeters.

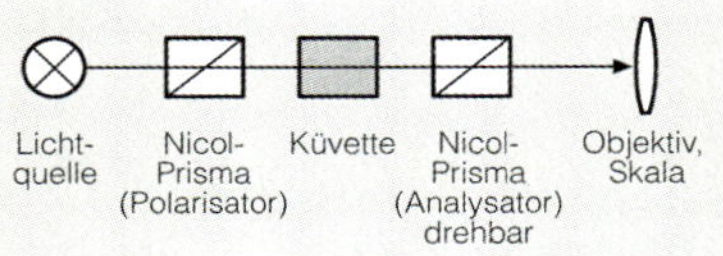

In einem Polarimeter wird das gelbe Licht der Natrium-D-Linie 589,6 nm mit einem Nicol-Prisma polarisiert und durch eine Küvette (Polarimeterrohr) geleitet. Die in der Küvette befindliche optisch aktive Substanz verändert durch Drehung der Schwingungsebene die im Analysator eintreffende Lichtintensität. Durch Verdrehen des Analysators wird die Ausgangsintensität wieder eingestellt und der Drehwinkel kann an einer Skala abgelesen werden.

3. Wozu dient der Polarisator in einem Polarimeter?

Mittels Polarisator wird das Licht linear polarisiert. Der hindurch gelassene Anteil des Lichtstrahls schwingt nur in einer Wellenebene senkrecht zur Polarisationsebene.

4. Wie entsteht polarisiertes Licht?

Polarisiertes Licht entsteht beim Durchgang von unpolarisiertem Licht durch einen Polarisator (z. B. NICOLsches Prisma).

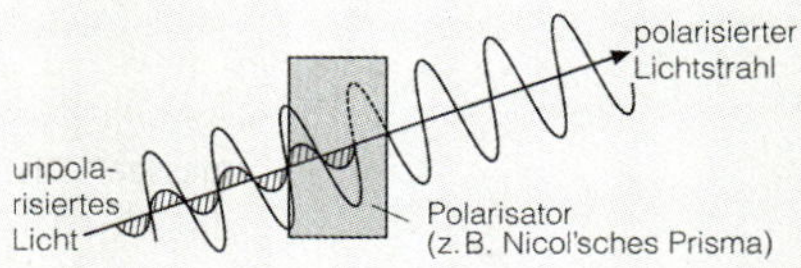

5. Welche Eigenschaft von linear polarisiertem Licht wird im Polarimeter genutzt?

Da der vom Polarisator hindurchgelassene Anteil des Lichtstrahls nur in einer Ebene schwingt, kann mit dem Analysator einer Veränderung der Ebene ermittelt werden.

6. Wozu dient ein Polarimeter?

Neben der Feststellung des Drehwinkel und der Drehrichtung von optisch aktiven Substanzen kann bei bekannter optischer Aktivität der Verbindung auch die Konzentration der Substanz bestimmt werden.

7. Definieren Sie den Begriff spezifischer Drehwinkel einer optisch aktiven Substanz.

Der spezifische Drehwinkel bzw. die spezifische Drehung einer optisch aktiven Substanz wird bei einer Schichtdicke von 10 cm (Länge der Küvette) und der Konzentration 1 $g \cdot cm^{-3}$ bei 20 °C erhalten. Er ist unter diesen Bedingungen eine Stoffkonstante. Der Stoff kann als $[\alpha]_D^{20}$ aus Tabellen entnommen werden.

8. Beschreiben Sie den Ablauf der praktischen Ermittlung des Drehwinkels.

Von der optisch aktiven Substanz wird eine Lösung mit vorgeschriebener Konzentration (z. B. 1 g/cm^3) hergestellt. Dabei ist das richtige Lösungsmittel (z. B. Wasser für Weinsäure oder Fructose oder Ethanol für Campher) zu wählen.

Die hergestellte Lösung wird blasenfrei in ein Polarimeterrohr (am besten 10 cm lang) gefüllt. Hierbei ist auf Sauberkeit des Polarimeterrohres zu achten. Das gefüllte Polarimeterrohr ist auf 20 °C zu temperieren und der Drehwinkel ist mehrmals zu messen. Gleichzeitig ist dabei die Drehrichtung (links oder rechts) zu ermitteln. Aus dem ermittelten Winkel, der Konzentration und der Länge des Polarimeterrohres kann der spezifische Drehwinkel der Substanz berechnet werden.

Beispiel: Für eine Lösung von 10 g Saccharose in 100 ml H_2O wird bei 20 °C in einem 10 cm langem Polarimeterrohr ein Winkel von + 6,7 ° gemessen. Als Lichtquelle diente eine Natriumdampflampe. Dann ergibt sich mit der Gleichung

→ →

$$[\alpha]_{\lambda}^{T} = \frac{100 \cdot \alpha}{l \cdot c}:$$

$$[\alpha]_{D}^{20} = \frac{100 \cdot +6{,}7^{\circ}}{1\,\text{dm} \cdot 10\,\%} = +67^{\circ}.$$

9. Welche Größen haben bei der Messung Einfluss auf den Drehwinkel?

Der Drehwinkel einer optisch aktiven Substanz ist abhängig von:

- der Temperatur,
- der Konzentration des Stoffes,
- der Wellenlänge des verwendeten Lichts,
- der Länge der Küvette (Polarimeterrohr).

10. Erläutern Sie den Ausdruck $[\alpha]_{D}^{30}$.

Für $[\alpha]_{D}^{30}$ gilt:
Der Drehwinkel α wurde mit Licht der Natrium-*D*-Linie bei einer Temperatur von 30 °C gemessen.

11. Durch welche Besonderheit im Molekülaufbau ist eine optisch aktive Substanz gekennzeichnet?

Optisch aktive Substanzen besitzen ein Chiralitätszentrum, d. h. ein Kohlenstoffatom mit vier unterschiedlichen Substituenten.

5.5 Bestimmung der Schmelztemperatur

1. Wie werden Siede- und Gefrierpunkt von Wasser durch Zugabe eines Salzes beeinflusst?

Durch Zugabe von Salz wird der Siedepunkt von Wasser erhöht, während der Gefrierpunkt herabgesetzt wird.

2. Charakterisieren Sie die Methode der Mischschmelzpunktbestimmung.

Eine Mischschmelzpunktbestimmung kann zur Identifizierung eines Stoffes benutzt werden. Dazu werden die Schmelzpunkte der unbekannten Substanz, einer Vergleichsprobe und der Mischung aus beiden bestimmt. Stimmen alle drei Schmelzpunkte überein, ist die Identifizierung der unbekannten Substanz positiv. Treten negative Abweichungen des Schmelzpunktes, z. B. der unbekannten Substanz auf, ist das meist auf Verunreinigungen zurückzuführen, die eventuell durch Umkristallisieren beseitigt werden können.

3. Beschreiben Sie die Identitätsprüfung eines Syntheseproduktes durch die Bestimmung des Schmelzpunktes.

Erster Arbeitsgang ist die vollständige Trocknung des Syntheseproduktes. Danach wird die Funktion des Schmelzpunktbestimmungsgerätes überprüft, indem der Schmelzpunkt eines bekannten Reinstoffes bestimmt wird – das Gerät wird kalibriert. Anschließend können die Schmelzpunkte des Syntheseproduktes, einer Vergleichssubstanz und einer Mischung aus beiden bestimmt werden. Treten beim Syntheseprodukt Abweichungen auf, ist dies nochmals zu reinigen (z. B. umkristallisieren) und nach dem Trocknen wird der Schmelzpunkt wieder bestimmt.

4. Welche Auswirkungen haben Verunreinigungen auf den Schmelzpunkt von 4-Chlorbenzoesäure?

Der Schmelzpunkt von 4-Chlorbenzoesäure wird erniedrigt. Es gilt allgemein, dass durch Verunreinigungen der Schmelzpunkt sinkt.

5. Sie überprüfen den Schmelzpunkt einer unbekannten Substanz. Dieser weicht wenig vom Schmelzpunkt einer Vergleichssubstanz ab. Eine Mischung aus unbekannter Substanz und Vergleichssubstanz hat ebenfalls einen abweichenden Schmelzpunkt. Welche Schlussfolgerungen können Sie ziehen?

Die unbekannte Substanz ist nicht identisch mit der Vergleichssubstanz. Ein etwas geringerer Schmelzpunkt weist auf Verunreinigungen hin. Bei einer Übereinstimmung von unbekannter Substanz mit der Vergleichssubstanz muss auch der Schmelzpunkt einer Mischung beider Substanzen mit den Reinstoffen übereinstimmen.

6. Sie führen Schmelzpunktuntersuchungen für zwei Proben des gleichen Stoffes durch. Welche Ergebnisse sind zu erwarten?

Da es sich um den gleichen Stoff handelt, müssen die Schmelzpunkte der beiden Proben übereinstimmen. Eine Mischung aus den beiden Proben hat den gleichen Schmelzpunkt wie beide Einzelproben.

7. Der Schmelzpunkt eines Syntheseproduktes weicht gering von dem der Referenzsubstanz ab. Der Mischschmelzpunkt →

Das Syntheseprodukt stimmt auf Grund des nur sehr gering abweichenden Mischschmelzpunkts mit der Referenzsubstanz überein. Dass der Schmelzpunkt des Syntheseprodukts etwas abweicht, deutet auf Verunreinigungen hin. Es →

5

stimmt mit der Referenzsubstanz fast überein. Welche Aussagen zum Syntheseprodukt sind möglich?

wäre sinnvoll, das Syntheseprodukt zu reinigen (z. B. durch Umkristallisation, Destillation) und den Schmelzpunkt erneut zu bestimmen.

5.6 Viskosität

1. Definieren Sie „dynamische Viskosität".

Die dynamische Viskosität η ist der innere Widerstand („innere Reibung"), den Teilchen in bewegten Flüssigkeiten oder Gasen ihrer Verschiebung entgegensetzen. Sie wird in Pascalsekunde [Pa · s] angegeben.
Siehe hierzu auch Kapitel 3 Stöchiometrie, S. 99.

2. Definieren Sie den Begriff Strukturviskosität.

Verändert ein Stoff (z. B. Nicht-Newtonsche-Flüssigkeit) seine Viskosität, indem sich bei Zunahme der Schubspannug die Partikel bzw. Moleküle in Fließrichtung orientieren (Viskosität sinkt, Stoff wird dünnflüssiger), spricht man von Strukturviskosität.

3. Definieren Sie den Begriff Thixotropie.

Thixotropie kennzeichnet die Abhängigkeit der Viskosität strukturviskoser Stoffe (Dispersionen oder Suspensionen) von der Scherzeit bzw. Schub- oder Scherspannung. Die ursprüngliche Struktur (Bindung bzw. Wechselwirkung zwischen den Teilchen der Flüssigkeit/des Stoffes) wird mit Zunahme der Schubspannug aufgebrochen. Sie bilden sich aber nach Abklingen der Einwirkung nach einer typischen Ruhezeit zurück.

4. Ordnen Sie die folgenden Stoffe nach ihrer dynamischen Viskosität. Aceton, Ameisensäure, Brom, Benzol, Buttersäure, Dioxan, Essigsäure, Ethanol, Glykol, Glycerin, n-Heptan, Salpetersäure, Schwefelsäure, Toluol, Wasser, o-Xylol.

Stoff	**dynamische Viskosität η bei 20 °C in [mPa · s]; a)**
Aceton (Propanon)	0,33
n-Heptan	0,41
Toluol	0,59
Benzol	0,66

→ →

Stoff	dynamische Viskosität η bei 20 °C in [mPa · s]; a)
o-Xylol	0,81
Brom	0,996
Wasser	1,002
Ethanol	1,20
Essigsäure	1,22
Dioxan	1,26
Buttersäure	1,54
Salpetersäure	1,77
Ameisensäure	1,804
Ethandiol (Glykol)	20,4
Schwefelsäure	25,4
Glycerin (Propantriol)	1499
a) Die dynamische Viskosität ist temperaturabhängig. Mit steigender Temperatur nimmt die Viskosität ab.	

5

5. Nennen Sie verschiedene Prinzipien der Viskositätsbestimmung und ordnen Sie jedem Prinzip eine Messgröße und das verwendete Gerät zu.

Die Viskosität kann nach folgenden Prinzipien ermittelt werden:

Fallkörpermethode:
- Messgröße: Fallzeit eines Körpers in einer Flüssigkeit zwischen Anfangs- und Endmarke.
- Gerät: Kugelfallviskosimeter (z. B. nach Höppler), Rheo-Viskosimeter.

Kapillarströmung:
- Messgröße: Zeit, die ein Flüssigkeitsvolumen zum Durchströmen einer Kapillare von Anfangs- bis Endmarke benötigt.
- Gerät: Kapillarviskosimeter (z. B. nach Ubbelohde; Ostwald; Vogel-Ossag)

Couette-Strömung:
- Messgröße: Torsionswinkel (Drehmoment) einer Flüssigkeitsschicht zwischen einem ruhenden und einem rotierenden Zylinder.
- Gerät: Rotationsviskosimeter (z. B. nach Brookfield).

6. Beschreiben Sie den Aufbau eines Kapillarviskosimeters.

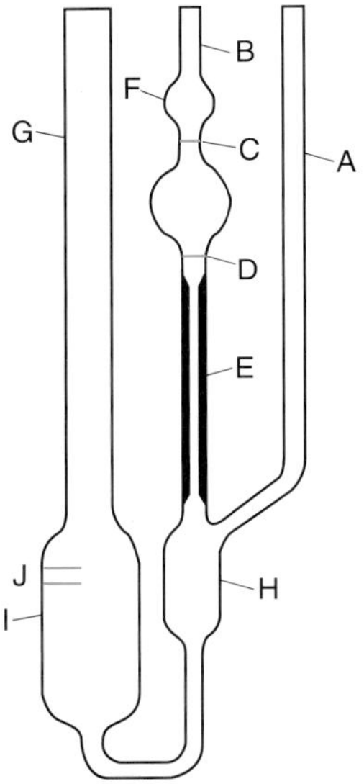

Hauptbauteile eines Kapillarviskosimeters sind:

- Hilfsrohr (A);
- Messrohr (B) mit Vorlaufgefäß (F), oberer und unterer Messmarke (C und D), Kapillare (E) und Niveaugefäß (H);
- Füllrohr (G) mit Vorratsgefäß (I) und den Füllstandsmarken (J).

7. Wie erfolgt die Bestimmung der Viskosität mit dem Kapillarviskosimeter?

Gemessen wird die Zeit, die ein Flüssigkeitsvolumen für das Durchströmen einer Kapillare zwischen zwei Messmarken benötigt. Aus der gemessenen Zeit (Mittelwert aus mehreren Messungen) kann die Viskosität berechnet werden:

$$\eta = \frac{\pi}{8} \cdot \frac{g \cdot \rho_{Fl} \cdot h \cdot r^4}{V_{Fl} \cdot l} \cdot t$$

Wobei gilt:

η = Viskosität
g = Gravitationskonstante
ρ_{Fl} = Dichte der Flüssigkeit
h = Höhe der Flüssigkeitssäule
r = Radius der Kapillare
V_{Fl} = durchströmendes Flüssigkeitsvolumen
l = Länge der Kapillare
t = Zeit

8. Wie läuft eine Messung mit dem Kapillarviskosimeter ab?

1. Viskosimeter überprüfen, ob es gereinigt und trocken ist;
2. mit zu untersuchender Flüssigkeit gefülltes Viskosimeter mindestens 15 min temperieren; Beachten – Viskosität ist temperaturabhängig!
3. Wenn die exakten geometrischen Daten des Viskosimeters (siehe Gleichung) nicht bekannt sind, muss das Gerät mit einer bekannten Flüssigkeit geeicht werden!
4. Flüssigkeit in die Vorlaufkugel des Viskosimeters saugen;
5. Ausflusszeit zwischen den Messmarken bestimmen;
6. Mittelwert aus mehreren Messungen bestimmen (Abweichung Einzelmessung zu Mittelwert nicht mehr als 1 %!).

9. Wovon ist die Auslaufgeschwindigkeit eines Kapillarviskosimeters abhängig?

Bei einem Kapillarviskosimeter hängt die Auslaufgeschwindigkeit von der

- Viskosität der Flüssigkeit,
- Temperatur,
- Gewichtskraft der Flüssigkeitssäule

ab.

10. Beschreiben Sie den Aufbau eines Rotationsviskosimeters.

Hauptbauteile eines Rotationsviskosimeters sind ein Außen- und ein Innenzylinder. Der Innenzylinder ist beweglich, während der Außenzylinder feststeht.

11. Nach welchem Prinzip erfolgt die Bestimmung der Viskosität mit dem Rotationsviskometer?

Zwischen den beiden Zylindern befindet sich die zu untersuchende Flüssigkeit. Entsprechend ihrer Viskosität bremst diese Flüssigkeit die Verdrehung beider Zylinder zueinander. Der Winkel dieser Abbremsung und die Drehfrequenz des rotierenden Zylinders werden bestimmt. Daraus kann die Viskosität ermittelt werden.
Rotationsviskosimeter eignen sich besonders zur Bestimmung der Viskosität Nicht-Newtonscher-Flüssigkeiten.

12. Sie nehmen mit einem Rotationsviskosimeter die Viskosität einer Flüssigkeit auf.
a) Erläutern Sie die Viskositätskurve einer strukturviskosen Substanz.
b) Erläutern Sie die Fließkurve einer strukturviskosen Substanz.

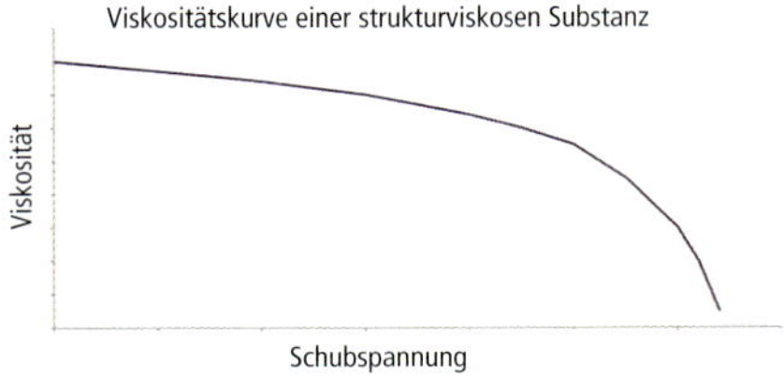

Mit Zunahme der Schubspannung (bzw. Scherspannung) nimmt die Viskosität ab – Strukturviskosität.

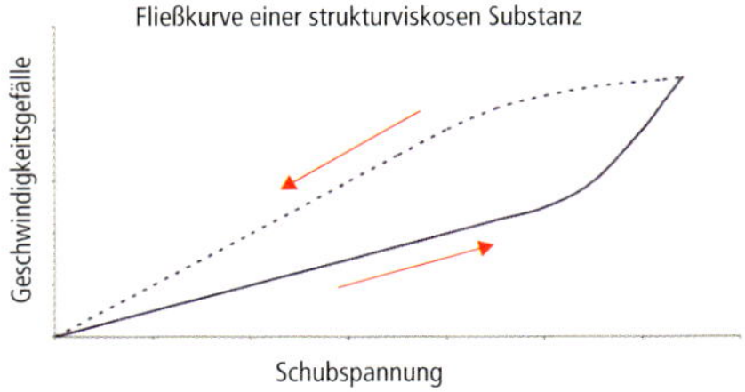

Mit Zunahme der Schubspannung (bzw. Scherspannung) steigt das Geschwindigkeits- bzw. Schergefälle. Nach Abklingen der Schubspannung geht der Stoff in das ursprüngliche Schergefälle zurück. Im Diagramm ist dieser Effekt an der Hysteresisschleife erkennbar.

13. Was ist eine NEWTONsche Flüssigkeit? Beschreiben Sie ihr Fließverhalten.

Bei Stoffen mit kleinen Molekülen wie z. B. bei Wasser, Alkohol oder Mineralöl ist die Viskosität bei bestimmter Temperatur unabhängig von der Schubspannung und der Schergeschwindigkeit konstant. Diese Stoffe bezeichnet man als NEWTONsche Flüssigkeit.

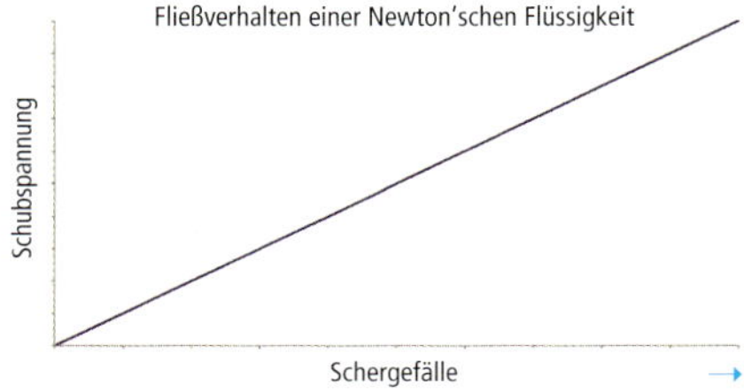

→

Das Fließverhalten einer solchen Flüssigkeit ist in einem Schubspannung-Schergefälle-Diagramm als Gerade darstellbar.

14. Welche Stoffsysteme werden als Nicht-Newtonsche Flüssigkeit bezeichnet?

Als Nicht-Newtonsche Flüssigkeit bezeichnet man Stoffsysteme, bei denen die innere Reibung bei konstanter Temperatur ohne Schubspannung größer ist als mit Schubspannung. Bei solchen Systemen ist die Viskosität auch bei konstanter Temperatur veränderlich. Sie ist abhängig von der von außen wirkenden Schubspannung und dem Schergefälle zwischen den fließenden Flüssigkeitsschichten.

5

6 Laborgeräte

Benennen Sie folgende Laborgeräte und geben Sie deren Verwendungszweck an.

Abbildung	Bezeichnung	Verwendungszweck
a) 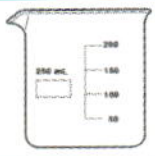 b) 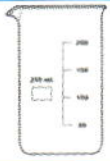	Becherglas a) breite Form b) hohe Form	Aufbewahren, Lösen, Erwärmen, Mischen von Substanzen
a) 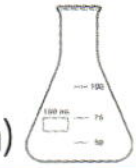 b) 	Erlenmeyer-Kolben a) Enghals- b) Weithals-	Lösen, Mischen, Erwärmen von Substanzen; Titration
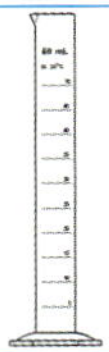 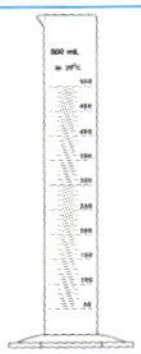	Messzylinder	Abmessen von Flüssigkeitsvolumen
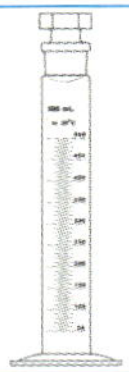	Mischzylinder	Herstellen von Flüssigkeitsgemischen
a)  b)  c) 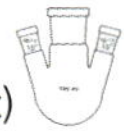	Rundkolben a) Einhals- b) Zweihals- c) Dreihals-	Eindampfen von Substanzen, Vakuumarbeiten, Destillation
a)  b) 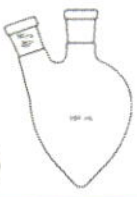	Spitzkolben a) Einhals- b) Zweihals-	Vakuumarbeiten, Destillation bei geringen Substanzmengen (sehr kleiner Rückstand)
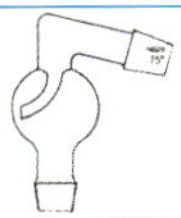	Tropfenfänger	Destillationsapparatur

Abbildung	Bezeichnung	Verwendungszweck
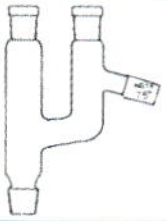	Destillationsaufsatz nach CLAISEN	Destillationsapparatur
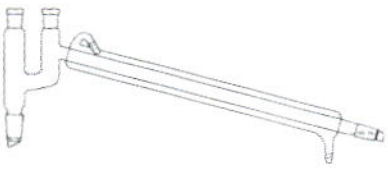	Destillationsbrücke mit Liebigkühler	Destillation, Kondensation des Dampfes durch Wärme- austausch
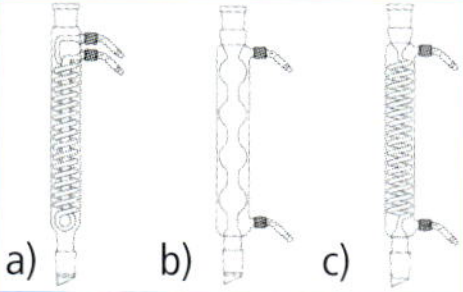	Kühler a) Intensiv- b) Kugel- c) Schlangen-	Kondensation des Dampfes durch Wärme- austausch
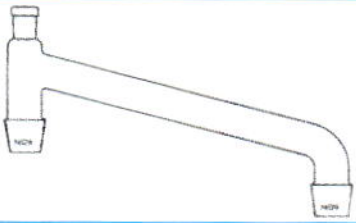	Destillationsbrücke	Destillation
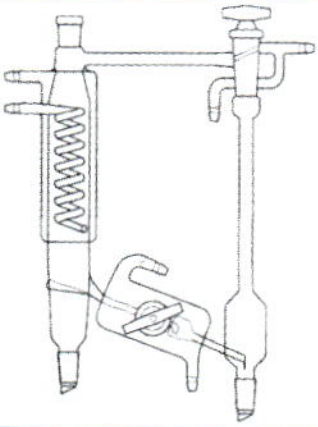	Kolonnenkopf	Destillation
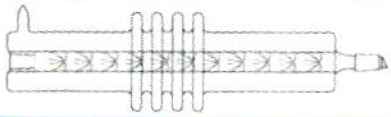	Vigreux-Kolonne	fraktionierende Destillation
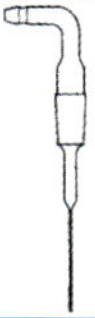	Siedekapillare	Vakuumdestillation zur Verhinderung eines Siede- verzugs (muss immer in die Flüssigkeit eintauchen)
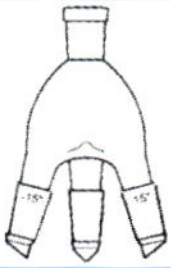	Spinne (Euter)	fraktionierende Destillation

6

Abbildung	Bezeichnung	Verwendungszweck
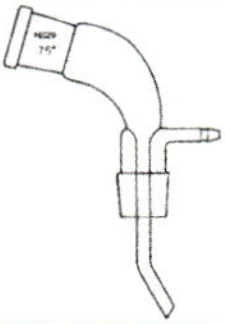	Vakuumvorstoß (gebogen)	Vakuumdestillation, Destillation bei Normaldruck
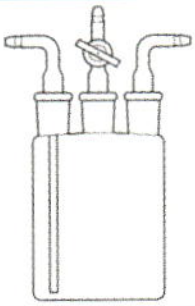	Woulffsche Flasche	Sicherheitsgefäß bei Vakuumarbeiten
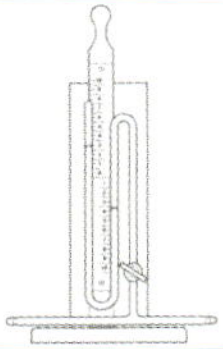	Manometer	Druckermittlung bei Vakuumarbeiten
	Laborthermometer (mit und ohne Schliff)	Temperaturermittlung
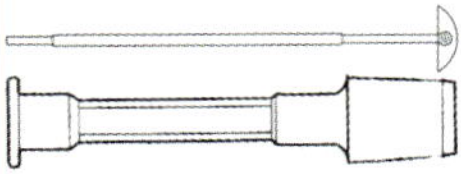	Rührer (KPG-; Flügel-) Rührerhülse, Rührerführung	Mischen von Edukten bei chemischen Reaktionen; gleichmäßige Stoff- und Temperaturverteilung
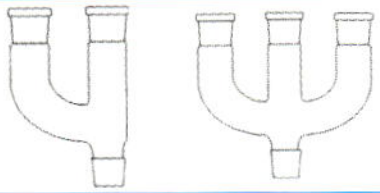	Verteileraufsätze	zusätzliche Anschlussplätze bei Apparaturen;
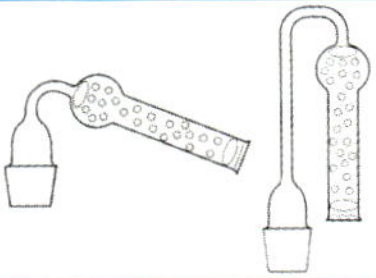	Trockenrohr	Luftfeuchtigkeit aus einer Apparatur fern halten
 a)  b)	Tropftrichter a) mit b) ohne Druckausgleichsrohr	Flüssigkeit geregelt zutropfen

Abbildung	**Bezeichnung**	**Verwendungszweck**
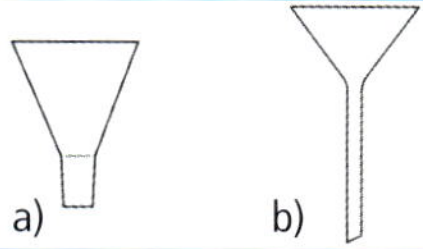	Trichter a) Feststoff- (Pulver-) b) für Flüssigkeiten	Einfüllen von Substanzen, filtrieren;
	Filternutsche mit Saugflasche	Saugfiltration
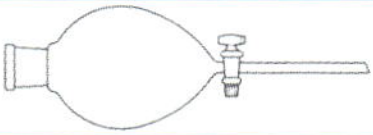	Scheidetrichter	Trennen von nicht mischbaren Flüssigkeiten
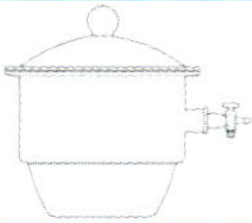	Exsikkator	Trocknen von Substanzen
	Doppelspatel	Mischen, Rühren, Zugeben, Entnehmen, Auskratzen von Substanzen
	Abdampfschale	Abdampfen von Flüssigkeiten, Erwärmen von Stoffen
	Kristallisierschale	Umkristallisieren von Stoffen
	Reagenzglas	Reaktionen im kleinen Maßstab; (z. B. bei Nachweisreaktionen)
	Zentrifugenglas	Abtrennen feinkristalliner Niederschläge
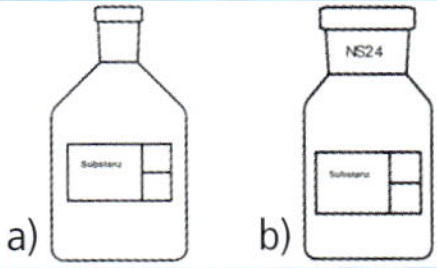	Chemikalienflasche a) Enghals- b) Weithals-	Aufbewahren von Chemikalien

6

7 Stoffkunde und wichtige Herstellungsverfahren

7.1 Lösungen und Kolloide

1. Welche Teilchenverteilung besitzen echte flüssige Lösungen?

In echten flüssigen Lösungen sind die Teilchen (Atome, Ionen, Moleküle) homogen in einem flüssigen Lösungsmittel verteilt. Die Größe der Teilchen, die sich echt lösen, beträgt zwischen 10^{-12} und 10^{-9} m.

2. Welche Merkmale besitzen echte wässrige Lösungen?

Der Dampfdruck der Lösung liegt niedriger als der Dampfdruck des reinen Lösungsmittels. Dadurch kommt es bei Lösungen zu einer Schmelzpunktserniedrigung und Siedepunktserhöhung. Die Lösungen besitzen einen osmotischen Druck. Sie streuen nicht das einfallende Licht (im Unterschied zu kolloiden Lösungen).
Die Löslichkeit eines Stoffes im Lösungsmittel nimmt mit der Temperatur zu.

3. Warum ist Wasser ein hervorragendes Lösungsmittel und welche Stoffe werden durch Wasser vor allem gelöst?

Wassermoleküle sind sehr klein, besitzen ein Dipolmoment und eine große Dielektrizitätskonstante.
Wasser löst vor allem Stoffe, die aus Ionen aufgebaut sind oder hydrophile Gruppen wie -OH, -COOH besitzen.

4. Wovon hängt es ab, ob der Lösevorgang eines Elektrolyten im Wasser exotherm oder endotherm abläuft?

Beim Lösen muss unter Energieaufwand die Gitterenergie des zu lösenden Stoffes überwunden werden. Die Bildung von Hydrathüllen um die gelösten Ionen erfolgt unter Freisetzung von Energie. Die Energiebilanz des Gesamtvorgangs hängt davon ab, welcher Energiebetrag überwiegt.

5. Welche Stoffe bezeichnet man als Elektrolyte?

Elektrolyte zerfallen (dissoziieren) in wässriger Lösung (oder in der Schmelze) teilweise oder vollständig in Ionen. Sie leiten dadurch den elektrischen Strom durch Ionenwanderung (Leiter 2. Art).

6. Was sind starke und schwache Elektrolyte?

Starke Elektrolyte wie NaOH, NaCl, HCl dissoziieren (in verdünnter Lösung) vollständig (Dissoziationsgrad $\alpha \approx 1$ bzw. 100 %). Schwache Elektrolyte wie CH_3COOH dissoziieren gering ($\alpha << 1$).

7. Was sind echte und potenzielle Elektrolyte?

Echte Elektrolyte (z. B. Salze) bestehen auch im festen Zustand aus Ionen, potenzielle Elektrolyte bilden erst beim Lösen durch Dissoziation Ionen, z. B. Säuren.

8. Was sind Kolloide?

Kolloid ist kein Stoffbegriff, denn sehr viele Stoffe können in Kolloide überführt werden. Ein Kolloid ist ein bestimmter Verteilungszustand eines Stoffes in einem Lösungs- bzw. Verteilungs- oder Dispersionsmittel. Kolloidteilchen bestehen aus Anhäufungen von ca. 10^3 bis 10^9 Atomen, Ionen oder Molekülen. Teilchenanhäufungen (Atome, Ionen, Mikromoleküle) nennt man Assoziations- oder Dispersonskolloide. Gelöste Makromoleküle bezeichnet man als Dispersionsmoleküle.

9. Wie unterscheiden sich in Lösungsmitteln verteilte Kolloide von echten Lösungen?

Der Unterschied liegt in der Teilchengröße. In echten Lösungen liegt sie unter 10^{-9} m, in kolloiden Systemen zwischen 10^{-9} und 10^{-6} m bzw. 1 µm.

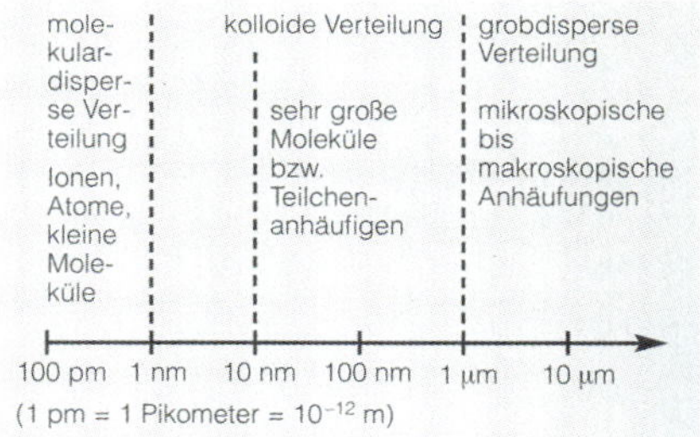

10. Welche Merkmale besitzen in Lösungsmitteln verteilte Kolloide?

Kolloide sind mit Hilfe normaler Filter nicht filtrierbar. Licht wird durch Kolloide gestreut (Tyndall-Effekt). Die Teilchen sind im Dunkelfeld bei seitlicher Beleuchtung im Ultramikroskop durch Flimmerbewegung nachweisbar (BROWNsche Molekularbewegung). Durch Hydrathüllen, adsorbierte Ionen (Aufladung) oder angelagerte →

Schutzkolloide wird die Sedimentation unterbunden oder erschwert.

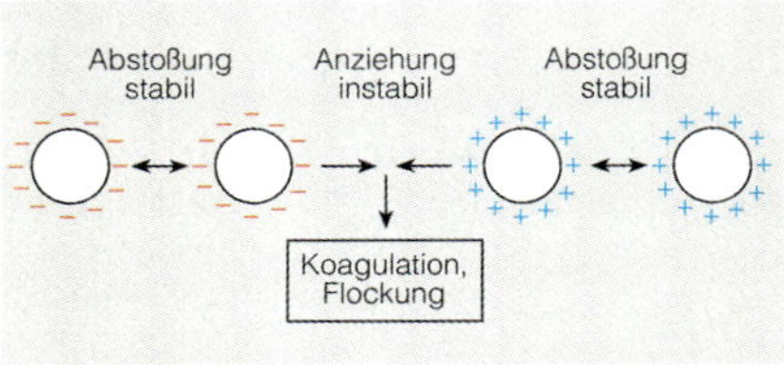

11. Welche Formen der Kolloide gibt es?

- *Sole*: Die Teilchen können sich im flüssigen Dispersionsmittel (Hydrosol, Lyosol, z. B. $Fe(OH)_3$-Sol) oder im Gas (Aerosol, z. B. Rauch) frei bewegen.
- *Emulsionen* sind flüssig-flüssig-Systeme (z. B. Öl/Wasser).
- *Gele*: Die Kolloidteilchen sind „vernetzt", gallertartig versteift (z. B. Fruchtgelee, wasserhaltige Gelatine).
- *Xerogele*: getrocknete Gele (z. B. Gelatine).
- *Suspensionen:* feindisperse Aufschwemmungen, gröbere Teilchen, die leicht Sedimentieren (z. B. schlammiges Wasser, d. h. Ton/Wasser, Farbpigmente in Anstrichen).
- *Schäume:* Gas-Flüssigkeits-Schäume, Gas-Feststoff-Schäume.

12. Welche besonderen Eigenschaften besitzt Wasser?

- Im Vergleich, z. B. zu H_2S, niedrige Schmelztemperatur, hohe Siedetemperatur;
- kleinstes Molekülvolumen nach HF;
- Dipolcharakter, hohe Dielektrizitätskonstante;
- Ausbildung von H-Brücken zwischen Wasser-Molekülen und zu sauerstoff- und stickstoffhaltigen Lösungsmitteln;
- Dichteanomalie.

13. Wie können die Lösungsmittel (LM) eingeteilt werden?

Es gibt mehrere Möglichkeiten für die Einteilung der Lösungsmittel:

a) in *anorganische* (Wasser, flüssiges NH_3, SO_2 u. a.) und *organische* LM (aliphatische und aromatische Kohlenwasserstoffe, weitere flüssige organische Verbindungen);

→ →

b) in *Wasser* und *nichtwässrige* LM (flüssiges NH_3, SO_2, NOCl, BF_3, organische LM u. a.);
c) in *polare* LM (Wasser, flüssiges NH_3, flüssige Sauerstoff- und Stickstoffenthaltende organische Verbindungen, viele flüssige organische Chlorverbindungen u. a.) und *unpolare* LM (flüssige aliphatische Kohlenwasserstoffe und die meisten aromatischen KW, CS_2, CCl_4);
d) LM *mit Dipolcharakter* (Wasser, flüssiges NH_3, Formamid, Methanol, Ethanol, Dichlormethan, u. a.) und *ohne Dipolcharakter* (Hexan, Benzol, CS_2 u. a.);
e) *protische* LM (Protonenhaltige, durch Dissoziation Protonen abgebende) wie Wasser, flüssiges NH_3 u. a. sowie *aprotische* (keine Protonen enthaltende bzw. nicht Protonen abgebende LM) wie flüssiges SO_2, flüssiges N_2O_4, NOCl, CCl_4, flüssige Kohlenwasserstoffe, Benzol, Toluol, Aceton, Ether;
f) nach ihrer *Löslichkeit in Wasser*: Vollständig oder teilweise löslich in Wasser sind polare organische LM mit den funktionellen Gruppen $-SO_3H$, -OH, $-NH_2$, -COOH, Alkohole, Aceton u. a. mit bis ca. vier C-Atomen (Vierkohlenstoff-Regel);
g) Nach ihrer *Brennbarkeit*: Brennbar sind die meisten organischen LM (Einteilung nach dem Flammpunkt), nicht brennbar $CHCl_3$, CCl_4.

14. EinigeLösungsmittel sind polar, andere unpolar. Was ist die Ursache?

Polare Lösungsmittel enthalten im Molekül elektronegative Elemente, die polarisierend wirken (besonders die stärker elektronegativen Elemente wie O, N, Cl), unpolare LM enthalten keine polarisierenden Elemente im Molekül.

15. Was versteht man unter Tensiden?

Tenside werden auch als grenzflächenaktive, oberflächenaktive oder waschaktive Verbindungen bezeichnet.

16. Welche Molekülaufbau besitzen Tenside?

Die Moleküle bestehen aus einem hydrophoben (wasserfeindlichen) Kohlenwasserstoff-Teil, der lipophil (fettfreundlich) ist und einem hydrophilen (wasserfreundlich) Teil, der lipophob ist (fettfeindlich).

17. Welche Wirkung besitzen Tenside?

Der hydrophile Molekül-Teil lagert sich in die Wasseroberfläche ein und die hydrophoben Teile ragen in die Luft („Bürstenstruktur"). Sie senken dadurch die Oberflächenspannung und erhöhen die Benetzbarkeit. Im Innern des Wassers bilden sich Micellen, die lipophobe Schmutzpartikel aufnehmen können.

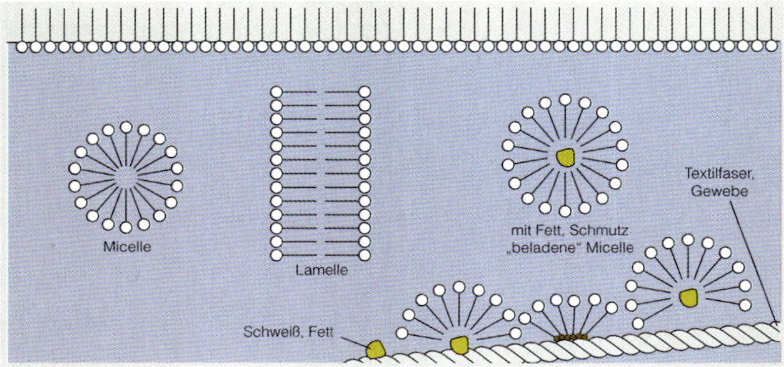

7.2 Metalle und Nichtmetalle sowie deren Oxide

1. Welche Stellung nehmen die Metalle sowie die Nichtmetalle im Periodensystem der Elemente ein?

Die Metalle stehen links von einer gedachten Diagonalen, die etwa von Bor bis Astat reicht. Dazu gehören die Elemente der 1. und 2. Hauptgruppe, einige Elemente der 3. bis 5. Hauptgruppe sowie alle Nebengruppenelemente.
Die Nichtmetalle stehen rechts von der Diagonalen.
Bor, Silicium, Germanium, Arsen, Selen, Antimon und Tellur haben metallische und nichtmetallische Eigenschaften und werden als Halbmetalle bezeichnet.

2. Wie unterscheiden sich die Atome der Metalle von denen der Nichtmetalle?

Metalle besitzen im Vergleich zu den Nichtmetallen ein größeres Atomvolumen und eine geringere Anzahl von Valenzelektronen.

3. Welche allgemeinen Eigenschaften besitzen die Metalle?

- Kristalliner Aufbau (häufigste Gitter: kubisch-raumzentriert, kubisch-flächenzentriert, hexagonaldichte Packung);
- metallischer Glanz (an frischen Schnittflächen, durch Oxide matt);
- Metallbindung und dadurch elektrische Leitfähigkeit (Leiter 1. Ordnung);
- gute Wärmeleitung;
- oft duktil (plastisch formbar, kubische und hexagonal Gitter);
- legierbar, vor allem durch Verschmelzen;
- Bildung von Metalloxiden mit mehr oder weniger basischem Verhalten;
- elektropositives Verhalten.

4. Warum sind Metalle elektropositiv?

Durch das relativ größere Atomvolumen und die geringe Anzahl der Valenzelektronen geben Metalle beim Binden Elektronen ab.

5. Welche allgemeinen Eigenschaften besitzen die Nichtmetalle?

- Im festen Zustand kristallin mit komplizierteren Gittern;
- im festen Zustand spröde;
- Atombindung,;
- schlechte Wärmeleiter und elektrische Nichtleiter (außer Grafit);
- elektronegatives Verhalten;
- Säurebildner, Oxide mit mehr oder weniger saurem Verhalten.

6. Welche Metalle sind gegenüber Nichtmetallen am reaktivsten?

Die größte Reaktivität zeigen die Metalle mit größtem Atomvolumen und wenigsten Valenzelektronen. Die reaktivsten Metalle sind somit die Elemente der 1. Hauptgruppe mit steigender relativer Molmasse.

7

7.3 Säuren und Basen

1. Was versteht man
a) unter einem Säureanhydrid,
b) einem Basenanhydrid?

→

a) Anhydride (griech. ohne Wasser) von Säuren sind Nichtmetalloxide wie SO_2, SO_3, NO_2, P_2O_3, P_2O_5, Cl_2O_3.
Sie bilden mit Wasser sauerstoffhaltige oder Oxo-Säuren.

→

b) Basenanhydride sind Metalloxide wie Na_2O, K_2O, CaO, BaO, die mit Wasser Hydroxide bilden.

2. Was ist unter schwerflüchtigen sowie leichtflüchtigen Säuren zu verstehen?

Leichtflüchtige Säuren bzw. deren Anhydride können durch schwerflüchtige Säuren aus ihren Salzen verdrängt werden. Flüchtige Säuren bzw. Anhydride sind z. B. HF, HCl, HBr, HI, CH_3COOH, H_2CO_3 bzw. CO_2, H_2SO_3 bzw. SO_2.

3. H_2SO_4 wird als schwerflüchtig bezeichnet. Nennen Sie Beispiele für Säuren, die von Schwefelsäure verdrängt werden.

H_2SO_4 verdrängt
- HF, HCl aus Fluoriden, Chloriden
- oder H_2CO_3 bzw. CO_2, CH_3COOH, H_2SO_3 bzw. SO_2 aus Carbonaten, Acetaten, Sulfiten oder
- H_2S aus Sulfiden

und wandelt diese Salze in Hydrogensulfate bzw. Sulfate um.

4. Was kennzeichnet starke und schwache Säuren (bzw. Basen)?

Einteilungsprinzip ist der Dissoziationsgrad. Wenn die Säure (oder Base) beim Lösen zu einer verdünnten wässrigen Lösung (0.1 bis 1 mol/l) etwa vollständig dissoziert wie HCl, HNO_3, H_2SO_4, (NaOH, KOH) und Oxonium-Ionen (oder OH^--Ionen) bildet, spricht man von starken Säuren (oder starken Basen), bei geringem Dissoziationsgrad von schwachen Säuren (oder schwachen Basen).

5. Worauf beruht die höhere Säurestärke (Acidität) der Chloressigsäuren gegenüber z. B. Methansäure oder Ethansäure?

Die Acidität nimmt in der Reihenfolge $ClCH_2COOH < Cl_2CHCOOH < Cl_3CCOOH$ zu, weil die Chloratome einen starken und mit Anzahl der Cl-Atome zunehmenden Elektronenzug auf das Molekül ausüben und dadurch die Ablösung des Protons (Dissoziation) von der Carboxyl-Gruppe erleichtern und verstärken.

6. Welche Säuren wirken oxidierend?

Konzentrierte Schwefelsäure und konzentrierte Salpetersäure können durch Sauerstoffabgabe, Königswasser durch Übertragung von Chlor oxidierend wirken.

7. Wie werden nach Arrhenius Säuren und Basen definiert?

- Säuren sind Stoffe, die in wässriger Lösung Protonen abgeben.
- Basen sind Stoffe, die in wässriger Lösung OH-Ionen abgeben.

8. Wie werden nach BRÖNSTED Säuren und Basen definiert?

Nach BRÖNSTED ist eine
- Säure eine Verbindung, die Protonen abgibt, eine
- Base eine Verbindung, die Protonen aufnimmt.

9. Wie werden nach LEWIS Säuren und Basen definiert?

Nach LEWIS sind
- Säuren Stoffe mit Elektronenlücken (Elektronenacceptoren) und
- Basen Stoffe mit freien Elektronenpaaren (Elektronendonatoren).

Die Säuren und Basen nach BRÖNSTED sind auch nach LEWIS solche, aber die Definition nach LEWIS ist umfassender, weil sie sich nicht allein auf Protonen bezieht.

10. Welche Partner sind bei den unten angeführten Reaktionen BRÖNSTED-Säuren und warum?
a) $NH_4^+ + OH^- \rightarrow NH_3 + H_2O$
b) $H_2O + CH_3COO^- \rightarrow CH_3COOH + OH^-$
c) $H_3O^+ + Cl^- \rightarrow H_2O + HCl$

In allen drei Gleichungen sind die zuerst genannten Edukte Säuren, weil sie Protonen an das zweite Edukt, die Base, übertragen.

11. Was ist das Wesen einer Säure-Base-Reaktion?

Bei einer Säure-Base-Reaktion geht ein Proton von einem Edukt – der Säure – an ein freies Elektronenpaar eines zweiten Edukts – der Base – über. Im speziellen Fall kann das eine sauerstofffreie oder sauerstoffhaltige Säure (HCl, H_2SO_4) und ein gelöstes Metallhydroxid sein (Neutralisation von $H^+ + OH^-$). Im allgemeinen Fall nimmt eine LEWIS-Säure in seine Elektronenlücke eine LEWIS-Base auf, z. B.

$FeCl_3 + Cl^- \rightarrow FeCl_4^-$
Säure Base

12. Was sind korrespondierende (in Beziehung stehende) Säure-Base-Paare?

Bei einer Säure-Base-Reaktion entsteht durch Protonenübergang ein neues Säure-Base-Paar, das als korrespondierendes Säure-Base-Paar bezeichnet wird, z. B.:

$H_2O + NH_3 \rightleftarrows NH_4^+ + OH^-$
Säure Base Säure Base

7

13. In welcher Beziehung stehen Säure und Base bei Säure-Base-Reaktionen?

- Eine schwache Säure besitzt eine starke korrespondierende Base.
- Eine starke Säure besitzt eine schwache korrespondierende Base.
- Eine starke Base besitzt eine schwache korrespondierende Säure.
- Eine schwache Base besitzt eine starke korrespondierende Säure.

14. Nennen Sie Säure-Base-Reaktionen!

Beispiele für Säure-Base-Reaktionen bzw. Säure-Base-Paare:

$$H_2SO_4 + H_2O \rightleftarrows H_3O^+ + HSO_4^-$$
$$HSO_4^- + H_2O \rightleftarrows H_3O^+ + SO_4^{2-}$$
$$HSO_4^- + NH_3 \rightleftarrows NH_4^+ + SO_4^{2-}$$
$$CH_3COOH + H_2O \rightleftarrows H_3O^+ + CH_3COO^-$$
$$HCl + NH_3 \rightleftarrows NH_4^+ + Cl^-$$
$$H_2O + CN^- \rightleftarrows HCN + OH^-$$
$$H_2O + NH_3 \rightleftarrows NH_4^+ + OH^-$$
$$NH_4^+ + OH^- \rightleftarrows H_2O + NH_3$$

Säure Base Säure Base

15. Worin besteht das Wesen der pH-Indikatoren?

pH-Indikatoren sind sehr schwache Säuren (Symbol: H-Ind), die reversibel je nach pH-Wert Protonen abgeben oder aufnehmen, wobei sich eine Farbänderung einstellt.

16. Welche Gleichgewichtsreaktion findet bei pH-Indikatoren bei der Änderung des pH-Wertes statt?

Die Indikatoren reagieren in einem für jeden Indikator spezifischen engen pH-Bereich durch Protolyse als Säure-Base-Reaktion. Allgemein lautet die Gleichgewichtsreaktion:

$$H\text{-}Ind + H_2O \rightleftarrows H_3O^+ + Ind^-$$

Säure Base Säure Base

17. Worauf beruht der Farbänderung der pH-Indikatoren?

Das undissoziierte Indikatormolekül H-Ind absorbiert andere Wellenlängen des Lichts als das Anion Ind^-. Die Ursache liegt in der Änderung der Molekülstruktur (Änderung der Elektronenverteilung) bei der Abgabe oder Aufnahme von Protonen.

7.4 Salze

1. Nach welchen Reaktionen bilden sich Salze?

a) unedles Metall + Säure → Salz + Wasserstoff
b) Metalloxid + Säure → Salz + Wasser
c) Metallhydroxid + Säure → Salz + Wasser
d) Metalloxid + Säureanhydrid → Salz
e) Metallhydroxid + Säureanhydrid → Salz + Wasser
f) Metall + oxidierende Säure → Salz + Wasser + Nichtmetalloxid
g) Metall + Nichtmetall → Salz

2. Was sind primäre, sekundäre und tertiäre Salze?

Je nachdem, wie viele der Wasserstoffionen von mehrbasigen Säuren durch andere Kationen besetzt sind, spricht man von primären (1 H^+), sekundären (2 H^+) oder tertiären (3 H^+) Salzen.
Säuren, die also in mehreren Stufen dissoziieren wie H_2CO_3, H_2SO_4, H_3PO_4 und einige organische Säuren, bilden solche Salze, z. B.:

- Kohlenstoffsäure: Hydrogencarbonate wie $NaHCO_3$ als primäres Salz, Carbonate wie Na_2CO_3 als sekundäres Salz;
- Phosphorsäure: Natriumdihydrogenphosphat NaH_2PO_4 als primäres, Dinatriumhydrogenphosphat Na_2HPO_4 als sekundäres, Trinatriumphosphat Na_3PO_4 als tertiäres Salz.

3. Welche Salze reagieren in wässriger Lösung sauer?

Die Salze schwacher Basen und stärkerer Säuren protolysieren in Wasser in den sauren pH-Bereich (saure Hydrolyse), z. B. Ammoniumchlorid, Ammoniumsulfat, Aluminiumacetat (saurer Geruch!).

4. Welche Salze reagieren in wässriger Lösung basisch?

Salze starker Basen und schwacher Säuren unterliegen in Wasser einer basischen Hydrolyse, z. B. Kaliumcarbonat, Natriumcarbonat, Kaliumacetat.

5. Welcher Unterschied besteht zwischen sauren Salzen und sauer reagierenden Salzen? Nennen Sie Beispiele. →

Saure Salze enthalten im Säurerest noch Wasserstoff, der nicht durch Metallionen ersetzt ist (Wasserstoff aus der ersten und evtl. zweiten Dissoziationsstufe mehrbasiger oder mehrwertiger Säuren). →

7

Saure Salze der Kohlensäure sind die Hydrogencarbonate (Anion: HCO_3^-), die der Schwefelsäure Hydrogensulfate (HSO_4^-), die der Phosphorsäure Dihydrogenphosphate ($H_2PO_4^-$) und Hydrogenphosphate (HPO_4^{2-}).
Sauer reagieren Salze starker Säuren und schwacher Basen durch Hydrolyse (z. B. NH_4Cl).

6. Welche Zusammensetzung haben Salze, die als Puffer in Lösungen wirken können?

Die wichtigsten Puffer-Substanzen sind Salze aus starker Säure und schwacher Base oder aus starker Base und schwacher Säure. Sie wirken in Pufferlösungen: Dem Salz der schwachen Säure wird die gleiche schwache Säure zugesetzt, z. B. dem Na-Acetat Essigsäure. Die Lösung kann in bestimmtem Umfang Protonen und OH-Ionen abfangen und den pH-Wert konstant halten. Wichtige Puffersalze sind u. a. Na_2HPO_4, NaH_2PO_4, $NaHCO_3$, CH_3COONa, NH_4Cl.

7. Was versteht man unter amphoteren (ampholytischen) Stoffen?

Amphotere Stoffe können je nach Medium als Säure oder als Base reagieren. Gegenüber stärkeren Säuren wirken sie als Base, z. B.

$$Al(OH)_3 + 3\,HCl \rightarrow AlCl_3 + 3\,H_2O$$
$$Zn(OH)_2 + H_2SO_4 \rightarrow ZnSO_4 + H_2O$$

Gegenüber stärkeren Basen wirken sie als Säure, z. B.

$$Al(OH)_3 + NaOH \rightarrow Na[Al(OH)_4]$$
$$Zn(OH)_2 + 2\,NaOH \rightarrow Na_2[Zn(OH)_4]$$

8. Welche Zusammensetzung haben Komplex- oder Koordinationsverbindungen?

Diese Verbindungen bestehen aus einem Zentralteilchen und Liganden, die sich als Elektronendonatoren mit Elektronenpaaren an das Zentralteilchen binden. Letzteres erhält dadurch eine höhere Elektronenkonfiguration. Besonders stabil sind solche Verbindungen bei denen die Energieniveaus der Zentralteilchen (z. B. das d-Niveau) vollständig aufgefüllt werden.

7.5 Erzeugung von Grundchemikalien und Metallen

1. Mittels welcher Syntheseschritte wird im Kontaktverfahren Schwefelsäure technisch erzeugt?

1. Durch Verbrennen von Schwefel, thermischer Zersetzung von Sulfaten (z. B. $CaSO_4$) oder Abrösten sulfidischer Erze (z. B. Pyrit FeS_2) wird SO_2 gewonnen.
2. Zusammen mit Luft wird es in einem Kontaktofen (600 °C) über einen Vanadiumpentoxid-Kontakt (V_2O_5) geleitet und exotherm zu SO_3 oxidiert: $2\ SO_3 + O_2 \rightarrow 2\ SO_3$ (Volumenabnahme!).
3. SO_3 wird gekühlt und im Absorber in ca. 98 %iger Schwefelsäure gebunden.
4. Nicht umgesetztes SO_2 wird in einem 2. Kontaktofen oxidiert und in einem 2. Absorber in konz. Schwefelsäure oder Oleum gebunden.
5. Im Mischer wird Wasser zugesetzt, um die Konzentration der Schwefelsäure konstant zu halten.

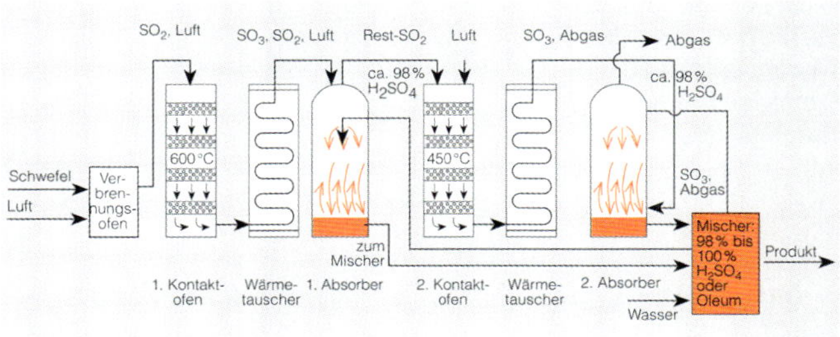

2. Durch welche Maßnahmen wird beim Kontaktverfahren die Ausbeute an Schwefelsäure erhöht?

Die Ausbeute von ca. 99.9 % wird durch Sauerstoffüberschuss und (nach Absorption des gebildeten SO_3 im 1. Kontaktofen) durch Reaktion des Restgases in einem 2. Kontaktofen erreicht. Auch eine Druckerhöhung wäre möglich.

3. Warum wird beim Kontaktverfahren als Absorptionsmittel konz. Schwefelsäure und nicht Wasser verwendet?

SO_3 ist sehr hygroskopisch und reagiert sofort mit Wasserdampf zu Schwefelsäure-Nebel, der sich nur langsam verdichtet und absetzt. Die Schwefelsäure verhindert wegen ihrer Hygroskopie, dass sich Wasserdämpfe bilden. Außerdem löst sich SO_3 gut in ihr und in Oleum (konz. Schwefelsäure mit gelöstem SO_3).

4. Warum wird beim Kontaktverfahren das Gasgemisch bzw. das gebildete Schwefeltrioxid gekühlt?

Alle Reaktionen (Oxidationen, Absorptionen) verlaufen exotherm. Gekühlt wird, um Überhitzungen zu vermeiden und Zerfallsreaktionen zu verhindern bzw. einzudämmen (Le Chatelier-Rückreaktion).

5. Warum wird auf Anwendung von Druck beim Kontaktverfahren verzichtet?

Auch durch Anwendung von Druck ($2\ SO_2 + O_2 \rightarrow 2\ SO_3$; Volumenabnahme) wäre eine Ausbeutesteigerung möglich. Die Anwendung von Doppelkontakt ist ökonomischer und führt bereits zu einer Ausbeute von 99,9 %.

6. Warum kann konzentrierte Schwefelsäure in Stahlbehältern aufbewahrt und transportiert werden?

Konzentrierte Schwefelsäure ist nicht dissoziiert (protolysiert). Außerdem bildet sich mit konz. Schwefelsäure eine Passivschicht auf der Stahl-Oberfläche aus. Im Gegensatz dazu ist verdünnte Schwefelsäure dissoziiert und greift unedle Metalle an.

7. Die Ammoniak-Bildung verläuft exotherm. Warum wird trotzdem die Synthese bei ca. 500 °C durchgeführt?

Bei niedrigerer Temperatur ist zwar die Gleichgewichtskonstante wesentlich größer als bei ca. 450/500 °C, aber wegen nicht genügender Aktivierung (keine o. geringe Dissoziation von N_2 u. H_2) ist die Reaktionsgeschwindigkeit bei niedrigerer Temperatur zu klein bzw. geht gegen Null. Bei zu hoher Temperatur zerfällt zunehmend gebildetes NH_3 wieder (Prinzip von Le Chatelier).

8. Durch welche Syntheseschritte wird im Haber-Bosch-Verfahren Synthesegas und Ammoniak erzeugt?

1. Das Synthesegas besteht aus $N_2 + 3\ H_2$. Es wird durch katalytische Umsetzung (Ni; p; T) von Kohlenwasserstoffen mit Luft/Wasser erzeugt.
2. Das gleichzeitig gebildete CO_2 wird mit NH_3 zu Ammoniumcarbonat ausgewaschen (Düngemittel).
3. Die exotherme Reaktion unter Druck zu NH_3 erfolgt mit ca. 17 % Ausbeute im Röhrenofen am Eisen(II,III)-Katalysator (Zusätze Al_2O_3, CaO u. a., heterogene Katalyse). Der Katalysator muss gekühlt werden.
4. Der Ammoniak wird verflüssigt, das nicht umgesetzte Synthesegas erneut durch den Röhrenofen geleitet.

→

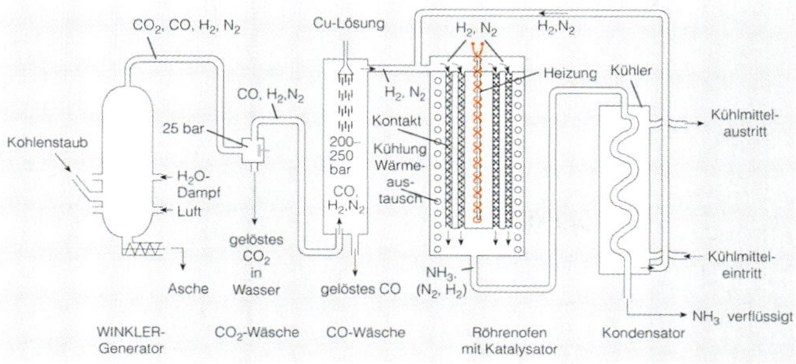

9. Wie kann die Ausbeute an Ammoniak beim HABER-BOSCH-Verfahren gesteigert werden?

Die Ausbeute wird durch Erhöhung des Drucks (LE CHATELIER), konstante Katalysator-Temperatur (Kühlung, keine Überhitzung), Entfernung des Ammoniak durch Verflüssigung (MWG) begünstigt. Eine Erhöhung des Stickstoffanteils ist von positivem Einfluss (MWG). Die Rückführung von nicht umgesetztem Synthesegas nach Abscheidung von NH_3 ist wesentlich für die Wirtschaftlichkeit des Verfahrens.

10. Wie wirken Druckerhöhungen bei der Reaktionen von Gasgemischen?

Wenn sich bei Gasreaktionen die stöchiometrischen Faktoren beim Übergang von den Edukten zu den Produkten abnehmen (d. h. Volumenabnahme, z. B. Ammoniak-Synthese oder 2 NO $\leftrightarrows$ N_2O_4) wird das chemische Gleichgewicht zu den Produkten hin verschoben.
Druckerhöhung verringert das Volumen, erhöht die Konzentration (Verkleinerung des Teilchen-Abstands) und damit die Stoßzahl.

11. Durch welche Hauptschritte erfolgt die technische Herstellung von Salpetersäure im OSTWALD-Verfahren?

1. Flüssiger Ammoniak wird verdampft und sehr schnell mit Luft über einen als Netz ausgebildeten Pt/Pd-Katalysator geleitet. Ammoniak oxidiert zu NO und H_2O (Ammoniak-Verbrennung):
   $4\ NH_3 + 5\ O_2 \rightarrow 4\ NO + 6\ H_2O$ (exotherm, aber NO endotherme Verbindung!)
2. Das instabile NO wird rasch abgekühlt, zu NO_2 oxidiert

→

→

7

$2\,NO + O_2 \rightarrow 2\,NO_2$ (exotherm)
und dieses mit Sauerstoff und Wasser zu HNO_3 umgesetzt:
$2\,NO_2 + O_2 + 2\,H_2O \rightarrow HNO_3 + HNO_2$ (exotherm).
Dabei entstehendes HNO_2 disproportioniert zu HNO_3 und NO, letzteres wird in den Prozess zurückgeführt.

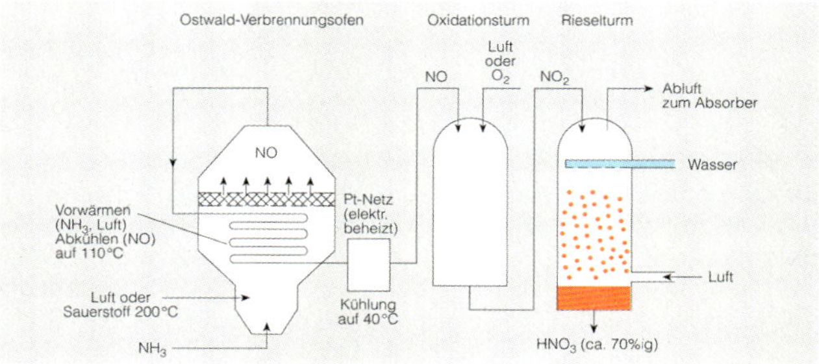

12. Wie disproportioniert Salpetrige Säure HNO_2?

$$\overset{III+}{3\,HNO_2} \rightarrow \overset{V+}{HNO_3} + \overset{II+}{2\,NO} + H_2O$$

13. Warum wird der Pt/Pd-Katalysator beim Ostwald-Verfahren in Netzform angewendet?

Die Kontaktzeit des NH_3-Luft-Gemisch darf wegen der hohen Temperatur nur sehr kurze Zeit betragen (ca. 10^{-3} s), sonst zerfällt NO als endotherme Verbindung wieder in die Elemente.

14. Durch welche Art von Katalyse werden Schwefelsäure, Salpetersäure und Ammoniak erzeugt?

In allen diesen großtechnischen Synthesen liegt der Katalysator fest vor. Es läuft eine heterogene Katalyse ab.

15. Warum kann Salpetersäure durch Destillation nur bis 68 % konzentriert werden?

68 %ige Salpetersäure bildet mit Wasser ein Azeotrop.

16. Wie ist eine Konzentrierung der Salpetersäure über 68 % möglich?

Die Aufkonzentrierung auf bis 99,8 % ist mit Hilfe von 96 %iger H_2SO_4 als Wasser entziehendes Mittel und anschließender Destillation der HNO_3 möglich. Zurück bleibt eine etwa 60 %ige Schwefelsäure.

17. Warum kann Salpetersäure in Stahlbehältern transportiert/aufbewahrt werden?

Konz. HNO_3 bildet auf Stahl/Eisen eine dünne, von der konzentrierten Säure nicht auflösbare Oxidschicht aus, wodurch das Metall eine Passivierung erfährt.

18. Warum ist das unedle Aluminium in Luft und Wasser beständig?

Aluminium bildet auf der Oberfläche wegen großer Affinität zu Sauerstoff eine dünne Oxidschicht aus, die passivierend wirkt, sich aber in Säuren und stärkeren Laugen auflöst.

19. Welche Endprodukte werden bei der Chloralkali-Elektrolyse erhalten?

Endprodukte sind Wasserstoff, Chlor und Natronlauge bzw. Ätznatron (durch Eindampfen). Alle Produkte sind als Grundchemikalien für weitere Synthesen von großer Bedeutung.

20. Wie werden großtechnisch im Amalgam-Verfahren Natriumhydroxid, Wasserstoff und Chlor hergestellt?

Gereinigte NaCl-Sole wird elektrolysiert. An Titan-Anoden erfolgt die Oxidation von Cl-Ionen: $2\ Cl \rightarrow Cl_2 + 2\ e^-$. Die Katode ist eine fließende Quecksilberschicht, an der sich Natrium entlädt und in der es sich löst: $2\ Na^+ + 2e^- \rightarrow 2\ Na^{\pm 0}$. Im Zersetzer wird das Natrium-Amalgam mit Wasser zerlegt: $2\ Na + 2\ H_2O \rightarrow 2\ NaOH + H_2$. Das Quecksilber wird wieder in die Elektrolyse-Zelle zurück gepumpt.

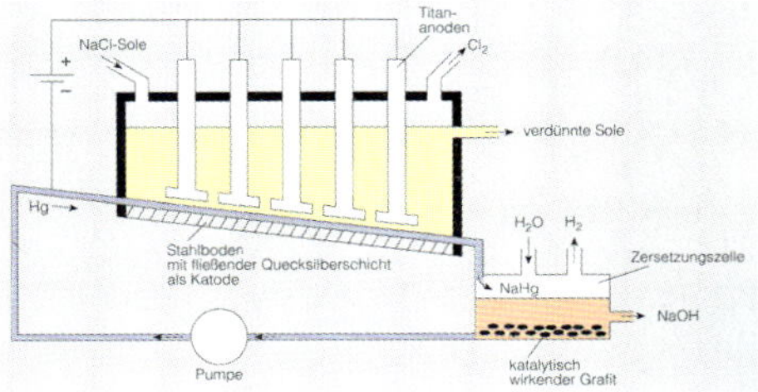

21. Wie werden Chlor und Natriumhydroxid im Membran-Verfahren hergestellt?

Anoden- und Katodenraum sind durch ein Diaphragma getrennt, das nur für Na- und Cl-Ionen durchlässig ist, jedoch nicht für die größeren Wasserstoff- und Chlormoleküle. Unter dem Diaphragma befindet sich die netzförmige Eisen-Katode. Die anodische Oxidation der Chlorid-Ionen erfolgt an Titan- oder Grafit-Elektroden:
$2\ Cl^- \rightarrow Cl_2 + 2e^-$.

→ →

7

Aus dem Anodenraum wird Chlor abgeführt und mit konz. Schwefelsäure getrocknet. An der Katode werden nicht Na^+-Ionen, sondern Wassermoleküle reduziert:

$2\ H_2O + 2\ e^- \rightarrow H_2 + 2\ OH^-$.

Aus dem Katodenraum entweicht Wasserstoff. Ätznatrium wird durch Eindampfen der Lösung, die aus dem Katodenraum abfließt, gewonnen.

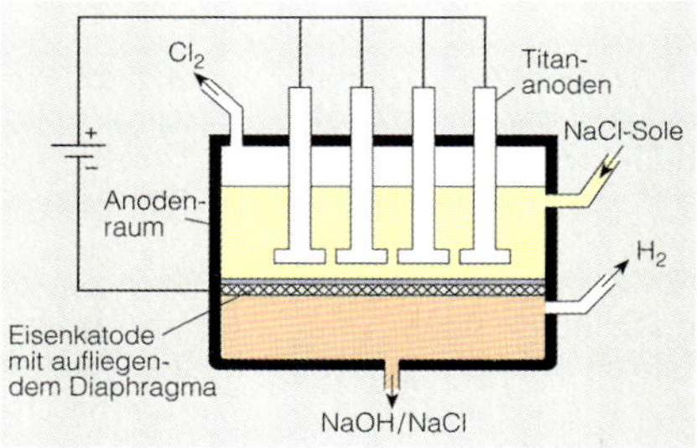

22. Welche Gefahren birgt die Chloralkali-Elektrolyse?

- Chlor ist extrem giftig und darf nicht in die Atmosphäre oder in das Wasser gelangen. Chlor führt zur Zerstörung organischer Stoffe (Atemgift, Verätzung von Schleimhäuten und Lungenbläschen durch Bildung von HCl, Pflanzengift (Zerstörung von Chlorophyll), Schädigung durch Substitution von Wasserstoff oder Doppelbindungen organischer Verbindungen im tierischen und pflanzlichen Organismus, Wasser schädigend);
- Gefahr der Bildung von Chlorknallgas;
- beim Amalgam-Verfahren kann Quecksilber in die Umwelt gelangen;
- Ätznatron-Stäube wirken beim Umfüllen stark ätzend.

23. Welche unerwünschte Reaktion läuft ab, wenn sich Chlor und Natronlauge bei der Chloralkalielektrolyse vermischen?

Wenn sich Chlor mit Wasser bzw. Natronlauge vermischt, läuft eine Disproportionierung zu Chlorid- und Hypochlorit-Ionen ab:

$Cl_2 + H_2O \rightarrow Cl + HClO$ bzw.

$Cl_2 + 2\ NaOH \rightarrow NaCl + NaClO + H_2O$

24. Woraus wird Methanol technisch erzeugt?

Das Ausgangsgemisch für die Methanol-Synthese ist das Synthesegas. Es besteht aus CO und H_2 und wird aus Kohlenwasserstoffen, z. B. CH_4 bei hohem Druck, hoher Temperatur und Nickel-Katalysator erzeugt:
$CH_4 + H_2O \rightarrow CO + 3\ H_2$

25. Wie erfolgt die technische Methanol-Synthese?

Methanol wird aus Synthese-Gas mittels CuO/Cr_2O_3-Kat. oder CuO/ZnO-Kat. (so genannte Hydrier-Katalysatoren), Druck (200 bar) und bei hoher Temperatur (250 bis 300 °C) erzeugt:
$CO + 2\ H_2 \rightarrow CH_3OH$; $\Delta H = -92$ kJ/mol.
Hoher Druck verschiebt das Gleichgewicht wegen Volumenabnahme in Richtung des Produkts (Le Chatelier). Zu hohe Temperaturen führen wegen exothermer Reaktion zu geringeren Ausbeuten (Gleichgewichtsverschiebung nach links).
Der Hydrier-Katalysator senkt die Aktivierungsenergie und erhöht damit die Reaktionsgeschwindigkeit.

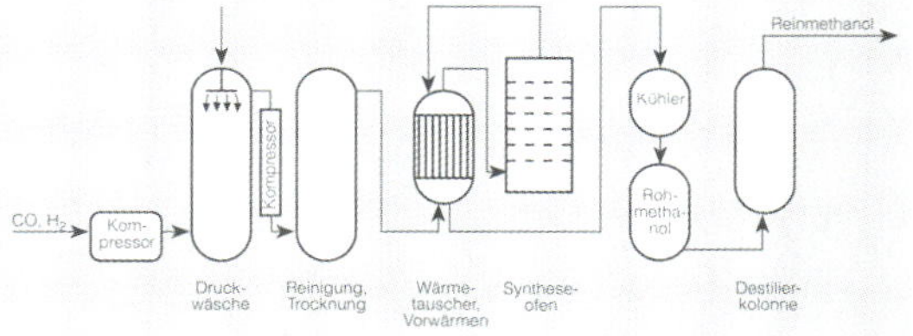

26. Wie wirken hohe Temperaturen bei a) exothermen und b) bei endothermen Prozessen auf die Ausbeute?

Es wirkt das Prinzip von Le Chatelier:
a) Bei exothermen Reaktionen wird das Gleichgewicht zu den Edukten hin und
b) bei endothermen Reaktionen zu den Produkten hin verschoben.

Die Wärmeenergie (Enthalpie) wirkt somit wie ein Reaktionsteilnehmer.

27. Welche Redoxvorgänge laufen im Hochofen ab?

Redoxvorgänge:
a) Reaktion von Koks mit Sauerstoff zu CO_2 und CO im Boudouardschen Gleichgewicht:
$C + O_2 \rightarrow CO_2$
$CO_2 + C \rightarrow 2\ CO$

→

b) Indirekte Reduktionen zwischen Eisenoxiden und Kohlenstoffmonooxid, z. B.
$3\ Fe_2O_3 + CO \rightarrow 2\ Fe_3O_4 + CO_2$
$Fe_3O_4 + CO \rightarrow 3\ FeO + CO_2$
$FeO + CO \rightarrow Fe + CO_2$

c) Direkte Reduktion zwischen Eisenoxid und Kohlenstoff, z. B.
$FeO + C \rightarrow Fe + CO$

d) Bildung der intermetallischen Verbindung Fe_3C

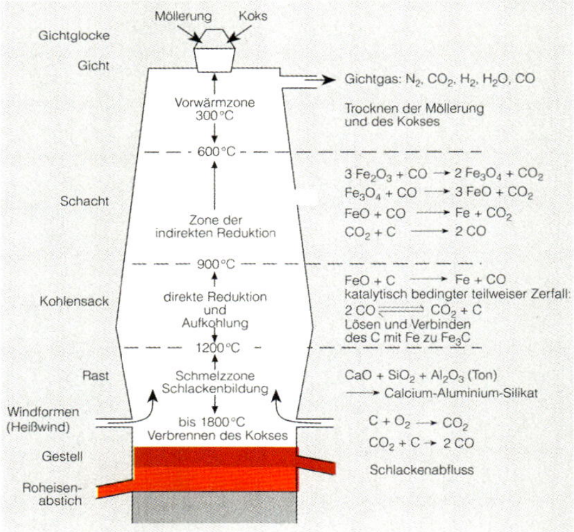

28. Welche Redoxvorgänge vollziehen sich bei der Schmelzfluss-Elektrolyse von Aluminium?

- Katodische Reduktion (vereinfacht):
  $2Al^{3+} + 6\ e^- \rightarrow 2\ Al^{\pm 0}$
- Anodische Oxidation:
  $3\ O^{2-} \rightarrow 1\frac{1}{2}\ O_2 + 6\ e^-$

29. Wie wird die Schmelzfluss-Elektrolyse von Aluminium durchgeführt?

Das Aluminiumoxid des Bauxits wird durch Natronlauge im Autoklaven als $Na[Al(OH)_4]$ aufgeschlossen und vom Rot-Schlamm ($Fe(OH)_3$, SiO_2 u. a.) getrennt. In einem Kristallisator gewinnt man aus dem Natriumtetrahydroxialuminat $Al(OH)_3$, das im Drehrohrofen zu Al_2O_3 umgewandelt wird. Das Aluminiumoxid wird mit Kryolith →

Na_3AlF_6 gemischt, in der Elektrolysewanne aufgeschmolzen und elektrolysiert (Spannung 5–7 V, Grafit-Elektroden).

Reduktion: $2\ Al^{3+} \rightarrow 2\ Al\ 6\ e^-$

Oxidation: $3\ O^{2-} \rightarrow 3/2\ O_2 + 6\ e^-$
(Anode brennt ab)

Abgas: CO, CO_2, HF_g, Fluorid-Stäube (gründliche Reinigung, HF umweltschädlich).

Die Gewinnung des Aluminiums ist sehr energieintensiv.

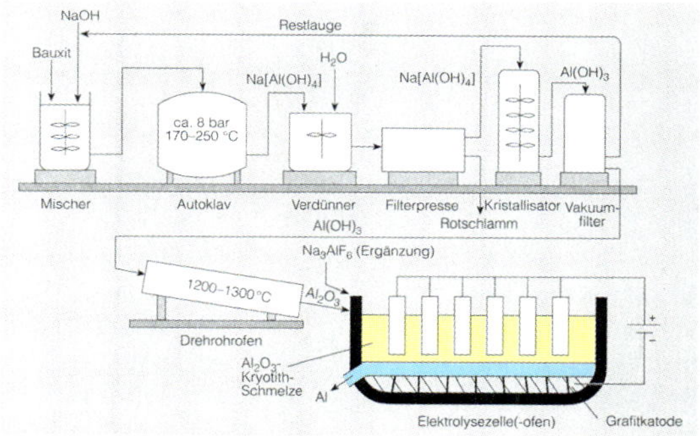

30. Erläutern Sie die fraktionierende Destillation von Erdöl!

Erdöl ist ein kompliziert zusammengesetztes Gemisch aus vorrangig alipatischen und z. T. aromatischen Kohlenwasserstoffen und deren Abkömmlingen (vor allem N- und S-Verbindungen). Durch fraktionierende Destillation erfolgt in Glockenbodenkolonnen die Aufspaltung in Fraktionen eines Siedebereichs, die ebenfalls aus Gemischen bestehen, die weniger verschiedene Stoffe enthalten und durch weitere Destillationskolonnen getrennt werden können.

In der Kolonne (Fraktionierturm) nimmt die Temperatur von unten nach oben ab. Das Rohöl wird in Rohröfen auf ca. 400 °C erhitzt. Alle Bestandteile bis auf die Bitumenanteile werden verdampft. Die Dämpfe strömen von unten in den Turm ein. Auf jedem Glockenboden stellt sich eine bestimmte Temperatur sowie ein Gleichgewicht zwischen Kondensieren und Verdampfen →

→

ein. Jeder Glockenboden besitzt die Wirkung einer einfachen Destillationsapparatur.

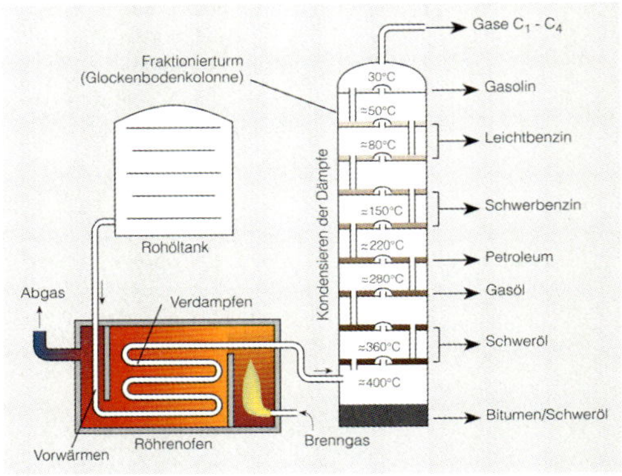

31. Nach welchem Schema erfolgt die Hochdruckpolymerisation von Polyethylen?

In einem Rühr- oder Rohrreaktor reagiert Ethylen mit einem Radiakalbildner (z. B. Sauerstoff) bei einer Temperatur von 150 bis 300 °C und einem Druck von 150 bis 350 MPa in einer Kettenreaktion zu Polyethylen (Ausbeute bis ca. 35 %) und Polyethylenwachs (niedrigerer Polymerisationsgrad). In Abscheidern wird nach Kühlung und Entspannung auf 15 bis 30 MPa zunächst das Polyethylen vom PE-Wachs und dem nicht umgesetzten Ethylen und anschließend unter weiterer Absenkung des Drucks das Ethylen vom Wachs abgetrennt. Das Ethylen wird in den Reaktor zurückgeführt.

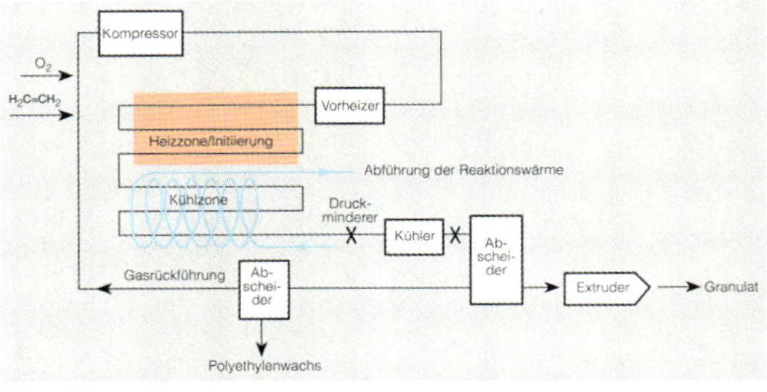

32. Wie wird die Niederdruckpolymerisation von Polyethylen durchgeführt?

Die Niederdruckpolymerisation kann nach verschiedenen Varianten durchgeführt werden, z. B. nach dem Lösungs- oder Slurry-Fällungsverfahren:
Das Ethylen wird im Rührreaktor in Hexan/Cyclohexan gelöst und mit ZIEGLER-NATTA-Katalysator (Mischkatalysator aus organ. Al-, Ti-, Cr-, Zr- u. a. Verbindungen) versetzt. Bei einem Druck von 2 bis 3 Mpa und einer Temperatur von 60 bis 110 °C erfolgt die Polymerisation. Das Polyethylen fällt aus. Das Lösungsmittelgemisch wird abfiltriert und das Polyethylen gewaschen, getrocknet und für die Weiterverarbeitung granuliert.

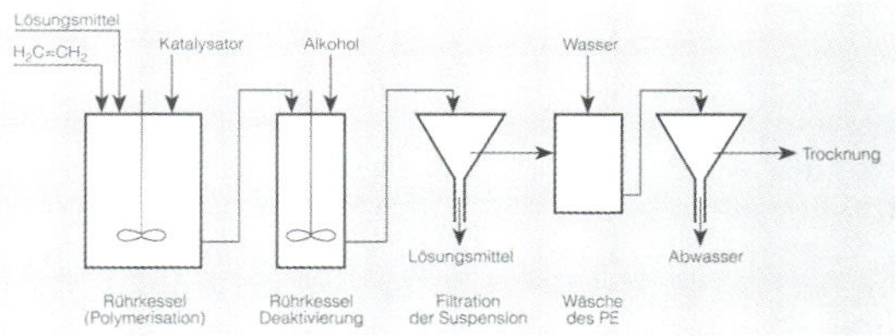

7.6 Eigenschaften organischer Verbindungen

1. Was versteht man unter konjugierter, kumulierter und isolierter Doppelbindung

Eine konjugierte Doppelbindung ist durch eine Einfachbindung getrennt: –C=C–C=C–.
Von kumulierter Doppelbindung spricht man, wenn ein C-Atom zwei benachbarten Doppelbindungen besitzt –C=C=C–. Isoliert sind die Doppelbindungen, wenn sich zwei und mehr Einfachbindungen zwischen den Doppelbindungen befinden: –C=C–C–C=C–

2. Welche Art der Doppelbindung besitzt Buta-1,3-dien?

Buta-1,3-dien $CH_2{=}CH{-}CH{=}CH_2$ besitzt eine konjugierte Doppelbindung.

3. Durch welche funktionelle Gruppen wird die Wasserlöslichkeit organischer Verbindungen erhöht?

Durch Einbau von OH-, -SO_3H, -COOH wird die Polarität der Moleküle erhöht. Gleichzeitig wird die Eigenschaft erreicht, in gewissem Umfang Wasserstoff-Brückenbindungen zu Wassermolekülen auszubilden.

7

4. Wie unterscheiden sich Alkane, Alkene, Alkine?

Alle drei Stoffgruppen sind Kohlenwasserstoffe. In Alkanen (oder Paraffine) sind die Kohlenstoffbindungen gesättigt, d. h. es bestehen C-C-Einfachbindungen. Alkene (oder Olefine) enthalten eine oder mehrere Doppelbindungen, Alkine (oder Acetylene) Dreifachbindungen und damit ungesättigte Bindungen.

5. Warum sind Alkane reaktionsträge?

Die C-C-Einfachbindungen sowie die C-H-Bindungen sind unpolar, sodass sie weder elektrophile noch nucleophile Stoffe anziehen. Die C-C-Bindungsenergie ist groß, sodass auch die Spaltung der C-C-Bindung nur erschwert zu anderen organischen Stoffen führt. Die Substitution von Wasserstoff ist möglich.

6. Warum sind mit Alkenen und Alkinen viele Reaktionen möglich?

Doppelbindungen sind durch die π-Bindung reaktiv und es sind viele elektrophile Additionsreaktionen mit Alkenen möglich.
Alkine können durch Additionsreaktionen in Alkene, Alkane und in Stoffe mit funktionellen Gruppen umgewandelt werden.

7. Welche räumliche Gestalt besitzen gesättigte Kohlenwasserstoffketten?

Die Alkanmoleküle oder -molekülteile sind aus Tetraedern aufgebaut.

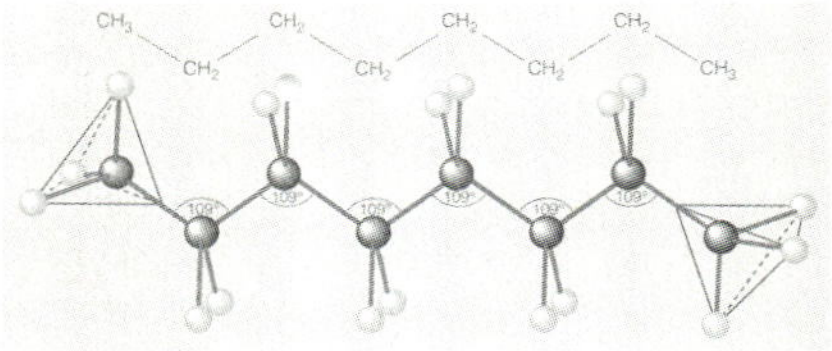

8. Welche chemischen Eigenschaften besitzen Ethin und andere Alkine?

- Endständige Gruppen mit Dreifachbindung $-C{\equiv}CH$ sind gering sauer (CH-acid), Bildung von Schwermetallsalzen;
- Halogenierung (Chlorierung, Bromierung) und Hydrohalogenierung, z. B.
  $CH{\equiv}CH + Br_2 \rightarrow CHBr{=}CHBr$
  oder
  $CH{\equiv}CH + HBr \rightarrow CH_2{=}CHBr$;

→

- katalytische Hydrierung zu Alkenen (LINDLAR-Katalysator);
- mit Alkohol Vinylierung, z. B.
  $CH\equiv CH + R\text{-}OH \rightarrow CH_2\text{=}CH\text{-}OR$ (Vinylether),
- mit Carbonsäure Bildung von Vinylester z. B.
  $CH\equiv CH + RCOOH \rightarrow CH_2\text{=}CH\text{-}OOR$;
- Cyclisierung von Ethin zu Benzen (Benzol);
- Synthese von Acrylnitril aus Ethin und Cyanwasserstoff für Kunststoffe:
  $CH\equiv CH + HCN \rightarrow CH_2\text{=}CH\text{-}CN$;
- Ethin reagiert katalytisch mit Wasser zu Ethanal $CH_3\text{-}CHO$.

9. Welche funktionellen Gruppen besitzen die organischen Verbindungsklassen: Halogenkohlenwasserstoffe, Alkohole, Thiole, Aldehyde, Ketone, Ether, Carbonsäuren, Carbonsäureester, Sulfonsäuren, Carbonsäurehalogenide, Amine, Alkylamine, Dialkylamine, Imine, Oxime, Hydrazone, Nitrile, Cyanate, Nitroalkane?

Halogen-KW:	(-X), –F, -Cl, -Br, -I
Alkohole:	–OH
Thiole:	–SH
Aldehyde:	–CHO
Ketone:	>C=O
Ether:	–O–
Carbonssäuren:	–COOH
Ester:	–CO–OR
Sulfonsäuren:	$-SO_3H$
Carbonsäurehalogenide:	–CO–X
Amide:	$-CONH_2$
primäre Amine:	$-NH_2$
sek. Amine:	–NH–
tert. Amine:	>N–
Alkylamine:	–NHR
Dialkylamine:	$-NR_2$
Imine:	=NH
Oxime:	$=N-NH_2$
Hydazone:	=N–OH
Nitrile:	–CN
Cyanate:	–OCN
Nitroalkane:	$-NO_2$

10. Welche Verwendung finden wichtige Halogenkohlenwasserstoffe?

- Monochlormethan (Methylchorid) CH_3Cl: Kühlmittel in Kältemaschinen, Edukt für Synthesen,
- Dichlor-, Trichlor-, Tetrachlormethan CH_2Cl_2, $CHCl_3$, CCl_4: Lösungsmittel,
- Trichlorethen (Trichlorethylen) $CHCl\text{=}CCl_2$: Lösungsmittel,

→ →

- Monochlorethen (Vinylchlorid) $CH_2CH\text{-}Cl$: PVC
- Tetrafluorethen (Tetrafluorethylen) $CF_2{=}CF_2$: PTFE

11. Welche Eigenschaften besitzen Halogenkohlenwasserstoffe?

- Niedere gesättigte Monohalogenalkane (Methylchlorid, Ethylchlorid, Methylbromid): bei Raumtemperatur gasförmig, süßlicher Geruch, in Wasser fast unlöslich, löslich in Alkohol oder Ether, entzündlich mit grünlich gesäumter Flamme.
- Höhere gesättigte Monohalogenalkane sind flüssig,
- Mehrfach halogenierte Alkane wie CH_2Cl_2, CH_2Br_2, CH_2I_2, $CHCl_3$ CCl_4 sind farblose Flüssigkeiten, z. T. als Lösungsmittel verwendet.
- Trichlorethen $CHCl{=}CCl_2$ Lösungsmittel

12. Welcher Unterschied besteht zwischen ein- sowie mehrwertigen bzw. primären, sekundären und tertiären Alkoholen?

Nach der Anzahl der OH-Gruppen unterscheidet man ein- und mehrwertige Alkohole, z. B. C_2H_5OH Ethanol, $HOCH_2\text{-}CH_2OH$ Glycol, $HOCH_2\text{–}CH(OH)\text{–}CH_2OH$ Glycerol (Glycerin).
Bei primären Alkoholen ist die OH-Gruppe am Kettenende gebunden, bei sekundären bzw. tertiären Alkoholen ist das C-Atom mit der Hydroxy-Gruppe an zwei bzw. drei C-Atome gebunden: primär $R\text{-}CH_2\text{-}OH$, sekundär $R\text{-}CH(OH)\text{-}R$, tertiär $R_3\text{-}C\text{-}OH$.

13. Ethan und Methanol besitzen die gleiche molare Masse. Methanol siedet aber bei höherer Temperatur. Warum?

Ethan ist eine unpolare Verbindung mit schwachen VAN DER WAALS-Kräften. Methanol-Moleküle sind polar und bilden Wasserstoff-Brückenbindungen aus. Dadurch muss eine höhere Energie für das Sieden (Trennen der Moleküle) aufgewendet werden.

14. Welche Oxidationszahlen besitzt das C-Atom in der Aldehyd-, der Keto- und Carboxyl-Gruppe sowie im CO_2?

$$-CH_2-\overset{I^+}{C}HO \quad -CH_2-\overset{II^+}{C}O-CH_2- \quad -CH_2-\overset{III^+}{C}OOH \quad \overset{IV^+}{C}O_2$$

15. Was versteht man unter Carbonyl-Verbindungen?

Carbonyl-Verbindungen enthalten die funktionelle Carbonylgruppe $>C{=}O$ wie Aldehyde, Ketone sowie Carbonsäuren, Carbonsäureester und Carbonsäureamide.

16. Wie ändert sich die Reaktivität der Carbonylverbindungen Methanal, Ethanal, Propanon?

Die Reaktivität nimmt in der Reihenfolge $HCHO > CH_3{-}CHO > CH_3{-}CO{-}CH_3$ ab.

17. Welche Eigenschaften besitzen Alkanale?

Alkanale besitzen die allgemeine Formel R-CHO.

- Alkanale oder Aldehyde besitzen im Vergleich zu Alkoholen bei etwa gleicher Molmasse niedrigere Siedetemperaturen.
- Typische Reaktionen sind Oxidation, Reduktion, Addition.
- Reduzierende Eigenschaft gegenüber Tollens-Reagenz und Fehling-Lösung (Nachweis-Reaktionen);
- Reaktion mit Oxidationsmitteln zu Carbonsäure;
- Katalytische Reduktion (Hydrierung) zu primärem Alkohol;
- Addition von Grignard-Verbindungen und Hydrolyse zu sekundärem Alkohol;
- Bildung von Halbacetalen und Acetalen mit Alkohol.

18. Welche organischen Verbindungen sind CH-acid?

Carbonyl-Verbindungen, bei denen am α–C-Atom Wasserstoff gebunden ist, können dieses als Proton abgeben. CH-acid sind z. B. Aceton und Acetaldehyd, außerdem Alkine mit endständiger Dreifachbindung.

19. Welche typischen Eigenschaften besitzen Alkanone?

Alkanone besitzen die allgemeine Formel R-CO-R

- Alkanone oder Ketone besitzen im Vergleich zu Alkoholen gleicher Molmasse niedrigere Siedetemperaturen, weil sie keine Wasserstoffbrücken bilden.
- Propanon oder Aceton ist brennbar, reagiert heftig mit Alkalimetallen und Halogenkohlenwasserstoffen, es ist in Wasser löslich und ein wirksames Lösungsmittel für viele organische Stoffe.
- Typisch sind für Alkanone Additionsreaktionen mit Grignard-Reagenz und Hydrolyse zu tertiärem Alkohol sowie Reduktion mit Wasserstoff zu sekundärem Alkohol.

20. Wie werden die aliphatischen Carbonsäuren eingeteilt?

Die Carbonsäuren unterteilt man in
- gesättigte aliphatische Monocarbonsäuren (Alkansäuren) $C_nH_{2n+1}COOH$;
- ungesättigte aliphatische Monocarbonsäuren (Alkensäuren und Alkinsäuren) mit einer oder mehreren Doppelbindungen bzw. Dreifachbindungen;
- Dicarbonsäuren HOOC-R-COOH.

21. Was sind substituierte Carbonsäuren?

Sie besitzen in der Kohlenstoffkette in α-, β-, γ-Stellung usw. zur Carboxy-Gruppe –COOH einen Substituenten, z. B.
- Chlorcarbonsäuren (Monochloressigsäure $Cl\text{-}CH_2\text{-}COOH$),
- Hydroxycarbonsäuren, z. B. Milchsäure $CH_3\text{-}CH(OH)\text{-}COOH$,
- α–Aminosäuren (Eiweißbausteine) $R\text{-}CH(NH_2)\text{-}COOH$.

22. Was sind Carbonsäurederivate?

Bei den Derivaten der Carbonsäuren ist die carboxylische OH-Gruppe substituiert, z. B.
Carbonsäureester R-CO-OR,
Carbonsäureamid $R\text{-}CO\text{-}NH_2$,
Carbonsäurehalogenid R-CO-X,
Carbonsäurenitril R-CO-CN.

23. Warum besitzen bei strukturisomeren Carbonsäuren die verzweigten Formen niedrigere Siedetemperaturen als die unverzweigten?

Nicht nur bei Carbonsäuren, sondern auch bei anderen Strukturisomeren benötigen die verzweigten Moleküle mehr Platz, d. h. die Abstände zwischen ihnen sind größer und damit die sekundären Bindungen schwächer.

24. Welche Eigenschaften besitzen Carbonsäureester?

Ester entstehen durch Kondensationsreaktion aus Alkohol und Säure. Sie riechen meist angenehm (Fruchtaroma!), sind nicht mischbar mit Wasser und werden durch starke Säuren oder starke Basen unter Hydrolyse wieder in die Ausgangsstoffe gespalten (Verseifung, Esterspaltung, Esterhydrolyse).

25. Warum hat Essigsäure eine höhere Siedetemperatur im Vergleich zu Butan, das etwa die gleiche Molmasse besitzt?

Essigsäure (Ethansäure) – und einige andere Carbonsäuren – bilden zwischen zwei Molekülen eine Wasserstoff-Brückenbindung aus. Es müssen die Moleküle vor dem Verdampfen getrennt werden, was zu einem höheren Energieaufwand und zur Erhöhung der Siedetemperatur führt. Butan kann keine Wasserstoffbrücken ausbilden.

26. Welchen Molekülaufbau besitzen organische Verbindungen, die optisch aktiv sind?

Im Molekül muss (mindestens) ein Kohlenstoff-Atom vorhanden sein, das vier verschiedene Liganden besitzt wie z. B. Butan-2-ol (2-Butanol). Das C-Atom wird mit dem Zeichen C^* gekennzeichnet. Diese Verbindungen sind asymmetrisch (ohne Symmetrieebene) gebaut und existieren in zwei verschiedenen Konformationen (Enantiomere), deren Moleküle sich wie Bild und Spiegelbild verhalten (Chiralität).

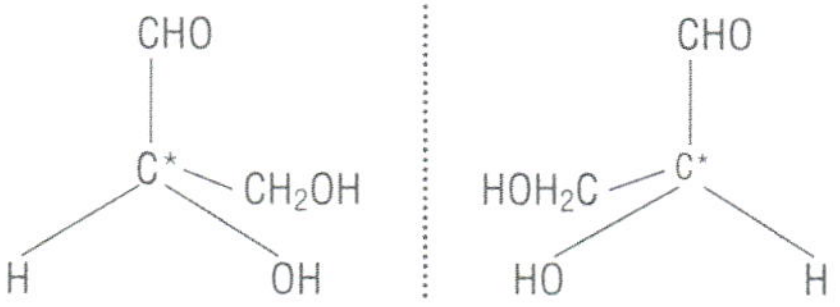

D(+)-Glycerinaldehyd oder Butan-2 ol

(–)-Glycerinaldehyd 2-Butanol

27. Welche physikalische Eigenschaften besitzen Ether?

- Dimethylether ist gasförmig und schwer in Wasser lösslich.
- Diethylether ist flüssig, bildet bei Lichteinwirkung durch Oxidation explosible Peroxide. Es ist sehr leicht entzündlich, narkotisierend, Dämpfe sind schwerer als Luft und mit Luft gemischt hochexplosiv.
- Ether sind gute Lösungs- und Extraktionsmittel

28. Wie können eventuell in Ether gebildete Peroxide beseitigt werden?

Durch Ausschütteln des Ethers mit Eisen-(II)-sulfat werden Peroxide zerstört.

29. Welche Vorsichtsmaßnahmen sind beim Arbeiten mit Ether zu beachten?

- Arbeiten unter dem Abzug, Schutzbrille, evtl. Panzerglasscheibe verwenden,
- Flasche nach Entnahme verschließen,
- Abstand von Brennern einhalten,
- Erwärmen nur im Wasserbad, nicht mit offener Flamme,
- Prüfung des Ethers auf Peroxid mit KI-Lösung.

30. Wie werden die Amine eingeteilt?

Die allgemeinen Formeln lauten:
- primäre Amine $R\text{-}NH_2$ ($CH_3\text{-}NH_2$ Methylamin),
- sekundäre Amine R-NH-R ($CH_3\text{-}NH\text{-}CH_3$ Dimethylamin),
- tertiäre Amine R_3N ($CH_3\text{-}N(CH_3)\text{-}CH_3$ Trimethylamin).

Die Bezeichnungen primär, sekundär, tertiär beziehen sich auf die Bindungen der Alkylgruppen am Stickstoff.
Aliphatisch-aromatische und aromatische Amine werden gleichartig eingeteilt: z. B. Anilin $C_6H_6NH_2$ ist ein primäres, N-Methylanilin (N-Methylphenylamin) $C_6H_5\text{–}NH\text{–}CH_3$ ein sekundäres Amin, Triphenylamin $(C_6H_5)_3N$ ein tertiäres Amin.

31. Welche Eigenschaften besitzen aliphatische Amine?

Aliphatische Amine besitzen basische Eigenschaften, typische Reaktionen sind vor allem Säure-Base-Reaktionen, z. B. in Wasser Protolyse durch Aufnahme eines Protons an das freie Elektronenpaar am Stickstoff und mit Säure Salzbildung:

$R\text{-}NH_2 + H_2O \leftrightarrows R\text{-}NH_3^+ + OH^-$

$R\text{-}NH_2 + HCl \leftrightarrows R\text{-}NH_3^+Cl^-$.

Methylamine und Ethylamine sind gasförmig und leicht in Wasser löslich, höhere Amine meist flüssig, gering stechender Geruch dem Ammoniak ähnlich, Triethylamin riecht nach Seefisch.

32. Welche Formeln besitzen die folgenden Amine?
a) Propan-1-amin,
b) N-Cyclohexylphenylamin,
c) Ethan-1,2-diamin.

a) $CH_3CH_2CH_2\text{-}NH_2$ Propan-1-amin, 1-Propanamin
b) C_6H_5 –NH-C_6H_{11} N-Cyclohexylphenylamin
c) $H_2N\text{-}CH_2\text{–}CH_2\text{-}NH_2$ 1,2-Ethandiamin; Ethan-1,2-diamin

33. Was sind GRIGNARD-Verbindungen

GRIGNARD-Verbindungen sind magnesiumorganische Halogen-Verbindungen R-MgX bzw. Ar-MgX.

34. Welche Eigenschaften besitzt Benzen (Benzol)?

- Benzen (Benzol) C_6H_6 ist der einfachste aromatische Kohlenwasserstoff (Grundverbindung der Aromaten).
- Farblose Flüssigkeit, die sehr viele organische Stoffe und Schwefel löst, stark rußend brennbar;
- schädigt rote Blutkörperchen, Knochenmark, Leber, Niere; krebserregend.
- Typisch sind elektrophile Substitutionen.
- Es besitzt ein durch Mesomerie stabilisiertes π-Elektronensextett, das unpolar, jedoch nucleophil ist („kernsuchend") und relativ leicht mit elektrophilen Reagenzien reagiert.
- Durch katalytische Hydrierung entsteht aus Benzol Cyclohexan.

35. Was bedeutet der Begriff Mesomerie?

Mesomerie (oder Resonanz) ist die Erscheinung, dass sich Verbindungen mit Doppelbindungen in einem Zustand befinden, der energieärmer ist, als durch eine einzelne Formel beschreibbar ist. Der wahre Energiezustand liegt zwischen zwei oder mehr Grenzstrukturen (Zeichen: $\leftrightarrow$).
Beispiele: Nitroalkane, Benzen(-ol):

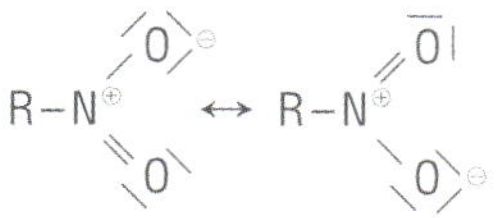

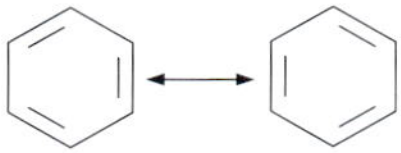

36. Welche Reaktionen sind am Benzol-Ring möglich?

Typisch für Benzen und andere Aromaten sind Substitutionen von Wasserstoff, der am Ring gebunden ist, durch elektrophile Reagenzien.

37. Welche wichtigen Alkylbenzole gibt es?

Außer Benzen gehören zu den aromatischen Kohlenwasserstoffen oder Arenen (Zeichen: Ar-) Verbindungen, bei denen Wasserstoff, der am

→

Ring gebunden war, durch Alkylgruppen substituiert worden ist: Toluen (Toluol), Xylene (*o*-, *m*-, *p*-Xylol), Ethylbenzen, Styren (Styrol).

38. Welche Eigenschaften besitzt Phenol?

- In Phenolen sind ein, zwei oder drei OH-Gruppen am Benzen-Ring gebunden (ein-, zwei-, dreiwertig).
- Phenol C_6H_5-OH (einwertige Verbindung) ist kristallin, hygroskopisch und reagiert in wässriger Lösung sauer,
- bildet Phenolate, z. B.
  $C_6H_5\text{-}OH + NaOH \rightarrow C_6H_5\text{-}O^-Na^+ + H_2O$
- ist giftig (Zellgift, Haut ätzend, Nieren und Lunge schädigend).
- Typische Reaktionen der Phenole sind elektrophile Substitutionen.

Zweiwertige Phenole: 1,2-Dihydroxybenzen oder Brenzcatechin, 1,3-Dihydroxybenzen oder Resorcin, 1,4-Dihydroxybenzen oder Hydrochinon.
Dreiwertiges Phenol: 1,2,3-Trihydroxybenzen oder Pyrogallol.

39. Wie reagieren im Vergleich zu aliphatischen Verbindungen die funktionellen Gruppen, z. B. der aromatischen Amine, aromatischen Alkohole, aromatischen Aldehyde, aromatischen Carbonsäuren?

Die Substitutionsverbindungen (Derivate) des Benzens reagieren entsprechend ihren funktionellen Gruppen und zeigen ein chemisches Verhalten, das im Allgemeinen den aliphatischen Verbindungen entspricht, z. B. aromatische Amine sind basisch, aromatische Alkohole können zu aromatischen Aldehyden oxidiert oder in Ester umgewandelt werden, Benzaldehyd kann zu Benzoesäure oxidiert werden, Benzoesäure lässt sich verestern usw.

40. Welchen Einfluss auf das chemische Verhalten von aromatischen Verbindungen besitzen die Substituenten?

Es ist zu unterscheiden zwischen
- aktivierendem Einfluss (steigende Reaktivität) für eine weitere elektrophile Substitution von Wasserstoff am Ring (Substituenten 1. Ordnung): $-CH_3$, $-C_6H_5$, -OH, $-NH_2$, $-O^-$ (geordnet nach wachsender Aktivierung) und
- desaktivierendem Einfluss (sinkende Reaktivität) für eine weitere elektrophile Zweitsubstitution von Wasserstoff am Ring (Substituenten 2. Ordnung): Halogen, -CHO, -COOR,

→

-COOH, $-SO_3H$, -CN, $-NO_2$ (geordnet nach wachsender Desaktivierung).

41. Welche Eigenschaften besitzt Anilin?

Anilin ist ein primäres aromatisches Amin: $C_6H_5{-}NH_2$.

- Farblos ölige Flüssigkeit, unangenehmer Geruch, durch Luftoxidation sich braun verfärbend,
- nahezu unlöslich in Wasser, bei der Wasserdampfdestillation flüchtig,
- giftig,
- sehr gering basisch und mit starken Säuren Salze bildend.

42. Welche N-methylierten Derivate sind von Anilin bekannt?

N-Methylanilin $C_6H_5{-}NH{-}CH_3$, sekundäres Amin
N,N-Dimethylanilin $C_6H_5{-}N(CH_3)_2$, tertiäres Amin.

43. Welche wichtigen Substitutionsverbindungen des Anilins existieren?

- Phenylendiamine $H_2N{-}C_6H_4{-}NH_2$: *o*-, *m*- und *p*-Phenylendiamin,
- Nitroaniline $NO_2{-}C_6H_4{-}NH_2$: *o*-, *m*- und *p*-Nitroanilin,
- *p*-Aminobenzolsulfonsäure (Sulfanilsäure) $HO_2S{-}C_6H_4{-}NH_2$.

7

Teil 2 der Abschlussprüfung
Allgemeine und Analytische Chemie

8 Analyseverfahren einschließlich Probenvorbereitung und Reaktionsgleichungen

8.1 Probenvorbereitung, Probenaufschluss, nasschemische Verfahren

1. Erläutern Sie den Begriff des Aufschließens einer Probe.

Beim Aufschließen werden in Wasser un- bzw. schwerlösliche Proben für die Analyse aufbereitet. Zum Aufschließen wird ein Aufschlussmittel verwendet, dass sich nach dem aufzuschließenden Stoff richtet. In jedem Fall erfolgt beim Aufschließen eine chemische Reaktion.

2. Welche Möglichkeiten des chemischen Aufschlusses gibt es?

Ein sehr bekanntes Beispiel ist der saure und oxidierende Königswasseraufschluss. Es gibt aber auch basische und reduzierende Aufschlüsse. Auch das Arbeiten mit Schmelzen ist möglich.

3. Welche Stoffe müssen häufig für eine Analyse aufgeschlossen werden?

Beim Ausgangsmaterial handelt es sich häufig um Silkate, Oxide, Sulfate im anorganischen Bereich oder z. B. Kunststoffe im organischen Bereich. Auch Proben aus der Mineralogie unterliegen einem Aufschluss.

4. Nennen Sie fünf Möglichkeiten zur Herstellung eines Salzes und geben Sie jeweils eine chemische Gleichung dazu an.

- Reaktion einer Säure mit einer Base
  $HCl + NaOH \rightarrow NaCl + H_2O$
- Reaktion einer Säure mit einem Metalloxid
  $2\ HCl + Na_2O \rightarrow 2\ NaCl + H_2O$
- Reaktion einer Säure mit einem Metall
  $2\ HCl + 2\ Na \rightarrow 2\ NaCl + H_2$
- Reaktion eines Metalls mit einem Nichtmetall
  $2\ Na + Cl_2 \rightarrow 2\ NaCl$
- Reaktion eines Säureanhydrids mit einer Base
  $SO_2 + 2\ NaOH \rightarrow Na_2SO_3 + H_2O$

5. Nennen Sie fünf verschiedene Möglichkeiten zur Bestimmung der Reinheit anhand der Stoff- →

- Bestimmung der Dichte, z. B. Ethanol.
- Bestimmung des Schmelzpunktes, z. B. Salicylsäure.
- Bestimmung des Siedepunktes, z. B. Aceton. →

konstanten chemischer Verbindungen sowie ein jeweils charakteristisches Beispiel.

- Bestimmung des Brechungsindex, z. B. Öle.
- Bestimmung der optischen Aktivität, z. B. Zuckerlösungen.

6. Erläutern Sie folgende quantitative Analyseverfahren:
a) Komplexometrie
b) Gravimetrie
c) KARL-FISCHER-Titration

a) Komplexometrie: Unter Komplexometrie versteht man ein quantitatives maßanalytisches Verfahren, bei dem das zu analysierende Metallion durch Zugabe eines Komplexbildners in ein stabiles Metallchelat überführt wird. Der Endpunkt der Reaktion ist durch den Farbwechsel des zugesetzten Indikators erkennbar.
b) Gravimetrie: Verfahren der quantitativen Analyse, bei dem man durch Zusatz eines Fällungsmittels ein Niederschlag in einer Probe erhält. Durch Auswägung des trockenen Niederschlages und Bezugnahme auf die eingewogene Probemenge kann man den Anteil der gewünschten Einzelkomponente ermitteln.
c) KARL-FISCHER-Titration: Quantitatives Bestimmungsverfahren für den Wassergehalt einer Probe mit Hilfe einer Iodometrie.

7. Definieren Sie den Begriff Säure-Base-Indikator.

Säure-Base-Indikatoren sind meist organische Farbstoffe, die stofflich gesehen selbst schwache Säuren oder Basen sind. Infolge Zusatz von Protonen oder Hydroxidionen wechselt der Indikator die Farbe, da die korrespondierende Säure in die Base übergeht und umgekehrt.
Allgemeine Gleichung: $HIn \rightleftarrows H^+ + In^-$

8. Nennen Sie vier wichtige Säure-Base-Indikatoren sowie deren Umschlagfarben.

Phenolphthalein – Farbumschlag von farblos nach rot.
Methylrot – Farbumschlag von rot nach gelb.
Thymolblau – Farbumschlag von rot über gelb nach blau.
Phenolrot – Farbumschlag von gelb nach rotviolett.

9. Erläutern Sie den Begriff der Neutralisationstitration. Geben Sie eine Begründung für die unter- →

Unter einer Neutralisationstitration versteht man maßanalytische Konzentrationsbestimmungen von Säuren und Basen. Durch Zugabe einer Säure oder Base bekannter Konzentration zu einer Base →

schiedlichen pH-Bereiche, in denen ein Äquivalenzpunkt liegen kann.

oder Säure unbekannter Konzentration wird der Äquivalenzpunkt der Säure-Base-Reaktion bestimmt.
Der Äquivalenzpunkt hängt von den zu titrierenden Reaktionspartnern ab:

starke Säure + starke Base → Neutralpunkt
schwache Säure + starke Base → alkalisches Milieu
starke Säure + schwache Base → saures Milieu

10. Erläutern Sie den Begriff des Puffers. Nennen Sie drei Beispiele.

Unter einem Puffer im chemischen Sinne versteht man eine Lösung, die aus einer schwachen Säure und einem ihrer Salze oder einer schwachen Base und einem ihrer Salze zusammengesetzt ist. Pufferlösungen dienen der Stabilisierung des pH- Wertes in bestimmten Grenzen.
Beispiele:
Ammoniak/Ammoniumchloridpuffer
Essigsäure/Acatatpuffer
Citronensäure/Citratpuffer

11. Erläutern Sie die Wirkungsweise eines Kohlensäure bzw. Hydrogencarbonatpuffers nach Zusatz von Protonen bzw. Hydroxidionen.

Grundlage für die Erklärung ist zunächst die Protolysegleichung der Kohlensäure in der ersten Protolysestufe:
$H_2CO_3 + H_2O \rightleftarrows H_3O^+ + HCO_3^-$.
Nach Zusatz von Protonen erfolgt durch Störung des Gleichgewichtes eine Bildung von undissoziierter Kohlensäure. Im Gegensatz dazu wird bei Zusatz von Hydroxidionen zuerst undissoziiertes Wasser gebildet:
$H_3O^+ + OH^- \rightleftarrows 2\ H_2O$.
Danach kommt es zur Nachdissoziation der Kohlensäure und damit zur Neueinstellung des Gleichgewichtes.

12. Nennen Sie die vier Möglichkeiten der volumetrischen Analyse sowie den zugrundeliegenden Reaktionstyp und jeweils ein typisches Beispiel. →

Neutralisationsanalyse
(Acidimetrie/Alkalimetrie):
Reaktionstyp: Säure-Base-Reaktion (Neutralisation)
Beispiel: Titration von Natronlauge mit Essigsäure
→

8

Komplexometrische Analyse (Komplexometrie):
Reaktionstyp: Komplexbildungs- bzw. Ligandenaustauschreaktionen.
Beispiel: Bestimmung der Gesamthärte von Trinkwasser.
Redoxtitrationen:
Reaktionstyp: Redoxreaktionen
Bespiel: Permanganometrische Bestimmung von Eisen
Fällungstitrationen:
Reaktionstyp: Fällungsreaktion
Beispiel: Chloridbestimmung nach MOHR

13. Für eine komplexometrische Titration von Calcium wird EDTA verwendet.
a) Formulieren Sie die vereinfachte Reaktionsgleichung.
b) Nennen Sie zwei geeignete komplexometrische Indikatoren!
c) Welche Pufferlösung würde sich hierfür eigenen?

a) Die vereinfachte Reaktionsgleichung lautet:
$Ca^{2+} + [H_2Y]^{2-} \rightleftarrows [CaY]^{2-} + 2\,H^+$.
b) Geeignete Indikatoren sind Eriochromschwarz T (Erio T) oder Calconcarbonsäure.
c) Als Pufferlösung eignet sich zum Beispiel Natriumhydroxidlösung 40 %.

14. Formulieren Sie das Reaktionsschema für die
a) permanganometrische Bestimmung von Oxalsäure;
b) Redoxreaktion von Dichromationen mit Iodidionen.

a) $MnO_4^- + 8\,H^+ + 5\,e^- \rightarrow Mn^{2+} + 4\,H_2O \quad / \cdot 1$ Reduktion
$C_2O_4^{2-} \rightarrow 2\,CO_2 + 2e^- \quad / \cdot 5$ Oxidation

$MnO_4^- + 8\,H^+ + 5\,C_2O_4^{2-} \rightarrow Mn^{2+} + 4\,H_2O + 10\,CO_2$

b) $Cr_2O_7^{2-} + 14\,H^+ + 6\,e^- \rightarrow 2\,Cr^{3+} + 7\,H_2O \quad / \cdot 1$ Reduktion
$2\,I^- \rightarrow I_2 + 2\,e^- \quad / \cdot 5$ Oxidation

$Cr_2O_7^{2-} + 14\,H^+ + 10\,I^- \rightarrow 2\,Cr^{3+} + 7\,H_2O + 5\,I_2$

15. Was versteht man unter dem Begriff Validierung? →

Mit dem Begriff Validierung bezeichnet man alle Tätigkeiten, die dazu dienen, die Reproduzierbarkeit eines Verfahrens nachzuweisen. Hierbei wer- →

den beispielsweise alle Einzelschritte dokumentiert, die bei der Herstellung eines Produktes erforderlich sind. Hinzu kommen auch alle in diesem Zusammenhang anfallenden analytischen Arbeiten. Die Validierung wird in Form einer Dokumentation festgehalten.

16. Erläutern Sie das Verfahren des sauren Aufschlusses mit Angabe der Bruttogleichung beim Aufschluss von Eisen(III)-oxid.

Der saure Aufschluss dient der Überführung schwerlöslicher Oxide (Aluminiumoxid, Eisen(III)-oxid, Titan(IV)-oxid u. a.) in lösliche Verbindungen. Dabei wird das Oxid mit Kaliumhydrogensulfat geschmolzen und nach Abkühlen der Schmelze in verdünnter Schwefelsäure gelöst.
Reaktionsgleichung für den Aufschluss von Eisen(III)-oxid:

$$Fe_2O_3 + 6\ KHSO_4 \rightarrow Fe_2(SO_4)_3 + 3\ K_2SO_4 + 3\ H_2O$$

17. Erklären Sie den Begriff KARL-FISCHER-Titration.

Die KARL-FISCHER-Titration ist ein Verfahren zur Bestimmung von Wasser. Grundlage ist die Oxidation von Schwefel durch Iod nach folgender chemischer Gleichung:

$$SO_2 + I_2 + 2H_2O \rightarrow SO_4^{2-} + 2\ I^- + 4\ H^+$$

Die gebildeten Wasserstoffionen werden durch eine Base gebunden. Dafür geeignet ist z. B. Pyridin, dem eine geringe Menge an Methanol zugesetzt wird, um polare Substanzen besser lösen zu können.

8.2 Elektrochemische Analyseverfahren

1. Erläutern Sie das Verfahren der konduktometrischen Titration.

Bei der konduktometrischen Titration wird die Änderung des Leitwertes einer zu untersuchenden Lösung in Abhängigkeit von der zugesetzten Maßlösung ermittelt.
Es erfolgt der Austausch eines Ions mit höherer Ionenbeweglichkeit in der Probe gegen ein Ion mit niedrigerer Ionenbeweglichkeit in der Maßlösung oder umgekehrt.

2. Erklären Sie, warum bei konduktometrischen →

Bei konduktometrischen Titrationen soll eine quantitative elektrochemische Analyse vorge- →

8

Titrationen mit einer hochfrequenten Wechselspannung gearbeitet werden muss.

nommen werden. Dazu ist es notwendig, die gesamte Menge der Probe zu erfassen. Das Anlegen einer Gleichspannung würde zu einem gerichtetem Stromtransport und zu einer Stoffabscheidung führen. Dem wird durch Anlegen einer Wechselspannung entgegengewirkt, da durch die sich ständig ändernde Polarität der Elektroden keine Stoffabscheidung stattfinden kann.

3. Skizzieren Sie den Kurvenverlauf für die Neutralisations-Titration
a) einer starken Säure mit einer starken Base sowie
b) einer schwachen Säure mit einer starken Base.
Begründen Sie den unterschiedlichen Kurvenverlauf.

a) Titration einer starken Säure mit einer starken Base.

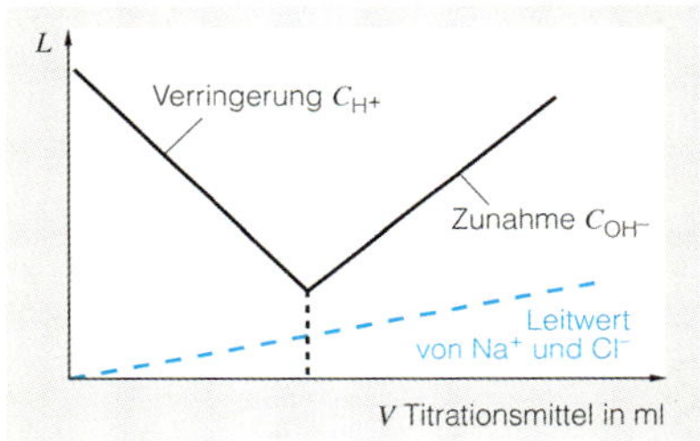

Die Wasserstoff- und Hydroxidionen reagieren zu undissoziiertem Wasser. Es erfolgt ein Austausch des H^+-Ions mit hoher Ionenbeweglichkeit gegen das Kation der Base mit niedrigerer Ionenbeweglichkeit. Der Leitwert sinkt. Nach Überschreiten des Äquivalenzpunktes nimmt die Zahl der Ionen mit hoher Beweglichkeit, dann allerdings der Hydroxidionen, wieder zu, der Leitwert steigt wieder.

b) Titration einer schwachen Säure mit einer starken Base.

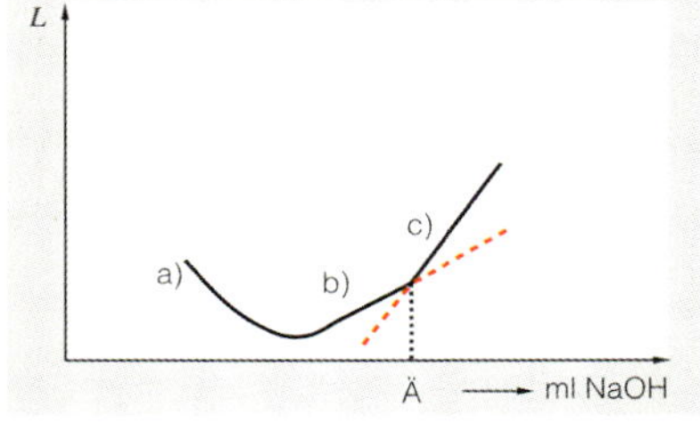

→ →

Zunächst ist der Leitwert infolge geringer Protolyse der schwachen Säure klein. Nach Zugabe der Base entsteht das dissoziierte Salz. Eine weitere Zurückdrängung der Säureprotolyse ist die Folge. Daher nimmt der Leitwert der Lösung ab. Bei weiterer Zugabe der Lauge nimmt die Ionenkonzentration des dissoziierten Salzes zu, der Leitwert steigt. Nach Erreichen des Äquivalenzpunktes sind zunehmend Ionen mit hoher Beweglichkeit vorhanden, der Leitwert steigt stärker.

4. Erklären Sie den Begriff des Redoxpotenzials. Nennen Sie drei Faktoren, die es wesentlich beeinflussen.

Der Begriff des Redoxpotenzials ist eine synonyme Bezeichnung für das Standardelektrodenpotenzial. Die tabellarisierten Werte gelten für die Standardbedingungen.
$T = 298$ K
$c = 1$ mol/L
$p = 101325$ Pa
Eine Änderung der Bedingungen führt daher auch zu einem geändertem Redoxpotenzial.

5. Nennen Sie fünf Faktoren, die den elektrischen Widerstand einer Elektrolytlösung beeinflussen.

- Temperatur,
- Konzentration der Ionen in der Lösung,
- Ionenbeweglichkeit,
- Oberfläche der Elektroden,
- Elektrodenabstand.

6. Was versteht man unter einer Elektrode zweiter Art? Welche Bedeutung besitzt diese Elektrode?

Bei einer Elektrode zweiter Art wird ein Metall mit einem schwerlöslichem Salz dieses Metalls kombiniert. Das Potenzial dieser Elektrode wird durch die Aktivität einer Ionenart bestimmt, die nicht an der Elektrodenreaktion beteiligt ist.
Ein bekanntes Beispiel ist die Silber-/Silberchloridelektrode. Hier wird das Potenzial von den Chloridionen bestimmt. Bei Konstanthalten der Aktivität wird ein konstantes Potenzial aufgebaut. Daher werden solche Elektroden als Bezugselektroden verwendet.

7. Erläutern Sie das Prinzip der potenziometrischen Titration.

→

Die potenziometrische Titration beruht auf der Potenzialänderung in einer galvanischen Kette. Messtechnisch werden eine Elektrode mit ver-

→

8

änderlichem Elektrodenpotenzial (Indikator- oder Messelektrode) und eine Elektrode mit konstantem Potenzial (Bezugselektrode) miteinander kombiniert.
Ausgehend von einer Analysenlösung wird dieser schrittweise Maßlösung zugesetzt und die Potenzialänderung in der galvanischen Kette gemessen. Zunächst erfolgt nur eine geringfügige Änderung, danach steigt die Spannung sprunghaft an und stabilisiert sich nach einiger Zeit wieder. Aus der ermittelten Titrationskurve, in der die zugegebene Menge an Maßlösung zur Potenzialänderung ins Verhältnis gesetzt wird, kann zum Beispiel der Gehalt der Analysensubstanz ermittelt werden. Es ist aber auch möglich, Säure und Base-Konstanten sowie Löslichkeitsprodukte zu bestimmen.

8. Nennen Sie je ein Beispiel für eine Säure-Base-Titration Redoxtitration Fällungstitration die potenziometrisch durchgeführt werden kann. Welches Elektrodenpaar ist für die jeweilige Reaktion geeignet?

Säure-Base-Titration:
Titration von Essigsäure mit Natronlauge
Glaselektrode/Kalomelelektrode
Redoxtitration:
Titration von Dichromationen und Eisen(II)-ionen
Platinelektrode/Kalomelelektrode
Fällungstitration:
Silbernitratlösung mit Kaliumiodid
Silberelektrode/Kalomelelektrode

9. Skizzieren Sie den Aufbau einer Glaselektrode und beschreiben Sie kurz deren Funktionsweise.

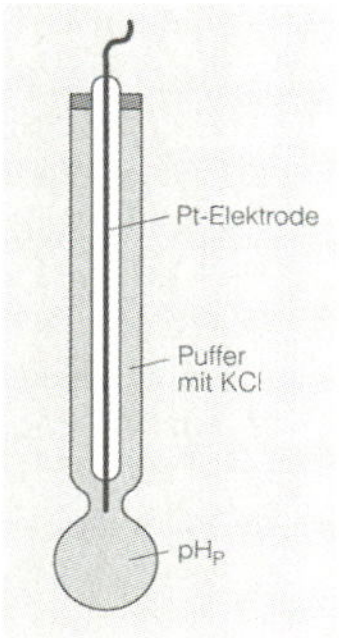

→ →

Die Glasmembran der Elektrode besteht aus einem Silicatgerüst mit relativ beweglichen Alkalimetallionen. Während des Messprozesses erfolgt ein Austausch der Alkalimetallionen der Glasoberfläche gegen Kationen aus der Lösung. Nach einiger Zeit stellt sich ein Gleichgewicht ein.

10. Stellen Sie an drei Beispielen Gemeinsamkeiten und Unterschiede von Galvanismus und Elektrolyse heraus.

Unter Galvanismus versteht man die Umwandlung von chemischer in elektrische Energie. Die Elektrolyse dagegen verläuft nur unter Aufnahme elektrischer Energie. Somit ist ersteres ein freiwillig verlaufender Prozess, im anderen Fall liegt eine erzwungene Reaktion vor. In beiden Fällen handelt es sich jedoch um Redoxreaktionen. Unterschiedlich ist auch die Polarität der Elektroden. Bei Elektrolysen ist der negative Pol die Kathode der positive Pol die Anode. Im Galvanismus verhält es sich umgekehrt. Gemeinsam ist aber beiden Prozessen, dass an der Kathode die Reduktion, an der Anode die Oxidation stattfindet.

11. Erläutern Sie das Verfahren der Elektrogravimetrie.

Unter der Elektrogravimetrie versteht man eine spezielle Form der Gewichtsanalyse, in deren Verlauf durch eine Elektrolyse Metalle aus Lösungen abgeschieden werden.
Als Elektrodenmaterial kommt Platin zum Einsatz, wobei es sich in einem Fall um eine Platinnetzelektrode handelt. Die Gegenelektrode ist eine Platinspirale. Man unterscheidet je nach Polarität des Netzes katodische und anodische Abscheidung. Sollen Gemische mit verschiedenen Metallen getrennt werden, so erhöht man stufenweise die Badspannung entsprechend der Zersetzungsspannung der Metall-Kationen.

12. Was versteht man bei potenziometrischen Bestimmungen unter dem Begriff des Potenzialsprungs? Worin ist das Auftreten →

Während einer potenziometrischen Titration ändert sich die Spannung in einer galvanischen Kette zunächst nur geringfügig. Danach steigt sie in einem gewissen Bereich korrelierend mit dem Volumen zugesetzter Maßlösung sprunghaft an. Im Anschluss erfolgt ein Stabilisierung zum so genannten Grenzstrom. →

mehrerer Potenzialsprünge begründet?

Am Potenzialsprung erkennt man den Endpunkt der Titration. Mehrere Potenzialsprünge treten zum Beispiel auf, wenn mehrprotonige Säuren titriert werden. So kann man beispielsweise bei der Titration von Phosphorsäure mit Natronlauge zwei deutliche Sprünge erkennen, die der ersten und zweiten Dissoziationsstufe entsprechen.

13. Skizzieren Sie die Experimentieranordnung zur Elektrolyse einer Natriumchloridlösung.

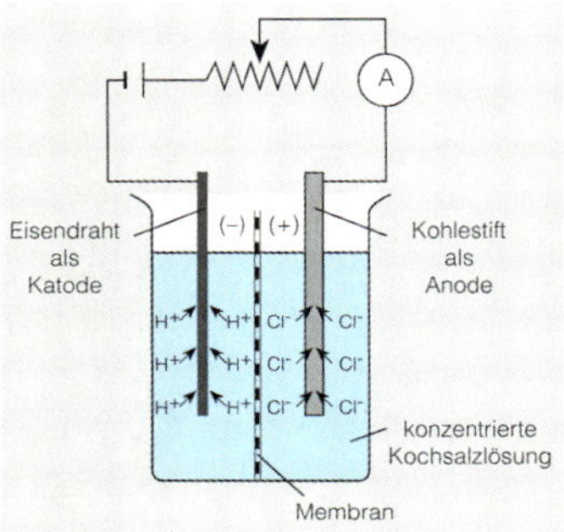

14. Erläutern Sie den Begriff Einstabmesskette bzw. Einstabglaselektrode. Skizzieren Sie den Aufbau dieser Elektrode.

Die Einstabmesskette ist eine galvanische Zelle, in der die Bezugselektrode (Referenzelektrode) und die Indikatorelektrode in einer Einheit kombiniert sind. Bei der Bezugselektrode handelt es sich um eine Kalomel- oder Silber/Silberchloridelektrode, bei der Indikatorelektrode um eine Glaselektrode.

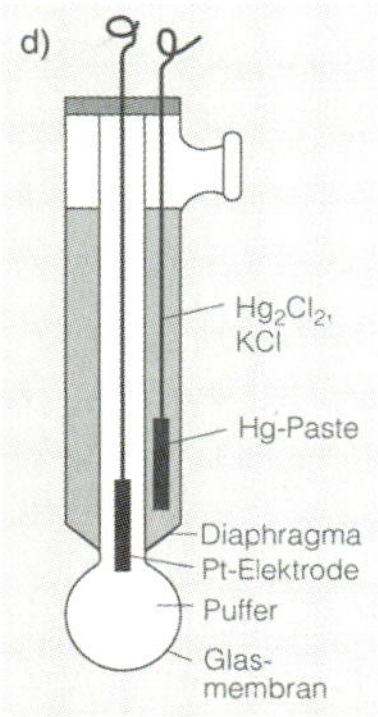

8.3 Optische Analyseverfahren

1. Erläutern Sie kurz das optische Verfahren der Polarimetrie.

Die Polarimetrie untersucht die Eigenschaft von optisch aktiven Stoffen, den Polarisationswinkel von linear polarisiertem Licht zu verändern. Diese Eigenschaft bezeichnet man als optische Aktivität. Stoffe, die diesen Winkel in Richtung des Uhrzeigersinns verändern, bezeichnet man als rechtsdrehend, im umgekehrten Fall als linksdrehend. Das Messgerät zur Bestimmung nennt man Polarimeter.

2. Was versteht man unter polarisiertem Licht? Wie wird es erzeugt?

Licht als elektromagnetische Welle schwingt in verschiedenen Richtungen quer zur Ausbreitungsrichtung.
Für viele Messverfahren ist aber nur eine Schwingungsrichtung erforderlich. Die anderen müssen daher herausgefiltert werden. Technisch realisiert wird dies durch den Einsatz von Polarisationsfiltern.

3. Was versteht man unter der Wellenzahl? Wie lautet der mathematische Ausdruck für die Wellenzahl?

Unter der Wellenzahl versteht man den reziproken Wert der Wellenlänge.
Der mathematische Ausdruck lautet:

$$\nu = \frac{1}{\lambda}$$

4. Formulieren Sie das Bouguer-Lambert-Beer Gesetz und benennen Sie die darin enthaltenen Größen!

Das Gesetz lautet:
$E = \varepsilon \cdot c \cdot d$

E: Extinktion
ε: Molarer dekadischer Extinktionskoeffizient
c: Konzentration
d: Schichtdicke (Die Schichtdicke wird auch häufig mit l bezeichnet)

5. Nennen Sie drei Bedingungen für die Gültigkeit des Bouguer- Lambert-Beer Gesetzes.

Absorption streng monochromatischer Strahlung der Intensität I_0, die beim Durchgang durch die Schicht der absorbierenden Lösung auf I abgeschwächt wird.
Lösung des absorbierenden Stoffes ist stark verdünnt.

→ →

Absorption wird nicht durch die Lösungsmittelmoleküle beeinflusst.
Strahlungsverluste durch Reflexion und Streuung sind vernachlässigbar klein.

6. Skizzieren Sie den schematischen Aufbau eines Einstrahl- und eines Doppelstrahlfotometers und bezeichnen Sie die einzelnen Bauteile.

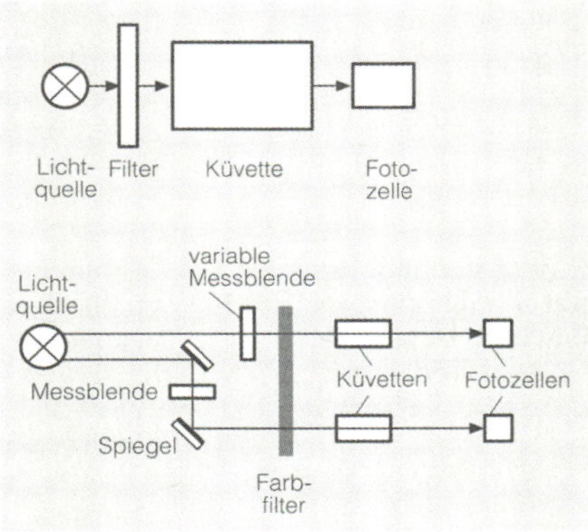

7. Nennen Sie drei mögliche Fehlerquellen bei fotometrischen Messungen.

Verwendung von Küvetten unterschiedlicher Schichtdicke bei Vergleichsmessungen.
Verunreinigungen oder Beschädigungen an der Küvette.
Verwendung von Küvetten aus unterschiedlichen Materialien.

8. Worin besteht das Prinzip eines Zweistrahlfotometers?

Bei Zweistrahlfotometern wird das Licht der Lichtquelle in zwei identische Strahlengänge zerlegt. Ein Strahl fällt durch die Küvette mit der zu vermessenden Probe, der andere durch eine Küvette mit dem reinen Lösungsmittel. Nachdem die beiden Strahlen die Küvetten verlassen haben, werden die unterschiedlichen Intensitäten gemessen. Durch eine spezielle Einrichtung, zum Beispiel eine Blende, kann man die Intensität in einem Strahlengang so vermindern, dass praktisch kein Strom mehr fließt. Somit kann die Intensität des anderen Strahlenganges genau bestimmt werden.

9. Bei fotometrischen Messungen werden häufig farbige Lösungen vermessen, die infolge Komplexbildungen entstehen. Welche Farben sind bei den nachfolgend genannten Komplexbildungsreaktionen zu erwarten?
a) $Ni^{2+} + NH_3$
b) $Fe^{3+} + SCN^-$
c) $Cu^{2+} + NH_3$
Notieren Sie die Formeln der Komplexionen.

a) Farbe hellblau
Formel: $[Ni(NH_3)_6]^{2+}$
b) Farbe rot
Formel: $[Fe(SCN)_2(H_2O)_4]^+$
c) Farbe dunkelblau
Formel: $[Cu(NH_3)_4]^{2+}$

10. Was versteht man unter monochromatischem Licht? Welches Bauteil wird für dessen Erzeugung im Fotometer verwendet?

Unter monochromatischem Licht versteht man Licht einer Wellenlänge. Es wird z. B. durch ein optisches Gitter erzeugt.

8.4 Spektroskopische Verfahren

1. In welchem Wellenlängenbereich des elektromagnetischen Spektrum arbeiten folgende Messverfahren?
a) IR-Spektroskopie
b) UV-Vis-Spektroskopie

a) IR-Spektroskopie	0,76–500 µm
b) UV-Vis-Spektroskopie	180–780 nm

2. Definieren Sie die Begriffe: Molekülspektrum, Linienspektrum, Bandenspektrum.

Molekülspektrum: Bildung durch die Anregung von Molekülen infolge Absorption elektromagnetischer Strahlung.
Linienspektrum: Bildung erfolgt durch Emission von Strahlung nach erfolgter Anregung von Elektronen, die wieder in den Grundzustand übergehen. Jedes Element besitzt ein charakteristisches Linienspektrum.
Bandenspektrum („Viellinienspektrum"): Spezielle Form eines Spektrums, das sich durch Über- →

8

lagerung von Linien eine Bande ergibt. Dies betrifft Schwingungszustände bei Anregung von Molekülen durch elektromagnetische Strahlung.

3. Beschreiben Sie das Messprinzip folgender Messverfahren: Atomabsorptionsspektroskopie, Massenspektrometrie, NMR-Spektroskopie.

Atomabsorptionsspektroskopie: Teilweise Absorption des Lichtes einer Primärstrahlungsquelle durch eine in den Gaszustand überführte und atomisierte Probe.
Massenspektrometrie: Ablenkung und Auftrennung von Ionenstrahlen entsprechend dem Masse-Ladungsverhältnis.
NMR-Spektroskopie: Nutzung der magnetischen Eigenschaften der Kerne, die durch ein äußeres Magnetfeld beeinflusst werden können.

4. Stellen Sie in Form eines Blockschaltbildes den Aufbau eines Atomabsorptionsspektroskops dar.

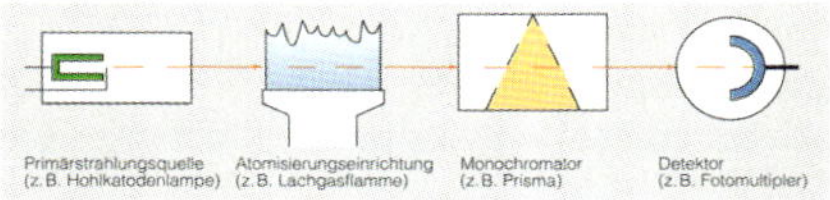

5. Erläutern Sie die Funktionsweise eines Fotomultiplers.

Beim Fotomultipler handelt es sich um einen so genannten Sekundärelektronenvervielfacher. Beim Auftreffen von Fotonen auf eine Kathode werden Elektronen freigesetzt und zur Anode beschleunigt. Die Folge ist ein Fotostrom, der messtechnisch ausgewertet werden kann.

6. Beschreiben Sie das Prinzip der Infrarotspektroskopie.

Bei der Infrarotspektroskopie handelt es sich um ein Verfahren, bei dem durch Auftreffen von Strahlungsenergie Rotation und Schwingung der Moleküle angeregt werden. Die Anzahl möglicher Schwingungen richtet sich nach der Zusammensetzung und dem räumlichen Bau der Moleküle. Die einfallende Strahlung wird vom jeweiligen Molekül absorbiert.
Das Ergebnis ist ein Absorptionsspektrum.

7. Erläutern Sie die Begriffe Valenz- und Deformationsschwingung.

Auftreffendes infrarotes Licht regt die Moleküle in unterschiedlicher Weise an. Werden die Schwingungen entlang der Kernverbindungsachsen beeinflusst, spricht man von Valenzschwingungen, also Schwingungen entlang der Bindungen.

→

Betreffen die Änderungen die Bindungswinkel, so nennt man sie Deformationsschwingungen. In den überwiegenden Fällen kommen beide Schwingungen nebeneinander vor.

8. Erklären Sie, warum das Acetonmolekül ein IR-Spektrum liefert, das Stickstoffmolekül dagegen nicht.

Voraussetzung für IR-aktive Moleküle ist das Vorhandensein oder aber die Induktion eines Dipolmoments. Beim Aceton ist infolge der Zusammensetzung und des Molekülbaus diese Voraussetzung gegeben, beim Stickstoff dagegen nicht.

9. Was versteht man in der IR-Spektroskopie unter dem Begriff des Fingerprintbereiches?

Im IR-Spektrum treten entsprechend der vermessenen Verbindung eine mehr oder weniger große Zahl verschiedener Banden auf. Mit ihrer Hilfe kann das Molekül charakterisiert werden.
Besonders viele spezifische Bandenlagen sind in einem Bereich von 650–1200 cm^{-1} zu erwarten. Bei Vorliegen entsprechender Referenzspektren kann bereits eine signifikante Zuordnung vorgenommen werden. Man spricht daher vom Fingerprintbereich des Spektrums.

10. Welche drei wichtigsten Möglichkeiten der Probenaufnahme unterscheidet man bei IR-spektroskopischen Messungen?

- Herstellung von Presslingen,
- Verwendung von zerlegbaren oder Festküvetten,
- ATR-Technik (eingeschränkte Totalreflexion).

11. Für eine Probe, die auf Anwesenheit von Alkoholen und Ketonen getestet werden soll, wird ein IR-Spektrum geschrieben. Begründen Sie, welches der genannten Fenstermaterialien für die Messung infrage kommt und welches nicht. Aluminiumoxid, Kaliumbromid, Natriumchlorid.

Kriterien zur Wahl des geeigneten Materials sind zum Einen die Beständigkeit gegenüber der zu untersuchenden Probe, zum Anderen der nutzbare Wellenzahlbereich.
Aluminiumoxid zeichnet sich durch eine hohe Beständigkeit aus. Demgegenüber steht der geringe Wellenzahlbereich.
Natriumchlorid ermöglicht die Untersuchung in einem erheblich größeren Wellenzahlbereich, ist aber unbeständig gegen Alkohole.
Kaliumbromid mit seiner zwar geringen Beständigkeit gegen Alkohole aber der sehr hohen Anwendungsgrenze ist die geeignete Variante.

12. a) Welche Proben werden in zerlegbaren Küvetten vermessen?
b) Wie ist eine zerlegbare Küvette aufgebaut?

a) Zerlegbare Küvetten werden für flüssige Proben verwendet. In einigen Fällen müssen sie sogar anderen Probenaufnahmen vorgezogen werden. Ein typisches Beispiel sind halogenierte Kohlenwasserstoffe, da deren Freisetzung ansonsten Gerätebauteile schädigen könnte.
b) Zerlegbare Küvetten bestehen aus einem Rahmen, den Küvettenfenstern und der Verschraubung.

13. a) Was versteht man unter dem Begriff der Schwingungsfreiheitsgrade?
b) Ermitteln Sie die Schwingungsfreiheitsgrade für das Bromwasserstoff- und das Ammoniakmolekül.

a) Unter Schwingungsfreiheitsgraden Z versteht man die Anzahl möglicher Schwingungen eines Moleküls. Dabei unterscheidet man zwischen linearen und gewinkelten Molekülen.
b) Das Bromwasserstoffmolekül ist ein lineares Molekül. Es folgt der Berechnung $Z = 3\,N - 5$. Daraus ergibt sich: $3 \cdot 2 - 5 = 1$.
Das Ammoniakmolekül ist ein gewinkeltes Molekül. Dieses folgt der Berechnung $Z = 3\,N - 6$. Hier ergibt sich: $3 \cdot 4 - 6 = 6$.
Das Bromwasserstoffmolekül besitzt demzufolge einen und das Ammoniakmolekül sechs Schwingungsfreiheitsgrade (N = Teilchen/Atome).

14. Welche Formen von Detektoren unterscheidet man in der IR-Spektroskopie?

- Thermodetektoren
- Fotodetektoren
- Pyroelektrische Detektoren

15. Beschreiben Sie das prinzipielle Aussehen eines IR-Spektrums.

Das IR-Spektrum wird in Form eines Koordinatensystems aufgezeichnet. Auf der Abszisse wird die Wellenzahl, auf der Ordinate die Extinktion oder Transmission angegeben.
Entsprechend der untersuchten Probe sind eine bestimmte Anzahl von Banden mit unterschiedlicher Intensität erkennbar.

16. Welche Reihenfolge ist bei der Auswertung eines Infrarotspektrums sinnvoll?

1. Bestimmung des organischen Grundgerüstes.
2. Identifizierung funktioneller Gruppen.
3. Auswertung von Besonderheiten, wie z. B. Schultern.

17. Stellen Sie Möglichkeiten und Grenzen der IR-Spektroskopie dar.

Mit Hilfe der IR-Spektroskopie können sehr rasch qualitative und quantitative Aussagen von Reinstoffen erfolgen. Sie ist ein häufig angewandtes Verfahren zur Strukturanalyse und in der Routineanalytik. Hinsichtlich der Identifizierung von Einzelkomponenten in Gemischen sind ihr jedoch Grenzen gesetzt. Beispielsweise kann eine eindeutige Differenzierung von Isomerengemischen nicht vorgenommen werden.

8.5 Chromatographische Verfahren

1. Beschreiben Sie kurz das Prinzip der genannten Messverfahren; Gaschromatographie, HPLC

Gaschromatographie (GC): Analyse von Stoffgemischen, die gasförmig vorliegen oder sich unzersetzt verdampfen lassen. Die Probe wird durch ein Trägergas (mobile Phase) entlang der stationären Phase geführt.
HPLC: Analyse von Stoffgemischen in flüssiger Form, die in einem geeigneten Lösungsmittel gelöst sind. Die Probe wird unter hohem Druck durch eine Säule, die ein entsprechendes Adsorptionsmittel enthält, gepumpt. Die HPLC gehört somit zur Adsorptionschromatographie.

2. Beschreiben Sie das Prinzip chromatographischer Bestimmungen.

Das zu trennende Stoffgemisch wird mit Hilfe einer Flüssigkeit oder eines Gases (mobile Phase) an einem festen oder flüssigen Stoff (stationäre Phase) vorbeigeführt.

3. Nach welchen Kriterien können chromatographische Verfahren eingeteilt werden? Nennen Sie Beispiele.

- Physikalisch-chemisches Trennprinzip
  - Adsorptionschromatographie,
  - Ionenaustauschchromatographie,
  - Verteilungschromatographie
- Technische Durchführung
  - Dünnschichtchromatographie (DC),
  - HPLC,
  - Gaschromatographie (GC).

4. Welche Vorteile bietet das Verfahren der Dünnschichtchromatographie (DC)?

- Hoher Trenneffekt,
- Vielfalt der trennbaren Gemische,
- verlustarme und schonende Trennung,
- geringe Substanzmengen.

8

5. Nennen Sie vier charakteristische Sorbenzien, die für Trennschichten in der DC verwendet werden.

- Kieselgel,
- Cellulose,
- Aluminiumoxid,
- Polyamide.

6. Was versteht man unter der eluotropen Reihe?

In einer eluotropen Reihe werden Fließmittel entsprechend ihrer Fließmitteleigenschaften bzw. nach steigender Polarität geordnet.

7. Ordnen Sie die nachfolgend genannten Stoffe in der richtigen Reihenfolge zu einer eluotropen Reihe nach steigender Polarität: Methanol, Petrolether, Butan-1-ol, n-Heptan, Chloroform, Cyclohexanon.

Richtige Reihenfolge in steigender Polarität.
n-Heptan,
Petrolether,
Cyclohexanon,
Chloroform,
Butan-1-ol,
Methanol.

8. Welche Kriterien sind bei der Auswahl eines geeigneten Fließmittels zu beachten?

- Selektivität,
- Reinheit,
- Stärke,
- Dampfdruck,
- Toxizität,
- Viskosität.

9. Nennen Sie die vier wichtigsten Schritte zur Durchführung einer DC.

- Probenvorbereitung
- Präparation der Platten
- Entwicklung
- Auswertung

10. Was versteht man unter dem R_f- Wert?

Der R_f-Wert, auch retention factor oder Rückhaltefaktor, ist eine wichtige Kenngröße in der Chromatographie. Unter identischen Bedingungen ist er signifikant und kann zur Identifizierung von Substanzen genutzt werden. Bestimmt wird der Wert nach folgender Beziehung:

$$R_f = \frac{\text{Entfernung Startlinie zum Fleckenmittelpunkt}}{\text{Fließmittelstrecke}}$$

Der R_f-Wert ist eine einheitslose Größe und kleiner 1.

11. Eine dünnschicht-chromatographische Fertigschicht enthält als Zusatz auf der Verpackung die Bezeichnung GF254. Interpretieren Sie diese.

Die Bezeichnung steht im Zusammenhang mit der Zusammensetzung der Trennschicht. Neben dem eigentlichen Sorbens ist ein Fluoreszens-indikator zugesetzt, der bei 254 nm fluoresziert. Dadurch können unter UV-Licht auf der Platte Substanzflecken sichtbar gemacht werden, da diese sich als dunkle Zonen erkennen lassen.

12. Beschreiben Sie drei Detektionsmöglichkeiten in der Dünnschicht-chromatographie.

Direkte Auswertung: Dieses Verfahren wird bei Stoffen eingesetzt, die farbige Flecken verursachen.
Auswertung unter UV-Licht: Hierbei gibt es zwei Möglichkeiten. Im ersten Fall erzeugen die Substanzflecken selbst unter UV-Licht eine Fluoreszens. Andernfalls enthält die Platte einen Fluoreszensindikator, d. h. die Platte leuchtet und die Flecken erscheinen als dunkle Zonen.
Einsatz eines Sprühreagenzes: Die Platte wird mit einem Reagenz oder Reagenziengemisch besprüht. Infolge dessen läuft eine chemische Reaktion ab, die ein Sichtbarwerden der Flecken mit meist verschiedenartigen Farben verursacht.

9 Stoffkonstanten und physikalische Größen

9.1 Lösungen und Löslichkeit

1. Erläutern Sie die Begriffe Löslichkeit und Lösungsmittel.

Löslichkeit: Unter Löslichkeit versteht man die in einer bestimmten Lösungsmittelmenge maximal lösliche Menge eines Stoffes. Sie ist von der Natur des gelösten Stoffes, dem Lösungsmittel, der Temperatur und Zusätzen anderer Stoffe abhängig.
Die Angabe der Löslichkeit erfolgt in g Substanz je 100 g Lösungsmittel bezogen auf eine bestimmte Temperatur.
Lösungsmittel: Unter Lösungsmitteln versteht man alle anorganischen und organischen Flüssigkeiten, in denen sich Gase, Flüssigkeiten oder Feststoffe auflösen.

2. Beurteilen und begründen Sie, ob folgende Stoffpaare miteinander mischbar sind.
a) Wasser/iso-Pentan
b) n-Decan/2,3-Dimethylheptan
c) Benzin/dünnflüssiges Paraffin

a) Nicht mischbar, da Wasser ein stark polares und iso-Pentan ein praktisch unpolares Molekül ist.
b) Mischbar, da beide Moleküle strukturähnlich und nahezu unpolar sind.
c) Mischbar, da beide Moleküle strukturähnlich und nahezu unpolar sind.

3. Entscheiden Sie, welche der nachfolgenden Verbindungen *gut wasserlöslich* und welche *nur* in Ethanol löslich sind. Benzoesäure, n-Propanol, Formaldehyd, iso-Nonanol, Hydrochinon, Chlorbenzol.

Gut wasserlöslich sind n-Propanol und Formaldehyd.
Nur in Ethanol löslich sind Benzoesäure, iso-Nonanol und Chlorbenzol.
Im Einzelnen:
- Benzoesäure: ethanollöslich
- n-Propanol: gut wasserlöslich, ethanollöslich
- Formaldehyd: gut wasserlöslich, ethanollöslich
- iso-Nonanol: ethanollöslich
- Hydrochinon: wasserlöslich, ethanollöslich
- Chlorbenzol: ethanollöslich

**4. Ordnen Sie die genannten Verbindungen nach steigender Wasserlöslichkeit.
Natriumcarbonat, Kaliumchlorat, Silberchlorid, Aluminiumsulfat Kaliumiodid, Bariumchlorid.**

Richtige Reihenfolge nach steigender Wasserlöslichkeit:
Silberchlorid, Kaliumchlorat, Natriumcarbonat, Aluminiumsulfat, Bariumchlorid, Kaliumiodid.

**5. Sortieren Sie die genannten Stoffe in polare und unpolare Lösungsmitteln.
Methanol, n-Heptan, Methylethylketon, Toluol, flüssiger Ammoniak, Aceton.**

Polare Lösungsmittel: Methanol, Methylethylketon, Aceton, flüssiger Ammoniak.
Unpolare Lösungsmittel: n-Heptan, Toluol.

6. Erläutern Sie die Gleichung für das Löslichkeitsprodukt.

Für die Dissoziation eines Salzes, das aus zwei Ionenarten besteht, KA $\rightleftarrows K^+ + A^-$, wird das Löslichkeitsprodukt $K_L = c_{K^+} \cdot c_{A^-}$ bestimmt.
Die Einheit von K_L ist das Produkt der Einzelkonzentrationen (der Summe der Exponenten) und beträgt in diesem Fall mol^2/l^2.
Besteht das Salz aus mehr Ionen, K_xA_y, erhält die allgemeine Gleichung die Form $K_L = c_K^{x+} \cdot c_A^{y-}$.

7. Welche Einheit besitzt das Löslichkeitsprodukt für das schwer lösliche Silberchromat?

Das Silberchromat Ag_2CrO_4 dissoziiert in seinem löslichen Anteil in $Ag_2CrO_4 \rightleftarrows 2\ Ag^+ + CrO_4^{2-}$. Das Löslichkeitsprodukt wird durch die Gleichung $K_{L_{Ag_2CrO_4}} = c^2_{Ag^+} \cdot c_{CrO_4^{2-}}$. Die Einheit von K_L ist in diesem Fall mol^3/l^3.

**8. Ermitteln Sie die Löslichkeiten nachfolgender Substanzen in Wasser bei einer Temperatur von 20 °C:
Silberchlorid, Kaliumbromid, Natriumsulfat-Decahydrat, Kaliumcarbonat.**

Silberchlorid:	$1{,}5 \cdot 10^{-4}$ g/100 g Wasser
Kaliumbromid:	65,85 g/100 g Wasser
Natriumsulfat:	19,19 g/100 g Wasser
Kaliumcarbonat:	111,5 g/100 g Wasser

Berechnungen:
Ermitteln der Molaren Masse der Substanzen:

Silberchlorid:	143,32 g/mol
Kaliumbromid:	119,01 g/mol
Natriumsulfat-Decahydrat:	322,19 g/mol
Kaliumcarbonat:	138,21 g/mol

→

Berechnen Sie, ob es möglich ist, mit diesen Substanzen eine Maßlösung der Konzentration 0,5 mol/l herzustellen!

Berechnung der Masse von 0,5 mol der Substanz:

Silberchlorid:	71,66 g
Kaliumbromid:	59,5 g
Natriumsulfat-Decahydrat:	161,09 g
Kaliumcarbonat:	69,1 g

Infolge der Angabe auf 100 g Wasser muss der Wert verzehnfacht werden. Daraus ergeben sich folgende Gegenüberstellungen:

Maximal lösliche Masse in 1000 g Wasser	Erforderliche Menge der Stoffe für 1000 g Wasser
$1{,}5 \cdot 10^{-3}$ g	71,66 g
658,5 g	59,5 g
191,9 g	161,09 g
1115 g	138,21 g

Daraus ergibt sich, dass außer beim Silberchlorid alle anderen Stoffe als eine Lösung der Konzentration 0,5 mol/l hergestellt werden können.

9. Nennen Sie die Faktoren, welche die Löslichkeit eines Gases in einer Flüssigkeit beeinflussen.

Die Löslichkeit eines Gases wird durch den Druck, die Temperatur, die Art des Lösungsmittels und den Stoff selbst bestimmt.

10. Welche der genannten Gase sind in Wasser gut löslich und welche nicht? Bromwasserstoff, Chlor, Formaldehyd, Schwefelwasserstoff.

Die Gase Bromwasserstoff und Formaldehyd sind gut, Chlor und Schwefelwasserstoff dagegen schlecht in Wasser löslich.

9.2 Physikalisch-chemische Größen und Stoffkonstanten

1. Erläutern Sie den Begriff der Amphoterie am Beispiel des Elementes Aluminium.

Ampholyte sind Stoffe, die nach der BRÖNSTEDTschen Theorie sowohl als Basen als auch als Säuren reagieren können. Der jeweilige Reaktionspartner bestimmt das Verhalten.

Reaktion des Aluminiums als Säure (Protonendonator):

$$[Al(H_2O)_6]^{3+} + H_2O \rightleftarrows [Al(H_2O)_5OH]^{2+} + H_3O^+$$

→

Reaktion des Aluminiums als Base (Protonenakzeptor):
$Al(OH)_3 + OH^- \rightleftarrows [Al(OH)_4]^-$

2. Erklären Sie den Begriff der Viskosität.
a) Wodurch wird sie beeinflusst?
b) Welche beiden Formen werden grundsätzlich unterschieden?

a) Unter Viskosität versteht man die Zähigkeit von Flüssigkeiten und Gasen. Diese wird durch zwischenmolekulare Wechselwirkungen hervorgerufen. Die Viskosität nimmt bei Flüssigkeiten mit steigender Temperatur ab, bei Gasen ist es umgekehrt.
b) Man unterscheidet zwischen dynamischer und kinematischer Viskosität. Unter dynamischer Viskosität versteht man die Kraft bezogen auf die theoretische Berührungsfläche strömender Flüssigkeitsschichten sowie deren unterschiedliche Geschwindigkeit. Die kinematische Viskosität bezeichnet das Verhältnis der dynamischen Viskosität zur Dichte.

3. Wie sind nachfolgend genannte Größen definiert?
a) pH-Wert
b) pK_S-Wert
c) pK_B-Wert

a) Der pH-Wert ist der negative dekadische Logarithmus der Konzentration der Hydroniumionen (Oxoniumionen).
b) Der pK_S-Wert ist der negative dekadische Logarithmus der Säurekonstanten.
c) Der pK_B-Wert ist der negative dekadische Logarithmus der Basekonstanten.

4. Berechnen Sie den pH-Wert einer Essigsäure der Konzentration 0,25 mol/l.

Gleichung zur Berechnung:
$pH = \frac{1}{2} (pK_S - \lg c_{H3O+})$
pK_S Essigsäure = 4,75
$pH = \frac{1}{2} (4{,}75 - \lg 0{,}25 \text{ mol/l})$
$pH = \frac{1}{2} (4{,}75 + 0{,}6)$
$pH = \frac{1}{2}\ 5{,}35$
$pH = 2{,}67$

5. Welche Stoffkonstante verbirgt sich hinter der Angabe n_D= ?
Welche Größen haben Einfluss auf diese Stoffkonstante?

Der Wert charakterisiert den Brechungsindex und wird auch Brechzahl genannt. Die Größe ist abhängig von der Temperatur, der Frequenz und der Wellenlänge. Üblicherweise arbeitet man bei einer Temperatur von 20 °C und nutzt die Wellenlänge der Natrium-D-Linie von 589 nm. Zur Einhaltung der Temperatur wird das Refraktometer (Messgerät) thermostiert.

6. Gegeben sind die Siedepunkte von Wasser, Ethanol und Diethylether. K_P = 100 °C, K_P = 78 °C, K_P = 36,5 °C. Erklären Sie die Abnahme der Siedetemperaturen.

Die Abnahme der Siedetemperaturen lässt sich über die chemische Bindung, insbesondere der Ausbildung von Wasserstoffbrückenbindungen, erklären. Zur näheren Erläuterung dient auch die Formeldarstellung der Stoffe.

Wasser bildet die größte Anzahl von Wasserstoffbrückenbindungen aus (Assoziatbildung). Diethylether besitzt diese Eigenschaft nicht. Mit geringer werdender Zahl der Wasserstoffbrückenbindungen nimmt auch die Siedetemperatur der Stoffe ab.

7. a) Was versteht man unter dem Begriff eines Eutektikums?
b) Beschreiben Sie das Verfahren, mit dem der eutektische Punkt ermittelt werden kann.

a) Als Eutektikum bezeichnet man ein Gemisch aus zwei oder mehr Stoffen, die im flüssigen Zustand mischbar, im festen Zustand nicht oder nur begrenzt mischbar sind. Die gemeinsame Schmelze erstarrt bei einer bestimmten Temperatur, dem so genannten eutektischen Punkt. Bei einem binären System (Zweistoffgemisch) ist dies der niedrigstmögliche Schmelzpunkt.

b) Zur Ermittlung dieses Punktes nutzt man das Verfahren der thermischen Analyse. Dazu nimmt man die Abkühlungskurven der Reinstoffe sowie verschiedener Stoffgemische der Komponenten auf. Daraus ergibt sich ein Schmelzdiagramm, mit dessen Hilfe der eutektische Punkt ermittelt wird.

8. Welche Stoffkonstante wird mit dem Symbol S_P oder K_p bezeichnet? Wodurch kann diese Konstante verändert werden?

Mit diesem Symbol wird der Siedepunkt (Kochpunkt) bezeichnet. Der Siedepunkt ist druckabhängig. Mit geringer werdendem Druck sinkt auch der Siedepunkt. Diesen Umstand nutzt man in der so genannten Vakuumdestillation.

9. Welchem Zweck dient die Bestimmung des sogenannten Mischschmelzpunktes?

Mit Hilfe der Schmelzpunktbestimmung lassen sich Aussagen über die Reinheit eines Stoffes treffen. Die Mischschmelzpunktbestimmung dient dazu, eine Entscheidung über die chemische Identität zweier Substanzen zu treffen.

10. Definieren Sie den Begriff des Erstarrungspunktes. Welche Bedeutung besitzt dieser?

Als Erstarrung bezeichnet man den Übergang eines Stoffes vom flüssigen in den festen Aggregatzustand. Die Erstarrungstemperatur stimmt mit der Schmelztemperatur überein. Bei Stoffgemischen kann sich die Erstarrung über einen größeren Bereich erstrecken.

11. Erläutern Sie den Begriff des NERNSTschen Verteilungssatzes.

Der NERNSTsche Verteilungssatz beschreibt die Einstellung eines definierten Konzentrationsverhältnisses eines Stoffes in zwei nicht mischbaren Flüssigkeiten. Die Einstellung des Gleichgewichtes erfolgt über eine Phasengrenze. Die Formulierung kann wie folgt dargestellt werden:

$$k = \frac{c_{A1}}{c_{A2}}$$

k: Verteilungskonstante
c: Konzentration
A: Stoff
1/2: Flüssigkeit 1/Flüssigkeit 2

Das Prinzip wird beispielsweise beim Ausschütteln in der Analytik und bei der Flüssig-Flüssig-Extraktion angewendet.

12. Welche Aussagen lassen sich aus dem Aufdruck „Ex" oder „In" auf Labor-Glasgeräten ableiten? Nennen Sie je ein Beispiel.

Die Bezeichnung „Ex" bedeutet, dass Laborgeräte auf Auslauf kalibriert sind.
„In" dagegen weist auf Einguss kalibrierte Geräte hin.
Beispielsweise sind Vollpipetten auf Auslauf, Maßkolben auf Einlauf kalibriert.

13. Definieren Sie den Begriff des Leitwertes.

Der Leitwert ist das Reziproke des Widerstandes. Es gilt:

$$G = \frac{1}{R}$$

14. Welche Größe wird mit einem Aräometer und einem Pyknometers bestimmt?

Mit Hilfe eines Aräometers bzw. eines Pyknometers wird die Dichte eines Stoffes bestimmt.

15. Definieren Sie den Begriff des Azeotrops. →

Azeotrope sind Flüssigkeitsgemische, die einen gemeinsamen Siedepunkt mit definierter Zusam- →

mensetzung haben. Der gemeinsame Siedepunkt kann höher oder niedriger als der Siedepunkt der Einzelkomponenten sein. Im ersteren Fall spricht man von einem Siedepunktsmaximum, andernfalls handelt es sich um ein Siedepunktsminimum. Azeotrope lassen sich nicht ohne Weiteres voneinander trennen. Das Verfahren zur Trennung heißt Azeotropdestillation.

16. Skizzieren Sie den Verlauf des Siedediagramms eines binären Stoffgemisches mit einem Siedepunktsminimum, benennen Sie die Kurven und kennzeichnen Sie die charakteristischen Werte.

Siedediagramm eines binären Systems mit Siedepunktsminimum:

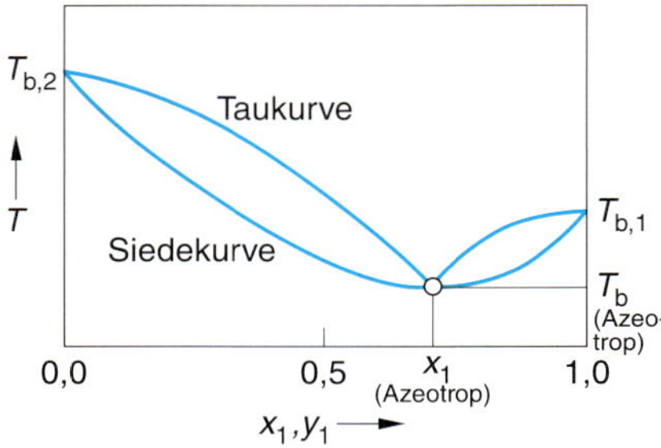

17. Erläutern Sie den Begriff der Wasserhärte.

Die Gesamtwasserhärte setzt sich aus zwei verschiedenen Teilhärten zusammen. Zum einen handelt es sich um die Carbonat- oder temporäre Härte. Diese wird durch die im Wasser enthaltenen Hydrogencarbonate des Calciums und Magnesiums bestimmt. Beim Erhitzen des Wasser fallen diese als unlösliche Carbonate aus (Kesselstein). Bei 60 °C fallen etwa zwei Drittel dieser Stoffe aus. Die übrigen Bestandteile werden als permanente oder dauerhafte Härte bezeichnet und im Wesentlichen durch Sulfate bestimmt.

18. Erklären Sie den Begriff des Grenzwinkels der Totalreflexion.

Beim Übergang eines Lichtstrahles vom optisch dichteren in ein optisch dünneres Medium kann sowohl Lichtbrechung als auch Reflexion eintreten. Eine Brechung tritt allerdings dann nicht mehr auf, wenn der Einfallswinkel gleich oder größer als der Grenzwinkel der Totalreflexion ist.

19. Ermitteln Sie, ob es sich bei 2-Aminopropansäure um eine optisch aktive Substanz handelt. Sollte dies der Fall sein, stellen Sie die beiden stereoisomeren Formen mit vereinfachter Strukturformel in Fischer-Projektion dar!

Zunächst muss mit Hilfe der Formel ermittelt werden, ob die genannte Säure ein Asymmetriezentrum aufweist.

Formel:

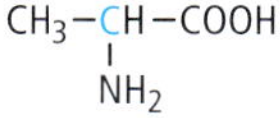

Das zweite C-Atom stellt ein Asymmetriezentrum dar, da es von vier verschiedenen Substituenten umgeben ist (-CH_3, -NH_2, H, -COOH). Somit ist die Substanz optisch aktiv. Für die Fischer-Projektion wird die Strukturformel senkrecht geschrieben, wobei das am höchsten oxidierte C-Atom oben steht.

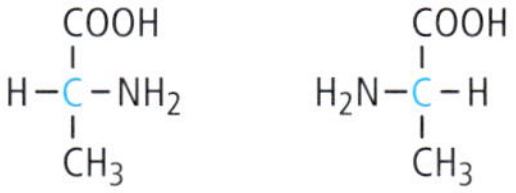

D-Form L-Form

20. Erläutern Sie anhand der Formel der Milchsäure den Begriff des Chiralitätszentrums!

Unter einem Chiralitätszentrum versteht man den Umstand, dass ein Kohlenstoffatom von vier verschiedenen Substituenten umgeben ist. Meist ist dies die Voraussetzung dafür, dass die Verbindung optisch aktiv ist.
Bei der Milchsäure (2-Hydroxypropansäure) ist dies wie folgt zu interpretieren.

Formel:

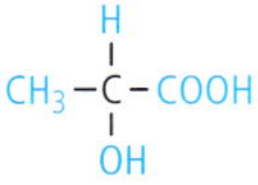

Substituent 1:	Methylgruppe -CH_3
Substituent 2:	Wasserstoffatom H
Substituent 3:	Hydroxylgruppe -OH
Substituent 4:	Carboxylgruppe -COOH

21. Welches Messgerät dient der Bestimmung der optischen Aktivität einer Substanz? Welche Größen beeinflussen den Messprozess?

Als Messgerät zur Bestimmung der optischen Aktivität einer Substanz dient das Polarimeter. Die optische Aktivität ist zunächst eine stoffspezifische Größe. Der Messprozess wird durch die Länge der durchstrahlten Substanz, der Temperatur und der Wellenlänge des verwendeten monochromatischen Lichtes bestimmt.

9.3 Physikalisch-chemische Messverfahren

1. Erläutern Sie Aufbau und Wirkungsweise einer pH-Glaselektrode.

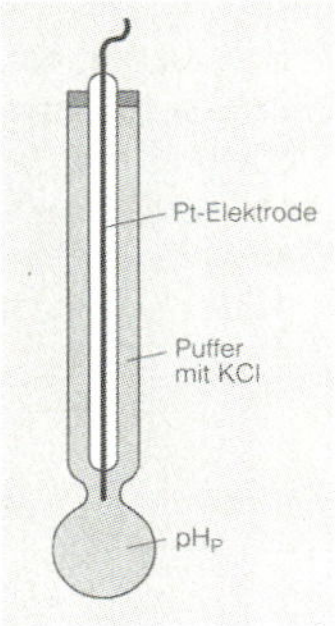

Die Glaselektrode ist eine ionensensitive Elektrode. Das bedeutet, dass sie nur für bestimmte Ionen, in diesem speziellen Fall Wasserstoffionen, durchlässig ist. Prinzipiell besteht sie aus einem am unteren Ende zur Kugel aufgeblasenem Glasrohr oder einer Erweiterung. Die dadurch entstandene Glasmembran ist sehr dünn. Das Glas besitzt eine spezielle Zusammensetzung. Im Inneren der Glaselektrode befindet sich eine Pufferlösung oder auch Salzsäure der Konzentration 1 mol/l. Während des Messprozesses werden Alkalimetallionen aus der Glasoberfläche gegen Wasserstoffionen der Lösung ausgetauscht. Es stellt sich ein elektrochemisches Gleichgewicht zwischen der Lösung und dem Elektrodeninneren ein.

Vereinfacht kann man das wie folgt darstellen:
Na^+ (Glas) + H_3O^+ (Lösung) $\rightleftarrows$ H^+ (Glas) + Na^+ (Lösung) +H_2O

2. Die Glaselektrode kann mit einer weiteren Elektrode kombiniert werden. Wie heißt diese Elektrodenkombination? Welchem Anwendungszweck dient sie?

Glaselektroden können mit einer Kalomel- oder auch mit einer Silber-/Silberchloridelektrode kombiniert werden. Diese Kombination wird auch als Einstabmesskette bezeichnet.

Sie ermöglicht die Messung von pH-Werten durch die Verknüpfung einer Indikator-(Glaselektrode) und eine Bezugselektrode (Kalomel- oder Silber-/Silberchlorid).

3. Was versteht man unter dem Begriff Zweipunktkalibrierung?

Messgeräte zur Bestimmung eines pH-Wertes müssen von Zeit zu Zeit geeicht werden. Dazu eicht man je nach zu bestimmender Lösung das Gerät für den sauren oder basischen Bereich der pH-Skala. Als Lösungen benutzt man Standardpufferlösungen.

Beispielsweise nutzt man zur Eichung für Messungen im sauren Bereich die Pufferlösungen pH 7 und pH 4,01.

4. Von einer Salzsäure 0,1 mol/l und einer Essig- →

Die Leitfähigkeit wird im Wesentlichen durch die Anzahl der in einer Lösung frei beweglichen Io- →

säure der gleichen Konzentration wird die Leitfähigkeit bestimmt. Der Leitwert der Salzsäure liegt deutlich über dem der Essigsäure. Erklären Sie diesen Unterschied.

nen und deren Ionenbeweglichkeit bestimmt. Starke Säuren, wie die Salzsäure, sind in wässriger Lösung nahezu vollständig protolysiert, Essigsäure dagegen als schwache Säure ist nur unvollständig protolysiert. Somit sind in den wässrigen Säurelösungen trotz gleicher Konzentration unterschiedlich viele frei bewegliche Ladungsträger vorhanden. Da in der Salzsäurelösung infolge ihres deutlich höheren Protolysegrades mehr Ladungsträger vorhanden sind, ist auch deren Leitwert höher.

5. Formulieren Sie das Lambert-Beersche Gesetz und benennen Sie die darin enthaltenen Größen. Zwischen welchen Größen besteht eine direkte Proportionalität?

Formulierung des Gesetzes:
$E = \varepsilon \cdot c \cdot d$
E: Extinktion
ε: molarer dekadischer Extinktionskoeffizient
c: Konzentration der Lösung
d: Schichtdicke
Die Extinktion ist direkt proportional der Konzentration.

6. Nennen Sie drei Möglichkeiten, um für allgemeine Analysezwecke geeignetes Wasser herzustellen.

Die Verfahren sind:
- Ionenaustauscher für Kationen oder Anionen getrennt. Es gibt aber auch Mischbettaustauscher, die sowohl Kationen als auch Anionen entfernen können.
- Ein weiteres Verfahren ist die Umkehrosmose, der physikalische Trennprinzipien zugrunde liegen.
- Die dritte Möglichkeit ist die Wasserdestillation.

7. In welcher Weise wird bei einem Ionenaustauscher die Wasserqualität ermittelt?

Ionenaustauscher sind mit einem Leitfähigkeitsmessgerät ausgerüstet, das entweder in die Anlage integriert ist oder als externes Gerät geliefert wird. Dieses dient für die Überwachung der Wasserqualität. Je nach Verwendungszweck ist ein bestimmter Leitwert einzuhalten. Bei Überschreitung dieses Wertes ist die Anlage zu warten.

8. Definieren Sie den Begriff der Sublimation! Welchem Anwendungs- →

Als Sublimation bezeichnet man den direkten Übergang eines Stoffes vom festen in den gasförmigen Aggregatzustand. Der umgekehrte Vor- →

zweck dient dieses Verfahren?

gang ist die Resublimation. Mit Hilfe der Sublimation kann man Stoffgemische trennen, vor allem auch dann, wenn es sich um sehr kleine Mengen handelt. Dadurch erhält man hochreine Substanzen.

9. Nennen Sie drei sublimationsfähige Substanzen.

Beispiele: Iod, Schwefel, Trockeneis ($CO_{2\ \text{fest}}$), Quecksilber(II)-chlorid, Salicylsäure, Naphthalin, Benzoesäure, Campher, Phthalsäure.

10. Ein homogenes Substanzgemisch soll auf die Anwesenheit von Benzoesäure getestet werden. Laut Angaben ist eine weitere Substanz enthalten, die bei der Identifizierung ähnlich wie die Benzoesäure reagiert. Erläutern Sie, auf welcher Grundlage es möglich ist, die Benzoesäure vom Gemisch zu trennen und danach zu identifizieren.

Es handelt sich hier um eine Trennung fester Substanzen untereinander. Das geeignete Verfahren dafür ist eine Sublimation, da mit deren Hilfe die Benzoesäure sehr rein abgetrennt werden kann. Zur Identifizierung ist es dann erforderlich, den Schmelzpunkt zu bestimmen.

11. Erläutern Sie den Begriff einer Elektrode 1. Art. Formulieren Sie die vereinfachte chemische Gleichung für ein selbst gewähltes Beispiel!

Unter einer Elektrode 1. Art versteht man die Kombination eines Metalls als feste Phase und der wässrigen Lösung eines Salzes dieses Metalls als flüssige Phase. Ein klassisches Beispiel ist die Kupfer-/Kupfer(II)-ionenelektrode.

Symbol: Cu/Cu^{2+} — Der Schrägstrich symbolisiert die Phasengrenze feste Phase/flüssige Phase.

vereinfachte Gleichung: $Cu \rightleftarrows Cu^{2+} + 2e^-$

12. Für eine Redoxtitration von Natriumsulfit mit einer 0,1 mol/l Iodlösung sollen 250 ml der Maßlösung hergestellt werden. Berechnen Sie mit Hilfe des vereinfachten →

Redoxschema:

$SO_3^{2-} + \frac{1}{2}\,O_2 \rightarrow SO_4^{2-} + 2\,e^-$

$I_2 + 2\,e^- \rightarrow 2\,I^-$

Berechnung:

$$m = \frac{c \cdot M \cdot V}{z}$$

→

Redoxschemas, wie viel Iod eingewogen werden muss?

$$m = \frac{0{,}1\ \mathrm{mol/l} \cdot 253{,}8\ \mathrm{g/mol} \cdot 0{,}25\ \mathrm{l}}{2}$$

$$m = 3{,}17\ \mathrm{g}$$

13. Skizzieren Sie das typische Aussehen eines Gaschromatogramms. Woraus ergeben sich die qualitativen und quantitativen Aussagen?

Die Abbildung zeigt das typische Aussehen eines Gaschromatogramms mit der entsprechenden Bezeichnung der Inhalte.

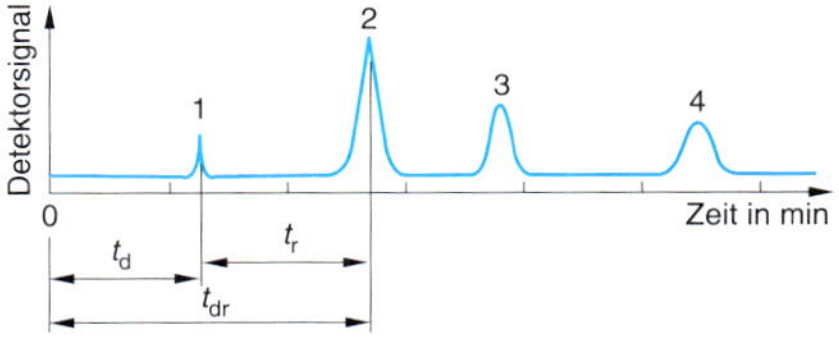

1	Luftpeak (nur beim Wärmeleitfähigkeitsdetektor (WLD)
2, 3, 4	Peaks getrennter Substanzen
t_d	Totzeit des GC-Systems
t_{dr}, t_R	Gesamtretentionszeit der Substanz „2"
t_r	Nettoretentionszeit der Substanz „2"

Qualitative Aussagen lassen sich aus der Anzahl der Peaks, quantitative Aussagen aus der Berechnung der Peakfläche der jeweiligen Komponenten treffen.

10 Reaktionskinetik und Thermodynamik, chemisches Gleichgewicht

10.1 Katalysatoren und Katalyse

1. Was bewirken Katalysatoren?

Katalysatoren senken die Aktivierungsenergie durch die Bildung von Zwischenverbindungen mit niedrigerer Aktivierungsenergie. Sie beschleunigen dadurch die Reaktionsgeschwindigkeit (schnellere Einstellung des chemischen Gleichgewichts).

2. Wie nimmt der Katalysator an der Reaktion teil?

Eine Reaktion A + B → AB kann allgemein bei Anwesenheit eines Katalysator Kat über die Zwischenverbindung, z. B. A-Kat wie folgt formuliert werden:

A + Kat → A-Kat

A-Kat + B → AB + Kat

Der Katalysator liegt nach der Reaktion gegenüber seinem Ausgangszustand unverändert vor.

3. Welchen Verlauf nimmt die Reaktionsenergie im Energie-Diagramm einer exothermen Reaktion 1) ohne und 2) mit Katalysator?

Der Katalysator senkt die Aktivierungsenergie über eine Zwischenverbindung Z, die eine niedrigere Aktivierung benötigt.

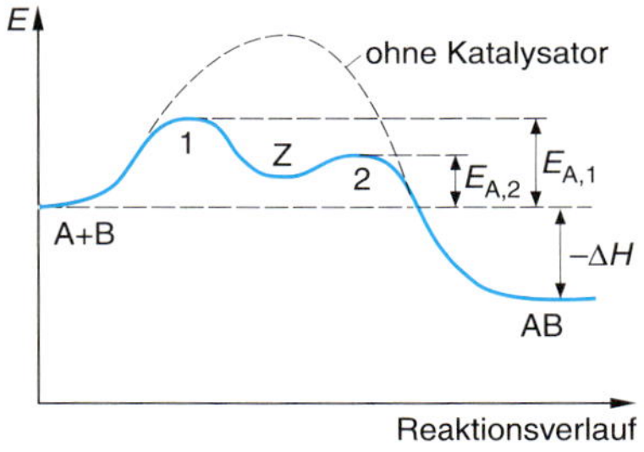

1 Aktivierungsenergie ohne Katalysator
2 Aktivierungsenergie mit Katalysator
Z Zwischenverbindung

4. Worauf haben Katalysatoren keinen Einfluss?

Sie sind ohne Einfluss auf die Lage des chemischen Gleichgewichts und die Ausbeute.

5. Was ist eine heterogene Katalyse?

Katalysator und Edukte liegen als unterschiedliche Phasen vor:
- als Gas und Feststoff-Katalysator,
- als Flüssigkeit und Feststoff-Katalysator.

6. Nennen Sie Beispiele für heterogene Katalyse!

- Katalyse von Gas-Gemischen mit festen Katalysatoren: z. B. bei der Schwefelsäure-Synthese: $SO_{2,g}$,$N_2O_{5,f}$; bei der Verbrennung von Ammoniak zu Stickoxid am Platin-Katalysator; bei der Salpetersäure-Erzeugung; bei der Ammoniak-Synthese am Eisen/Metalloxid-Kontakt; bei der Reinigung von Autoabgas.
- Katalyse von Flüssigkeiten mit Feststoff-Katalysator: z. B. Pflanzenöl-Hydrierung mit Ni-Katalysator.

7. Weshalb sollen Katalysatoren bei der heterogenen Katalyse fein verteilt vorliegen?

Da die Aktivierung und die Reaktion an der Katalysatoroberfläche vor sich geht, müssen Katalysatoren in feinster Verteilung vorliegen (große Oberfläche, z. B. als Feinstkorn, als Platin-Schwamm oder Platin-Mohr, als feinste Platinnetze).

8. Was ist eine homogene Katalyse?

Katalysator und Edukte liegen in gleicher Phase vor
- als Lösungs-Gemisch oder
- als Gasgemisch.

Chemische Vorgänge mit heterogenen Katalysen sind häufiger als homogene Katalysen.

9. Nennen Sie Beispiele für die homogene Katalyse!

Homogene Katalyse in Lösung findet bei der säurekatalysierten Reaktionen, z. B. von Alkohol zu Ether, statt. Homogene Katalyse in Gasgemischen findet auch z. B. bei der Schwefelsäure-Herstellung im Bleikammerverfahren mit NO/NO_2 als Katalysator statt.

10. Was sind Katalysatorgifte?

Katalysatoren sind für die betreffende Reaktion nur wirksam, wenn sie chemisch unverändert bleiben. Ihre Wirkung wird beseitigt, wenn sie sich mit Stoffen verbinden, die die chemische Natur des Katalysators verändern. Diese werden als Katalysatorgifte bezeichnet, z. B. Schwefelwasserstoff, Blausäure, Arsen(III)- oder Blei-Verbindungen.

11. Welche Aufgabe hat die Schwefelsäure bei der Veresterung z. B. von Ethansäure mit Ethanol?

Die Schwefelsäure ist als Katalysator wirksam. Es findet eine Säurekatalyse statt. Die Säure protoniert den Sauerstoff der Säurecarboxyl-Gruppe, wodurch die Wasserabspaltung erleichtert wird. Gleichzeitig bindet konz. Schwefelsäure das entstehende Wasser.

10.2 Chemisches Gleichgewicht und Massenwirkungsgesetz

1. Was besagt das Massenwirkungsgesetz (MWG)?

Das Gesetz besagt, dass der Quotient aus dem Produkt der Konzentration der Endstoffe und dem Produkt der Konzentrationen der im Gleichgewicht noch vorhandenen Ausgangsstoffe bei einer bestimmten Temperatur konstant ist.
Bei Reaktionen im Gaszustand können an Stelle der Konzentrationen die Partialdrücke verwendet werden.

2. Wie lautet allgemein das Massenwirkungsgesetz für die angegebenen Gleichungen?
a) A + B ⇄ C + D
b) 2 A + 3 B ⇄ C + 2 D

a) $K = \frac{c(\mathrm{C}) \cdot c(\mathrm{D})}{c(\mathrm{A}) \cdot c(\mathrm{B})}$

b) $K = \frac{c(\mathrm{C}) \cdot c^2(\mathrm{D})}{c^2(\mathrm{A}) \cdot c^3(\mathrm{B})}$

3. Wie wird das Massenwirkungsgesetz bei Gasreaktionen mit Hilfe der Partialdrücke formuliert?

Aus dem idealen Gasgesetz $p \cdot V = n \cdot R \cdot T$ ergibt sich mit $n/V = c$ für den Druck
$p = n \cdot RT/V$ und $c = p/RT$
Beispielsweise besitzt das MWG für die Gas-Reaktion
$A_{(g)} + B_{(g)} \rightarrow AB_{(g)}$ die Form:

$$K = \frac{p_{\mathrm{AB}}/\mathrm{RT}}{p_{\mathrm{A}}/\mathrm{RT} \cdot p_{\mathrm{B}}/\mathrm{RT}} = \frac{p_{\mathrm{AB}} \cdot \mathrm{RT}}{p_{\mathrm{A}} \cdot p_{\mathrm{B}}}$$

4. Wie bezeichnet man den Quotienten, der sich aus den Konzentrationen im Gleichgewicht ergibt?

Der sich ergebende Zahlenwert für den Quotienten aus dem Produkt der Konzentrationen der Endstoffe und dem Produkt der Konzentrationen der noch vorhandenen Ausgangsstoffe ist für eine bestimmte Temperatur charakteristisch und wird Gleichgewichtskonstante genannt (auch Massenwirkungskonstante).

5. Woraus ergibt sich, dass im MWG die Molzahlen zu Exponenten werden?

Reaktionen erfolgen bei Zusammenstoß von Teilchen. Die mögliche Stoßzahl ergibt sich nicht durch Summierung, sondern durch Multiplikation der Konzentrationen (der Mole oder stöchiometrischen Faktoren).

6. Was wird durch die Gleichgewichtskonstante ausgedrückt?

Der Zahlenwert drückt aus, auf welcher Seite der Reaktion sich das Gleichgewicht befindet: Bei Werten von $K > 1$ befindet sich das Gleichgewicht auf der Seite der Produkte, bei $K < 1$ auf der Seite der Edukte. Je größer K ist, desto stärker sind die Produkte bei gegebener Temperatur begünstigt.

7. Was besagt das Prinzip von LE CHATELIER (Prinzip vom kleinsten Zwang)?

Das Prinzip beschreibt qualitativ die Abhängigkeit des Gleichgewichts von den äußeren Bedingungen Druck und Temperatur (bzw. Wärmeenergie). Es besagt, dass ein Stoffsystem einem äußeren Zwang ausweicht, indem es den Zwang aufnimmt: Die Lage des Gleichgewichts verändert sich so, dass das System den ausgeübten Zwang verringert.

8. Was kennzeichnet ein chemisches Gleichgewicht?

Im chemischen Gleichgewicht ist die Anzahl der sich bildenden Moleküle gleich der Anzahl der zerfallenden Moleküle, d. h. es besteht ein dynamisches Gleichgewicht. Es bilden sich in der Zeiteinheit gleich viele Produkt-Moleküle wie in Edukte wieder zerfallen (die sich einstellenden Konzentrationen sind konstant). Die Geschwindigkeit der Hin- und Rückreaktion ist gleich.

9. Wie kann die Einstellung des chemischen Gleichgewichts in einem Diagramm dargestellt werden?

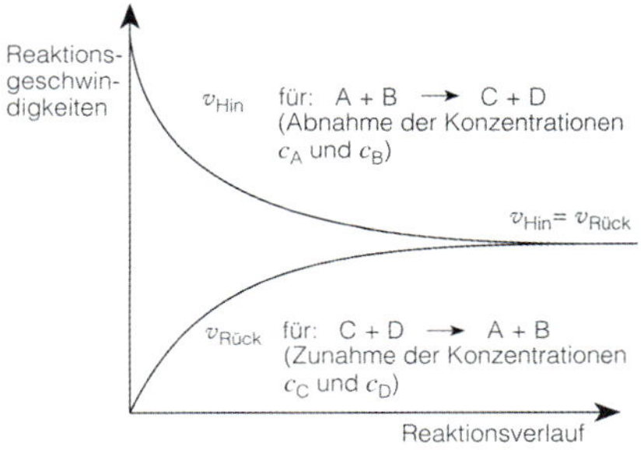

10. Welche Auswirkungen hat die Veränderung der Temperatur auf das Gleichgewicht bei exothermen Reaktionen?

Es wirkt das Prinzip von Le Chatelier: Die Temperaturerhöhung verlagert das Gleichgewicht zu den Edukten (den energiereicheren Stoffen), die Erniedrigung der Temperatur begünstigt die Produkte.
Zur Aktivierung der Reaktion (Dissoziation der Bindungen in den Edukten, Ausbildung neuer Bindungen) ist aber eine bestimmte Temperatur notwendig.

11. Welche Auswirkung hat ein Änderung der Temperatur bei endothermen Reaktionen?

Es wirkt das Prinzip von Le Chatelier: Höhere Temperaturen verschieben das Gleichgewicht bei endothermen Reaktionen in Richtung der Produkte, d. h. in Richtung der energiereicheren Stoffe.

12. Warum verschiebt sich das Gleichgewicht bei exothermen Reaktionen durch eine zu hohe Temperatur zu den Edukten?

Nach dem Prinzip von Le Chatelier weicht ein Stoffsystem, das im Gleichgewicht ist, einem Zwang aus, indem es den Zwang aufnimmt/verbraucht. Bei einer exothermen Reaktion sind somit die energiereicheren Edukte bei höherer Temperatur begünstigt.

13. Warum verschiebt sich das Gleichgewicht bei endothermen Reaktionen durch hohe Temperatur zu den Produkten?

Auch hierbei wirkt das Prinzip von Le Chatelier. Es entstehen bei endothermen Vorgängen durch Energieaufnahme energiereiche Produkte. Ihre Bildung ist durch Zufuhr von Energie, die bei höherer Temperatur zur Verfügung steht, begünstigt.

14. Wie kann das Gleichgewicht der Reaktion $2\ NO_2 \rightleftarrows N_2O_4$ nach rechts verschoben werden?

Da Edukt und Produkt gasförmig vorliegen und das Edukt in doppelter Molzahl (doppeltes Voumen!) gegenüber dem Produkt vorliegt, ist hoher Druck anzuwenden.

15. Wodurch kann die Reaktion $HCl_g + H_2O_{fl} \rightleftarrows H_3O^+ + Cl^-$ zu den Produkten hin verschoben werden?

$HCl_g + H_2O_{fl} \rightleftarrows H_3O^+ + Cl^-$
Die Oxonium-Ionen (ältere Bezeichnung: Hydronium-Ionen) müssen durch Zugabe einer Lauge neutralisiert werden.

16. Wie kann das Gleichgewicht der genannten →

Die OH-Ionen müssen durch Zugabe von Säure neutralisiert werden. →

Reaktion nach rechts verschoben werden?
$NH_3 + H_2O \rightleftarrows NH_4^+ + OH^-$

17. Welchen Einfluss haben bei den angegebenen Reaktionen eine Druck- und eine Temperaturerhöhung auf das Gleichgewicht?
a) $CO + H_2O_{(Dampf)} \rightleftarrows CO_2 + H_2$ $\Delta H = -41$ kJ;
b) $CO_2 + C \rightleftarrows 2\,CO$ $\Delta H = +173$ kJ.

a) T-Erhöhung: Gleichgewicht verschiebt sich nach links, weil die Reaktion exotherm verläuft,
p-Erhöhung: ohne Einfluss, weil die Reaktion ohne Volumenänderung verläuft.
b) T-Erhöhung: Gleichgewicht verschiebt sich nach rechts, weil die Reaktion endotherm verläuft,
p-Erhöhung: Gleichgewicht verschiebt sich nach links, weil feste Stoffe nicht am Gleichgewicht beteiligt sind und die linke Seite ein kleineres Gasvolumen einnimmt.

18. Welchen Einfluss haben bei den angegebenen Reaktionen eine Druck- und eine Temperaturerhöhung auf die Lage des Gleichgewicht?
a) $N_2 + O_2 \rightleftarrows 2\,NO$ $\Delta H = +183$ kJ;
b) $2\,NO + O_2 \rightleftarrows 2\,NO_2$ $\Delta H = -114$ kJ

a) T-Erhöhung: Gleichgewicht verschiebt sich nach rechts, weil die Reaktion endotherm verläuft (Aufnahme von Energie).
p-Erhöhung: ist ohne Einfluss (keine Volumenänderung)
b) T-Erhöhung: Gleichgewicht verschiebt sich nach links, da die Reaktion exotherm ist.
p-Erhöhung: das Gleichgewicht verlagert sich nach rechts (Volumenabnahme).

19. Was besagt die Bindungsenergie?

Sie ist die Energie, die zwischen gebundenen Teilchen wirkt (die Moleküle zusammenhält). Sie ist somit
- die Energie, die notwendig ist, um die Atom-Bindung zwischen zwei Atomen eines Moleküls in elektrisch neutrale Teilchen zu spalten (Atomisierung oder Spaltung in Atome; Homolyse der Bindung): $H_2 \rightarrow 2\,H\cdot$ oder auch: $H_3C{-}CH_3 \rightarrow 2\,\cdot CH_3$
- Sie wird auch Dissoziationsenergie genannt.
- auch die Energie, die bei der Bildung einer Atombindung frei wird (Energieerhaltungssatz).

20. Wie wirkt eine zu hohe Temperatur bei der Ammoniak-Synthese?

Da die Reaktion exotherm mit der Enthalpie $\Delta H = -93$ kJ/mol abläuft, wird durch zu hohe Temperatur die Rückreaktion (Zerfall des NH_3) begünstigt.

21. Warum ist bei der Ammoniaksynthese eine Temperatur von 450 bis 500 °C notwendig?

Obwohl die Reaktion exotherm verläuft und die Produkte begünstigt sind, ist die genannte Reaktionstemperatur zur Aktivierung der Stickstoff- und Wasserstoff-Moleküle notwendig (Bindungsspaltung, Dissoziation der N_2- und H_2-Moleküle in Atome).

22. Wie ist die Ausbeute definiert?

Die Ausbeute ist die Masse (oder auch die Stoffmenge) eines Produkts, die tatsächlich erhalten wurde, bezogen auf die theoretisch maximal mögliche Masse (oder Stoffmenge) laut stöchiometrischer Gleichung.

23. Wie kann die Ausbeute von Ammoniak bei der Haber-Bosch-Synthese gesteigert werden?

$N_2 + 3\ H_2 \rightleftarrows 2\ NH_3\ \Delta H = -93$ kJ/mol
Das Gleichgewicht kann durch Abscheidung des NH_3, die Erhöhung des Drucks der Wasserstoff – oder der Stickstoff-Konzentration, auf die Seite des Ammoniaks verschoben und damit die Steigerung der Ausbeute an Ammoniak gesteigert werden. Die Erhöhung der Wasserstoff-Konzentration ist sehr wirkungsvoll (3. Potenz im MWG), aber nicht ökonomisch. Eine zu hohe Temperatur verlagert das Gleichgewicht zu den Edukten, andererseits ist wegen der Aktivierung und der genügenden Stoßzahl eine höhere Temperatur notwendig,
Die Endausbeute wird durch Rückführung des nicht umgesetzten Restgases erhöht.

24. Welchen Wert besitzt die Gleichgewichtskonstante von Ammoniak bei 20 °C und bei 500 °C?

Der Wert für K liegt bei 20 °C bei $6 \cdot 10^5$, d. h. NH_3 ist bei dieser Temperatur eine beständige Verbindung. Ammoniak kann sich aber aus Stickstoff und Wasserstoff bei 20 °C nicht bilden, weil keine Bindungsspaltung der Edukte möglich ist. Dazu ist die Verfügbarkeit einer Aktivierungsenergie bei höherer Temperatur, z. B. 500 °C notwendig. Das ist aber mit der drastischen Änderung der Gleichgewichtskonstante auf $K = 0.18$ verbunden!

25. Welche Wirkung hat die Konzentrationserhöhung eines Edukts auf das Gleichgewicht einer Reaktion?

Die Erhöhung der Konzentration eines Edukts erhöht den Nenner des MWG. Das Gleichgewicht ist gestört. Der Nenner muss sich durch Bildung weiterer Produkte verkleinern. Das Gleichgewicht verschiebt sich in Richtung der Produkte.

26. Welche Auswirkung hat der Druck auf das Gleichgewicht bei Gasreaktionen?

- Druckerhöhung verschiebt bei Gasreaktionen das Gleichgewicht in Richtung des kleineren Volumens, Druckerniedrigung in Richtung des größeren Volumens.
- Druckerhöhung erhöht allgemein – auch bei gleichen Volumina der Ausgangs- und Endstoffe – durch Verdichtung/Verringerung des Abstands die Stoßzahl der Teilchen. Dadurch erhöht sich die Reaktionsgeschwindigkeit.

27. Die angegebene Reaktion verläuft endotherm. Wie stellt sich das Gleichgewicht auf Reaktionsbedingungen ein? Wie ist die Gleichgewichtskonstante zu formulieren?
$2\,A_g + B_f \rightarrow$
$2\,C_g + 2\,B_g + \Delta H$

$$K = \frac{c^2(C) \cdot c^2(C)}{c^2(A)}$$

Bei Druckerhöhung verschiebt sich das Gleichgewicht nach links wegen des kleineren Volumens auf der Seite der Edukte. Feststoffe sind an der Ausbildung des Gleichgewichts nicht beteiligt. Wegen des exothermen Verlaufs verschiebt sich bei Temperaturerhöhung das Gleichgewicht ebenfalls nach links (Energieaufnahme durch Zerfall von Produktanteilen).

28. Wodurch wird das Boudouardsche Gleichgewicht beeinflusst und die Ausbeute gesteigert?

Die Reaktion wird durch die Gleichung
$CO_2 + C \rightarrow 2\,CO$
($\Delta H = 178$ kJ/mol) beschrieben.
Das Gleichgewicht wird zum Kohlenstoffmonoxid hin durch hohe Temperatur (Energieaufnahme) sowie durch Entfernung des CO verschoben. Hoher Druck senkt die Ausbeute (Volumenzunahme; fester Kohlenstoff ist an der Gleichgewichtslage nicht beteiligt).

10.3 Elektrolytgleichgewichte

1. Wie ergibt sich aus dem Massenwirkungsgesetz das Ionenprodukt des Wassers?

$H_2O \leftrightarrows H^+ + OH^-$

Dissoziationskonstante $K_D = \frac{c_H^+ \cdot c_{OH}^-}{c_{H_2O}}$

Die Konzentration des undissoziierten Wassers ist praktisch konstant. Somit kann die Dissoziationskonstante K_D mit c_{H_2O} zum Ionenprodukt $K_w = K_{D \cdot H_2O} = 1.8 \cdot 10^{-1} \cdot 55{,}56\ \text{mol} \cdot l^{-1}$ zusammengefasst werden:

$K_W = c_{H^+} \cdot c_{OH^-} = 10^{-14}\ \text{mol}^2 \cdot l^{-2}$

2. Wie ist der pH-Wert definiert?

Der pH-Wert ist der negative dekadische Logarithmus des Zahlenwertes der Wasserstoff-Ionen- oder Oxonium-Ionenkonzentration (-Aktivität):

$pH = -\lg c_{H^+}$

3. In welcher Beziehung stehen pH-Wert und pOH-Wert?

$pH = 14 - pOH$

4. Wie leitet sich die Säure- und die Basen-Konstante ab?

Es wird von den Gleichungen für die Säure-Base-Paare sowie von der praktisch konstanten Konzentration des undissoziierten Wassers in wässriger Lösung ausgegangen:

1. Säure + $H_2O \rightleftarrows$ Base + H_3O^+
2. Base + $H_2O \rightleftarrows OH^-$ + Säure

Die Gleichgewichtskonstanten beider Reaktionen lauten K_1 und K_2. Sie ergeben multipliziert mit der Konzentration des undissoziierten Wassers K_S und K_B:

$K_1 \cdot c_{H_2O} = K_S$ $\qquad$ $K_2 \cdot c_{H_2O} = K_B$

Das Massenwirkungsgesetz ergibt sich in folgenden Formulierungen:

$$K_S = \frac{c_{Base} \cdot c_{H_3O+}}{c_{Säure}} \qquad K_B = \frac{c_{Säure} \cdot c_{OH-}}{c_{Base}}$$

5. Durch welche Näherungsformeln kann der pH-Wert sowie die OH- →

$$pH = 7\ \frac{pK_S + \lg c_{Base}}{2}$$

→

Ionenkonzentration einer verdünnten schwachen Base errechnet werden?

$$\text{oder pH} = 14 - \frac{pK_B + \lg c_{Base}}{2}$$

$$c(OH^-) = \sqrt{K_B \cdot c_{Base}}$$

6. Durch welche Näherungsformeln kann der pH-Wert sowie die Wasserstoff-Ionenkonzentration einer verdünnten schwachen Säure errechnet werden?

$$pH = \frac{pK_S + \lg c_{Säure}}{2}$$

$$\text{oder pH} = 7 - \frac{pK_B - \lg c_{Säure}}{2}$$

$$c(H_3O)^+ = \sqrt{K_S \cdot c_{Säure}}$$

7. In welchem Verhältnis steht das Ionenprodukt des Wassers zu dem Produkt $K_S \cdot K_B$?

Die Multiplikation von beiden voranstehenden Gleichungen führt zu
$K_S \cdot K_B = K_W = c_{H^+} \cdot c_{OH^-} = 10^{-14}\ mol^2 \cdot l^{-2}$

8. Wie sind pK_S-Wert und pK_B-Wert definiert?

Sie sind in Analogie zum pH-Wert definiert:

- Der pK_S-Wert ist der negative dekadische Logarithmus des Zahlenwertes der Säurekonstante: $pK_S = -\lg K_S$.
- Der pK_B-Wert ist der negative dekadische Logarithmus des Zahlenwertes der Basenkonstante: $pK_B = -\lg K_B$.

Diese Definitionen führen zu der Vereinfachung: $pK_S \cdot pK_B = 10^{14}$

9. Welche Aussagen können mit Hilfe des pK_S-Wertes getroffen werden?

Die Säurestärke wird mittels pK_S-Wert ausgedrückt: je kleiner der pK_S-Wert ist, desto stärker ist die Säure. Die korrespondierende Base besitzt einen sehr großen pK_B-Wert.
Beispiel: pK_S von HCl: – 6,
pK_B von Cl^-: 20 (Produkt: 14)

10. Welche Aussagen können mit Hilfe des pK_B-Wertes getroffen werden?

Die Basenstärke wird mittels pK_B-Wert ausgedrückt: je kleiner der pK_B-Wert ist, desto stärker ist die Base. Die korrespondierende Säure besitzt einen sehr großen pK_S-Wert.
Beispiel: pK_B von OH^-: 0,
pK_S von H_2O: 14 (Produkt: 14)

11. Wie errechnet sich die Wasserstoff-Ionen-Konzentration der Lösung eines Salzes einer starken Säure und einer schwachen Base?

Für eine Lösung eines Salzes einer starken Säure und schwachen Base gilt:

$c(H_3O)^+ = \sqrt{K_W \cdot c_{Salz}/K_B}$ und für ein Salz einer schwachen Säure und starken Base: $c(OH)^- = \sqrt{K_W \cdot c_{Salz}/K_S}$

12. Wie kann der pH-Wert einer Puffer-Lösung errechnet werden?

Mit Hilfe der HENDERSON-HASSELBALCH-Gleichung kann der pH-Wert einer Pufferlösung errechnet werden. Für die Reaktion $HA + OH^- \rightarrow A^- + H_2O$ ergibt sich der pH-Wert zu

$$pH = pK_S + \lg \frac{c_{Base}}{c_{Säure}} \quad (c_{Base} = c_{Salz} = c_{Anion}) \quad (c_{Säure} = c_{HA})$$

und für die Reaktion $A^- + H_3O^+ \rightarrow HA + H_2O$ zu

$$pH = pK_{B\,Anion} + \lg \frac{c_{Säure}}{c_{Base}}$$

13. In welcher Beziehung stehen Säure und Base bei Säure-Base-Paaren?

Eine starke Säure besitzt eine schwache korrespondierende Base und eine schwache Säure besitzt eine starke korrespondierende Base.

14. Was versteht man unter Hydrolyse eines Salzes? Welche Salze hydrolysieren?

Hydrolyse ist eine Protolyse von Salzen schwacher Säuren und starker Basen bzw. starker Säuren und schwacher Basen in wässriger Lösung. Salze schwacher Säuren und starker Basen hydrolysieren basisch:

$CH_2COONa + H_2O \rightleftarrows CH_3COOH + Na^+ + OH^-$

Salze schwacher Basen und starker Säuren hydrolysieren sauer:

$NH_4Cl + H_2O \rightleftarrows NH_3 + H_3O^+ + Cl^-$

15. Was ist eine gesättigte Lösung?

Eine gesättigte Lösung kann keinen weiteren Stoff bei gegebener Temperatur lösen. Weitere Zugabe des Stoffes bildet einen Bodenkörper.

16. Für welche Stoffe wird das Löslichkeitsprodukt angewendet?

Das Löslichkeitsprodukt wird sinnvoll nur für schwer lösliche Salze angewendet, wenn diese eine gesättigte Lösung mit Bodenkörper bilden.

17. Wie ergibt sich das Löslichkeitsprodukt aus dem Massenwirkungsgesetz?

In gesättigter Salz-Lösung mit Bodenkörper ist die Konzentration undissozierter Teilchen und dissoziierter Teilchen konstant, denn es besteht ein dynamisches Gleichgewicht zwischen Lösung und Bodenkörper. Außerdem ist die Konzentration undissozierter Teilchen sehr klein.
Des weiteren besteht ein dynamisches Gleichgewicht zwischen undissoziierten und dissoziierten Teilchen, das weit auf der rechten Seite liegt:

KA	$\rightleftarrows K^+$	$+ A^-$
undiss. Salz	Kation	Anion

$$\text{MWG: } K = \frac{c_K^+ \cdot c_A^-}{c_{KA}}$$

Wegen c_{KA} = konst. kann der Wert mit K zu einer neuen Konstante, dem Löslichkeitsprodukt K_L zusammengefasst werden:
$K_L = c_{KA} \cdot K = c_{K^+} \cdot c_{A^-}$

10.4 Reaktionsgeschwindigkeit, Reaktionskinetik

1. Was versteht man unter der Reaktionsgeschwindigkeit?

Die Reaktionsgeschwindigkeit *RG* ist ein Maß für die Zeit, die eine Reaktion für ihren Ablauf benötigt. Sie ist als Änderung der Konzentration Δc in einem bestimmten Zeitabschnitt Δt definiert:
$RG = \Delta c / \Delta t$.

2. Wodurch kann die Reaktionsgeschwindigkeit zwischen einem Gas und einem Feststoff erhöht werden?

Zerkleinern des Feststoffs (große Oberfläche), höhere optimale Temperatur und erhöhter Gasdruck begünstigen die Gas-Feststoff-Reaktionen.

3. Was besagt die VAN'T HOFFsche Regel?

Nach dieser Regel erhöht sich die Reaktionsgeschwindigkeit auf das Doppelte, wenn die Temperatur um etwa 10 K erhöht wird (RGT-Regel, Reaktionsgeschwindigkeits-Temperatur-Regel).

4. Warum wird durch Erhöhung der Temperatur →

Bei Erhöhung der Temperatur wird die kinetische Energie der Teilchen erhöht, die Zahl der Zusammenstöße wächst und eine stärkere Aktivierung →

die Reaktionsgeschwindigkeit erhöht?

erfolgt (Spaltung und Neubildung von Bindungen).

5. Warum wird durch Erhöhung der Konzentration die Reaktionsgeschwindigkeit erhöht?

Durch die Erhöhung der Konzentration vergrößert sich die Anzahl der Teilchen im Volumen. Dadurch wird die Stoßzahl erhöht.

6. Warum erhöht sich die Reaktionsgeschwindigkeit bei Druckerhöhung in Gasgemischen?

Bei Gasreaktionen erhöht sich die Stoßzahl, wenn der Druck erhöht wird (unabhängig davon, ob das Volumen der Edukte sich verändert oder konstant bleibt).

7. Wie kann bei heterogenen Systemen die Reaktionsgeschwindigkeit erhöht werden?

Bei festen Stoffen wird durch Zerkleinerung die Angriffsfläche vergrößert.
Die Oberfläche nicht mischbarer Flüssigkeiten wird z. B. durch intensives Rühren, Versprühen, Eindüsen eines Edukts in feinen Tröpfchen vergrößert.

8. Was versteht man unter Reaktionskinetik?

Sie beschäftigt sich mit der Reaktionsgeschwindigkeit und der Reaktionsordnung chemischer Vorgänge.
Bei der kinetischen Betrachtung einer Reaktion wird davon ausgegangen, dass bei der Bildung oder dem Zerfall einer Verbindung Teilchen zusammenstoßen und die Aktivierungsenergie zur Verfügung steht. Deshalb sind Konzentration und Temperatur von entscheidendem Einfluss auf die Reaktionsgeschwindigkeit.

9. Wodurch wird die Reaktionskinetik beeinflusst?

Konzentration, Druck, Temperatur und Katalysator beeinflussen die Kinetik:

- die Erhöhung der Konzentration, des Drucks und der Temperatur führt zu mehr Zusammenstößen,
- der Katalysator senkt die Aktivierungsenergie und erhöht die Reaktionsgeschwindigkeit,
- Inhibitoren senken die Geschwindigkeit,
- Zerkleinern von festen Stoffen vergrößert die Angriffsfläche,
- Verrühren, Versprühen von flüssigen Stoffen vergrößert ebenfalls die Oberfläche.

10. Was wird als Reaktionsordnung bezeichnet?

Die Reaktionsordnung ergibt sich aus dem Zeitgesetz der Reaktion, das die Abhängigkeit der Reaktionsgeschwindigkeit $\Delta c / \Delta t$ (Änderung der Konzentration in einer Zeiteinheit) beschreibt.

11. Was sind Reaktionen 1. Ordnung?

Bei Reaktionen 1. Ordnung wird die Reaktionsgeschwindigkeit nur von der Konzentration einer Teilchenart bestimmt (monomolekulare Reaktion).

12. Welche Reaktionen sind 2. Ordnung?

Bei einer Reaktion 2. Ordnung wird die Geschwindigkeit der Reaktion von der Konzentration beider Teilchenarten bestimmt (bimolekulare Reaktion).

13. Wie lautet das Zeitgesetz für Reaktionen a) 1. und b) 2. Ordnung?

a) Reaktionsgeschwindigkeit 1. Ordnung für den Stoff A:
$-\Delta c / \Delta t = k \cdot c_A$.
b) Reaktionsgeschwindigkeit 2. Ordnung für den Stoff A bei der Reaktion von A und B:
$-\Delta c_A / \Delta t = k \cdot c_A \cdot c_B$.

14. Gibt es auch Reaktionen 0. Ordnung?

Reaktionen 0. Ordnung laufen unabhängig von der Konzentration ab. Die Reaktionsgeschwindigkeit ist nicht von der Konzentration abhängig. Es handelt sich z. B. um Vorgänge an der Oberfläche fester Katalysatoren oder durch Lichtquanten ausgelöste fotochemische Reaktionen (z. B. radikalische Reaktion von Methan mit Chlor im UV-Licht).

15. Warum sind Reaktionen 3. Ordnung selten?

Ein Zusammenstoß von drei unterschiedlichen Teilchen ist unwahrscheinlich. In solchen Vorgängen „verstecken" sich Zwischenverbindungen, sodass es sich eigentlich um eine Folge von mono- und bimolekularen Reaktionen handelt.

16. Nennen Sie typische Beispiele für Reaktionen 1. Ordnung.

Typisch sind z. B. die Reaktionen:
a) $N_2O_4 \rightleftarrows 2\ NO$
b) $N_2O_5 \rightleftarrows N_2O_3 + O_2$
c) $Br_2 \rightleftarrows 2\ Br\cdot$

17. Welche Merkmale besitzen Reaktionen 1. Ordnung?

Eine Verdopplung der Eduktkonzentration verdoppelt die Reaktionsgeschwindigkeit.

18. Was versteht man unter Halbwertszeit einer Reaktion?

Die Konzentration eines Edukts nimmt während der Reaktion exponentiell ab. Bei der Halbwertszeit hat sich die Konzentration halbiert.

19. Nennen Sie Beispiel für Reaktionen 2. Ordnung.

$H_2 + I_2 \rightleftarrows 2\,HI$

$Fe^{2+} + Mn^{3+} \rightleftarrows Fe^{3+} + Mn^{2+}$

20. Was wird durch die Molekularität einer Reaktion beschrieben?

Die Molekularität einer Reaktion gibt an, wie viel Eduktteilchen an der Bildung eines Produktteilchens beteiligt sind. Man unterscheidet mono- oder unimolekulare (z. B. fotochemische) und bimolekulare (z. B. Additionen) Reaktionen.

21. Was sind Elementarreaktionen?

Elementarreaktion vollziehen sich durch direktes Reagieren von zwei Teilchen ohne Bildung von Zwischen- bzw. Übergangsverbindungen, z. B.

$Fe + S \rightarrow FeS$ oder

$Ba^{2+} + SO_4{}^{2-} \rightarrow BaSO_4$

22. Was kennzeichnet zusammengesetzte Reaktionen?

Zusammengesetzte Reaktionen bestehen aus mehreren aufeinander folgenden Elementarreaktionen.

23. Wie sind die Standardbedingungen definiert?

Standardbedingungen bestehen bei einem Druck von 101,325 kPa und einer Temperatur von 25 °C bzw. 298,15 K.

24. Was beinhaltet der Normzustand?

Stoffe befinden sich bei 101,325 kPa und 0 °C bzw. 273,15 K im Normzustand.

10.5 Thermodynamik

1. Welche Energieänderungen gehen bei exo- und endothermen Vorgängen vor sich?

- Bei einem exothermen Vorgang sind die Produkte *energieärmer* als die Edukte.
- Bei einem endothermen Vorgang sind die Produkte *energiereicher* als die Edukte.

2. Was beinhaltet der Begriff „Innere Energie“?

Die Innere Energie *U* ist eine Zustandsgröße. Sie ist die Summe aller Energiearten, die in einem System enthalten sind (Bindungsenergie, thermische Energie, Energie des Atomkerns).
Die Absolutwerte der Inneren Energie können nicht bestimmt werden.

3. Was sind Zustandsgrößen bzw. einfache und abgeleitete Zustandsgrößen?

Zustandsgrößen sind messbare thermodynamische Größen, die den Zustand eines Stoffes oder Systems kennzeichnen. Einfache Zustandsgrößen sind Druck, Temperatur, Volumen. Abgeleitete Zustandsgrößen oder Zustandsfunktionen sind Innere Energie, Enthalpie, GIBBS'sche Energie, Entropie.

4. Was ist ein offenes und ein geschlossenes System?

Ein offenes System steht mit der Umgebung stofflich und energetisch in Beziehung/Wechselwirkung (z. B. ein Feuer oder die Reaktion von Zink mit Salzsäure in einem offenen Reagenzglas). Ein geschlossenes System kann nur energetisch, aber nicht stofflich mit der Umgebung wechselwirken (z. B. Schmelzen eines Stoffes durch Erhitzen in einem verschlossenem Gefäß).

5. Was besagt der 1. Hauptsatz der Thermodynamik?

In einem abgeschlossenen System ist die innere Energie konstant.
Bei einem Prozess kann weder Energie erschaffen noch vernichtet werden. Energie kann nur von einer Energieform in andere umgewandelt werden.
Energie kann nicht „verbraucht“, sondern nur aufgenommen oder abgegeben werden.

6. Woraus ergibt sich die Änderung der inneren Energie?

In einem geschlossenen System ist die Änderung der inneren Energie ΔU gleich der Summe von Wärme Q und Arbeit W, die aus der Umgebung aufgenommen oder an die Umgebung abgegeben werden: $\Delta U = Q + W$.

7. Was versteht man unter Reaktionsenergie bzw. -wärme?

Die Begriffe Reaktionsenergie oder Reaktionswärme werden als Reaktionsenthalpie bezeichnet. Es ist Energie, die bei einem chemischen Vorgang freigesetzt wird oder aufgebracht werden muss.

8. Wie ist die Enthalpie definiert?

Die Enthalpie ist eine Zustandsgröße für die Reaktionsenergie eines Vorgangs, der bei konstantem Druck abläuft (isobar, $\Delta p = 0$):
$\Delta H = \Delta U + p\Delta V$.

9. Wie groß ist die Enthalpie bei isobaren und isochoren Reaktionen?

Sie ist in diesem Fall gleich der Reaktionswärme:
$\Delta H = \Delta U = \Delta Q$

10. Erläutern Sie das Temperatur-Zeit-Diagramm für das Schmelzen und Sieden eines kristallinen Stoffes, der sich nicht chemisch zersetzt!

Im festen, flüssigen sowie gasförmigen Zustand führt die isobar zugeführte Wärmeenergie zur Erhöhung der Temperatur des Stoffes.
Beim Erreichen der Schmelztemperatur (Schmelzpunkt) wird die zugeführte Wärme zur Zerstörung des Kristallgitters eines kristallinen Stoffes aufgewendet. Die Temperatur bleibt bis zum vollständigen Aufschmelzen des Gitters konstant. Durch weiter zugeführte Wärmeenergie steigt die Temperatur der Schmelze.
Beim Erreichen der Siedetemperatur (Siedepunkt) wird die Anziehung zwischen den Teilchen beim Verdampfen durch die aufgenommene Wärmeenergie überwunden. Dazu ist eine größere Energiemenge notwendig als bei Schmelzen. Die Temperatur bleibt bis zum vollständigen Verdampfen konstant.

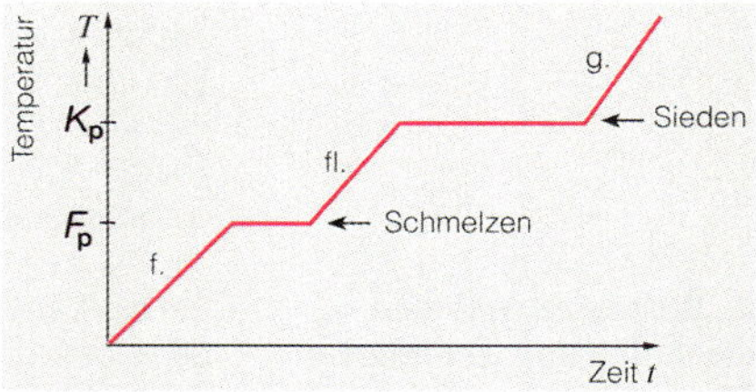

11. Welchen Verlauf nimmt das Temperatur-Zeit-Diagramm bei Abkühlen eines Dampfes bis unter die Schmelztemperatur?

Wegen der Energieerhaltung hat das T-t-Diagramm einen spiegelbildlichen Verlauf zu dem voranstehenden Diagramm (Aufgabe 10). Bei der Kondensationstemperatur und der Kristallisationstemperatur werden die Wärmemengen bzw. Enthalpiebeträge wieder frei, die zum Schmelzen und Verdampfen aufgewendet wurden.

12. Welche Vorgänge können eine Volumenarbeit leisten?

Die Arbeit *W* kann von einem System bei solchen Reaktionen geleistet werden, bei denen sich das Volumen vergrößert und dadurch eine – meist mechanische – Arbeit von dem System geleistet wird. Das ist insbesondere durch das Freiwerden von Gasen oder die Vergrößerung von Gasvolumina der Fall. Die Volumenarbeit ist dann $W = -p \cdot \Delta V$.
Die Änderung des Volumens von Feststoffen oder Flüssigkeiten ist demgegenüber gering und weniger von Belang.

13. Wie unterscheiden sich Reaktionsenthalpie und Bildungsenthalpie?

Die Reaktionsenthalpie ist die Wärmemenge, die bei isobarem Prozess mit *kleinstem ganzzahligen Formelumsatz* frei oder gebunden wird.
Die Bildungsenthalpie ist die Energie, die bei *der Bildung eines Mols einer Verbindung aus den Elementen* abgegeben oder zugeführt wird.

14. Warum wird die Enthalpie der Elemente gleich 0 gesetzt?

Für die innere Energie und damit auch für die Enthalpie sind keine Absolutwerte bekannt. Die Enthalpie der Elemente wird deshalb gleich Null gesetzt. Es interessieren nur die Differenzbeträge zwischen den Zuständen zu Beginn (Edukte) und am Ende der Reaktion (Produkte) und damit nur die Änderung der Enthalpie (wie auch anderer Zustandsgrößen).

15. Wie errechnet sich die Enthalpieänderung eines Vorgangs?

$$\Delta H = \Sigma \Delta H_{\text{Produkte}} - \Sigma \Delta H_{\text{Edukte}}$$

16. Welche Aussagen treffen Reaktionsenthalpien?

Eine negative Reaktionsenthalpie kennzeichnet einen exothermen Vorgang (Abgabe von Energie, Produkte sind energieärmer).
Eine positive Reaktionsenthalpie ist das Merkmal eines endothermen Vorgangs (Energieaufnahme, Produkt ist energiereicher).

17. Welche Enthalpieänderung tritt bei der Elektrolyse auf?

Die Elektrolyse ist ein erzwungener elektrochemischer Vorgang, bei dem Energie aufgenommen wird. Die Enthalpie ist positiv.

18. Was besagt die Summengleichung der Elektrolyse von Natriumchlorid?

$2\ NaCl + 2\ H_2O \rightarrow$
$2\ NaOH + Cl_2 + H_2\ \Delta H = 864\ kJ$

- Endotherme Reaktion,
- erzwungener Vorgang,
- Produkte energiereicher als Edukte.

19. Erläutern Sie das Diagramm für das Lösen eines kristallinen Stoffes mit positiver und negativer Lösungsenthalpie

Wenn der Energiebetrag, der zum Überwinden der Gitterenergie notwendig ist, kleiner ist als derjenige, welcher durch die Hydratation freigesetzt wird, erwärmt sich die Lösung. Die Lösungsenthalpie ist positiv.
Das Wasser bzw. Stoffsystem kühlt sich ab (Lösungsenthalpie negativ), wenn der Betrag der Gitterenergie größer ist als derjenige der Hydratation.

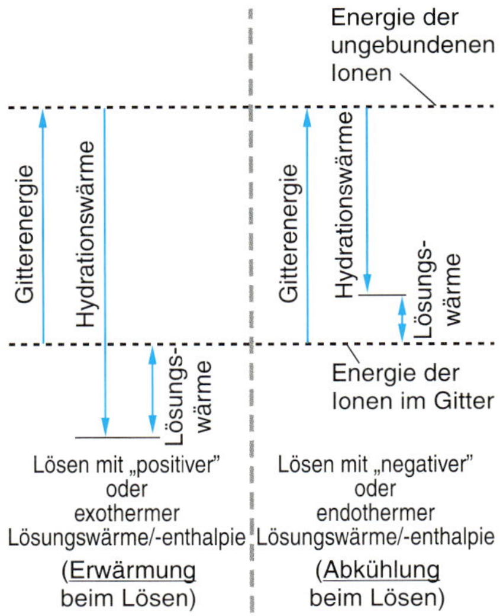

20. Welche Enthalpieänderung entsteht bei der thermischen Zersetzung von $CaCO_3$?

Die Zersetzung $CaCO_3 \rightarrow CaO + CO_2$ verlangt hohe Temperaturen. Das CaO ist gegenüber $CaCO_3$ eine endotherme Verbindung. Die Enthalpieänderung ist positiv.

21. Was besagt der HESSsche Satz und welche Bedeutung besitzt er?

Er besagt, dass die Energiemenge, die zwischen Ausgangs- und Endstoffen abgegeben oder aufgenommen wird, unabhängig von Weg gleich groß ist. Dadurch gestattet der HESSsche Satz, Reaktionsenthalpien von Zwischenverbindungen zu errechnen.
Beispielsweise besitzt die Reaktion von Kohlenstoff zu Kohlenstoffdioxid die gleiche Enthalpie wie die beiden Teilreaktionen Kohlenstoff zu Kohlenstoffmonoxid und Kohlenstoffmonoxid zu Kohlenstoffdioxid zusammen.

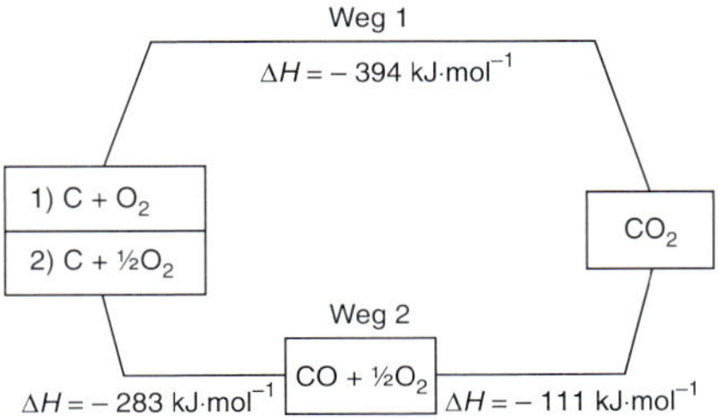

22. Was versteht man unter GIBBS'scher Energie?

Die GIBBS'sche Energie oder freie Enthalpie *G* ist der maximal mögliche Energieanteil einer reversibel verlaufenden Reaktion, der Arbeit verrichten kann. Sie ergibt sich aus der Enthalpie abzüglich der Wärmemenge *Q*, die im Stoffsystem verbleibt und dieses erwärmt bzw. in die Umgebung abgegeben wird:
$\Delta G = \Delta H - Q$

23. Wozu dienen die Begriffe GIBBS'sche Energie und Entropie?

Nach dem 1. Hauptsatz der Thermodynamik kann jede Reaktion *freiwillig* in beide Richtungen verlaufen, wenn die Energie erhalten bleibt. Das widerspricht aber der Erfahrung: Eisenrost geht nicht von selbst wieder in Eisen über.
Die GIBBS'sche Energie oder freie Enthalpie *G* sowie die Entropie *S* geben an, in welcher *Richtung* eine Reaktion *freiwillig* verlaufen *kann*.

24. Wann kann sich ein Vorgang gemessen an der Gibbs'schen-Energie, freiwillig vollziehen?

Eine chemische Reaktion geht in einem geschlossenen System *freiwillig* vor sich, wenn die Änderung der Gibbs'schen Energie negativ ist: $\Delta G < 0$.

25. Was besagt der Betrag der Gibbs'schen Energie?

Je größer der negative Betrag der Gibbs'schen Energie ist, desto größer ist die Triebkraft der Reaktion.
Bei $\Delta G = 0$ ist die Reaktion im Gleichgewicht, bei $\Delta G > 0$ kann die Reaktion nur unter *Zwang* (Zufuhr/Aufnahme von Energie) vor sich gehen.

26. In welcher Beziehung stehen Enthalpie und Gibbs'sche Energie (freie Enthalpie)

Bei isobaren und isochoren Vorgängen setzt sich die Reaktionsenthalpie aus einem Wärmbetrag Q und einem Energieanteil, der Arbeit verrichten kann, zusammen. Letzterer ist die Gibbs'sche Energie oder freie Enthalpie G: $\Delta H = \Delta G + Q$.
Bei reversiblen Vorgängen ist die maximal mögliche Arbeit $W_{max} = \Delta G$.

27. Was gibt die Zustandsgröße Entropie an?

Unter Entropie wird der Ordnungszustand oder -grad (innere Ordnung, Ordnung bzw. Unordnung, Verteilung) eines Systems verstanden. Hohe Ordnung (z. B. Kristall) bedeutet geringe Entropie. Hohe Unordnung oder Verteilung eines oder mehrerer Stoffe bedeutet hohe Entropie, z. B. Mischung zweier Stoffe wie zweier Gase, eine Lösung mehrerer Stoffe.
Polymerisation von Monomeren zu Polymeren oder Kondensation von Teilchen zu größeren Molekülen bedeutet Ordnen und damit Entropie-Abnahme. Die Reaktionen sind begünstigt bzw. können freiwillig verlaufen, bei der die Entropie, d. h. die Unordnung bzw. Verteilung, zunimmt.

28. Wie ist die Entropie definiert?

Die Zustandsgröße Entropie S wird erhalten aus der Reaktionswärme, die mit der Umgebung ausgetauscht wird, dividiert durch die absolute Temperatur, bei der die Reaktion abläuft: $S = Q/T$. Die Änderung der Entropie ist $\Delta S = Q/T$

29. Welche Form besitzt das Diagramm, das die →

Während eines Aggregatzustandes nimmt bei Zufuhr von Wärmeenergie die Entropie langsam →

Entropieänderung eines Stoffes beim Erwärmen vom festen bis zum dampfförmigen Zustand zeigt?

zu. Beim Erreichen der Schmelztemperatur T_S erhöht sich die Entropie sprunghaft durch Verlust der Ordnung, die stärkere Zunahme der Wärmebewegung und die unabhängigen Bewegung der Teilchen (Zunahme der Unordnung). Die Entropiezunahme beim Erreichen der Verdampfungstemperatur T_V ist wesentlich größer wegen der Trennung der Teilchen voneinander (Zunahme der Unordnung).

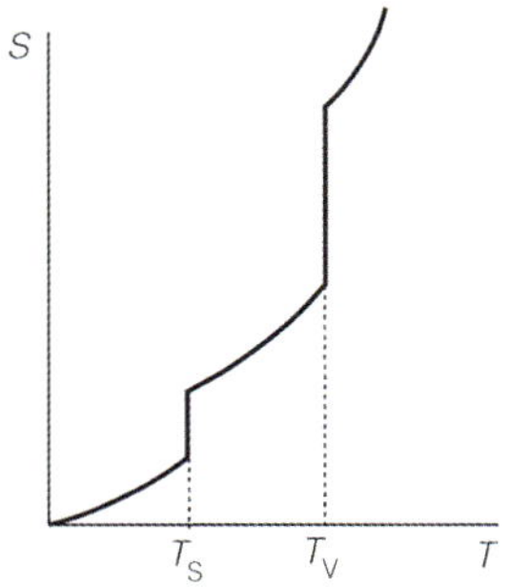

30. In welcher Beziehung stehen Enthalpie, Gibbs'-sche Energie und Entropie?

Die Gibbs-Helmholtzsche Gleichung verknüpft diese Zustandsgrößen:

$\Delta H = \Delta G + Q$

$Q \quad = T\Delta S$

$\Delta H = \Delta G + T\Delta S$

31. Wann kann sich ein Vorgang gemessen an der Entropie freiwillig vollziehen?

In einem abgeschlossenen System können irreversible Vorgänge nur ablaufen, wenn die Entropie zunimmt: $\Delta S > 0$

32. Wann kann sich überhaupt ein Vorgang freiwillig vollziehen?

Ein Vorgang verläuft insgesamt freiwillig, wenn Energie abgegeben werden kann, d. h. $\Delta G < 0$ wird und die Entropie zunehmen kann, d. h. $\Delta S > 0$ wird.

33. Welche Entropieänderung geht beim thermischen Zersetzen von $CaCO_3$ vor sich?

Bei der Zersetzung erfolgt eine Entropiezunahme, weil sich Stoffe trennen („zerstreuen", verteilen) und ein geringerer Ordnungszustand eintritt. Außerdem breitet sich das entweichende Kohlenstoffdioxid in den Gasraum aus.

34. Warum läuft eine Polymerisation nicht spontan bzw. freiwillig ab?

Die Ursache liegt in der Entropie-Abnahme. Aus kleinen selbstständigen, ungeordneten Molekülen entstehen geordnete lange Moleküle.

35. Warum nimmt bei der Polymerisation, z. B. von Vinylchlorid, die Entropie ab?

Bei der Polymerisation von $CH_2{=}CHCl$ zu Polyvinylchlorid PVC $[–CH_2–CHCl–]_n$ nimmt die Ordnung zu: einzelne „unabhängige", ungeordnete Mikromoleküle ergeben ein geordnetes Makromolekül.

36. Skizzieren Sie die Form des Energiediagramms einer endothermen Reaktion am Beispiel der Spaltung von Wasser in Wasserstoff und Sauerstoff. Welche Strecke beinhaltet die Aktivierungsenergie und die Reaktionsenthalpie?

- Das Edukt ist als Oxid energieärmer.
- Wasserstoff und Sauerstoff sind energiereicher.

(E_A Aktivierungsenergie, $+\Delta H$ positive Reaktionsenthalpie

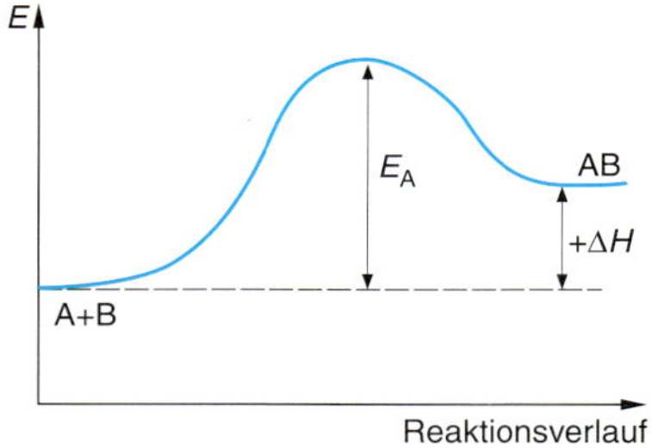

37. Welche Form hat das Energiediagramm für eine exotherme Reaktion? Erstellen Sie eine Skizze anhand des Beispiels $C + O_2 = CO_2$. Tragen Sie die Aktivierungsenergie E_A und die Reaktionsenthalpie ΔH ein.

Für die Reaktion ist Aktivierungsenergie notwendig. Die Produkte sind energieärmer als die Edukte. (E_A Aktivierungsenergie, $-\Delta H$ negative Reaktionsenthalpie)

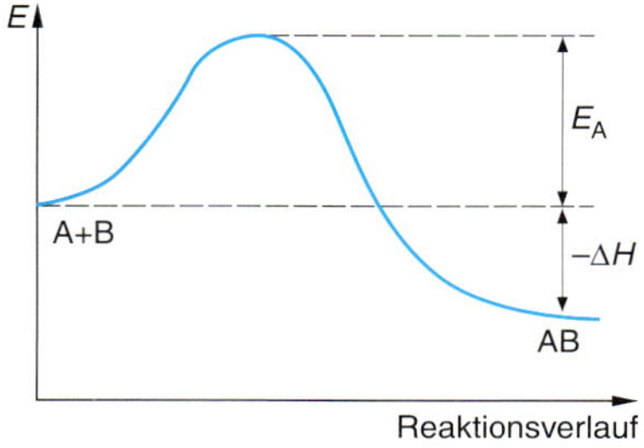

38. Gegeben ist das Zustandsdiagramm eines Stoffes. Wie sind die Vorgänge a) bis f) zu bezeichnen?

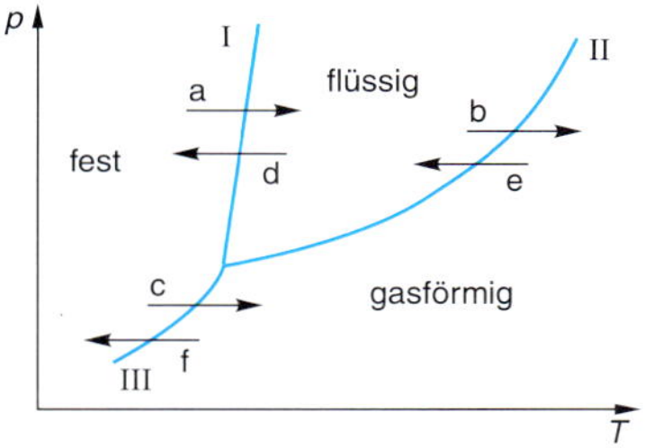

Die Zustandsänderungen lauten
a) Schmelzen,
b) Erstarren,
c) Verdampfen,
d) Kondensieren,
e) Sublimieren,
f) Reifen oder Resublimieren.

39. Wie werden die Grenzlinien I, II und III in dem in Aufgabe 38 angegebenen allgemeinen Zustandsschaubild bezeichnet?

I = Dampfdrucklinie des festen Stoffes, Schmelzkurve oder Soliduslinie,
II = Dampfdrucklinie des flüssigen Stoffs, Dampfdruckkurve oder Liquiduslinie,
III = Dampfdrucklinie der Sublimation, Sublimationskurve.

40. Diskutieren Sie das Zustandsschaubild von Wasser!

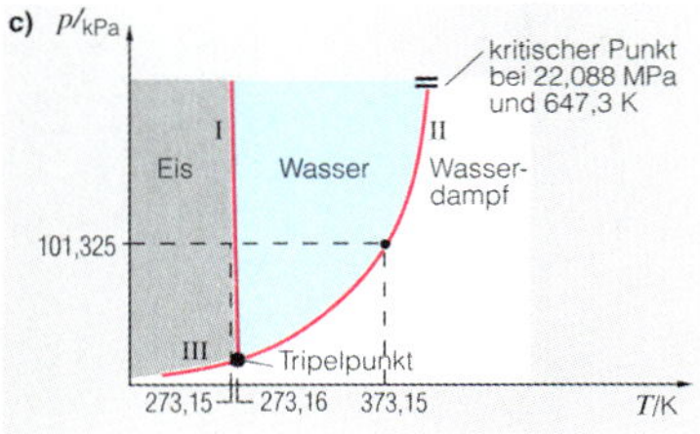

Wasser ist nach seiner Zusammensetzung Dihydrogenoxid.
Mit steigendem Druck verschiebt sich die Schmelzkurve leicht zu niedrigeren Temperaturen, d. h. Eis schmilzt bei hohem Druck unterhalb 0 °C.
Die Dampfdruckkurve steigt vom Tripelpunkt ausgehend mit dem Druck zu höherer Temperatur, d. h. das Wasser siedet bei einem Druck über 101.325 kPa oberhalb von 100 °C (Dampftopf!) und unterhalb dieses Drucks bei niedrigeren Temperaturen (Vakuumdestillation!). Der Tripelpunkt liegt bei 0.01 °C oder 273,15 K und 6.1 Pa. Unter diesen Werten sublimiert das Eis.

41. Welche Änderungen ergeben sich im Zustandsschaubild des Wassers, wenn ein Stoff gelöst wird?

Der Dampfdruck der Lösung ist kleiner als der des reinen Wassers. Daraus ergibt sich eine Schmelztemperatur-Erniedrigung und eine Siedetemperatur-Erhöhung.

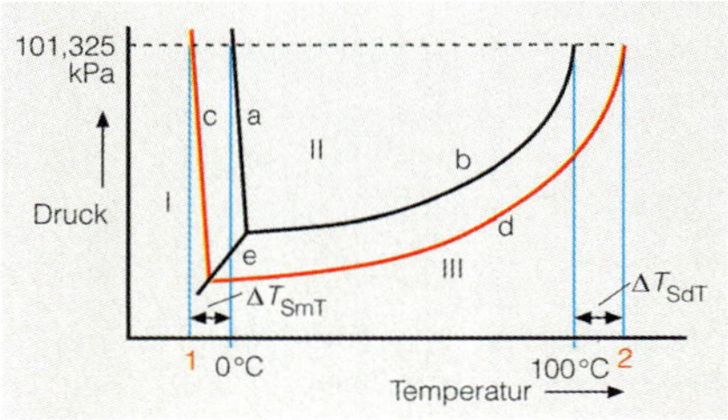

ΔT_{SmT} = Schmelztemperatur-Erniedrigung,
ΔT_{SdT} = Siedetemperatur-Erhöhung

42. Was verstehen Sie unter dem Tripelpunkt?

Am Tripel- oder Dreiphasenpunkt liegt ein Stoff im festen, flüssigen und gasförmigen Aggregatzustand im Gleichgewicht nebeneinander vor. Der Tripelpunkt ist für den Stoff durch Temperatur und Druck exakt festgelegt.

11 Chemische Bindung – Periodensystem der Elemente

11.1 Atombau und Stellung der Elemente im Periodensystem

1. Was gibt die Ordnungszahl eines chemischen Elements an?

Die Ordnungszahl gibt sowohl die Anzahl der Protonen im Kern als auch die Anzahl der Elektronen in der Hülle an.

2. Welche Stoffe haben auf der Außenschale die Eektronenkonfiguration s^2 p^6? Welche Bedeutung kommt ihr zu?

Diese Elektronenkonfiguration besitzen die Elemente der 8. Hauptgruppe mit Ausnahme des Elementes Helium. Diese Anordnung wird auch als Edelgaskonfiguration bezeichnet und hat eine hohe Reaktionsträgheit der Elemente zur Folge.

3. Was gibt die Periodennummer an?

Die Periodennummer gibt nach dem BOHR'schen Atommodell die Anzahl der besetzten Elektronenschalen an. Nach dem quantenmechanischen Atommmodell gibt sie die Zahl der besetzten Hauptniveaus an.

4. Wodurch unterscheiden sich Haupt- von Nebengruppenelementen bezüglich der Besetzung der Energieniveaus mit Valenzelektronen?

Bei den Hauptgruppenelementen werden s- und p-Elektronen, bei den Nebengruppen dagegen s- und d-Elektronen als Valenzelektronen genutzt.

5. Definieren Sie die Begriffe Kernladungs- und Massenzahl.

Die Kernladungszahl bezeichnet die Anzahl der Protonen im Atomkern.
Unter der Massenzahl versteht man die Summe aus der Anzahl der Protonen und Neutronen.

6. Interpretieren Sie die nachfolgend dargestellten Angaben:

$^{35}_{17}Cl$ $^{37}_{17}Cl$

Es handelt sich hierbei um zwei verschiedene Isotope des Chlors. Die erste Angabe bedeutet, dass das Atom 17 Protonen und 18 Neutronen besitzt.
17 = Anzahl Protonen
35 = Anzahl Protonen + Neutronen (18).

→

In der zweiten Darstellung hat das Atom ebenfalls 17 Protonen aber 20 Neutronen.
17 = Anzahl Protonen
37 = Anzahl Protonen + Neutronen (20).

7. Wo konzentriert sich in einem Atom die größte Masse? Begründen Sie.

Die größte Masse konzentriert sich im Atomkern. Ursache dafür ist hauptsächlich die Masse der im Kern vorhandenen Protonen und Neutronen, die ein Vielfaches der Masse der Elektronen in der Hülle beträgt.

8. Was sind Isotope?

Isotope sind Atomarten eines chemischen Elements mit gleicher Kernladungs- aber unterschiedlicher Massenzahl.

9. Chrom ist ein d-Element der 4. Periode. Beantworten Sie folgende Fragen:
a) Welche Elektronenkonfiguration besitzt Chrom im Grundzustand?
b) Welche wichtigen Oxidationszahlen nimmt Chrom in seinen Oxiden ein?
c) Welche Elektronen sind an der Reaktion beteiligt?
d) Wie lauten die Formeln und Namen der Oxide?

a) Elektronenkonfiguration im Grundzustand:
$1s^2\ 2s^2\ 2p^6\ 3s^2\ 3p^6\ 4s^2\ 3d^4$
b) Wichtige Oxidationszahlen:
+2, +3, +6
c) An der Reaktion sind die 4s und 3d Elektronen beteiligt.
d) Formeln und Namen der Oxide:
CrO – Chrom(II)-oxid
Cr_2O_3 – Chrom(III)-oxid
CrO_3 – Chrom(VI)-oxid

10. Was gibt die Hauptgruppennummer an?

Die Nummer der Hauptgruppe gibt die Anzahl der Valenzelektronen an.

11. Überprüfen Sie die Angaben auf ihre Richtigkeit:
Element Cobalt
Stellung im PSE:
4. Periode,
8. Hauptgruppe

→

Element Cobalt
Stellung im PSE:

4. Periode		richtig
8. Hauptgruppe		falsch
Elektronenkonfiguration:		
$1s^2\ 2s^2\ 2p^6\ 3s^2\ 3p^6\ 4s^2\ 3d^7$		falsch
Charakter:	Metall	richtig

→

11

Elektronenkonfiguration:
$1s^2\ 2s^2\ 2p^6\ 3s^2\ 3p^6\ 4s^2\ 3d^7$
Charakter: Metall
Element Schwefel
Valenzelektronenzahl: 5
Charakter: Nichtmetall
Chemisches Symbol: S
Protonenzahl: 15

Element Schwefel

Valenzelektronenzahl:	5	falsch
Charakter:	Nichtmetall	richtig
Chemisches Symbol:	S	richtig
Protonenzahl:	15	falsch

12. Überprüfen Sie folgende Aussagen auf ihre Richtigkeit! Schreiben Sie ein r (richtig) oder f (falsch) hinter die jeweilige Aussage!
a) Bor ist ein Element der 3. Hauptgruppe.
b) Mischelemente besitzen unterschiedliche Protonenzahlen im Kern.
c) Die Außenelektronen des Elementes Chlor sind energiereicher als diejenigen des Elementes Silber.
d) Kupfer gehört zu den 3d-Elementen.
e) p-Orbitale können maximal 6 Elektronen aufnehmen.
f) Helium besitzt als Edelgas eine stabile Achterschale.

a) Bor ist ein Element der 3. Hauptgruppe. r
b) Mischelemente besitzen unterschiedliche Protonenzahlen im Kern. f
c) Die Außenelektronen des Elementes Chlor sind energiereicher als diejenigen des Elementes Silber. f
d) Kupfer gehört zu den 3d-Elementen. r
e) Alle p-Orbitale einer Periode können maximal 6 Elektronen aufnehmen. r
f) Helium besitzt als Edelgas eine stabile Achterschale. f

13. Entscheiden Sie, welche Elektronen in nachfolgend genannten Orbitalen energiereicher sind: 2 s oder 6 d

Die Elektronen des 6d-Orbitals sind energiereicher.

14. Sortieren Sie die genannten Elemente nach →

Hauptgruppenelemente: Schwefel, Bismut, Selen. →

Haupt- und Nebengruppenelementen: Zink, Mangan, Schwefel, Bismut, Selen, Molybdän.

Nebengruppenelemente: Zink, Mangan, Molybdän.

15. Welche Aussage trifft der Elektronegativitätswert?

Der Elektronegativitätswert ist ein Maß für die Fähigkeit eines Atoms, Elektronen eines anderen Atoms während einer chemischen Reaktion an sich zu binden.

16. Geben Sie die Tendenz der Elektronegativitätswerte innerhalb der Perioden von links nach rechts und innerhalb der Hauptgruppen von oben nach unten an.

Die Elektronegativitätswerte nehmen innerhalb der Perioden von links nach rechts zu, innerhalb der Hauptgruppen dagegen von oben nach unten ab.

17. Ordnen Sie die genannten chemischen Elemente nach steigenden Elektronegativitätswerten: Silicium, Fluor, Titan, Iod, Natrium.

Richtige Reihenfolge: Natrium, Titan, Silicium, Iod, Fluor.

18. Bgründen Sie mit Hilfe der Valenzelektronenzahl, welche der Elemente besonders reaktionsfähig und welche besonders reaktionsträge sind. Krypton, Kalium, Calcium, Neon, Brom.

Besonders reaktionsfähig sind Kalium, Calcium und Brom, da es sich hier um Elemente mit sehr geringer oder sehr hoher Valenzelektronenzahl handelt. Kalium und Calcium mit einem bzw. zwei Valenzelektronen sind bestrebt diese abzugeben, beim Brom mit sieben Valenzelektronen erfolgt eine Aufnahme.
Besonders reaktionsträge sind Krypton und Neon, da bei diesen Elementen eine voll besetztes Hauptniveau und somit eine Edelgaskonfiguration vorliegt.

19. Nennen Sie die vier Quantenzahlen so wie deren Bedeutung.

- Hauptquantenzahl n: Nummer des Hauptniveaus und dessen Größe sowie Ausrichtung.
- Nebenquantenzahl l: Art des Unterniveaus und dessen räumliche Gestalt.

→

- Magnetquantenzahl m: räumliche Ausrichtung der Orbitale.
- Spinquantenzahl s: Richtung des Eigendrehimpulses eines Elektrons.

20. Ermitteln Sie für das Element mit der Ordnungszahl 35 folgende Daten:
a) Anzahl der Valenzelektronen
b) Periodennummer
c) Hauptgruppennummer
d) Elektronegativitätswert
e) Elektronenkonfiguration
f) Formel des Bariumsalzes bei Annahme der Oxidationszahl +5

a) 7
b) 4
c) 7
d) 2,7
e) $1s^2\ 2s^2\ 2p^6\ 3s^2\ 3p^6\ 4s^2\ 3d^{10}\ 4p^5$
f) $Ba(BrO_3)_2$

21. Beschreiben Sie kurz, in welcher Weise aus Atomen eines chemischen Elementes Ionen gebildet werden können.

Ionen können durch Abgabe oder Aufnahme von Elektronen gebildet werden. Gibt ein Atom Elektronen ab, werden positiv geladene Ionen (Kationen) gebildet. Durch Elektronenaufnahme erhält man negativ geladene Ionen (Anionen).

22. Erläutern Sie den Zusammenhang zwischen der Stellung eines Elements im Periodensystem und seinem Elektronegativitätswert.

Die Elektronegativitätswerte nehmen innerhalb der Hauptgruppen von oben nach unten ab, weil das Atomvolumen in dieser Richtung zunimmt, innerhalb der Perioden von links nach rechts zu. Im PSE stehen also die elektropositivsten Elemente links unten und die elektronegativsten rechts oben.

23. Ermitteln Sie, in welcher Periode die Elemente mit den angeführten Protonenzahlen stehen. Protonenzahlen: 22, 16, 4, 58, 63, 18

22–4. Periode
16–3. Periode
4–2. Periode
58–6. Periode
63–6. Periode
18–3. Periode

24. Begründen Sie die Stellung des Elementes Chrom im Periodensystem der Elemente.

Das Element Chrom hat 24 Protonen im Kern und demzufolge die Ordnungszahl 24. Es besitzt vier besetzte Hauptniveaus, somit ist es ein Element der vierten Periode. Valenzelektronen sind zwei 4s- und vier 3d-Elektronen, insgesamt also sechs Valenzelektronen. Chrom kann somit die maximale Oxidationszahl +VI annehmen. Infolgedessen steht es in der sechsten Nebengruppe und gehört zu den Übergangsmetallen, speziell den 3d-Elementen.

25. Schreiben Sie die Elektronenkonfiguration folgender Teilchen auf: Fe, Na^+, Cl, S^{2-}.

Fe: $1s^2 2s^2 2p^6 3s^2 3p^6 4s^2 3d^6$
Na^+: $1s^2 2p^2 2p^6$
Cl: $1s^2 2s^2 2p^6 3s^2 3p^5$
S^{2-}: $1s^2 2s^2 2p^6 3s^2 3p^6$

26. Erläutern Sie das Aufbauprinzip der elektrochemischen Spannungsreihe der Metalle.

In der elektrochemischen Spannungsreihe der Metalle sind die einzelnen Elemente entsprechend ihrer Redoxpotenziale (Standardpotenziale) geordnet. Bezugsebene ist die Standardwasserstoffelektrode mit einem Potenzial von 0,00 V. Alle Elemente mit einem größeren Potenzial stehen somit rechts in der Reihe, Elemente mit negativerem Potenzial weiter links in der Reihe.

11.2 Chemische Bindung

1. Nennen Sie die drei Grundformen der chemischen Bindung und geben Sie je zwei Beispiele an.

- Atombindung: Iodmolekül, Methan.
- Ionenbindung: Kaliumbromid,Kupfer(II)-sulfat.
- Metallbindung: Gold, Magnesium.

2. Beurteilen Sie, welche Form der chemischen Bindung vorliegt.

$CaCl_2$	N_2O_3
C_6H_5-CH_3	Cu
$FeSO_4$	Br_2

$CaCl_2$	Ionenbindung
N_2O_3	polare Atombindung
C_6H_5-CH_3	unpolare Atombindung
Cu	Metallbindung
$FeSO_4$	Ionenbindung
Br_2	unpolare Atombindung

3. Formulieren Sie die chemischen Gleichungen →

Sulfidion: $S + 2\,e^- \rightarrow S^{2-}$
Calciumion: $Ca \rightarrow Ca^{2+} + 2\,e^-$ →

für die Bildung von Sulfidionen und Calciumionen aus den Elementen.

4. Beurteilen Sie, ob folgende Stoffe Dipoleigenschaften besitzen:
- **C_6H_5OH**
- **HBr**
- **H_2**

C_6H_5OH – Dipoleigenschaften
HBr – Dipoleigenschaften
H_2 – keine Dipoleigenschaften

5. Was versteht man unter einem Molekülorbital?

Ein Molekülorbital entsteht infolge der Durchdringung von zwei Atomorbitalen.

6. Erläutern Sie das Prinzip der Metallbindung im Metallkristall.

Metallkristalle enthalten drei Arten von bindungsbestimmenden Teilchen, Metallatome, Metallkationen und frei bewegliche Elektronen. Die Atome und Kationen bilden die Gitterpunkte. Die Elektronen bewegen sich als Elektronenwolke, die den Zusammenhalt des Gitters bewirkt. Da die Elektronen ständig ihren Platz wechseln können, ist die Kraftwirkung auf alle Gitterpunkte gleich groß.

7. Ermitteln Sie, welche Art der chemischen Bindung in den folgenden Stoffen vorliegt:
a) Calciumoxid
b) Gold
c) Magnesiumnitrat
d) Schwefeldioxid
e) Aluminiumoxid
f) Kaliumbromid
g) Toluol

a) Ionenbindung
b) Metallbindung
c) Ionenbindung
d) Polare Atombindung
e) Ionenbindung
f) Ionenbindung
g) Atombindung

8. Definieren Sie den Begriff der Gittenergie bei Ionenverbindungen.

Die Gitterenergie ist diejenige Energiemenge, die bei der Bildung eines Ionengitters freigesetzt wird.

9. Erläutern Sie den Unterschied zwischen Gitter- und Hydratisierungsener- →

Die Gitterenergie ist diejenige Energiemenge, die bei der Bildung eines Ionengitters freigesetzt wird. Die Hydratisierungsenergie dagegen ist die →

gie sowie deren Einfluss auf Lösungsprozesse bei Ionenverbindungen.

Energiemenge, die bei der Bildung der Hydrathülle um freibewegliche Ionen freigesetzt wird. Das Verhältnis von Gitter- und Hydratisierungsenergie bestimmt wesentlich die Lösungsenthalpie eines Lösungsprozesses.

10. Beurteilen und begründen Sie, ob es sich um ein Dipolmolekül handelt oder nicht:
- **HBr,**
- **Cl_2,**
- **H_2S**

- HBr – Dipol, Verschiebung der Ladungsschwerpunkte infolge hoher Elektronendichte am Brom und geringer Elektronendichte am Wasserstoff.
- Cl_2 – kein Dipol, da ausgeglichene Verteilung der Elektronen. Außerdem handelt es sich um ein Verbindung aus gleichartigen Atomen.
- H_2S – Dipol, Verschiebung der Ladungsschwerpunkte infolge hoher Elektronendichte am Schwefel und geringer Elektronendichte am Wasserstoff. Außerdem besitzt das Molekül einen gewinkelten Bau.

11. Beurteilen und begründen Sie das Löslichkeitsverhalten folgender Stoffe in Wasser mit Hilfe Ihrer Kenntnisse zur chemischen Bindung:
- **CH_3-CO-CH_3**
- **C_7H_{16}**
- **C_6H_5-CH_3**
- **C_3H_7 – OH**

- CH_3-CO-CH_3 – wasserlöslich. Aceton besitzt die stark polare CO-Gruppe und außerdem eine sehr kurze Kette.
- C_7H_{16} – nicht wasserlöslich. Heptan besteht nur aus Kohlenstoff- und Wasserstoffatomen. Alle Bindungen sind entweder unpolar (C-C-Bindung) oder sehr schwach polar (C-H-Bindung). Eine Strukturähnlichkeit mit Wasser ist nicht vorhanden.
- C_6H_5-CH_3 – nicht wasserlöslich. Bei dieser Verbindung handelt es sich um Toluol, also einen reinen aromatischen Kohlenwasserstoff. Die Bindungen des aromatischen Ringes als auch der Methylgruppe sind unpolar.
- C_4H_9-OH – wasserlöslich. Die Verbindung besitzt die stark polare OH-Gruppe mit Dipolcharakter. Somit ist eine Wasserlöslichkeit gegeben. Der vorhandene Alkylrest behindert mit drei C-Atomen die Wasserlöslichkeit nicht.

12. Beurteilen Sie, ob es sich im nachfolgenden Fall um eine Ionen- oder Molekülsubstanz handelt!

→

MgO ΔE_N = 2,3 – Ionenbindung
Cl_2 ΔE_N = 0,0 – Atombindung
N_2O_5 ΔE_N = 0,4 – schwach polare Atombindung
NaCl ΔE_N = 1,8 – Ionenbindung

→

Nutzen Sie dazu Ihre Kenntnisse über die Elektronegativitätswerte. MgO, Cl_2, N_2O_5, NaCl

13. Erläutern Sie die Voraussetzungen für das Auftreten eines Dipols.

Grundvoraussetzung für das Auftreten eines Dipols ist zunächst eine ungleichmäßige Verteilung von Elektronen im Molekül. Hierbei sind sowohl die Bindungselektronen als auch freie Elektronenpaare zu betrachten. Außerdem ist die Mehrzahl der Elektronen an einem Bindungspartner konzentriert. Hierdurch kommt es zu einer Verschiebung der Ladungsschwerpunkte im Molekül. Der Partner mit der hohen Elektronendichte besitzt zudem den höheren Elektronegativitätswert. Viele Moleküle weisen zudem einen gewinkelten bzw. unsymmetrischen Bau auf.
Beispiel: Iodwasserstoff

$$\overset{\delta+}{H}-\overset{\delta-}{\underline{\overline{I}}}|$$

14. Beurteilen Sie die Bindungsverhältnisse in folgenden chemischen Verbindungen:
- **Furan**
- **Phosphorsäure**
- **Benzaldehyd**
- **Natriumiodid**

Furan – Atombindung
Phosphorsäure – Polare Atombindung
Benzaldehyd – Polare Atombindung
Natriumiodid – Ionenbindung

15. Ermitteln Sie, welche Bindungsarten in den genannten Stoffen vorliegen:
- **Calciumfluorid**
- **Iodmoleküle**
- **Ozon**
- **Quecksilber**
- **Kupfer(I)-chlorid**
- **Propansäure**

Calciumfluorid – Ionenbindung
Iodmoleküle – Atombindung, VAN-DER-WAALS-Bindung
Ozon – Atombindung
Quecksilber – Metallbindung
Kupfer(I)-chlorid – Ionenbindung
Propansäure – polare und unpolare Atombindungen

16. Überprüfen Sie mit Hilfe der Differenz der Elektronegativitätswerte, welche der aufgeführten Kombinationen von Elementen unpolare oder wenig polare Bindungen bilden?
- **Phosphor/Sauerstoff**
- **Wasserstoff/Stickstoff**
- **Kohlenstoff/Wasserstoff**
- **Brom/Brom**
- **Wasserstoff/Fluor**

Phosphor/Sauerstoff:
$\Delta E_N = 3{,}5 - 2{,}1 = 1{,}4$ polar
Wasserstoff/Stickstoff:
$\Delta E_N = 3{,}1 - 2{,}1 = 1{,}0$ polar
Kohlenstoff/Wasserstoff:
$\Delta E_N = 2{,}5 - 2{,}1 = 0{,}4$ wenig polar
Brom/Brom:
$\Delta E_N = 2{,}7 - 2{,}7 = 0{,}0$ unpolar
Wasserstoff/Fluor:
$\Delta E_N = 4{,}1 - 2{,}1 = 2{,}0$ polar

17. Nennen Sie die drei wesentlichsten primären Bindungsarten und erläutern Sie kurz deren Wesen!

Atombindung: Das Wesen der Atombindung besteht in der Ausbildung gemeinsamer Elektronenpaare zwischen Nichtmetallatomen, meist unter Erfüllung der Oktettregel. Nach der VB-Methode werden durch Überlappung von Atomorbitalen Molekülorbitale gebildet. Man unterscheidet zwischen reiner oder unpolarer und polarer Atombindung.
Ionenbindung: Grundlage sind Anziehungskräfte entgegengesetzt geladener Ionen. Bei Zweielementverbindungen, wie z. B. Kaliumiodid, handelt es sich um Reaktionspartner mit stark unterschiedlicher Elektronegativität.
Metallbindung: Metalle enthalten im Metallgitter Metallatome und Metallkationen. Die von den Kationen abgegebenen Valenzelektronen bewegen sich als „Elektronengas" im Metallgitter. Da die Elektronen ständig ihren Platz wechseln, erfolgt ihre Kraftwirkung gleichmäßig im Metallgitter und gewährleistet dessen Zusammenhalt.

18. Welche Elementkombination führt zu unpolaren und welche zu polaren Atombindungen?

Unpolare Atombindungen entstehen ausschließlich bei der Bildung von Molekülen aus gleichartigen Nichtmetallatomen. Polare Atombindungen dagegen besitzen Moleküle aus unterschiedlichen Nichtmetallatomen.

19. Erläutern Sie den Begriff VAN-DER-WAALS-Kräfte.

VAN-DER-WAALS-Kräfte sind schwache zwischenmolekulare Kräfte von Atomen oder Molekülen. Sie werden in Dispersions-, Orientierungs- und Induktionskräfte eingeteilt.

- Dispersionskräfte entstehen durch gegenseitige, zeitlich wechselnde Ladungsverschiebung zwischen unpolaren Molekülen und Atomen.
- Orientierungskräfte bestehen zwischen Dipolmolekülen sowie zwischen Dipolen und Ionen.
- Induktionskräfte bestehen zwischen Dipolen bzw. Ionen und unpolaren Molekülen.

20. Erklären Sie mit Hilfe der chemischen Bindung, weshalb Essigsäure eine flüssige und wenig flüchtige Substanz ist.

Verantwortlich für die getroffenen Aussagen sind Wasserstoffbrückenbindungen. Diese verursachen eine Erhöhung des Siedepunktes und eine Verringerung der Flüchtigkeit chemischer Verbindungen. Im Fall der Essigsäure lässt sich das wie folgt formelmäßig darstellen:

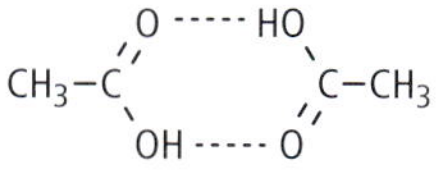

Die Essigsäure bildet somit Dimere, welche weniger flüchtig sind und einen höheren Siedepunkt haben.

11.3 Säuren, Basen, Salze

1. Definieren Sie die Begriffe Säure, Base und Ampholyt nach BRÖNSTED. Ordnen Sie danach folgende Teilchen bzw. Verbindungen entsprechend der Säure-Base-Theorie nach BRÖNSTED ein.

- **CH_3COO^-**
- **$HSiO_3^-$**
- **H_2SO_4**
- **$H_2PO_4^-$**

Säuren sind nach BRÖNSTED Protonendonatoren. Basen dagegen sind Protonenakzeptoren. Ampholyte sind solche Teilchen, die sowohl Protonendonator als auch Protonenakzeptor sein können.

- CH_3COO^- – Base
- $HSiO_3^-$ – Ampholyt
- H_2SO_4 – Säure
- $H_2PO_4^-$ – Ampholyt

2. Erklären Sie den Unterschied zwischen einem sauren Salz und einem in wässriger Lösung sauer reagierenden Salz. Nutzen Sie dazu je ein typisches Beispiel.

Bei einem sauren Salz sind nicht alle Wasserstoffatome durch Metallkationen ersetzt. Ein typisches Beispiel ist Natriumhydrogencarbonat $NaHCO_3$. Hier ist nur ein Wasserstoffatom durch ein Natriumion ersetzt.
Reagiert eine wässrige Lösung eines Salzes dagegen sauer, so unterliegt das Salz einer Protolyse, in deren Ergebnis Hydroniumionen entstehen. Beispiel dafür ist das Eisen(III)chlorid, dessen wässrige Lösung infolge der Protolyse des Hexaaquaeisen(III)-ions sauer reagiert:
$[Fe(H_2O)_6]^{3+} + H_2O \rightleftarrows [Fe(H_2O)_5\,OH]^{2+} + H_3O^+$

3. Ermitteln Sie die Protonigkeit der genannten Säuren.
- **Ameisensäure**
- **Kohlensäure**
- **Phosphorsäure**
- **Oxalsäure**
- **Citronensäure**
- **Iodwasserstoffsäure**

- Ameisensäure – einprotonig
- Kohlensäure – zweiprotonig
- Phosphorsäure – dreiprotonig
- Oxalsäure – zweiprotonig
- Citronensäure – dreiprotonig
- Iodwasserstoffsäure – einprotonig

4. Beschriften Sie die Bestandteile des nachfolgend dargestellten Komplexions.
$[Fe(CN)_6]^{4-}$

Fe – Zentralion
CN – Liganden
6 – Koordinationszahl
4– – Ladung des Komplexions

5. Ermitteln Sie die Ladungen der genannten Komplexteilchen, die Oxidationszahl des Zentralions sowie die Art des Komplexes.
a) $[Cu(NH_3)_4]$
b) $[Sb(OH)_6]$
c) $[BiI_4]$
d) $[Co(NO_2)_6]$
e) $[CrCl_3(H_2O)_3]$

a) 2+/+2 – Kationenkomplex
b) 1-/+5 – Anionenkomplex
c) 1-/+3 – Anionenkomplex
d) 3-/+3 – Anionenkomplex
e) ± 0/+3 – Neutralkomplex

6. Entscheiden Sie, welche pH-Reaktion die wäss- →

a) Basische Reaktion, da die Verbindung in Magnesiumionen und Hydroxidionen dissoziiert. →

rigen Lösungen dieser Verbindungen haben. Begründen Sie Ihre Entscheidung.
a) Magnesiumhydroxid
b) Eisen(II)-sulfat
c) Kaliumsulfat
d) Natriumsulfit

b) Saure Reaktion, da die Verbindung aus einer schwachen Base, dem Eisen(II)-hydroxid und einer starken Säure, der Schwefelsäure, gebildet wird.
c) Neutrale Reaktion, da die Verbindung aus einer starken Base, dem Kaliumhydroxid, und einer starken Säure, der Schwefelsäure, gebildet wird.
d) Basische Reaktion, da die Verbindung aus einer starken Base, dem Natriumhydroxid, und einer schwachen Säure, der Schwefligen Säure, gebildet wird.

7. Ermitteln Sie die systematischen bzw. Trivialnamen für folgende Stoffe: Natriumsulfat, Soda, Ätznatron, Calciumcarbonat, Alaun, Ammoniumhydrogencarbonat

Natriumsulfat, Glaubersalz
Soda, Natriumcarbonat
Ätznatron, Natriumhydroxid
Calciumcarbonat, Marmor
Alaun, Aluminiumkaliumsulfat
Ammoniumhydrogencarbonat, Hirschhornsalz

8. Welches Kriterium dient zur Beurteilung der Stärke einer Säure? Erläutern Sie dies genauer.

Als Kriterium für Säuren dient der pK_S-Wert, für Basen der pK_B-Wert. Darunter versteht man den negativen dekadischen Logarithmus der Säure- bzw. Basekonstanten. Der Wert für das jeweilige Teilchen ergibt sich aus dem Protolysegleichgewicht in wässriger Lösung. Protolysiert eine Säure in wässriger Lösung sehr stark, d. h. sie zerfällt nahezu vollständig in ihre Ionen, handelt es sich um eine starke Säure. Je geringer die Protolyse, umso geringer die Stärke, um so höher der pKs-Wert.

9. Beim Auflösen von Ammoniumcarbonat in Wasser setzt eine merkliche Abkühlung ein. Löst man dagegen Natriumhydroxid in Wasser auf, erwärmt sich die Lösung sehr stark. Erklären Sie diese Phänomene mit →

Zur Beurteilung ist das Verhältnis von Gitterenergie und Hydratisierungsenergie notwendig. Im Fall des Ammoniumcarbonats ist die Gitterenergie deutlich höher als die Hydratisierungsenergie. Das System kühlt sich ab. Beim Natriumhydroxid dagegen sind die Verhältnisse umgekehrt. →

Hilfe Ihrer Kenntnisse zum Löseprozess von Ionenverbindungen!

10. Erläutern Sie den Begriff der Protonigkeit einer Säure. Ermitteln Sie anschließend die Protonigkeit der genannten Stoffe und geben Sie die allgemeine Bezeichnung der möglichen Salze an!
a) Butandisäure
b) Bromwasserstoffsäure
c) Kieselsäure
d) Carbaminsäure
e) Salpetersäure
f) Flusssäure

Unter Protonigkeit versteht man die Anzahl der Protonen, die eine Säure in wässriger Lösung freisetzen kann. Einprotonige Säuren setzen nur ein Proton, mehrprotonige Säuren mindestens zwei Protonen frei.

a) Butandisäure = zweiprotonige Säure
Salze: Hydrogenbutanate
(Hydrogensuccinate)
Butanate (Succinate)
b) Bromwasserstoffsäure = einprotonige Säuren
Salze: Bromide
c) Kieselsäure = zweiprotonige Säure
Salze: Hydrogensilicate/Silicate
d) Carbaminsäure = einprotonige Säure
Salze: Carbamate
e) Salpetersäure = einprotonige Säure
Salze: Nitrate
f) Flusssäure = einprotonige Säure
Salze: Fluoride

11. Definieren Sie den Begriff des Säureanhydrids.
Wie heißen die Säureanhydride der aufgeführte Säuren?
a) Schweflige Säure
b) Kieselsäure
c) Phosphorsäure
d) Salpetersäre

Säureanhydride werden durch vollständigen Entzug von Wasser aus der Säure gebildet, d. h. die Säureanhydride bilden durch Reaktion mit Wasser die entsprechende Säure.

a) Schwefeldioxid SO_2
b) Siliciumdioxid SiO_2
c) Phosphorpentoxid P_2O_5
d) Distickstoffpentoxid N_2O_5

12. Wie heißen die Säurerestionen der nachfolgend angegebenen Säuren? Perchlorsäure, Essigsäure, Salpetrige Säure, Bromsäure, Thioschwefelsäure, Ethandisäure, Milchsäure, Malonsäure

Perchlorsäure – Perchloration
Essigsäure – Acetation
Bromsäure – Bromation
Salpetrige Säure – Nitrition
Thioschwefelsäure – Thiosulfation
Ethandisäure – Oxalation
Milchsäure – Lactation
Malonsäure – Malonation

13. Ermitteln Sie die Bezeichnung für folgende Stoffe:
- **$SnCl_2$**
- **K [$Sb(OH)_6$]**
- **H_2SiO_3**
- **$KHSO_3$**
- **$NH_4H_2PO_4$**
- **K_4 [$Fe(CN)_6$]**

$SnCl_2$ – Zinn(II)-chlorid
K [$Sb(OH)_6$]- Kaliumhexahydroxoantimonat(V)
H_2SiO_3 – Kieselsäure
$KHSO_3$ – Kaliumhydrogensulfit
$NH_4H_2PO_4$ – Ammoniumdihydrogenphosphat
K_4 [$Fe(CN)_6$] – Kaliumhexacyanidoferrat(II), (Kaliumhexyanatoferrat(II))

14. Erläutern Sie den Begriff des konjugierten Säure-Base-Paares! Welche der angegebenen konjugierten Säure-Base-Paare stimmen nicht überein?
a) NH_3/NH_2^-
b) SO_3^{2-}/SO_4^{2-}
c) HNO_3/NO_3^-
d) $(COOH)_2/CH_3COO^-$
e) H_2SO_4/SO_4^{2-}

Während einer Säure-Base-Reaktion erfolgt zwischen den Reaktionspartnern ein Austausch von Protonen. Durch Protonenabgabe wird aus einer Säure die zugehörige (konjugierte) Base und umgekehrt.
Es stimmen nicht überein b und d.

15. Stellen Sie die chemischen Gleichungen für die Protolyse der genannten Teilchen auf und treffen Sie eine Aussage darüber, ob die entstandenen Lösungen sauer, basisch oder neutral reagieren!
a) Hydrogensulfationen
b) Sulfidionen
c) Carbonationen
d) Dihydrogenphosphationen

a) $HSO_4^- + H_2O \rightleftarrows SO_4^{2-} + H_3O^+$
Lösung regiert sauer
b) $S^{2-} + H_2O \rightleftarrows HS^- + OH^-$
Lösung reagiert basisch
c) $CO_3^{2-} + H_2O \rightleftarrows HCO_3^- + OH^-$
Lösung reagiert basisch
d) $H_2PO_4^- + H_2O \rightleftarrows HPO_4^{2-} + H_3O^+$
Lösung reagiert sauer

16. Ermitteln Sie, welche pH-Reaktion die wässrigen Lösungen der genannten Salze haben. Stellen Sie die zugehöri- →

a) Kaliumchloridlösung – neutral
b) Natriumhydrogensulfatlösung – sauer
$HSO_4^- + H_2O \rightleftarrows SO_4^{2-} + H_3O^+$
c) Kaliumcabonatlösung – basisch
$CO_3^{2-} + H_2O \rightleftarrows HCO_3^- + OH^-$ →

gen Protolysegleichungen auf.
a) Kaliumchloridlösung
b) Natriumhydrogensulfatlösung
c) Kaliumcarbonatlösung
d) Natriumsulfidlösung
e) Natriumdihydrogenphosphatlösung

d) Natriumsulfidlösung – basisch
$S^{2-} + H_2O \rightleftarrows HS^- + OH^-$
e) Natriumdihydrogenphosphatlösung – sauer
$H_2PO_4^- + H_2O \rightleftarrows HPO_4^{2-} + H_3O^+$

17. Ermitteln Sie, ob die genannten Komplexsalzformeln richtig aufgestellt wurden! Korrigieren Sie falsche Formeln!

a)	**$K_3[Fe(CN)_6]$**	**Fe III**
b)	**$[Ni(NH_4)_6]SO_4$**	**Ni II**
c)	**$[Cr Cl_4(H_2O)_2]$**	**Cr III**
d)	**$[Al(H_2O)_6]Cl_3$**	**Al III**
e)	**$Na[Zn(OH)_2]$**	**Zn II**
f)	**$Na_3[Co(NO_2)_6]$**	**Co III**

a)	$K_3[Fe(CN)_6]$	richtig
b)	$[Ni(NH_4)_6]SO_4$	falsch
	Korrektur:	$[Ni(NH_3)_6]_2SO_4$
c)	$[Cr Cl_4(H_2O)_2]$	falsch
	Korrektur:	$[Cr Cl_3(H_2O)_3]$
d)	$[Al(H_2O)_6]Cl_3$	richtig
e)	$Na[Zn(OH)_2]$	falsch
	Korrektur:	$Na_2[Zn(OH)_4]$
f)	$Na_3[Co(NO_2)_6]$	richtig

18. Definieren Sie die Begriffe der Lewis-Säure und der Lewis-Base. Ordnen Sie die genannten Stoffe nach Lewis-Säuren und Lewis-Basen!
a) BF_3
b) Br^-
c) $ZnCl_2$
d) SO_3^{2-}
e) Cu^{2+}
f) H^+

Säuren sind nach Lewis Elektronenpaarakzeptoren, Basen dagegen Elektronenpaardonatoren.
a) BF_3 – Säure
b) Br^- – Base
c) $ZnCl_2$ – Säure
d) SO_3^{2-} – Base
e) Cu^{2+} – Säure
f) H^+ – Säure

19. Charakterisieren Sie die Verbindung Ammoniak unter Verwendung der Säure-Base-Definition von Arrhenius, Brönsted und Lewis.

→

Die Formel des Ammoniaks ist NH_3.
Nach Arrhenius dissoziieren Basen in wässriger Lösung in freibewegliche Metallionen und Hydroxidionen. Somit ist nach dieser Darstellung keine Zuordnung des Ammoniaks möglich.
Nach Brönsted sind Basen Protonendonatoren. Das Ammoniakmolekül kann durch Protolyse ein

→

Wasserstoffion aufnehmen und wird zum Ammoniumion. Somit ist es eine Base.
$NH_3 + H^+ \rightarrow NH_4^+$
Nach LEWIS sind Basen Elektronenpaardonatoren. Das Ammoniakmolekül verfügt über ein freies Elektronenpaar, NH_3, welches einem Reaktionspartner zur Verfügung gestellt werden kann. Somit ist es nach LEWIS eine Base.

20. Was versteht man unter einzähnigen und mehrzähnigen Liganden? Nennen Sie je ein Beispiel!

Die Zähnigkeit eines Liganden ist bei der Bildung von Komplexen von Bedeutung. Einzähnige Liganden besitzen ein oder mehrere freie Elektronenpaare an nur einem Atom, wobei nur eines dieser Paare für die Komplexbindung zur Verfügung gestellt wird. Mehrzähnige Liganden besitzen dagegen freie Elektronenpaare an im Molekül räumlich voneinander getrennten Atomen.
Beispiele:

- einzähniger Ligand: Wasser; H_2O – zwei freie Elektronenpaare am Sauerstoff,
- mehrzähniger Ligand:
  Ethylendiamin $H_2N\text{-}CH_2\text{-}CH_2\text{-}NH_2$
  jeweils ein freies Elektronenpaar am Stickstoff.

21. Definieren Sie den Begriff des Chelatkomplexes! Nennen Sie zwei Besonderheiten dieser Komplexe sowie zwei Anwendungsbeispiele aus der analytischen Praxis!

Beim Chelatkomplex wird das Zentralion (Zentralatom) scherenförmig von den Liganden eingeschlossen. Chelatkomplexe sind besonders stabil, aber pH-Wert-abhängig.
Chelate spielen beispielsweise bei der komplexometrischen Bestimmung der Wasserhärte oder dem Nachweis von Glucose im Reagenz nach Fehling eine Rolle.

22. Erläutern Sie anhand zweier Beispiele, welche Eigenschaftsänderungen durch Ligandenaustauschreaktionen eintreten können!

- Farbänderungen
  Beispiel: Reaktion vom Tetraaquakupfer(II)-ion mit Ammoniaklösung
  $[Cu(H_2O)_6]\ SO_4 + 6\ NH_3 \rightleftarrows [Cu(NH_3)_6]\ SO_4 + 6\ H_2O$
  hellblau → dunkelblau
- Löslichkeitsänderungen
  Beispiel: Bildung des Diamminsilberions
  $AgCl + 2\ NH_3 \rightleftarrows [Ag(NH_3)_2]^+ + Cl^-$
  unlöslich → löslich

23. Calciumchlorid-Hexahydrat wird in Wasser aufgelöst. Beschreiben Sie den prinzipiellen Verlauf des Lösungsprozesses dieser Ionenverbindung.

1. Andiffusion des Wassers an den Ionenkristall,
2. Ausrichtung der Wassermoleküle entsprechend der Polarität der Ionen,
3. Herauslösen von Ionen aus der Oberfläche,
4. Eindringen des Wassers in den Kristall,
5. vollständiger Zerfall des Kristalls in frei bewegliche Ionen,
6. Hydratation der Ionen.

24. Was versteht man unter dem Dissoziationsgrad?

Der Dissoziationsgrad gibt das Verhältnis von dissoziiertem Anteil einer Verbindung C_{diss} zur Ausgangskonzentration C_0 einer Verbindung an. Er wird mit dem Symbol α bezeichnet und kann maximal 1 sein. In diesem Fall ist die Verbindung vollständig dissoziiert.

$$\alpha = \frac{c_{diss.}}{c_0}$$

25. Nennen Sie vier wichtige anionische und zwei Neutralliganden mit Namen und Formel, die in Komplexverbindungen enthalten sein können.

Anionische Liganden:
Chloridionen – Cl^--chloro (chlorido)
Cyanidionen – CN^--cyano (cyanido)
Thiocyanationen – SCN^--thiocyanato
Thiosulfationen – $S_2O_3^{2-}$-thiosulfato
Neutralliganden:
Wasser – H_2O-aqua
Ammoniak – NH_3-ammin

26. Was versteht man unter einer Ligandenaustauschreaktion? Welche Wirkung können diese haben? Formulieren Sie für ein selbstgewähltes Beispiel die chemische Gleichung.

Während einer Ligandenaustauschreaktion werden Liganden aus einem Komplex durch andere ersetzt. Dieser Austausch erfolgt nach dem Prinzip der Verdrängung des schwächeren Liganden durch einen stärkeren. Damit verbunden sind häufig Änderungen der Löslichkeit und Färbung der Komplexe.
Beispiel:
Austausch von Wasser durch Ammoniak
$[Cu(H_2O)_6]^{2+} + 6\ NH_3 \rightleftarrows [Cu(NH_3)_6]^{2+} + 6\ H_2O$
hellblau — dunkelblau

Wahlqualifikationen

12 Präparative Chemie, Reaktionstypen und Reaktionsführung

12.1 Additions- und Kondensationsreaktionen von Carbonylverbindungen

12

1. Wodurch wird das Additionsverhalten der Aldehyde und Ketone bestimmt?

Aldehyde und Ketone sind Carbonyl-Verbindungen. Ihre Reaktivität wird durch die Polarität der Carbonyl-Gruppe $>C=O$ (σ– und π–Bindung) bestimmt. Bei Reaktionen geht die Doppelbindung zwischen Kohlenstoff und Sauerstoff in eine Einfachbindung über.
Nucleophile Reagenzien wie Atome oder Atomgruppen mit freien Elektronenpaaren (Lewis-Basen, Anionen) reagieren bei einer Addition mit dem positiv polarisierten Kohlenstoff.
Elektrophile Reagenzien (Protonen, Lewis-Säuren, Kationen) binden sich mit dem Sauerstoff.

2. Welche Additionsreaktionen gehen Aldehyde ein?

- Addition von Wasserstoff (Ni-Katatalysator) zu primärem Alkohol:
  $R–CHO + 2\,H \rightarrow R–CH_2–OH$
- Addition von Blausäure unter Einfluss von Basen zu α–Hydroxynitril (Cyanhydrin):
  $R-CHO + HCN \rightarrow R-CH(CN)-OH$
- Addition von Grignard-Verbindungen und Hydrolyse zu sekundärem Alkohol.
- Addition von Alkohol zu Halbacetalen:
  $R–CHO + R'–OH \rightarrow R–CH(OH)–OR'$
- weitere Reaktion des Halbacetals mit Alkohol sauer katalysiert zu Acetalen:
  $R-CH(OH)-OR' + R'-OH \rightarrow R-CH(OR')-OR' + H_2O$

3. Welche Aldehyde gehen die Aldoladdition ein?

Die Aldoladdition gehen Aldehyde ein, die eine α-ständige Methyl- oder Methylengruppe besitzen. Aus dieser wandert bei der Addition ein Proton an den Sauerstoff der Carbonyl-Gruppe des →

anderen Moleküls:

$CH_3{-}CHO + H{-}CH_2{-}CHO \rightarrow CH_3{-}CH(OH){-}CH_2{-}CHO$

Acetaldol

4. Zwischen Ethanal- sowie zwischen Propanal-Molekülen findet eine Aldoladdition statt. Wie lauten die Gleichungen?

Die Addition erfolgt durch Wanderung eines Protons der CH_3- bzw. $-CH_2$- Gruppe eines Moleküls an den Sauerstoff der –CHO-Gruppe des anderen Moleküls in schwach basischem oder saurem Medium:

$CH_3{-}CHO + CH_3{-}CHO \rightarrow CH_3{-}CH(OH){-}CH_2{-}CHO$

Acetaldol

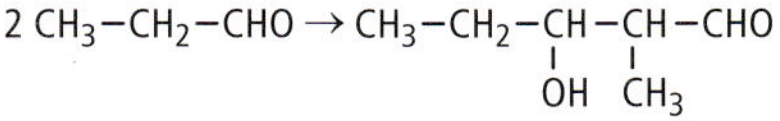

3-Hydroxy-2-methylpentanal

5. Welche Strukturen bzw. funktionelle Gruppen besitzen Halbacetale, Acetale, Imine, Oxime, Hydrazone?

Halbacetal:

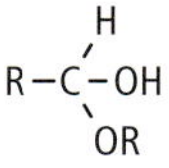

Acetal:

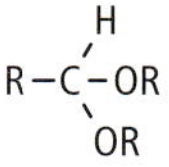

Imin (Aldimin):	=NH, =NR
Oxim (Aldoxim):	=N–OH
Hydrazon:	$=N{-}NH_2$, =N–NHR

6. Was ist für die Kondensationsreaktionen der Aldehyde charakteristisch?

Nach der Addition des nucleophilen Reagenz an den Carbonyl-Kohlenstoff findet sofort die Abspaltung von Wasser statt.

7. Welche Kondensationsreaktionen gehen Aldehyde ein?

- Bildung von Iminen (Aldimine, Schiffsche Basen) mit NH_3 oder primärem Amin:
  $R{-}CHO + NH_3 \rightarrow R{-}CH{=}NH + H_2O$
  $R{-}CHO + R'{-}NH_2 \rightarrow R{-}CH{=}NR' + H_2O$
- Bildung von Oximen durch Reaktion von Aldehyd mit Hydroxylamin (in HCl-saurer Lösung):
  $R{-}CHO + NH_2{-}OH \rightleftarrows R{-}CH{=}N{-}OH + H_2O$

→

- Bildung von Hydrazonen, z. B. Alkylphenylhydrazon mit Phenylhydrazin:
  $R{-}CHO + C_6H_5{-}NH{-}NH_2 \rightarrow$
  $R{-}CH{=}N{-}NH{-}C_6H_5 + H_2O$
- Bildung von Benzylidenanilin (Schiffsche Base) bei der Kondensation von Benzaldehyd mit Anilin:
  $C_6H_5{-}CHO + C_6H_5{-}NH_2 \rightarrow$
  $C_6H_5{-}CH{=}N{-}C_6H_5 + H_2O$

12

8. Was wird als Cannizzaro-Reaktion bezeichnet?

Aldehyde, die kein α-ständiges H-Atom zur C=O-Gruppe besitzen, wie Methanal und somit keine Aldoladdition eingehen können, bilden in alkalischer Lösung aus 2 Mol Aldehyd ein Mol primären Alkohol und ein Mol Alkalisalz der Carbonsäure:
$2\ R{-}CHO + NaOH \rightarrow R{-}CH_2OH + R{-}COONa$

9. Wie läuft die Cannizzaro-Reaktion von Benzaldehyd ab?

Die Reaktion mit starker Alkalilauge ergibt eine Disproportionierung, die auch als Oxidoreduktion bezeichnet wird. Es entstehen Benzylalkohol und Natriumbenzoat:
$2\ C_6H_5{-}CHO + NaOH \rightarrow$
$C_6H_5{-}CH_2OH + C_6H_5{-}COONa$

12.2 Synthesen von und mit aliphatischen und aromatischen Aminen

1. Wie können Amine hergestellt werden?

- Primäre aliphatische Amine und Anilin: durch Reduktion von Nitroalkanen oder Nitrobenzol mit katalytisch angeregtem oder nascierendem Wasserstoff (Sn/HCl)
  $R{-}NO_2 + 6\ H \rightarrow R{-}NH_2 + 2\ H_2O$
- primäre, sekundäre und tertiäre Methylamine werden technisch als Gemisch in der Drucksynthese bei 450 °C aus Methanol und Ammoniak gewonnen,
- Nitrile werden unter Druck mit Katalysator (Ni) vor allem zu primären Aminen hydriert:
  $R{-}CN + 2\ H_2 \rightarrow R{-}CH_2{-}NH_2$

→ →

- primäre, sekundäre und tertiäre Amine sowie quartäre Ammoniumsalze entstehen als Gemisch durch Reaktion von Iodalkanen mit Ammoniak, z. B. Methylamine:
  $CH_3–I + 2\ NH_3 \rightarrow CH_3–NH_2 + NH_4I$
  $CH_3–NH_2 + CH_3–I + NH_3 \rightarrow$
  $CH_3–NH–CH_3 + NH_4I$ $CH_3–NH–CH_3 + CH_3–I + NH_3 \rightarrow (H_3C)_3N + NH_4I$
  $(H_3C)_3N + CH_3–I \rightarrow (CH_3)_4{}^+I^-$
  Tetramethylammoniumiodid
  Trennung durch fraktionierende Destillation
- Bei höherer Temperatur entstehen aus Dihalogenalkanen mit Ammoniak Diamine, z. B. Ethylendiamin aus Dibromethan:
  $Br–CH_2–CH_2–Br + 2\ NH_3 \rightarrow H_2N–CH_2–CH_2–NH_2 + 2\ HBr$

2. Welche Reaktionen sind mit Aminen wegen ihres basischen Charakters möglich?

- Alkalische Reaktion in wässiger Lösung durch Protolyse:
  $R–NH_2 + H_2O \rightarrow R–NH_3{}^+ + OH^-$
- Bildung von Ammoniumsalzen in saurer wässriger Lösung:
  $R–NH_2 + HCl \rightarrow R–NH_3{}^+Cl^-$

3. Welche weiteren Reaktionen sind mit aliphatischen Aminen möglich?

- Primäre Amine bilden mit Salpetriger Säure HNO_2 und Mineralsäure instabile Diazoniumsalze, die sofort Stickstoff abspalten und mit Wasser Alkohol oder Alken bilden, z. B.:
  $R–CH_2–CH_2–NH_2 + HO–NO + HX \rightarrow [R–CH_2–CH_2–N{\equiv}N]^+X^- + 2\ H_2O$
  $[R–CH_2–CH_2–N{\equiv}N]^+X^- + H_2O \rightarrow R–CH_2–CH_2–OH + N_2 + HX$
  sowie: ↳ $R–CH{=}CH_2 + N_2 + HX$
- Sekundäre Amine bilden mit Salpetriger Säure Krebs erregende Nitrosamine: $R_2N–NO$

12.3 Substituierte aliphatische Carbonsäuren und Carbonsäurederivate

1. Was sind substituierte Carbonsäuren? →

Bei substituierten Carbonsäuren ist in α– oder 2-, β– oder 3, γ– oder 4-Stellung usw. Wasser- →

stoff durch Substituenten wie Cl-, OH-, -NH_2, =O zu Chloressigsäuren, Hydroxycarbonsäuren, Aminosäuren und Ketosäuren ersetzt.

2. Wie können Chlor- oder Bromessigsäuren erzeugt werden?

- Durch Chlorierung oder Bromierung von Essigsäure (T, Belichtung oder mit I_2 als Halogenüberträger) entstehen α–Chlor oder α–Bromessigsäuren: z. B. Mono-, Di- und Trichloressigsäure: Cl-CH_2-COOH, Cl_2-CH-COOH, Cl_3-CH-COOH
- durch Addition von HCl oder HBr an α, β–ungesättigten Carbonsäuren entstehen β–Chlor- oder β–Bromcarbonsäuren, z. B. aus Acrylsäure 3-Chlor- oder 3-Brompropionsäure:
  $H_2C{=}CH{-}COOH + HBr \rightarrow Br{-}CH_2{-}CH_2{-}COOH$

3. Wie können α-Hydroxycarbonsäuren synthetisiert werden?

α-Hydroxycarbonsäuren oder 2- Hydroxycarbonsäuren:

- durch nucleophile Substitution von Chlor der α-Chlorpropionsäure mit Wasser (alkalische Hydrolyse) entsteht α-Hydroxypropion- oder Milchsäure.
  $H_3C{-}CH(Cl){-}COOH + H_2O \rightarrow H_3C{-}CH(OH){-}COOH + H_2O$
- durch Hydrolyse von α-Hydroxynitrilen (Cyanhydrinen), z. B. Propannitril zu Milchsäure: $CH_3{-}CH(OH){-}CN \rightarrow H_3C{-}CH(OH){-}COOH$

4. Wie können β–Hydroxycarbonsäuren synthesiert werden?

- β–Hydroxycarbonsäuren (3- Hydroxycarbonsäuren): durch alkalische Hydrolyse von β-Halogencarbonsäuren,
- β–Hydroxycarbonsäuren durch Hydrolyse von Ethylencyanhydrin zu β–Hydroxypropionsäure
  $HO{-}CH_2{-}CH_2{-}CN + H_2O \rightarrow HO{-}CH_2{-}CH_2{-}COOH$

5. Welche Möglichkeiten gibt es, α-Aminosäuren herzustellen?

- Durch Reaktion von konzentriertem NH_3 mit α-Halogencarbonsäuren, z. B. α-Chlorpropionsäure zu α-Aminopropionsäure (Alanin)
  $CH_3{-}CH(Cl){-}COOH + 2\ NH_3 \rightarrow CH_3{-}CH(NH_2){-}COOH + NH_4Cl$

→

- durch Reaktion von Aldehyd mit Blausäure und Ammoniak über Cyanhydrin zu Amminonitril und anschließende Hydrolyse mit konzentriertere Mineralsäure:
  R–CHO + HCN → R–CH(OH)–CN
  R–CH(OH)–CN + NH_3 → R–CH(NH_2)–CN + H_2O
  R–CH(NH_2)–CN + 2 H_2O → R–CH(NH_2)–COOH + NH_3

6. Wie werden α-Ketosäuren erzeugt?

- Durch Oxidation von α–Hydroxycarbonsäuren
- α–Ketopropionsäure oder Brenztraubensäure durch Dehydratation beim Erhitzen von Traubensäure mit $KHSO_4$:
  HOOC–CH(OH)–CH(OH)–COOH → CH_3–CO–COOH + CO_2 + H_2O
- Durch Hydrolyse von Acylcyaniden, z. B. Acetylcyanid zu Brenztraubensäure:
  CH_3–CO–CN + 2 H_2O → CH_3–CO–COOH + NH_3

7. Was sind Carbonsäurederivate?

Bei den aliphatischen und aromatischen Carbonsäurederivaten ist die carboxylische OH-Gruppe substituiert, z. B. bei den
- Säurehalogeniden durch Halogen: RCO–X,
- Säureamiden durch die Amid-Gruppe –NH_2: R–CO–NH_2
- Estern durch den Alkoholrest –O–R′: R–CO–OR′
- Anhydriden durch –O–CO–R′: R–CO–O–CO–R′

Bei den Nitrilen steht die Nitril-Gruppe –C≡N für die COOH-Gruppe (bzw. ≡N für -OOH): R–CN

12.4 Synthesen von aromatischen Verbindungen – Erst- oder Einfachsubstitution

1. Aus welchen Edukten wird Nitrobenzen erzeugt?

Nitrobenzen wird aus Benzen (-ol) und Nitriersäure – einem Gemisch aus konzentrierter HNO_3 und konzentrierter Schwefelsäure – synthetisiert.

2. Nach welcher vereinfachten Gleichung erfolgt die Nitrierung von Benzen (-ol)?

$C_6H_6 + HNO_3 \rightarrow C_6H_5{-}NO_2 + H_2O$

3. Welche Aufgabe hat beim Nitrieren von Benzen die konzentrierte Schwefelsäure?

Die konzentrierte Schwefelsäure entzieht der Salpetersäure Wasser und erzeugt das elektrophile NO_2^+-Ion:
$HNO_3 + H_2SO_4 \rightleftarrows NO_2^+ + HSO_4^- + H_2O$

4. Welche Bedingungen sind beim Nitrieren von Benzen einzuhalten?

Die Synthese wird unter Normaldruck durchgeführt. Das Gemisch muss ständig gerührt werden. Die Temperatur ist durch Kühlung unter Zimmertemperatur zu halten.

5. Zu welchen Produkten führt die Reaktion von Chlor mit Benzen?

Es ist zu unterscheiden zwischen
a) einer radikalisch verlaufenden Reaktion bei Bestrahlung mit UV-Licht und
b) einer elektrophilen Substitution mit Friedel-Crafts-Katalysator *ohne* Bestrahlung mit UV-Licht:

a) radikalische Substitution:

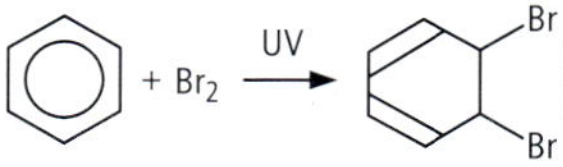

5,6 Dibromcyclohexa-1,3-dien

b) elektrophile Einfach-Substitution mit $AlCl_3$-Katalysator:

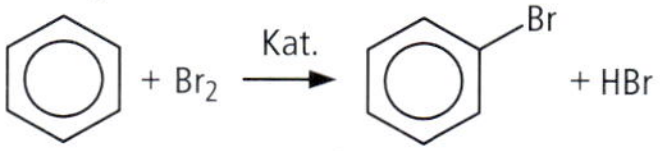

Chorbenzen(-ol)

6. Wie verläuft
a) die Nitrierung
b) die Halogenierung,
c) die Sulfonierung von Benzen?

Die Reaktionen verlaufen als elektrophile Substitution von Wasserstoff des Benzens:
a) Nitrierung mit Nitriersäure (konz. HNO_3/konz. H_2SO_4) zur Bildung von NO_2^+
$HNO_3 + H_2SO_4 \rightarrow NO_2^+ + HSO_4^- + H_2O$
$C_6H_6 + NO_2^+ \rightarrow C_6H_5{-}NO_2 + H^+$ (bzw. H_2SO_4)
b) Chlorierung mit Lewis-Säure $FeCl_3$ oder $AlCl_3$ als Katalysator zur Bildung von Cl^+:
$FeCl_3 + Cl_2 \rightarrow FeCl_4^- + Cl^+$
$C_6H_6 + Cl^+ \rightarrow C_6H_5{-}Cl + H^+$
(bzw. + HCl + $FeCl_3$)

c) Sulfonierung von Benzen zu Benzensulfonsäure mit rauchender Schwefelsäure (Oleum):
$C_6H_6 + SO_3 \rightarrow C_6H_5–SO_3H$

7. Nach welchem Mechanismus geht die Substitution von Wasserstoff bei
a) der Chlorierung,
b) der Nitrierung,
c) der Sulfonierung,
d) der Alkylierung von Benzen vor sich?

Die angegebenen Reaktionen verlaufen nach dem gleichen Mechanismus über zwei Übergangsverbindungen, den π-Komplex (Anlagerung von Cl^+ bzw. NO_2^+ bzw. SO_3) und ein Carbenium-Ion. Letzteres spaltet vom Kern Wasserstoff ab. Beispiel: Chlorierung durch $FeCl_3/Cl_2$ bzw. Cl^+

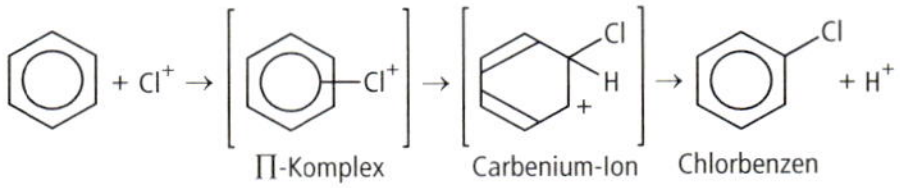

8. Wie verläuft die Alkylierungs-Reaktion von Benzen zu Ethylbenzen ab?

Der Mechanismus der Bindung von Alkyl-Gruppen verläuft wie bei der Chlorierung, Nitrierung, Sulfonierung. Die Einführung von Alkyl-Gruppen wird mit Hilfe von FRIEDEL-CRAFTS-Katalysator $AlCl_3$ und Chloralkanen, z. B. Chlorethan, durchgeführt. Beispiel: Synthese von Ethylbenzol durch FRIEDEL-CRAFTS-Alkylierung:

1. Polarisierung der Alkyl-Gruppe durch Anlagerung des Chlors an $AlCl_3$:
   $CH_3–CH_2–Cl + AlCl_3 \rightarrow CH_3–CH_2^+ \cdots AlCl_4^-$
2. Elektrophile Reaktion der Alkyl-Gruppe mit Benzen über π–Komplex und Carbenium-Ion sowie Abspaltung von Wasserstoff:
   $CH_3–CH_2^+ \cdots AlCl_4^- + C_6H_6 \rightarrow$
   $C_6H_5–CH_2–CH_3 + AlCl_3 + HCl$

9. Wie kann Benzylalkohol erzeugt werden?

Benzylalkohol entsteht durch alkalische Hydrolyse von Benzylchlorid:
$C_6H_5–CH_2–Cl + NaOH \rightarrow C_6H_5–CH_2–OH + NaCl$

10. Welche Verbindungen entstehen aus Benzylalkohol bei der Oxidation?

Benzylalkohol oxidiert analog wie primärer aliphatischer Alkohol. Es entsteht zunächst Benzaldehyd und danach Benzoesäure:

$$C_6H_5–CH_2OH \xrightarrow{Ox} C_6H_5–CHO \xrightarrow{Ox} C_6H_5–COOH$$

11. Durch welche Reaktionen kann Benzaldehyd synthetisiert werden?

- Oxidation von Benzylalkohol.
- Katalytische Oxidation von Toluen(-ol) mit Sauerstoff:
  $C_6H_5{-}CH_3 + O_2 \rightarrow C_6H_5{-}CHO + H_2O$
- Reaktion von Benzylidendichlorid mit Fe-Pulver bei 100 °C, danach Neutralisation mit Alkalilauge und anschließende Wasserdampfdestillation:
  $C_6H_5{-}CHCl_2 + H_2O \rightarrow C_6H_5{-}CHO + 2\ HCl$
- Hydrolyse von Benzylidendichlorid mit Natronlauge:
  $C_6H_5{-}CHCl_2 + 2\ NaOH \rightarrow C_6H_5{-}CHO + 2NaCl + H_2O$

12. Wie verläuft die Acylierung von Benzen?

Die Acylierung zu aliphatisch-aromatischen Ketonen mit Säurechlorid (Einführung von Acyl-Gruppen R–CO–) erfolgt als FRIEDEL-CRAFTS-Reaktion ähnlich wie die Alkylierung:
$C_6H_6 + R{-}CO{-}Cl \rightarrow C_6H_5{-}CO{-}R + HCl$

13. Wie kann Acetophenon sowie Benzophenon synthetisiert werden?

Acetophenon (Methylphenylketon) ist ein aliphatisch-aromatisches Keton. Es entsteht durch FRIEDEL-CRAFTS-Acylierung von Benzen mit Acetylchlorid:
$C_6H_6 + CH_3{-}CO{-}Cl \rightarrow C_6H_5{-}CO{-}CH_3 + HCl$
Benzophenon (Diphenylketon) entsteht analog aus Benzen und Benzoylchlorid:
$C_6H_6 + C_6H_5{-}CO{-}Cl \rightarrow C_6H_5{-}CO{-}C_6H_5 + HCl$

14. Welche Verbindung entsteht bei der Reduktion von Acetophenon sowie von Benzophenon?

Acetophenon und Benzophenon ergeben bei der Reduktion mit naszierendem Wasserstoff sekundären Alkohol (z. B. mit Natriumamalgam) – Methylphenylmethanol und Diphenylmethanol (Benzhydrol):
$C_6H_5{-}CO{-}CH_3 + 2\ H \rightarrow C_6H_5{-}CH(OH){-}CH_3$
$C_6H_5{-}CO{-}C_6H_5 + 2\ H \rightarrow C_6H_5{-}CH(OH){-}C_6H_5$

15. Durch welche Reaktionen kann Phenol gewonnen werden? →

- Phenol (Hydroxybenzol) entsteht beim Zusammenschmelzen von NaOH mit Natriumbenzolsulfonat (ca. 300 °C) zu Natriumphenolat und nachfolgender Reaktion mit Säure: →

$C_6H_5{-}SO_3Na + 2\ NaOH \rightarrow$
$C_6H_5{-}O^-Na^+ + Na_2SO_3 + H_2O$
$C_6H_5{-}O^-Na^+ + H_2SO_3 \rightarrow C_6H_5{-}OH + NaHSO_3$

- Hydrolyse von Chlorbenzol mit Katalysator in der Dampfphase:
  $C_6H_5{-}Cl + H_2O \rightarrow C_6H_5{-}OH + HCl$
- Oxidation von Cumol mit Luftsauerstoff zu Cumolhydroperoxid und dessen Zerlegung mit verdünnter Säure in Phenol und Propanon (Aceton):
  $C_6H_5{-}CH(CH_3)_2 + O_2 \rightarrow$
  Cumolhydroperoxid $(+H^+) \rightarrow$
  $\rightarrow C_6H_5{-}OH + CH_3{-}CO{-}CH_3$

16. Wie können 1,2- sowie 1,3-Dihydroxybenzol hergestellt werden?

1,2-Dihydroxybenzol (o-Dihydroxybenzen, Brenzcatechin) und 1,3-Dihydroxybenzol (p-Dihydroxybenzen, Resorcin) werden aus Phenol-o-sulfonsäure bzw. Phenol-p-sulfonsäure durch Schmelze mit NaOH erzeugt.

17. Welche Möglichkeiten gibt es, Benzoesäure zu erzeugen?

- Oxidation von Toluen (Toluol) mit $KMnO_4$, CrO_3, HNO_3 oder O_2 mit Co-Salz:
  $2\ C_6H_5{-}CH_3 + 3\ O_2 \rightarrow 2\ C_6H_5{-}COOH + 2\ H_2O$
- Oxidation von Benzaldehyd,
- alkalische Hydrolyse von Benzonitril:
  $C_6H_5{-}CN + 2\ H_2O \rightarrow C_6H_5{-}COOH + NH_3$
- Umsetzung von Brombenzol mit Magnesium zu Phenylmagnesiumbromid, Carboxylierung und Hydrolyse zu Benzoesäure.

18. Welche Synthesen können mit Phenol realisiert werden?

- Erzeugung von Alkylphenylethern (Phenolether) nach der WILLIAMSON-Synthese aus Phenolat und Alkylhalogenid, z. B.:
  $C_6H_5{-}O^-Na^+ + CH_3{-}X \rightarrow C_6H_5{-}O{-}CH_3$
  Methylphenylether
- Bromierung in wasserfreiem Lösungsmittel zu o- und p-Bromphenol,
- Sulfonierung zu o- und p-Phenolsulfonsäure,
- Nitrierung zu o- und p-Nitrophenol.

19. Wie wird Benzoylchlorid hergestellt? →

Benzoylchlorid $C_6H_5{-}CO{-}Cl$ ist ein Derivat der Benzoesäure und kann hergestellt werden aus →

- Benzotrichlorid und Benzoesäure (Silber als Katalysator) $C_6H_5CCl_3 + C_6H_5COOH \rightarrow$
  $2\ C_6H_5{-}CO{-}Cl + HCl$
- Benzoesäure und Thionylchlorid oder Phosphor-V-chlorid $C_6H_5COOH + SOCl_2 \rightarrow$
  $C_6H_5{-}CO{-}Cl + HCl + SO_2$

20. Welche Verbindung entsteht, wenn Nitrobenzen mit Zink oder Eisenpulver und Salzsäure reagiert?

Mit naszierendem Wasserstoff (atomarer Wasserstoff mittels Zink/HCl oder Fe/HCl) entsteht durch Reduktion aus der Nitro-Gruppe die NH_2-Gruppe, d. h. es bildet sich Anilin (Aminobenzen, Aminobenzol):
$C_6H_5{-}NO_2 + 6\ H \rightarrow C_6H_5\text{-}NH_2 + 2\ H_2O$

21. Welche Verbindung bildet sich bei der Umsetzung von Anilin mit Salzsäure?

Wegen basischer Eigenschaft Salzbildung zu Phenylammoniumchlorid:
$C_6H_5{-}NH_2 + HCl \rightarrow C_6H_5{-}NH_3^+Cl^-$
Die Abscheidung des Anilins (Rückreaktion) erfolgt mit Natronlauge.

22. Welche Verbindung entsteht bei der Reaktion von Anilin mit Alkyliodid?

Beim Erhitzen entstehen durch Alkylierung primäres und tertiäres Alkylphenylamin:
$C_6H_5{-}NH_2 + CH_3{-}I \rightarrow C_6H_5{-}NH{-}CH_3 + HI$
$C_6H_5{-}NH_2 + 2\ CH_3{-}I \rightarrow C_6H_5{-}N(CH_3)_2 + 2\ HI$

23. In welcher Weise werden aromatische Diazonium-Salze gebildet?

Primäre aromatische Amine $Ar{-}NH_2$ wie Anilin bilden mit Nitrit in mineralsaurer Lösung (d. h. mit salpetriger Säure) bei 0 °C aromatische Diazonium-Salze mit der Gruppierung $-N{\equiv}N^+$: Es entsteht ein Aryldiazonium-Salz.
$Ar{-}NH_2 + NaNO_2 + 2\ HCl \rightarrow$
$[Ar{-}N^+{\equiv}N]Cl^+ + NaCl + 2\ H_2O$
Diese $N{\equiv}N$-Stickstoffkupplung (Diazoniumsalz-Bildung) wird Diazotierung genannt.

24. Warum werden Diazoniumsalze in der bei der Synthese anfallenden Lösung weiter verarbeitet?

In trockenem Zustand sind die Salze instabil und explosiv. In Lösung sind aromatische Diazonium-Salze stabiler und werden in der anfallenden wässrigen Lösung bei 0 °C gleich weiter verarbeitet. Sie dienen vor allem für die Synthese von Azofarbstoffen.
Aliphatische primäre Amine sind wesentlich instabiler und zerfallen unter Stickstoffabgabe.

25. Welche Reaktionen sind für aromatische Diazoverbindungen typisch?

- Die Reaktionen können unter Diazospaltung, d. h. unter Abgabe von Stickstoff verlaufen, z. B. bei der SANDMEYER-Reaktion, die durch Kupfer-I-chlorid-Lösung ausgelöst wird: $[C_6H_5{-}N^+{\equiv}N]Cl^- \rightarrow C_6H_5{-}Cl + N_2$
- Bei weiteren Reaktionen wird der Stickstoff nicht abgespalten und verbleibt im Molekül, z. B. bei Kupplungsreaktionen.

26. Welche Verbindung entsteht bei der Diazospaltung von Diazoniumsalz, z. B. von Phenyl-Diazoniumchlorid mit Natriumhydroxid ($\vartheta > 5\,°C$)?

Beim Erwärmen des Phenyldiazoniumchlorids (Benzoldiazoniumchlorid) entsteht durch Abspaltung von N_2 (Diazosspaltung) Phenol (Hydroxybenzol):

$$[C_6H_5{-}N^+{\equiv}N]Cl + NaOH \rightarrow C_6H_5{-}OH + N_2 + NaCl$$

27. Welche weiteren Verbindungen können z. B. durch Diazospaltung des Phenyldiazoniumchlorids erzeugt werden?

- Bei Erhitzen mit Kaliumiodid entsteht Iodbenzen $[C_6H_5{-}N^+{\equiv}N]Cl + KI \rightarrow C_6H_5{-}I + KCl + N_2$
- in Gegenwart von Kupfer-I-Verbindungen entstehen mit KBr, KCN in analogen Reaktionen $C_6H_5{-}Br$, $C_6H_5{-}CN$

28. Welche wichtigen Kupplungsreaktionen gehen aromatische Diazoverbindungen ein?

- Reaktion von Phenyldiazoniumchlorid mit Anilin zu Diazoaminobenzol in essigsaurer Lösung: $[C_6H_5{-}N^+{\equiv}N]Cl + H_2N{-}C_6H_5 \rightarrow C_6H_5{-}N{=}N{-}NH{-}C_6H_5 + HCl$
- Kupplung von Phenyldiazoniumchlorid mit Natriumphenolat zu Hydroxyazobenzol: $[C_6H_5{-}N^+{\equiv}N]Cl + C_6H_5{-}O^-Na^+ \rightarrow C_6H_5{-}N{=}N{-}C_6H_4{-}OH + NaCl$
- Kupplung zu Azofarbstoffen

12.5 GRIGNARD-Verbindungen und andere metallorganische Verbindungen

1. Welche Struktur besitzen metallorganische Verbindungen?

Bei metallorganischen Verbindungen ist das Metall direkt am Kohlenstoff gebunden. Der Kohlenstoff ist negativ polarisiert.

2. Welche Metalle bilden metallorganische Verbindungen?

Besonders wichtig für die Grignard-Synthesen organischer Verbindungen sind organische Magnesium-Verbindungen RMgX. Lithium sowie Aluminium reagieren mit Alkyl- oder Arylhalogeniden zu Alkyllithium oder Phenyllithium sowie Trialkylaluminium.
Weitere Metalle, die Alkyl- und Phenylverbindungen bilden sind z. B. Pb, Hg, Sn, Zn.

3. Wie werden organische Lithiumverbindungen hergestellt?

Lithiumorganische Verbindungen werden in Ether oder Benzol unter Ausschluss von Sauerstoff, CO_2 und Wasser/Feuchtigkeit aus Lithium und Alkyl- oder Arylchlorid erzeugt, z. B. Phenyllithium:
$C_6H_5{-}Cl + 2\ Li \rightarrow C_6H_5Li + LiCl$

4. Welche Reaktionen führen zu Halogenalkanen?

- Hydrohalogenierung der Alkene
- Chlorierung von Alkanen führt zu Choralkan-Gemischen
- Halogenalkane oder Alkylhalogenide werden aus Alkohol und Halogenwasserstoffsäuren HX erzeugt. Am reaktivsten ist Iodwasserstoff, HBr und HCl reagieren bei höheren Temperaturen oder säurekatalysiert mit Schwefelsäure:
  $R{-}OH + HI \rightarrow R{-}I + H_2O$
- Reaktion von Alkohol mit Phosphorchloriden, -bromiden, -iodiden, z. B. $3\ R{-}OH + PBr_3 \rightarrow 3\ R{-}Br + H_3PO_3$
- Umsetzung von Alkohol mit Thionylchlorid in der Wärme, z. B. $R{-}OH + SOCl_2 \rightarrow R{-}Cl + HCl + SO_2$

5. Wie werden magnesiumorganische Verbindungen synthetisiert?

Magnesiumorganische oder Grignard-Verbindungen erhält man bei der Reaktion von Magnesium mit Alkyl- oder Phenylhalogenid (Cl, Br, I) in wasserfreiem Ether:

- $R{-}X + Mg \rightarrow R{-}Mg{-}X$
  z. B. $CH_3{-}CH_2{-}Br + Mg \rightarrow CH_3{-}CH_2{-}MgBr$ Ethylmagnesiumbromid
- $Ar{-}X + Mg \rightarrow Ar{-}Mg{-}X$
  z. B. $C_6H_5{-}Br + Mg \rightarrow C_6H_5{-}MgBr$ Phenylmagnesiumbromid

→ →

GRIGNARD-Verbindungen reagieren mit vielen Stoffen, z. B. mit Wasser, mit Alkohol, mit Aldehyd, mit Keton, mit Kohlenstoffdioxid, mit Phenol, mit Carbonsäure, mit Carbonsäureester.

6. Worauf beruht die Reaktivität von GRIGNARD-Verbindungen?

In der GRIGNARD-Verbindungen ist der Kohlenstoff, der direkt an das Magnesium gebunden ist, negativ polarisiert:

$$\begin{bmatrix} \delta - & \oplus & \delta - \\ \mathrm{R} - & \mathrm{Mg} & - \mathrm{X} \end{bmatrix}$$

Er kann sich an positiv polarisierten Kohlenstoff eines Reaktionspartners binden. In der MgX–Gruppe ist Mg positiv polarisiert und bindet an den negativ polaren Teil des Reaktionspartners.

7. Nach welchem Mechanismus erfolgt die Reaktion von GRIGNARD-Verbindungen mit einem Reaktionspartner?

Beispiel: Reaktion von RMgX mit Carbonyl-Verbindungen bzw. der polaren Carbonyl-Gruppe:

a) Anlagerung

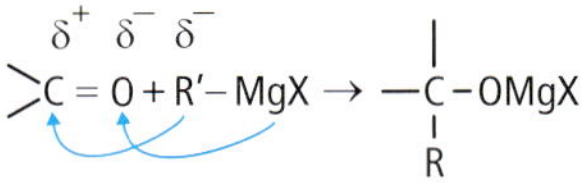

b) Hydrolyse:

$$\xrightarrow{+H_2O} -\underset{R'}{\overset{|}{\underset{|}{C}}}-OH + Mg(OH)X$$

Beispiel: Reaktion von Aldehyd mit GRIGNARD-Verbindung zu sekundärem Alkohol:

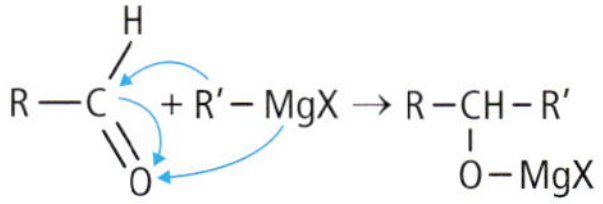

Hydrolyse: Anlagerung eines Protons vom Wasser an den Sauerstoff

$$\xrightarrow{+H_2O} R-CH(OH)-R' + Mg(OH)X$$

8. Zu welcher Verbindung reagiert Isopropylmagnesiumbromid mit CO_2 und danach mit Wasser?

$$(CH_3)_2CH-MgBr + CO_2 \rightarrow (CH_3)_2CH-COOMgBr + H_2O \rightarrow$$

Isobuttersäure

$$(CH_3)_2CH-COOH + Mg(OH)Br$$

2-Methylpropansäure

9. Im welchen Schritten verläuft die Reaktion, wenn ein Keton mit einer GRIGNARD-Verbindung und danach mit Wasser umgesetzt wird?

Es entsteht ein tertiärer Alkohol:

$$R-CO-R' + R''-MgX \rightarrow R-C(OMgX)(R')-R'' \xrightarrow[-\,Mg(OH)X]{+H_2O} R'-C(OH)(R')-R''$$

10. Welche Verbindung entsteht, wenn
a) Propanal und
b) Methanal mit Methylmagnesiumbromid reagiert und anschließend hydrolysiert wird?

a) $CH_3CH_2CHO + CH_3MgBr \rightarrow CH_3CH_2CH(O-MgBr)-CH_3 + H_2O \rightarrow$

$$CH_3CH_2CH(OH)CH_3 + Mg(OH)Br$$

2-Butanol, Butan-2-ol

b) $HCHO + CH_3MgBr + H_2O \rightarrow CH_3CH_2OH + Mg(OH)Br$

Ethanol

11. Zu welcher Verbindung führt die Addition von Ethylmagnesiumbromid an Ethanal und die anschließende Hydrolyse?

$$CH_3-CHO + CH_3-CH_2-MgBr \rightarrow CH_3-CH(CH_2-CH_3)-O-MgBr + H_2O \rightarrow$$

$$CH_3-CH_2-CH(OH)-CH_3 + Mg(OH)Br$$

Butan-2-ol

12. 1-Brombutan soll in einer GRIGNARD-Synthese zu
a) Pentan-1-ol,
b) Heptan-3-ol,
c) 2-Methylhexan-2-ol
umgesetzt werden. Welche Carbonylverbindungen sind als Reaktionspartner einzusetzen? →

Als GRIGNARD-Verbindung wird Butylmagnesiumbromid erzeugt und eingesetzt:

$$CH_3-CH_2-CH_2-CH_2Br + Mg \rightarrow CH_3-CH_2-CH_2-CH_2MgBr$$

a) Methanal:

$$HCHO + CH_3-CH_2-CH_2-CH_2MgBr + H_2O \rightarrow CH_3-CH_2-CH_2-CH_2-CH_2-OH + Mg(OH)Br$$

b) Propanal:

$$CH_3-CH_2-CHO + CH_3-CH_2-CH_2-CH_2MgBr + H_2O \rightarrow CH_3-CH_2-CH_2-CH_2-CH(OH)-CH_2-CH_3 + Mg(OH)Br$$

Heptan-3-ol →

c) Propanon:

$$CH_3{-}CO{-}CH_3 + CH_3{-}CH_2{-}CH_2{-}CH_2MgBr + H_2O \rightarrow$$
$$CH_3{-}\underset{\displaystyle OH}{\underset{|}{C}}H(CH_3){-}CH_2{-}CH_2{-}CH_2{-}CH_3 + Mg(OH)Br$$

2-Methylhexan-2-ol

13. Acetylchlorid reagiert mit Ethylmagnesiumchlorid. Welche Verbindung entsteht?

Es entsteht Ethylmethyl-keton (Mn-Salz als Katalysator):

$$CH_3{-}CO{-}Cl + CH_3{-}CH_2{-}MgCl \rightarrow CH_3{-}\underset{\displaystyle OMgCl}{\underset{|}{C}}(Cl){-}CH_3{-}CH_2$$
$$\xrightarrow{+H_2O} CH_3{-}CO{-}CH_3{-}CH_2 + Mg(OH)Cl + HCl$$

Ethylmethyl-keton

14. 1-Propylmagnesiumbromid wird mit CO_2 umgesetzt und anschließend hydrolysiert. Welche Verbindung entsteht?

Es findet eine Carboxylierung des 1-Propylmagnesiumbromids statt:

$$CH_3{-}CH_2{-}CH_2{-}Br + CO_2 \rightarrow$$
$$CH_3{-}CH_2{-}CH_2{-}COO{-}MgBr$$
$$\xrightarrow{+H_2O} CH_3{-}CH_2{-}CH_2{-}COOH + Mg(OH)Br$$

Butansäure

15. Aus Brombenzol soll Benzoesäure mittels GRIGNARD-Verbindung synthetisiert werden!

1. Darstellung von Benzolmagnesiumbromid:
   $C_6H_5{-}Br + Mg \rightarrow C_6H_5MgBr$
2. Umsetzung der GRIGNARD-Verbindung mit CO_2 (Carboxylierung):
   $C_6H_5MgBr + CO_2 \rightarrow C_6H_5COO{-}MgBr$
3. Hydrolyse zu Benzoesäure:
   $C_6H_5COO{-}MgBr + H_2O \rightarrow C_6H_5COOH + Mg(OH)Br$

12.6 Zweitsubstitution organischer Verbindungen

1. Wonach richtet sich die Zweitsubstitution bei Aromaten?

Substituenten beeinflussen unterschiedlich die Elektronenverteilung im Aromaten-Ring:
Die Position eines zweiten Substituenten bei der Zweitsubstitution richtet sich nach der Wirkung des 1. Substituenten auf das π-Elektronensextett des Aromatenkerns, d. h. je nachdem, ob ein Elektronenzug oder Elektronenschub auf das Sextett erfolgt.

2. Welchen Einfluss hat der –I-Effekt sowie der –M-Effekt von Substituenten 2.Ordnung auf eine weitere Substitution?

Substituenten 2. Ordnung mit –I- und –M-Effekt (z. B. $-NO_2$, -CN, $-SO_3H$, -COOH, $-CONH_2$, -COCl, -CHO) erzeugen einen Elektronenzug gegenüber den π-Elektronen. Dadurch sinkt die Nucleophilie des Kerns, d. h. die Neigung zur elektrophilen Zweitsubstitution sinkt und es besteht noch eine geringere Aktivität in meta-Position (1,3-Position).

Substituenten 1.Ordnung							Substituenten 2.Ordnung					
$-\bar{\underline{O}}|^-$	$-NR_2$	$-NH_2$	-OH	$-C_6H_5$	$-CH_3$	Halogene	-CHO	-COOR	-COOH	$-SO_3H$	-CN	$-NO_2$
+M	+M	+M	+M	+M	+M	+M	–M	–M	–M	–M	–M	–M
+I	–I	–I	–I	–I	+I	–I	–I	–I	–I	–I	–I	–I
← Kern wird zunehmend nucleophil, d. h. für elektrophile Reagenzien aktiviert						desaktivierende Wirkung	Kern wird weniger nucleophil, d. h. für elektrophile Reagenzien desaktiviert →					
← *ortho-* und *para-*dirigierend →							← *meta-*dirigierend →					
Durch Elektronenschub des 1. Substituenten wird das Molekül für die Zweitsubstitution aktiviert							Durch Elektronenzug des 1. Substituenten wird das Molekül für die Zweitsubstitution desaktiviert					

3. Wie wirkt der +I- bzw. +M-Effekt von Substituenten bei der Zweitsubstitution von Wasserstoff?

Durch Substituenten 1. Ordnung mit ;+I- und +M-Effekt (O^-) sowie +M/–I-Effekt (z. B. $-NH_2$, -OH, Alkyl-, Phenyl-Gruppen) erfolgt ein Elektronenschub in den Ring, der dadurch nucleophiler wird. Es werden elektrophile Zweitsubstitutionen in ortho- oder 2- und vor allem in para- oder 1,4-Position am Kern aktiviert.
Halogenatome mit +M- und –I-Effekt haben eine gewisse desaktivierende Wirkung, dirigieren aber einen 2. Substituenten auch in ortho- und para-Position.

4. Welche Verbindungen entstehen, wenn Anilin sulfoniert wird?

Wegen des –I-/+M-Effekts der Amino-Gruppe entsteht vorwiegend p- oder 1,4-Aminobenzolsulfonsäure neben o- oder 1,2-Aminobenzolsulfonsäure.

5. Nitrobenzol wird weiter nitriert. Welche Verbindung entsteht?

Die Nitro-Gruppe ist ein Substituent 2. Ordnung (-I- und -M-Effekt) und dirigiert bei Nitrieren mit Nitriersäure die zweite Nitro-Gruppe in die meta-Position. Es entsteht m- oder 1,3-Dinitrobenzol.

6. Dinitrobenzol wird reduziert. Welche Verbindung bildet sich?

Die Reduktion mit Zinn/Salzsäure (naszierenden Wasserstoff) führt zu Diaminobenzen(-ol).

7. Wie kann Nitroanilin aus Anilin durch Nitrieren erzeugt werden?

Die direkte Nitrierung von Anilin mit konzentrierter Salpetersäure führt zu Oxidation der Amino-Gruppe. Sie muss vor der Nitrierung durch Acetylierung geschützt werden. Danach wird nitriert und schließlich die Acetyl-Gruppe basisch abgespalten:

1. $C_6H_5\text{–}NH_2 + CH_3\text{–}CO\text{–}Cl \rightarrow C_6H_5\text{–}NH\text{–}CO\text{–}CH_3 + HCl$
2. $C_6H_5\text{–}NH\text{–}CO\text{–}CH_3 + HNO_2 \rightarrow O_2N\text{–}C_6H_4\text{–}NH\text{–}CO\text{–}CH_3 + H_2O$
3. $O_2N\text{–}C_6H_4\text{–}NH\text{–}CO\text{–}CH_3 + NaOH \rightarrow O_2N\text{–}C_6H_4\text{–}NH_2 + CH_3\text{–}COONa$

8. Phenol wird bromiert. Welche Ergebnisse sind zu erwarten?

Die Hydroxy-Gruppe dirigiert wegen des +M/-I-Effeks das Halogen in die para- und z. T. in die ortho-Position: p- oder 1,4-Bromphenol neben o- oder 1,2-Bromphenol.

9. Welche Verbindungen entstehen beim
a) Sulfonieren und
b) Nitrieren von Phenol?

Die Wirkung der OH-Gruppe ist die Gleiche wie beim Halogenieren. Es entstehen

a) 1,2- Phenolsäure (neben 1,4-Phenolsulfonsäure)
b) o- und p-Nitrophenol

10. Toluen (-ol) wird nitriert. Welche Position besetzt die Nitro-Gruppe?

Auch hierbei entstehen 1,4- und 1,2-Nitrotoluen (-ol) wegen des –I-/+M-Effekts der Alkyl-Gruppe.

11. Warum entsteht beim Carboxylieren von Benzoesäure die para-Dicarbonsäure des Benzols?

Die Carboxyl-Gruppe dirigiert CO_2 in die para-Position. Es ensteht Benzol-p-dicarbonsäure oder Terephthalsäuren $HOOC\text{–}C_6H_4\text{–}COOH$.

12.7 Mehrstufensynthesen

1. Wie kann Anilin aus Benzol hergestellt werden?

1. Nitrierung von Benzol mit Nitriersäure:
   $C_6H_6 + HNO_3 \rightarrow C_6H_5\text{–}NO_2$
2. Reduktion des Nitrobenzols mit naszierendem Wasserstofff (Zn-Pulver/wässrige NH_4Cl-Lösung):
   $C_6H_5\text{–}NO_2 + 6\,H \rightarrow C_6H_5\text{–}NH_2 + 2\,H_2O$

2. Aus Propen soll Isopropylmethylether erzeugt werden. Welche Syntheseschritte sind notwendig?

1. Durch Säure katalysierte Hydratation von Propen zu Propan-2-ol (Isopropanol):

$$CH_3{-}CH{=}CH_2 + H_2O \xrightarrow{(H^+)} CH_3{-}CH(OH){-}CH_3$$

2. Bildung von Isopropylalkoholat mit Natrium:
   $2\ CH_3{-}CH(OH){-}CH_3 + 2Na \rightarrow$
   $2\ [CH_3{-}CH(O^-){-}CH_3]Na^+ + H_2$
3. Reaktion von Isopropylalkoholat mit Methylhalogenid, z. B. Methyliodid zu Methylisopropylether (Williamson-Synthese):
   $[CH_3{-}CH(O^-){-}CH_3]Na^- + CH_3I \rightarrow$
   $(CH_3)_2CH{-}O{-}CH_3$

3. Wie gelangt man von Propan-1-ol zu α–Hydroxybutansäure?

1. Oxidation von Propan-1-ol mit CrO_3/H_2SO_4 oder Na_2CrO_4/H_2SO_4 und Abdestillieren des Propionaldehyds:
   $3\ CH_3{-}CH_2{-}CH_2{-}OH + 2\ CrO_3 \rightarrow$
   $3\ CH_3{-}CH_2{-}CHO + 3\ H_2O + Cr_2O_3$
2. Addition im Alkalischen von Blausäure bzw. NaCN an Propionaldehyd zu α–Hydroxybutannitril:
   $CH_3{-}CH_2{-}CHO + HCN \rightarrow$
   $CH_3{-}CH_2{-}CH(OH){-}CN$
3. Hydrolyse des Nitrils zu α–Hydroxybutansäure:
   $CH_3{-}CH_2{-}CH(OH){-}CN + 2\ H_2O \rightarrow$
   $CH_3{-}CH_2{-}CH(OH){-}COOH + NH_3$

4. Welche Syntheseschritte führen von Propanol zu 4-Methylheptan-4-ol

1. Umsetzung von Propanol zu 1-Brompropan:
   $3\ CH_3{-}CH_2{-}CH_2{-}OH + PBr_3 \rightarrow$
   $3\ CH_3{-}CH_2{-}CH_2{-}Br + H_3PO_3$
2. Reaktion mit Mg zu Propylmagnesiumbromid:
   $CH_3{-}CH_2{-}CH_2{-}Br + Mg \rightarrow$
   $CH_3{-}CH_2{-}CH_2{-}MgBr$
3. Umsetzung von Propylmagnesiumbromid mit Methylpropyl-keton (Pentan-2-on):
   $CH_3{-}CH_2{-}CH_2{-}CO{-}CH_3 + CH_3{-}CH_2{-}CH_2{-}MgBr \rightarrow$

$$\begin{array}{c} \phantom{CH_3{-}CH_2{-}CH_2{-}}C_3H_7\phantom{{-}CH_3} \\ \phantom{CH_3{-}CH_2{-}CH_2{-}}|\phantom{{-}CH_3} \\ CH_3{-}CH_2{-}CH_2{-}C{-}CH_3 \\ \phantom{CH_3{-}CH_2{-}CH_2{-}}|\phantom{{-}CH_3} \\ \phantom{CH_3{-}CH_2{-}CH_2{-}}O{-}MgBr \end{array}$$

→

4. Hydrolyse: + H_2O

$$\begin{array}{c} \qquad\qquad\qquad\qquad\qquad\quad C_3H_7 \\ \qquad\qquad\qquad\qquad\qquad\quad | \\ \rightarrow CH_3-CH_2-CH_2-C-CH_3 + Mg(OH)Br \\ \qquad\qquad\qquad\qquad\qquad\quad | \\ \qquad\qquad\qquad\qquad\qquad\quad OH \end{array}$$

5. Aus Benzol soll p-Phenolsulfonsäure erzeugt werden. Welche Schritte sind zu realisieren?

1. Benzol wird mit $FeCl_3$- oder $AlCl_3$-Katalysator chloriert:
   $C_6H_6 + Cl_2 \rightarrow C_6H_5{-}Cl + HCl$
2. Hydrolyse mit Katalysator (z. B. SiO_2) bei höherer Temperatur:
   $C_6H_5{-}Cl + H_2O \rightarrow C_6H_5{-}OH + HCl$
3. Sulfonierung des Phenols mit konzentrierter Schwefelsäure bei 100 °C:
   $C_6H_5{-}OH + H_2SO_4 \rightarrow HO{-}C_6H_4{-}SO_3H + H_2O$

6. Wie kann – ausgehend von Benzol – Acetylacetat synthetisiert werden?

1. Benzol wird in einer FRIEDEL-CRAFTS-Reaktion mit $AlCl_3$-Katalysator zu Toluen (-ol) alkyliert (Methylierung):
   $C_6H_6 + CH_3Cl \rightarrow C_6H_5{-}CH_3 + HCl$
2. Chlorierung des Toluens zu Benzylchlorid nach der SSS-Regel:
   $C_6H_5{-}CH_3 + Cl_2 \rightarrow C_6H_5{-}CH_2Cl$
3. Hydrolyse des Benzylchlorids mit verdünntem Alkali zu Benzylalkohol:
   $C_6H_5{-}CH_2Cl + NaOH \rightarrow$
   $C_6H_5{-}CH_2{-}OH + NaCl$
4. Veresterung des Benzylalkohols mit Acetanhydrid:
   $2\ C_6H_5{-}CH_2{-}OH + (CH_3CO)_2O \rightarrow$
   $2\ CH_3{-}CO{-}O{-}CH_2{-}C_6H_5 + H_2O$

7. Aus Propen soll in mehreren Stufen 2-Methyl-2-hydroxypropansäure (α– Hydroxyisobuttersäure) erzeugt werden.

1. Säurekatalysierte Hydratisation von Propen:
   $CH_3{-}CH{=}CH_2 + H_2O \rightarrow CH_3{-}CH(OH){-}CH_3$
2. Oxidation des Isopropanols zu Propanon (Aceton) mit Chrom-III-oxid und verdünnter Schwefelsäure:
   $3\ CH_3{-}CH(OH){-}CH_3 + 2\ CrO_3 \rightarrow$
   $3\ CH_3{-}CO{-}CH_3 + Cr_2O_3 + H_2O$

→

3. Umsetzung des Acetons mit Natriumcyanid in wässriger Lösung zu einem α–Hydroxycyanhydrin:

$$CH_3-CO-CH_3 + NaCN + H_2O \rightarrow CH_3-\underset{\underset{CN}{|}}{\overset{\overset{OH}{|}}{C}}-CH_3 + NaOH$$

2-Hydroxy-2methylpropionotril oder Acetoncyanhydrin

4. Hydrolyse des Cyanhydrins zu 2-Methyl-2-hydroxy-propansäure (α–Hydroxy-isobuttersäure):

$$CH_3-\underset{\underset{CH_3}{|}}{C}(OH)-CH_3 + 2\ H_2O \rightarrow CH_3-\underset{\underset{CH_3}{|}}{C}(OH)-COOH + NH_3$$

12

8. Ausgehend von Benzen soll in mehreren Schritten Nitroanilin synthetisiert werden.

1. Nitrierung des Benzens:
   $C_6H_6 + HNO_3 \rightarrow C_6H_5–NO_2 + H_2O$
2. Reduktion des Nitrobenzens zu Anilin mit nascierendem Wasserstoff (Fe-Pulver/HCl):
   $C_6H_5–NO_2 + 6\ H \rightarrow C_6H_5–NH_2 + 2\ H_2O$
3. Acetylierung des Anilins zu Acetanilid zum Schutz des NH_2-Gruppe:
   $C_6H_5–NH_2 + CH_3–CO–Cl \rightarrow C_6H_5–NH–CO–CH_3 + HCl$
4. Nitrierung des Acetanilids mit Salpetersäure zu p-Nitroacetanilid (Nebenprodukt: o-Nitroacetanilid)
   $C_6H_5–NH–CO–CH_3 + HNO_3 \rightarrow O_2N–C_6H_4–NH–CO–CH_3$
5. Alkalische Hydrolyse des p-Nitroacetanilids zur Abspaltung der Acetyl-Gruppe (Schutzgruppe):
   $O_2N–C_6H_4–NH–CO–CH_3 + H_2O \rightarrow O_2N–C_6H_4–NH_2 + CH_3–COOH$

9. Ethylphenylketon soll ausgehend von Ethan dargestellt werden. Welche Syntheseschritte sind notwendig?

1. Chlorierung von Ethan:
   $CH_3–CH_3 + Cl_2 \rightarrow CH_3–CH_2–Cl + HCl$
2. Umsetzung des Chlorethans zu Propannitril:
   $CH_3–CH_2–Cl + NaCN \rightarrow CH_3–CH_2–CN + NaCl$
3. Hydrolyse des Propannitrils zu Propansäure:
   $CH_3–CH_2–CN + 2\ H_2O \rightarrow CH_3–CH_2–COOH + NH_3$

→

4. Synthese von Propionsäurechlorid mit Phosphortrichlorid:
   $CH_3–CH_2–COOH + PCl_3 \rightarrow$
   $CH_3–CH_2–CO–Cl + H_3PO_3$
5. Reaktion von Propionsäurechlorid mit Benzen:
   $CH_3–CH_2–CO–Cl + C_6H_6 \rightarrow$
   $C_6H_5–CO–CH_2–CH_3 + HCl$
   Ethylphenylketon

12.8 Kunststoff-Synthesen

1. Phenol (Hydroxybenzen) wird in mehreren Stufen zu ε-Caprolactam als Ausgangsstoff für Polyanid-6 synthetisiert. Wie verlaufen die einzelnen Reaktionen?

1. Phenol wird zunächst mit Wasserstoff katalytisch (Ni) zu Cyclohexanol hydriert (Hydroxycyclohexan).
2. Die Oxidation von Cyclohexanol führt zu Cyclohexanon.
3. Mit Hydroxylamin NH_2OH erfolgt unter Wasserabspaltung die Bildung von Cyclohexanonoxim.
4. Durch eine BECKMANN-Umlagerung bildet sich ε–Caprolactam:

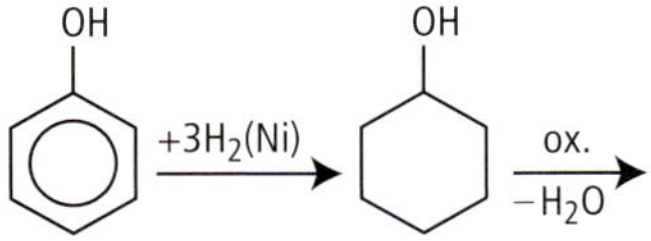

1.) Phenol 2.) Cyclohexanol

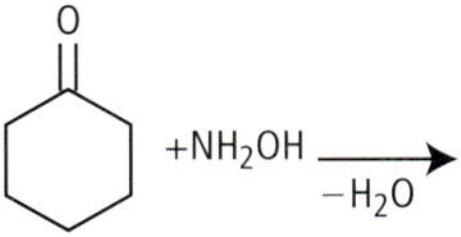

3.) Cyclohexanon

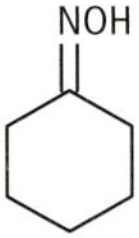

4.) Cyclohexanonoxim

BECKMANN-Umlagerung

→ 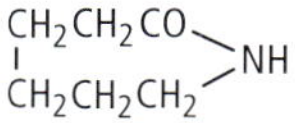

ε–Caprolactam (cyclisches Lactam der Capronsäure)

2. Was versteht man unter einem Monomeren und einem Polymeren?

- Monomere sind Moleküle, die aus wenigen Atomen bestehen (Mikromoleküle),
- Polymere sind aus vielen Monomeren zusammengesetzte Moleküle mit mindestens 1000 Atomen je Molekül (Makromoleküle).

12

3. Wie sind die Begriffe Polymerisation, Polykondensation und Polyaddition zu definieren?

Polymerisation erfolgt durch Aufspalten oder Verschieben von Doppelbindungen und Vereinigen der Monomere zum Polymer ohne Abspaltung eines Nebenprodukts.
Polykondensation erfolgt unter Abspaltung eines Stoffes, meist Wasser, bei der Vereinigung von Monomeren zu Polymeren.
Polyaddition erfolgt durch Protonenwanderung zwischen den beiden Monomeren beim Binden der Monomere.

4. Wie ist der Polymerisationssgrad definiert?

Der Polymerisationsgrad ist die Anzahl *n* der Monomere, die im Polymerisatmolekül enthalten sind.

5. Was versteht man unter Polykondensationsgrad?

Analog zum Polymerisationsgrad versteht man darunter die Anzahl der Teilchen, die eine wiederkehrende Struktureinheit des Makromoleküls ergeben.

6. Wie entsteht aus ε-Caprolactam der Kunststoff Polyamid-6 (PA6)?

Unter Ringöffnung zwischen der NH- und CO-Gruppe des ε-Caprolactams verbinden sich Moleküle bei der radikalischen Polymerisation zu linearen Molekülen mit dem Polymerisationsgrad *n*:
$n\ \varepsilon$–Caprolactam $\rightarrow [–NH–(CH_2)_5–CO–]_n$
Die Monomere sind durch die Amid-Bindung –CO–NH– untereinander verknüpft.

7. Welche weiteren Möglichkeiten bestehen für die Synthese von Polyamiden?

Polyamide können außer aus den ω–Aminocarbonsäuren bzw. deren Lactamen wie ε–Caprolactam (Lactam der ε–Aminocapronsäure) auch durch Polykondensation aus Diaminen und Dicarbonsäuren erzeugt werden:

$$n\,HOOC–R–COOH + n\,H_2N–R'–NH_2 \rightarrow OH[–OC–R–CO–NH–R'–NH–]_n + n\,H_2O$$

8. Wie ist die Gleichung für die Polyester-Synthese zu formulieren?

Polyester entstehen

- durch Polykondensation zwischen einem Diol, z. B. Glycol, und einer Dicarbonsäure.:
  $$n\,HO–CH_2–CH_2–OH + n\,HOOC–R–COOH \rightarrow [–O–CH_2–CH_2–O–CO–R–CO–]_n + n\,H_2O$$
  Diese Polyester gehören dem Typ $[–O–R^1–O–CO–R^2–CO–]_n$ an wie Polyethylen- und Polybutylenterephthalat PET, PBT und Polycarbonat PC;
- durch Polykondensation von ω-Hydroxycarbonsäuren, HO–R–COOH. Diese Ester besitzen die allgemeine Struktur $[–O–R–CO–]_n$.
- Bei ungesättigten Polyestern werden ungesättigte Diole und gesättigte Dicarbonsäuren oder gesättigte Diole und ungesättigte Dicarbonsäuren (Maleinsäure) verwendet. Beim „Härten" werden die ungesättigten Polyestermoleküle durch Styren (-ol) vernetzt.

9. Wie werden Polyurethane erzeugt?

Polyurethane entstehen durch Polyaddition zwischen Diisocyanat und Diol, indem Wasserstoff vom Diol an den Stickstoff des Diisocynats wandert und dadurch eine neue Bindung entsteht:

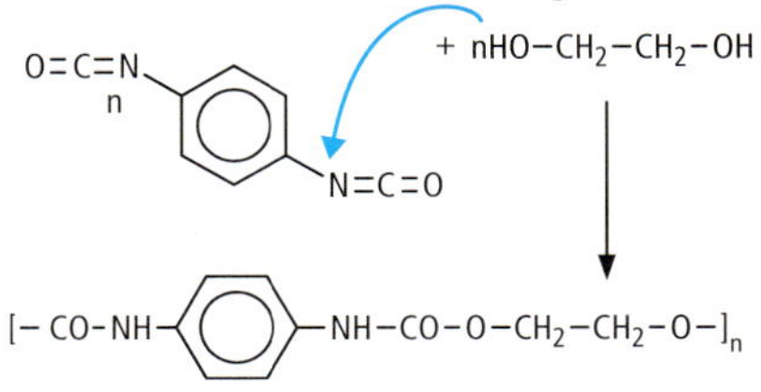

13 Durchführen verfahrenstechnischer Arbeiten

13.1 Fließschemata für chemische Anlagen

1. Wo ist die Darstellung chemischer Produktionsanlagen festgelegt und welche grundsätzlichen Darstellungsarten werden unterschieden?

In der DIN EN ISO 10628 werden Fließschemata nach Informationsinhalt und Darstellungsart in drei Typen unterteilt:
- Grundfließschemata;
- Verfahrensfließschemata;
- Rohrleitungs- und Instrumentenfließschemata (RI-Fließschemata).

Je nach Art enthält ein Schema bestimmte Grund- und Zusatzinformationen.

2. Was ist in einem Fließschema einer verfahrenstechnischen Anlage dargestellt?

In einem Fließschema einer verfahrenstechnischen Anlage sind der Aufbau und die Funktion sowie der Ablauf mit standardisierten Symbolen und Schriftzeichen vereinfacht zeichnerisch dargestellt. Fließschemata sind Bestandteil der technischen Dokumentation einer Anlage.

3. Durch welche Darstellungsform ist ein Grundfließschema charakterisiert?

In einem Grundfließschema ist ein Verfahren oder eine verfahrenstechnische Anlage in vereinfachter Form durch mit Linien verbundene Rechtecke dargestellt.

4. Durch welche Darstellungsform ist ein Verfahrensfließschema charakterisiert?

In einem Verfahrensfließschema ist ein Verfahren oder eine verfahrenstechnische Anlage durch mit Linien verbundene grafische Symbole dargestellt.

5. Durch welche Darstellungsform ist ein Rohrleitungs- und Instrumentenfließschema charakterisiert?

In einem Rohrleitungs- und Instrumentenfließschema (RI-Fließschema) ist ein chemisches Verfahren auf der Grundlage eines Verfahrensfließschemas durch grafische Symbole für Anlagenteile, Rohrleitungen, Mess-, Steuer- und Regelfunktionen dargestellt.

13.2 Darstellungsformen und Symbole für Fließschemata

1. Benennen Sie die in der Symbol-Spalte dargestellten Bauteile.

Symbol	Bezeichnung	Symbol	Bezeichnung
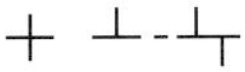	Verbindung zwischen kreuzenden Fließlinien bzw. Rohrleitungen	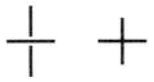	nicht verbundene Fließlinien bzw. Rohrleitungen
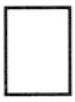	Behälter, allgemein		Behälter, mit gewölbtem Boden
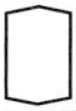	Behälter, mit konischen Böden		Behälter, mit ebenem Deckel
	Behälter, mit gewölbtem Deckel		offener Behälter, mit Angabe der Füllhöhe
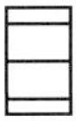	Behälter, mit Austauschböden, allg. Bodenkolonne, allg.	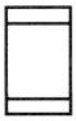	Kolonne, allgemein Behälter mit Einbauten, allg.
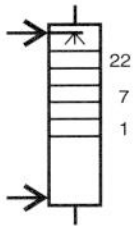	Bodenkolonne mit eingetragenen Glockenböden	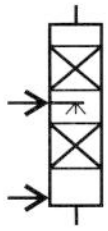	Füllkörperkolonne mit zwei Packungszonen
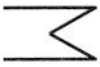	Einrichtung zum Beheizen oder Kühlen, allg.	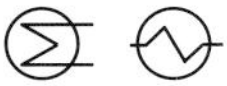	Wärmetauscher, allg.
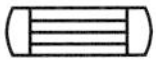	Rohrbündel – Wärmeaustauscher mit Festböden	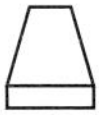	Kühlturm, allg.
	Feuerung, Brenner, allg.	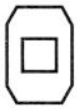	Industrieofen, allg.
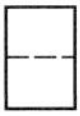	Fluidfilter, allg. Filterapparat, allg.		Festbettfilter, allg. Schüttschichtfilter
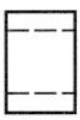	Flüssigkeitsfilter, allg.		Gasfilter, allg. Luftfilter, allg.
	Schüttschichtfilter für Gase		Abscheider, allg.
	Schwerkraftabscheider Absetzkammer		elektrostatischer Abscheider
	Zentrifuge, allg.		Trockner, allg.

Symbol	Bezeichnung	Symbol	Bezeichnung
	Wirbelschichttrockner Fließbetttrockner		Zerstäubungstrockner
	Zerkleinerungsmaschine, allg.		Brecher, allg.
	Hammerbrecher		Mühle, allg.
	Rührer, allg.		Gitterrührer
	Propellerrührer		
	Pumpe, allg. Spitze in Förderrichtung		Kreiselpumpe
	Zahnradpumpe		Ventilator, allg.
	Verdichter, Kompressor, Vakuumpumpe, allg. Verengung in Förderrichtung		Hubkolben-Membran-Verdichter, Membranvakuumpumpe
	Antrieb, allg.		Getriebe
	Elektromotor, allg.		Verbrennungsmotor
	Absperrarmatur, allg.		Dreiwegearmatur, allg.
	Absperrschieber		Rückschlagarmatur, allg.
	Rückschlagventil		Rückschlagkappe
	Armatur mit stetigem Stellverhalten		Armatur mit Sicherheitsfunktion
	Berstscheibe mit Sicherheitsfunktion, allg.		Flammensperre
	Be- und Entlüftungsarmatur, Über- bzw. Unterdrucksicherung		Schauglas

2. Erläutern Sie die Funktion eines Wärmetauschers. Wo kommt er zum Einsatz?

Ein Wärmetauscher dient dem Energieaustausch von entgegengesetzt strömenden Medien. Dabei werden zu erwärmende Stoffe durch warme oder heiße Produkte oder Abprodukte vorgewärmt bzw. die heißen Stoffe durch kühlere Edukte abgekühlt. In diesen Prozess sind häufig Kühlkreisläufe integriert.

→ →

Wärmetauscher kommen z. B. bei der Kühlung von Dampf, Kondensat und Sumpfprodukt oder bei der Vorheizung von Edukten und zu trennenden Gemischen zum Einsatz.

3. Wie wird eine Glockenbodenkolonne dargestellt und wozu wird diese verwendet?

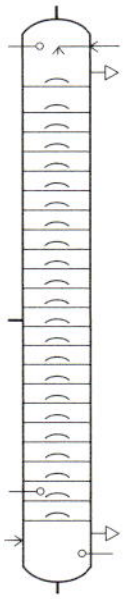

Darstellungsform von Glockenbodenkolonnen

Eine Glockenbodenkolonne wird zur fraktionierenden Destillation bzw. Rektifikation eingesetzt. Dabei findet in der Kolonne ein Stoff- und Energieaustausch zwischen der leichter und der schwerer siedenden Komponente des Gemisches statt.

4. Welche Aufgabe hat ein Kondensatableiter? Skizzieren Sie dessen Darstellungssymbol.

Ein Kondensatableiter dient der Entfernung des abgeschiedenen Kondensats aus der Dampfleitung. Dabei entweicht kein Dampf nach außen.

 Symbol

5. In welche Richtung zeigt im Symbol für eine Pumpe die Spitze?

Die Spitze im Symbol einer Pumpe zeigt immer in Förderrichtung.

6. Was wird mit dem folgenden Symbol gekennzeichnet?

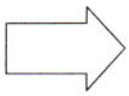

Dieser Pfeil dient der Darstellung des Ein- bzw. Ausgangs wichtiger Stoffe.

13.3 Messtechnik und Sensoren

1. Nennen Sie Geräte zur Temperaturmessung.

Zur Temperaturmessung können verwendet werden:
- Flüssigkeitsthermometer
- Bimetallthermometer
- Thermoelemente
- Widerstandsthermometer.

2. Erläutern Sie den Aufbau eines Widerstandsthermometers.

Widerstandsthermometer sind mit einem Messbereich von –250 °C bis +1000 °C die genauesten Temperaturmessgeräte. Die Temperatur wird über die Änderung des elektrischen Widerstandes in Abhängigkeit der einwirkenden Temperatur gemessen. Der Widerstand besteht in der Regel aus einer Platindrahtwicklung, welche in der Spitze eines Metallrohres untergebracht ist. Das Metallrohr befindet sich in einem Schutzgehäuse am Messort. Die Widerstandswerte werden als Signal in einem Messumformer in eine Temperaturanzeige umgewandelt.

3. Erläutern Sie den Aufbau eines Thermoelements.

In einem Thermoelement wird eine Spannung, die so genannte Thermospannung, gemessen. Diese Spannung entsteht durch unterschiedliche Temperaturen an der Löt- und Vergleichsstelle von zwei Drähten unterschiedlicher Zusammensetzung. Die Thermospannung nimmt mit dem Temperaturunterschied zu. Über einen Spannungsmesser kann die Temperatur angezeigt werden. Thermoelemente sind in einem Bereich von –200 °C bis +2000 °C einsetzbar.

4. Welche Geräte können zur Druckmessung verwendet werden?

Zur Druckmessung können verwendet werden:
- Sperrflüssigkeitsdruckmessgeräte (geschlossenes oder offenes U-Rohr-Manometer),
- Federmanometer verschiedener Bauarten (Rohrfedermanometer oder Plattenfedermanometer) sowie
- Druckmessumformer.

5. Erläutern Sie den Aufbau eines Rohrfedermanometers.

Die Druckanzeige in einem Rohrfedermanometer erfolgt durch einen Zeiger, der mit einer gebogenen Rohrfeder verbunden ist. In die Rohrfeder kann das zu messende Medium einströmen. Durch eine Druckerhöhung streckt sich das gebogene Rohr, bei Druckabnahme geht es in seine gebogene Form zurück. So können Drücke bis 1000 bar angezeigt werden.

6. Erläutern Sie den Aufbau eines Plattenfedermanometers.

In einem Plattenfedermanometer ist eine Metallplatte ähnlich einer Membran eingebaut. Durch den auftreffenden Druck kommt es zu Verformungen. Diese werden über eine Mechanik auf den Zeiger übertragen. So können Drücke bis 40 bar angezeigt werden.

7. Welche Geräte dienen der Füllstandmessung?

Die Füllstandmessung für Flüssigkeiten kann z. B. durch Peilstäbe, Schaugläser, Standrohre oder Schwimmer sowie mit Verdrängungskörpern oder nach dem hydrostatischen Prinzip über die Messung von Druckdifferenzen erfolgen.
Für Festkörper besteht ebenfalls die Möglichkeit der Messung mittels Peilstäben oder Schaugläsern. Es werden aber auch Ultraschall- oder Echolotverfahren eingesetzt, wobei Ultraschall der Überwachung von Grenzwerten dient und eine Überfüllung des Behälters verhindern soll.

8. Was ist bei der Füllstandsmessung von Gasen zu beachten?

Die in einem Behälter befindliche Gasmenge ist sehr stark von Druck und Temperatur abhängig. Die Gasmenge eines Behälters wird deshalb auf einen vergleichbaren Wert – Gasvolumen unter Normbedingungen – umgerechnet.

9. Mit welchen Geräten werden Durchflussmengen gemessen?

Zur Bestimmung der Durchflussmenge werden z. B. Messgeräte nach dem Wirkdruckprinzip (Drosselgeräte in verschiedenen Bauformen), mit Schwebekörpern oder durch magnetische Induktion verwendet.

10. Erläutern Sie die Wirkungsweise einer Messblende. →

Messblenden sind Scheiben mit einer mittigen Öffnung. Sie kommen bei der Messung der Durchflussmenge in Drosselgeräten zum Einsatz. →

Durch die Messblende wird der vom Medium zu durchströmende Querschnitt eingeengt. Dadurch kommt es zu Druckunterschieden vor (Druckanstieg) und nach (Druckabfall) der Messblende. Diese Druckunterschiede werden gemessen und über einen Messumformer in einen Anzeigewert umgewandelt.

13.4 Messstellenbezeichnung

1. In welcher Vorschrift ist die Darstellung und Bezeichnung von Messstellen geregelt?

Die Darstellung von Messstellen im Rahmen von Prozessleitsystemen in Form der Prozessleittechnik (PLT) ist in den DIN 19227 Teil 1 „Graphische Symbole und Kennbuchstaben für die Prozessleittechnik" und Teil 2 „Graphische Symbole und Kennbuchstaben für die Prozessleittechnik, Darstellung von Einzelheiten" geregelt.

2. Benennen und erläutern Sie folgende Symbole:

a) 

b) ——————

c) - - - - - - - -

a) Messort. Soll der Messort besonders hervorgehoben werden, so wird er durch einen Kreis von vorzugsweise 2 mm Ø dargestellt.
b) Bezugslinie. Der Messort ist durch eine Bezugslinie mit dem EMSR-Stellen-Symbol zu verbinden. Die Linienbreite ist vorzugsweise 0,25 mm.
c) Wirkungsweg. Der Wirkungsweg vom EMSR-Stellen-Kreis zum Stellgerät wird vorzugsweise durch eine gestrichelte Linie dargestellt.

3. Zur Kennzeichnung einer Messstelle in der EMSR-Technik wurden A, C und I als Folgebuchstaben verwendet. Welche Bedeutung haben sie?

Bedeutung der Buchstaben:
A – Störungsmeldung
C – Regelung, selbsttätig
I – Anzeige

4. Durch welchen Kennbuchstaben wird die Messgröße Druck gekennzeichnet?

Durch den Buchstaben P.

5. Welche Messgröße bezeichnet der Buchstabe T?

T bezeichnet als Messgröße die Temperatur. Wird T als Folgebuchstabe verwendet, kennzeichnet es eine Messumformer-Funktion.

6. Wie wird der untere Grenzwert gekennzeichnet?

Zur Kennzeichnung des unteren Grenzwertes können die Symbole – oder L (Low) verwendet werden.
Mit L wird als Erstbuchstabe der Stand (auch von Trennschichten) angegeben.

7. Welche Bedeutung besitzen die Buchstaben F und Q bei der Kennzeichnung einer Mess- oder Eingangsgröße?

Der Buchstabe F kennzeichnet den Durchfluss oder Durchsatz.
Q wird zur Angabe der Stoffeigenschaft oder als Qualitätsgröße verwendet.

8. Mit S werden die Messgrößen Drehzahl, Geschwindigkeit und Frequenz markiert. Welche Bedeutung hat S als Folgebuchstabe?

Als Folgebuchstabe gibt S an, dass es sich um eine Schaltung, Ablauf- oder Verknüpfungssteuerung handelt.

13.5 Steuerung, Regelung

1. Definieren Sie den Begriff Steuerung.

Die Steuerung eines Prozesses erfolgt mit Vorgaben, die den Prozessablauf durch Grenzwerte, Zeiten und Zustände beschreiben und durch Handlungsabläufe zu realisieren sind.

2. Definieren Sie den Begriff Regelung.

Die Regelung eines Prozesses geschieht durch einen Abgleich von Vorgabe- und Zustandswerten, wobei durch Eingriffe in den Prozessverlauf der Zustandswert mit dem Vorgabewert möglichst in Übereinstimmung gebracht wird.

3. Skizzieren Sie das Symbol für den Stellort bzw. das Stellglied.

▽ Symbol für Stellort, Stellglied

4. Was gibt die Stellgröße an?

Die Stellgröße oder der Stellwert ist die Größe, die sich aus dem Unterschied zwischen Soll- und Ist-Wert ergibt. Sie liegt in einem Regelkreis am Regler an und durch sie wird die aufgetretene Differenz ausgeglichen.

5. Was versteht man unter einer Regelgröße?

Die Regelgröße ist eine vektorielle Größe. Sie entspricht in einem Regelkreis dem Istwert. Die Regelgröße wird gemessen und bei Abweichungen so eingeregelt, dass sie dem Sollwert entspricht.

6. Definieren Sie den Begriff Störgröße.

Als Störgrößen bezeichnet man Einflüsse mit unbekannter Größe, die einen Regelkreis von außen beeinflussen. Zur Schaffung optimaler Bedingungen und zur Verbesserung der Qualität gilt es diese Störgrößen zu erkennen und zu minimieren.

7. Erläutern Sie den Begriff Führungsgröße in einem Regelkreis.

Die Führungsgröße entspricht in einem Regelkreis der Sollgröße (Sollwert), also dem Wert der eingeregelt werden soll.

14 Anwenden chromatographischer Verfahren

1. Geben Sie eine Einteilung chromatographischer Trennverfahren bezogen auf den Aggregatzustand der stationären und mobilen Phase.

	mobile Phase	stationäre Phase
LSC	flüssig	fest
GSC	gasförmig	fest
LLC	flüssig	flüssig
GLC	gasförmig	flüssig

2. Ordnen Sie nachfolgend genannte Lösungsmittel nach steigendem Elutionsvermögen. Pyridin, Toluol, Propan-1-ol, n-Heptan, Aceton, Chloroform.

Die richtige Reihenfolge nach steigendem Elutionsvermögen lautet:
n-Heptan, Toluol, Chloroform, Pyridin, Aceton, Propan-1-ol.

3. Nennen Sie vier in der Praxis häufig verwendete Adsorptionsmittel.

- Aluminiumoxid
- Kieselgel
- Cellulose
- Calciumcarbonat

4. Erläutern Sie den Begriff der Adsorptionschromatographie.

Das Prinzip der Adsorptionschromatographie beruht auf wechselseitigen Adsorptions- und Desorptionsprozessen an einer festen Phase (Sorptionsmittel). Die mobile Phase kann aus einem Lösungsmittel oder einem Trägergas bestehen. Die Wirksamkeit des Verfahrens hängt in erster Linie von der Temperatur, der Aktivität und Oberfläche des Sorptionsmittels ab. Höhere Temperaturen führen zur stärkeren Desorption. Sehr feinkörnige Sorbentien besitzen eine große Oberfläche und können daher mehr Substanz adsorbieren, d. h. die Wirksamkeit steigt.

5. Welche Aussage lässt sich aus der Adsorptionsisotherme ableiten?

Die Adsorptionsisotherme drückt das Verhältnis der adsorbierten Menge eines Stoffes zu seiner Konzentration in der mobilen Phase aus. Voraussetzung ist eine konstante Temperatur. Nach einer bestimmten Zeit stellt sich eine Sättigung ein, die den parallelen Verlauf der Isotherme zur x-Achse zur Folge hat.

6. Was versteht man unter
a) isokratischer Elution
b) Gradientenelution?

a) Bei der isokratischen Elution unterliegt die Zusammensetzung der mobilen Phase während der gesamten Bestimmung keinerlei Veränderung.
b) Bei der Gradientenelutionen wird ein Elutionsmittel während der Bestimmung in seiner Konzentration verändert. Dies hat eine Steigerung der Elution zur Folge.

7. Skizzieren Sie den Ablauf einer Adsorptionschromatographie in einer Säule. Beschriften Sie die Skizzen.

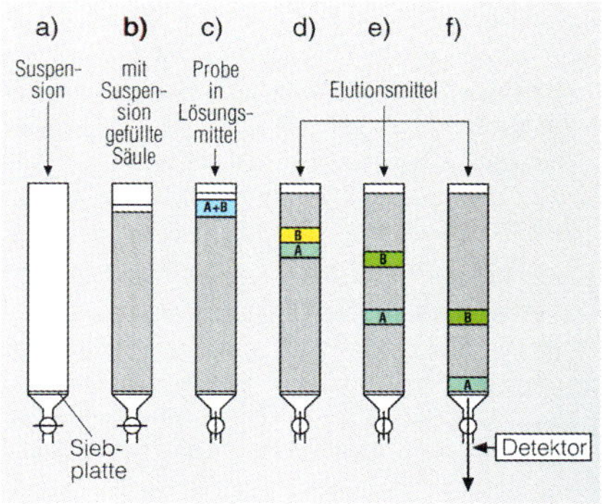

8. Woraus besteht die stationäre Phase in der GLC?

Beim Verfahren der GLC besteht die stationäre Phase aus einer hoch siedenden Flüssigkeit auf einem indifferenten Träger. Geeignet sind z. B. Paraffine, Silikonöl oder Polyethylenglykole.

9. Nennen Sie die Baugruppen eines Gas-Chromatographen sowie deren Funktion.

- Trägergasreservoir mit Druckregler: Vorhaltung des Gases und Regelung der Strömungsgeschwindigkeit des Gases;
- Injektorblock: Probeneingabe;
- temperierte Trennsäule: Auftrennung der Substanzen;
- Detektor: Empfang des Messsignals;
- Registriereinrichtung: Auswertung des Messsignals.

10. Welche Formen von Trennsäulen werden in der Gas-Chromatographie →

Man unterscheidet in der Gas-Chromatographie zwei Formen von Trennsäulen. Dabei handelt es sich um gepackte Säulen sowie Kapillarsäulen. →

14

verwendet? Wie sind diese aufgebaut?

Gepackte Säulen bestehen aus Glas oder Metall mit einer Länge von 1–3 m und einem Innendurchmesser von ca. 2–4 mm. Als stationäres Material kommen beispielsweise Kieselgur oder Squalan zum Einsatz.
Kapillarsäulen bestehen ebenfalls aus Glas, haben aber eine Länge von bis zu 60 m und einen Innendurchmesser von ca. 0,1–0,5 mm. Die stationäre Phase besteht aus einem dünnen Flüssigkeitsfilm an der Innenwandung.

11. Nennen Sie die drei Formen von Detektoren in der Gaschromatographie.

Man unterscheidet:
- Wärmeleitfähigkeitsdetektor (WLD)
- Flammenionisationsdetektor (FID)
- Elektroneneinfangdetektor (ECD)

12. Erläutern Sie die Funktionsweise des Wärmeleitfähigkeitsdetektors (WLD).

Prinzip des Wärmeleitfähigkeitsdetektors ist der Vergleich der Wärmeleitfähigkeit des Trägergases mit der des Gemisches aus Trägergas und Substanz. Das reine Gas besitzt eine höhere Wärmeleitfähigkeit als das Gemisch. Technisch wird die Messung über die Änderung des Widerstandes in einer WHEATSTONschen Brückenschaltung realisiert. Dabei dient ein Zweig der Messbrücke zur Bestimmung der Leitfähigkeit des reinen Trägergases, der andere für das binäre Gemisch.

13. Was versteht man unter dem Begriff Retentionszeit?

Unter der Retentionszeit versteht man das Verhältnis der Aufenthaltszeit der Probe in der Gasphase und der Verweilzeit in der stationären Phase.

14. Was wird in einem Gas-Chromatogramm dargestellt? Welche Aussagen kann man ihm entnehmen?

In einem Gas-Chromatogramm wird das erzeugte elektrische Signal gegen die Zeit aufgetragen. Qualitative Aussagen erhält man durch die Auswertung der Retentionszeit, quantitative dagegen durch die Berechnung der Peakfläche.

15. Nennen Sie vier wichtige Anwendungsmöglichkeiten der HPLC.

- Qualitätssicherung in der Arzneimittelanalytik
- Toxikologie
- Spurenanalytik im Umweltbereich
- Lebensmittelanalytik

16. Was versteht man unter dem Begriff Verteilungschromatographie?

Das Prinzip der Verteilungschromatographie besteht in der Ausbildung dynamischer Gleichgewichte zwischen der Konzentration einer Komponente in der mobilen Phase zum einen und in der stationären Phase zum anderen. Grundlage ist der NERNSTsche Verteilungssatz.

$$K = \frac{c_1}{c_2}$$

c_1 = Stoffmengenkonzentration der Einzelkomponente in der mobilen Phase.

c_2 = Stoffmengenkonzentration der Einzelkomponente im Flüssigkeitsfilm der stationären Phase.

17. Welche Verfahrensweise wird in der HPLC zur Modifizierung der stationären Phase angewandt, um deren Selektivität zu erhöhen? Nennen Sie zwei Beispiele.

Die Silicagele als Grundmatrix werden mit einer Schicht aus Silanen überzogen, die dann die eigentliche stationäre Phase bildet. Der Mechanismus verläuft nach folgendem Muster:

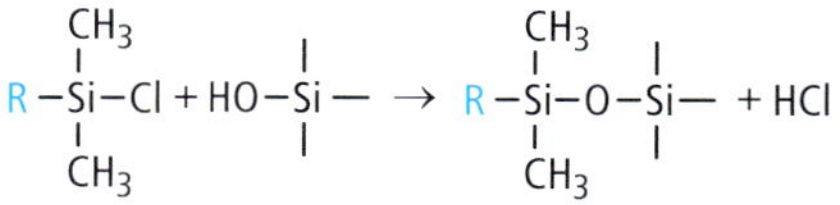

Die Wahl des Restes bestimmt die Selektivität. Beispielsweise verbessert ein Phenylrest die Trennung wenig polarer Stoffe, ein Butylrest dagegen ermöglicht eine gute Trennung von Peptiden.

18. Nennen Sie vier Parameter, die den Trenneffekt einer Säule beeinflussen.

- Länge der Trennsäule
- Partikelgröße der stationären Phase
- Fließgeschwindigkeit der mobilen Phase
- Temperatur

19. Wie ist eine HPLC-Anlage aufgebaut?

Eine HPLC-Anlage besteht aus folgenden Teilen:

- Eine oder mehrere Pumpen für die Eluenten (bei isokratischer Arbeitsweise ist nur eine Pumpe erforderlich);
- Verteiler bei Anwesenheit mehrerer Pumpen;
- Injektorblock;
- Vorsäulen;
- Trennsäule;
- Detektor;
- Registrier- und Auswerteeinheit.

20. Welche charakteristischen Formen von Detektoren unterscheidet man in der HPLC?

Man unterscheidet:
- UV/Vis-Detektor,
- Fluoreszensdetektoren,
- elektrochemische Detektoren,
- Dioden-Array-Detektoren,
- Brechungsindexdetektor.

21. Was versteht man in der HPLC unter einer Post- bzw. Pre-Column-Derivatisierung?

Bei der Post-Column-Derivatisierung wird der mobilen Phase zwecks besserer Auswertbarkeit nach dem Austritt aus der Trennsäule z. B. ein Farbstoff beigemischt. Ein charakteristisches Beispiel ist die Reaktion von Aminosäuren mit Ninhydrin.
Die Pre-Column-Derivatisierung dagegen findet vor Durchlauf durch die Trennsäule statt und dient ebenfalls einer besseren Auswertbarkeit. Charakteristisch ist hier z. B. die Kopplung der Probe mit fluoreszierenden Farbstoffen, die durch einen Fluoreszensdetektor ausgewertet werden.

22. Welche Aussagen liefert ein HPLC- Chromatogramm?

Ein HPLC-Chromatogramm liefert sehr präzise qualitative und quantitative Aussagen. Über die entsprechenden Peaks und die ermittelten Retentionszeiten werden qualitative Aussagen getroffen. Die Peakfläche erlaubt die Berechnung der Konzentration der einzelnen Komponenten der Probe. Moderne Geräte liefern über eine Bibliothek zum Chromatogramm sämtliche Berechnungen sowie einen Strukturvorschlag.

15 Anwenden spektroskopischer Verfahren

15.1 Infrarotspektroskopie

1. Wie unterteilt man den Wellenlängenbereich, in dem infrarote Messungen durchgeführt werden? Welche Bereiche des elektromagnetischen Spektrums sind angrenzend?

Man unterteilt den Messbereich in das nahe, mittlere und ferne Infrarot. Angrenzend sind das kurzwelligere sichtbare Licht zum einen und die langwelligeren Mikrowellen zum anderen.

2. Nennen Sie die Voraussetzungen für die Anregung von Molekülen durch das infrarote Licht.

Voraussetzung für eine IR-Aktivität von Molekülen ist das Vorhandensein eines Dipolmoments oder dessen Bildung infolge der Einwirkung der Strahlung.

3. Skizzieren Sie symmetrische, asymmetrische und Deformationsschwingung am Beispiel des Wassermoleküls.

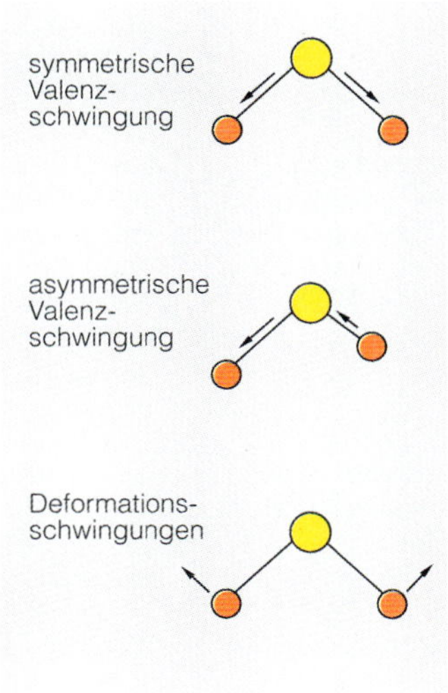

4. Berechnen Sie die Schwingungsfreiheitsgrade für das Wassermolekül.

Da es sich beim Wassermolekül um ein gewinkeltes Molekül handelt, erfolgt die Berechnung nach der Formel $Z = 3\,N - 6$.
Somit ergibt sich $Z = 3 \cdot 3 - 6 = 3$. Die Anzahl der Schwingungsfreiheitsgrade beträgt also 3.

5. Geben Sie in Form eines Blockschaltbildes den Aufbau eines Infrarotspektroskops wieder. Benennen Sie die einzelnen Baugruppen.

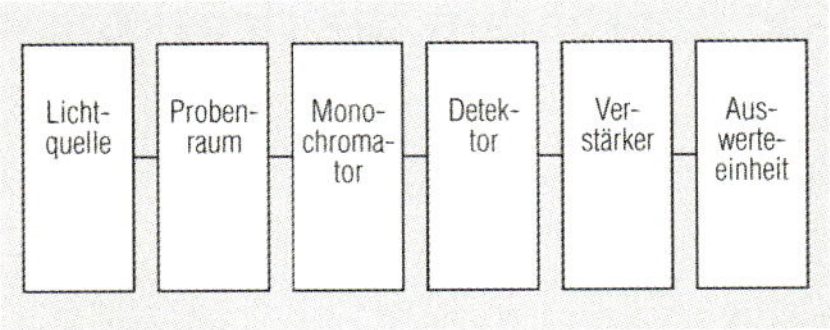

6. Nennen Sie zwei häufig eingesetzte Lichtquellen sowie deren Grundmaterial.

Am häufigsten werden Nernst-Stift und Globar eingesetzt. Der Nernst-Stift enthält ein Gemisch aus Zirkoniumoxid und weiteren Oxiden der seltenen Erden. Globare bestehen aus Silciumcarbid.

7. Was versteht man in der Infrarotspektroskopie unter der Abkürzung ATR?

Die Abkürzung steht für **A**ttenuated **T**otal **R**eflection bzw. **a**bgeschwächte **T**otal**r**eflexion.
Diese Erscheinung tritt unter der Bedingung auf, dass der Einfallswinkel den Grenzwinkel der Totalreflexion überschreitet. Ein Teil des infraroten Lichtes wird während des Messprozesses durch die Substanz absorbiert, der andere total reflektiert.

8. Was versteht man unter einem Background-spektrum bei Aufnahme von IR-Spektren mit Hilfe der ATR- Technik?

Das Background- oder Untergrundspektrum dient der Kalibrierung vor Aufnahme des eigentlichen Spektrums. Mit dessen Hilfe werden störende Parameter, wie z. B. Kohlendioxid- und Wassergehalt der Umgebung erfasst und vom anschließend aufgezeichneten Spektrum subtrahiert.

9. Welche Formen der Spektrendarstellung kann man bei IR-Spektren unterscheiden?

Prinzipiell unterscheidet man zwischen Extinktions- und Transmissionsspektrum. Die Darstellung erfolgt somit entweder in Form der Extinktion oder Absorption als Funktion der Wellenzahl.

10. Ein Infrarotspektrum liefert nachfolgend genannte charakteristische Bandenlagen und Gruppenfrequenzen:

- **breite Bande bei 3200 cm^{-1}**

→

Zuordnung der Banden und Gruppenfrequenzen:

- breite Bande bei 3200 cm^{-1} entspricht OH-Gruppe;
- Banden bei 1300, 2900, 2950 cm^{-1} entsprechen Alkyl-Gruppen;
- Banden bei 1310, 1390 cm^{-1} entsprechen Alkoholen;

→

- **Banden bei 1300, 2900, 2950 cm^{-1}**
- **Banden bei 1310, 1390 cm^{-1}**
- **2870, 2950 cm^{-1}**
- **1200, 1650 cm^{-1}**

Durch eine Elementaranalyse konnte eine Molekülmasse von 74,1 g/mol ermittelt werden. Die Siedepunktsbestimmung ergab einen Wert von 118 °C. Ordnen Sie die Bandenlagen und Gruppenfrequenzen zu und erbeiten Sie mit Hilfe der weiteren Parameter einen Strukturvorschlag.

- 2870, 2950 cm^{-1} entsprechen C-H-Valenzschwingung;
- 1200, 1650 cm^{-1} entsprechen C-O-Valenzschwingung.

Unter Bezugnahme auf die ermittelte Molekülmasse und den Siedepunkt ergibt sich folgender Strukturvorschlag:
$CH_3–CH_2–CH_2–CH_2–OH$
Es handelt sich um Butan-1-ol.

11. Ermitteln Sie mit Hilfe des nachfolgenden Spektrums einen Strukturvorschlag.
$M_{Substanz}$ = 92 g/mol

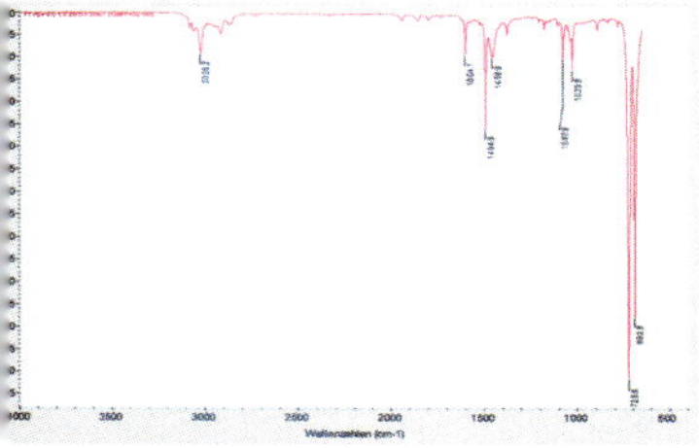

Zuordnung der charakteristischen Wellenzahlen:

- 3026,2 cm^{-1} entspricht aromatischer C-H-Valenzschwingung;
- 2900 cm^{-1} entspricht aliphatischer C-H-Valenzschwingung;
  - 1700–1900 cm^{-1} entspricht Ober- und Kombinationsschwingungen bei Aromaten;
  - 1458,9–1604,1 cm^{-1} entspricht C=C-Valenzschwingungen;
  - 725,6 cm^{-1} entspricht monosubstituiertem Aromat;
  - 692,8 cm^{-1} entspricht Ringdeformationsschwingung.

Vergleich mit der Molaren Masse ergibt als Strukturvorschlag Methylbenzol (Toluol).

15.2 Atomabsorptionsspektroskopie/ Atomemissionsspektroskopie

1. Charakterisieren Sie kurz das Verfahren der Atomabsorptionsspektroskopie (AAS).

Mithilfe der AAS ist es möglich, die durch Atome im Grundzustand absorbierte Energiemenge zu messen und dadurch qualitative und quantitative Aussagen über eine Probe zu erhalten.

2. Welche beiden Möglichkeiten für Primärstrahlungsquellen gibt es?

Man unterscheidet zwischen Hohlkatodenlampen und elektrodenlosen Entladungslampen.

3. Beschreiben Sie mit Hilfe einer Skizze Aufbau und Funktionsweise einer Hohlkatodenlampe (HKL).

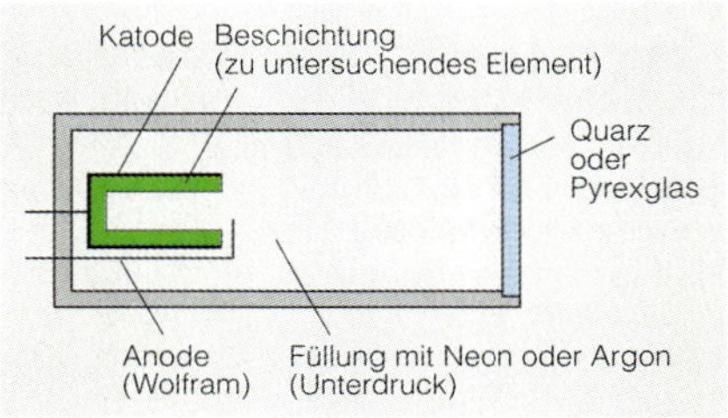

Funktionsweise: Durch das Anlegen einer Spannung kommt es zur Glimmentladung mit anschließender Ionisation von Teilchen des Füllgases. Dies bewirkt ein Herauslösen von Atomen aus der Hohlkatode, die zur Emission angeregt werden. Somit wird durch eine HKL die charakteristische Strahlung des jeweiligen Elements und des Füllgases ausgesandt.

4. Welche Möglichkeiten der Atomisierung gibt es?

Man unterscheidet gegenwärtig vier Techniken:
- Flammentechnik,
- Grafitrohrtechnik,
- Hydridtechnik,
- Kaltdampftechnik.

5. Beschreiben Sie das Verfahren der häufig angewandten Flammentechnik.

Die Probe wird zunächst durch einen Zerstäuber in ein Aerosol überführt. Im Zerstäuber wird das Aerosol mit dem Brenngas vermischt. Diese Mischung wird über einen Laminarschlitzbrenner verbrannt. Das Lösungsmittel verdampft. Ebenso verdampfen und schmelzen die Feststoffteilchen und zerfallen schließlich durch die hohen Temperaturen in ihre Atome.

6. Nennen Sie Vor- und Nachteile von Flammen- und Graphitrohrtechnik. →

Flammentechnik:
Vorteile: geringer Zeitaufwand, Messungen gut reproduzierbar. →

Nachteile: Störungen durch Brennergas und Flamme.
Graphitrohrtechnik:
Vorteile: bessere Nachweisgrenzen, keine Verdünnung durch Brenngas.
Nachteile: schlechter reproduzierbar, störungsanfälliger.

7. Beschreiben Sie den Ablauf der Kalibrierung bei AAS-Messungen.

Die Kalibrierung erfolgt mit Standardlösungen verschiedener Konzentrationen. In der Regel arbeitet man mit einer Verdünnungsreihe, die aus drei bis fünf Lösungen besteht. Als Null-Wert wird destilliertes Wasser genutzt. Es ergibt sich aus den einzelnen Messwerten eine Kalibriergerade. Die Konzentrationen der Standardlösungen müssen in dem zu erwartenden Bereich der Probenkonzentration liegen.
Geräte neuerer Bauart sind in der Lage, mit Hilfe einer einzigen Standardlösung eine Verdünnungsreihe zu simulieren und daraus die Kalibriergerade zu ermitteln.
Die Kalibriergerade ist eine Funktion der Extinktion in Abhängigkeit zur Konzentration.

8. Skizzieren Sie den Kurvenverlauf einer Kalibrierkurve und bezeichnen Sie die Achsen des Diagramms.

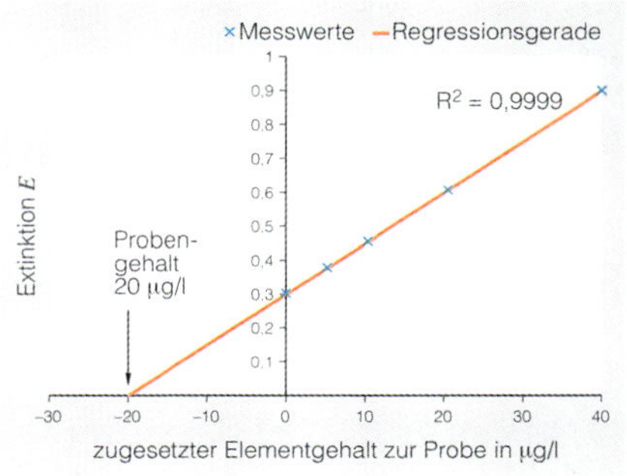

9. Welche Störungen können bei AAS- Messungen auftreten?

Man unterscheidet zwischen physikalischen und chemischen Störungen.
Physikalische Störungen treten infolge von Stoffanteilen in der Probe auf, die in der Standardlösung nicht enthalten sind.

→

Chemische Störungen sind auf Probenbestandteile zurückzuführen, die mit dem zu untersuchenden Element chemische Verbindungen bilden können. Dadurch wird die Atomisierung beeinflusst.

10. Skizzieren Sie schematisch die Auswertungsmodalitäten für ein AAS.

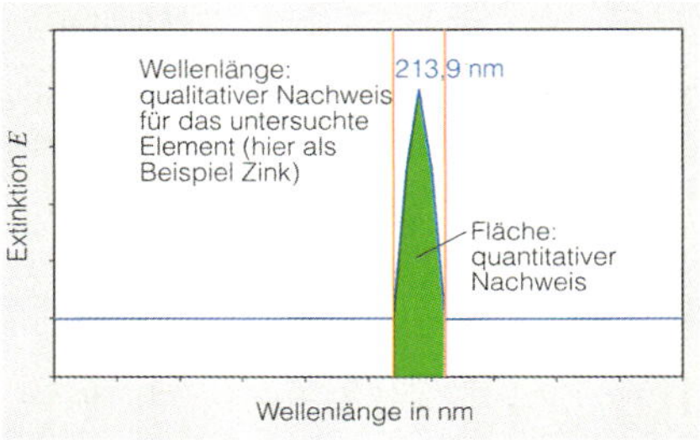

11. Beschreiben Sie kurz das Prinzip des Verfahrens der Atomemissionsspektroskopie (AES).

Bei der AES wird eine Probe vermessen, indem sie durch Energiezufuhr in einer Emissionsquelle zur Emission von Licht angeregt wird. Die emittierte Strahlung wird nach Aufspaltung im Monochromator durch einen Detektor registriert und danach ausgewertet.

12. Skizzieren und beschriften Sie den Aufbau eines AES-Gerätes.

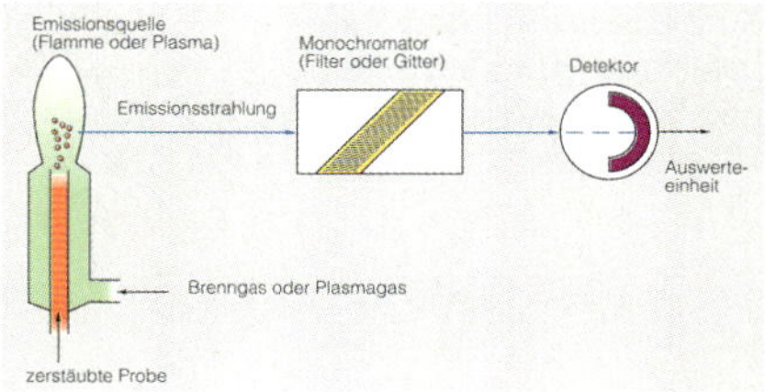

13. Nennen Sie die Flammenfärbung folgender Elemente bei Anregung: Natrium, Lithium, Barium, Strontium

Flammenfärbungen:
Natrium – gelb
Lithium – intensiv rot
Barium – grün
Strontium – rot

14. Erläutern Sie die Funktion von Gitter und Prisma.

Gitter und Prisma wirken dispergierend, d. h. die einfallende Strahlung wird in verschiedene Wellenlängen aufgespalten. Dadurch können kleinere Wellenlängenbereiche getrennt untersucht werden.

15. Definieren Sie den Begriff des Plasma.

Als Plasma wird der Zustand gasförmiger Materie bezeichnet, wenn sich durch Zufuhr einer hohen Energiemenge eine Zusammensetzung aus freibeweglichen Elektronen und freien Ionen ergibt.

15.3 Kernresonanzspektroskopie

1. Beschreiben Sie das Verfahren der NMR-Spektroskopie.

Das Verfahren der NMR-Spektroskopie basiert auf dem Vorhandensein von magnetischen Eigenschaften der Kerne. Durch Einwirkung eines äußeren Magnetfeldes werden diese beeinflusst. Es wird ein bestimmter Energiebetrag absorbiert, der nach Abschalten des Magnetfeldes wieder abgegeben wird. Dieser wird als Messsignal registriert.

2. Nennen Sie die Einteilungsmöglichkeiten der Kerne hinsichtlich der Protonen- und Neutronenzahl.

Es gibt folgende Einteilungsmöglichkeiten:
Protonenzahl/Neutronenzahl
- gerade/ungerade
- gerade/gerade
- ungerade/gerade
- ungerade/ungerade

3. Skizzieren Sie die Orientierungsmöglichkeiten für das Isotop ^{11}B im Magnetfeld.

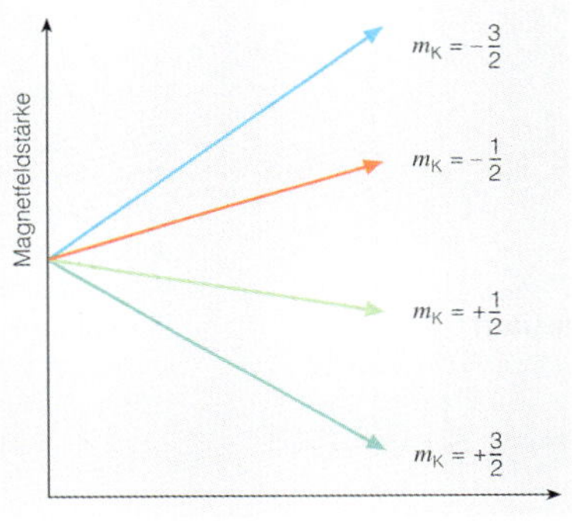

15

4. Berechnen Sie die möglichen Energiezustände des Isotops ^{35}Cl. Die Kernspinzahl dieses Isotops beträgt 3/2.

Die Berechnung erfolgt nach der Beziehung $m_K = 2I + 1$. Danach gilt: $m_K = 2 \cdot 3/2 + 1 = 4$. Es ergeben sich somit die möglichen Energiezustände: −3/2, −1/2, +1/2, +3/2.

5. Unter welchen Umständen ist ein Atom nicht NMR-spektroskopisch vermessbar?

Atome, die eine gerade Kernladungszahl und eine gerade Neutronenzahl, somit auch eine gerade Massenzahl haben, sind mit der NMR-Spektroskopie nicht vermessbar.

6. Was versteht man unter dem Begriff der chemischen Verschiebung?

Bei Aufnahme eines NMR- Spektrums sind die Unterschiede in den Resonanzfeldstärken der unterschiedlich gebundenen Kerne außerordentlich gering. Daher arbeitet man mit einer Standardsubstanz als Referenzsubstanz. Die Messwerte der Probensignale werden mit dieser ins Verhältnis gesetzt. Diese Arbeitsweise bezeichnet man als chemische Verschiebung.

7. Nennen Sie drei Isotope, die NMR-spektroskopisch genutzt werden und ordnen Sie je eine Anwendung zu.

- ^{1}H- NMR- Spektroskopie – Strukturaufklärung chemischer Verbindungen.
- ^{13}C- NMR- Spektroskopie – Altersbestimmung von Fossilien.
- ^{31}P- NMR- Spektroskopie – Analytische Biochemie.

8. Erläutern Sie die Bedeutung der magnetischen Abschirmkonstante.

Bei NMR-spektroskopischen Messungen erfolgt unter anderem eine Wechselwirkung zwischen dem einwirkenden äußeren Magnetfeld und den Magnetfeldern der Bindungselektronen und freien Elektronenpaaren. Dies führt zu einer Abschwächung des Einflusses des äußeren Magnetfeldes auf die Kerne an sich. Somit kann nicht dessen gesamter Energiebetrag für die Umkehrung des Kernspins genutzt werden. Zur Charakterisierung der Intensitätsabschwächung des äußeren Magnetfeldes dient daher die magnetische Abschirmkonstante.

9. Welche Voraussetzung muss eine Lösungsmittel für Proben in der H-NMR- →

Lösungsmittel für Proben in der H-NMR-Spektroskopie müssen protonenfrei sein. Häufig einge- →

Spektroskopie erfüllen? Nennen Sie zwei häufig eingesetzte Lösungsmittel.

setzt werden deuteriertes Chloroform oder deuteriertes Benzen.

10. Was versteht man unter folgenden Begriffen:
- **Feinstruktur**
- **Multiplizität**
- **Spin-Spin-Kopplung?**

- Feinstruktur: Darunter versteht man eine Gruppe von Peaks im Spektrum. Man spricht auch von einer Signalaufspaltung.
- Multiplizität: Unter Multiplizität versteht man die Anzahl der Teilsignale in einer Signalgruppe.
- Spin-Spin-Kopplung: Ursache der Signalaufspaltung ist die Wirkung der Magnetfelder von benachbarten Wasserstoffkernen beispielsweise in der H-NMR-Spektroskopie. Darum heißt dieser Effekt Spin-Spin-Kopplung, da die Kernspins verschiedener Wasserstoff-Atome sich gegenseitig beeinflussen.

15.4 Massenspektrometrie

1. Erläutern Sie das Prinzip der Massenspektrometrie.

Messprinzip der Massenspektrometrie sind keine Absorptionserscheinungen wie z. B. bei der IR-Spektroskopie, sondern Ionisierungsprozesse infolge Wechselwirkung mit beschleunigten Elektronen. Dabei entstehen Molekül- und Fragmentionen mit definierter Massenzahl. Die Fragmentierung erfolgt nach bestimmten Regeln. Fragmente ohne Ladung sind für die Messung nicht von Bedeutung.

2. Skizzieren Sie den prinzipiellen Aufbau eines Massenspektroskops.

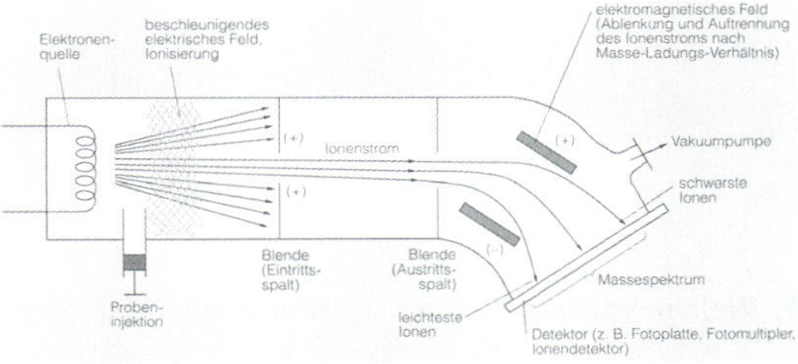

3. Was versteht man in der Massenspektrometrie unter dem Begriff Fragmentierung?

In der Massenspektrometrie werden infolge Stoßionisation Molekülionen gebildet. Viele der entstandenen Spezies sind allerdings nicht stabil. Sie zerfallen daher in energieärmere und stabile Bruchstücke, den Fragmenten. Dieser Vorgang wird als Fragmentierung bezeichnet.

4. Nennen Sie zwei wichtige Fragmentierungsregeln.

Regel 1: Der Energiebetrag, der die Ionisierung auslöst, spaltet jeweils nur eine Bindung.
Regel 2: Die Stärke der Bindung zwischen den Atomen bestimmt die Wahrscheinlichkeit der Spaltung.

5. Nennen Sie jeweils drei charakteristische Schlüsselbruchstücke und Schlüsselionen mit Namen und Formel, die infolge Molekülspaltung entstehen können.

Schlüsselbruchstücke:	Methylgruppe	$-CH_3$
	Ester	$-CH_2O$
	Amine	$-NH_3$
Schlüsselionen:	Aromaten	$-C_3H_3^+$
	Alkohole	$-CH_2{=}OH^+$
	Acetylrest	$-CH_3\text{-}CO^+$

6. Erläutern Sie den Begriff des Untergrundspektrums.

Unter einem Untergrundspektrum versteht man ein Vergleichsspektrum. Dies ist notwendig, um in der zu vermessenden Probe etwaige Fremdsubstanzen auszuschließen. Das Spektrum der Probe und das Untergrundspektrum werden ins Verhältnis gesetzt.

7. Skizzieren und beschriften Sie das prinzipielle Erscheinungsbild eines Massenspektrums.

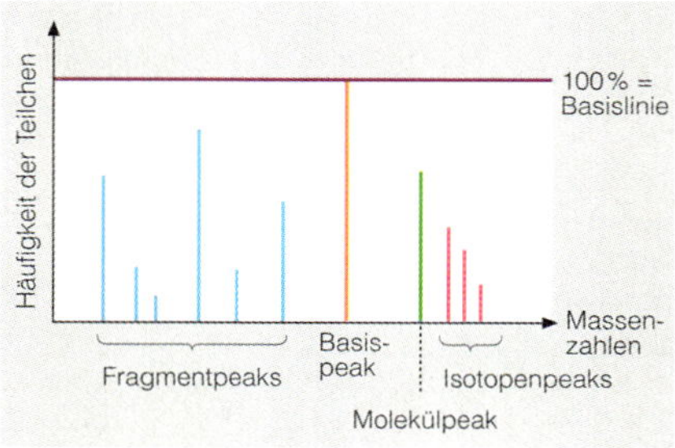

8. Erläutern Sie den Begriff des Isotopenmusters. Skizzieren Sie ein Beispiel.

Unter Isotopenmustern versteht man charakteristische Strichspektren im Zusammenhang mit dem Molekülpeak. Anhand dieser Muster können Aussagen über das Vorhandensein von Halogenatomen gezogen werden. Als Beispiel soll das Isotopenmuster des Elementes Chlor mit zwei beteiligten Atomen im Molekül dienen.

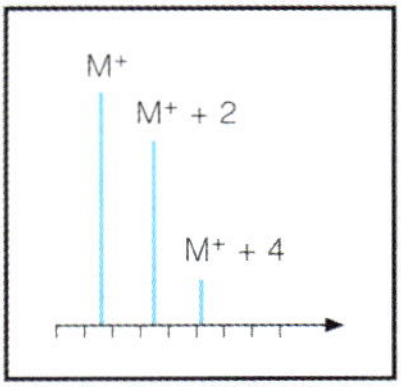

M^+-, M^++2-, M^++4-Peak bei 2x Cl

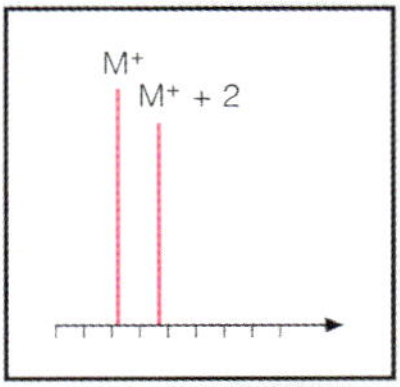

M^+-, M^++2-Peak bei 1x Br

9. Erklären Sie, in welcher Weise mit Hilfe eines Massenspektrums die Anzahl der Kohlenstoffatome ermittelt werden kann.

Die Anzahl der Kohlenstoffatome kann mit Hilfe des Verhältnisses der Intensitäten des Molekülpeaks und des M^++1-Peaks ermittelt werden. Grundlage der Berechnung ist das Isotopenverhältnis der Kohlenstoffatome ^{12}C und ^{13}C von 100: 1,1. Die dafür gültige Beziehung lautet:

$$\text{Anzahl der C-Atome} = \frac{\text{Intensität } M^+ + 1\text{-Peak}}{\text{Intensität } M^+ + 1\text{-Peak} \cdot 0{,}011}$$

10. Nennen Sie drei charakteristische Anwendungsgebiete der Massenspektrometrie.

Charakteristische Anwendungsgebiete der Massenspektrometrie sind beispielsweise:

- Strukturanalyse organischer Verbindungen;
- Arzneimittelforschung und Qualitätsüberwachung von Arzneimitteln;
- Spurenanalytik im Umweltbereich.

11. Erläutern Sie zwei Kriterien, wodurch sich die Massenspektrometrie deutlich von der Infrarot-Spektroskopie unterscheidet.

Bei der Massenspektrometrie werden die Moleküle der Probe durch die Aufnahme von Energie aus einer Ionisationsquelle in Ionen und Elektronen gespalten. Die Probe wird also während des Messverfahrens zerstört.

Bei der Infrarotspektroskopie dagegen erfolgt durch die auftreffende Strahlung eine Anregung von Rotation und Schwingung. Die zu unter- →

15

suchende Probe unterliegt keinerlei stofflichen Veränderungen.

12. Warum sind Fragmente ohne Ladung für die Messung ohne Bedeutung?

Nachdem eine Fragmentierung der Probe erfolgt ist, gelangen die so entstandenen Teilchen über einen Eintrittsspalt in das Trennsystem. Dort erfolgt je nach Verhältnis relativer Masse zu Elementarladung eine Auftrennung durch Ablenkung im elektromagnetischen Feld. Teilchen ohne Ladung werden nicht abgelenkt und sind daher für den Messprozess nicht geeignet.

16 Anwenden probenahmetechnischer Verfahren

16.1 Probenarten

1. Nennen Sie mögliche Probenahmearten bei der Entnahme von Wasserproben.

Wasserproben können
- zeitproportional,
- durchflussproportional,
- volumenproportional,

entnommen werden. Dies kann diskontinuierlich oder kontinuierlich erfolgen. Es können auch Probenserien, Stich- oder Mischproben entnommen werden.

2. Welche Arten der Probenahme bei Fließgewässern gibt es?

In Fließgewässern können Stichproben und/oder Mischproben entnommen werden.

3. Erläutern Sie den Begriff Stichprobe.

Der Begriff stammt aus dem Mittelalter. Aus einer zu untersuchenden Stoffmenge wird eine Probenmenge entnommen (heraus gestochen). Dies geschieht scheinbar wahllos (z. B. aus einem beliebigen Teil des zu untersuchenden Stoffes oder zu einem beliebigen Zeitpunkt), aber nach festgelegten Verfahren.

4. Erläutern Sie den Begriff Mischprobe.

Für eine Mischprobe werden mehrere Einzelproben (z. B. Stichproben) entnommen. Dies kann z. B. die Entnahme von Einzelproben aus verschiedenen Behältern oder Chargen einer Gesamtlieferung umfassen. Die entnommenen Einzelproben werden zu einer Mischprobe zusammengefasst. Die Aussage wird somit repräsentativer als bei einer Stichprobe.

5. Warum ist eine Mischprobe repräsentativer als eine Stichprobe?

Bei einer Mischprobe wird eine große Anzahl von entnommenen Proben vereint. Die Genauigkeit einer Analyse wird dadurch verbessert. Die Erkennung von Ausreißerwerten erhöht sich durch die höhere Anzahl der Proben bei einer Mischprobe. Die Fehlerquellen werden somit verringert. Dadurch ist eine Mischprobe repräsentativer als eine Stichprobe.

16.2 Probenahme und Probenahmegeräte

1. Warum werden zur Probenahme und Probenvorbereitung PTFE-Gefäße verwendet?

Durch PTFE-Gefäße soll eine Kontamination der Probe verhindert werden. Diese Gefahr besteht bei Behältern aus Normalglas.

2. Sie haben die Aufgabe eine Probenahme vorzubereiten.
a) Welche Arbeiten haben Sie auszuführen?
b) Welche Geräte und Materialien müssen Sie bereitstellen?
c) Welche Anforderungen an den Arbeitsschutz sind zu beachten?
d) Was ist bei der Auswahl der Probenbehältnisse und Konservierungsmittel zu beachten?

a) Entsprechend den zu nehmenden Proben sind die Probenahmegeräte und die Probenbehältnisse zu reinigen.
b) Für eine Probenahme sind bereit zu stellen:
- Probenahmegeräte und Probenbehältnisse,
- Material zu Dokumentation der Probenahme,
- Material zur Kennzeichnung der Proben,
- Konservierungs- und/oder Kühlmittel,
- Stabilisierungsreagenzien,
- Transportbehälter.

c) Entsprechend der Probenahmestelle ist Schutzausrüstung bereit zu stellen:
- Schutzhelm
- Schutzbrille
- Schutzanzug
- Arbeitsschutzschuhe
- Schutzhandschuhe
- Atemschutzgeräte
- Sicherheitsgurt usw.

d) Es ist zu beachten, welche Proben genommen werden und welche Parameter der Proben untersucht werden sollen.

3. Nennen Sie Probenahmegeräte für
a) Feststoffe,
b) flüssige Proben,
c) Gase.

a) Für Feststoffe können zur Probenahme Spaten, Schaufel, Greifer, Kernbohrer, Stechzylinder oder Zonensammler eingesetzt werden.
b) Flüssige Proben können mit einem Schöpfbecher, Schöpfapparaten, Ruttner-Flaschen, Tauchbomben oder Probenahmepumpen genommen werden.
c) Zur Beprobung von Gasen sind z. B. evakuierte Behälter (Gasmaus), Prüfröhrchen, aufblasbare Kunststoffbeutel oder Waschflaschen mit entsprechenden Lösungsmitteln einsetzbar.

4. Welches Gerät wird zur Entnahme einer flüssigen Stichprobe eingesetzt?

Für die Entnahme einer flüssigen Stichprobe kann ein Schöpfbecher verwendet werden.

5. Welche Geräte eignen sich für eine kontinuierliche Probenahme einer Flüssigkeit?

Zur kontinuierlichen Flüssigkeitsprobenahme sind Druck- oder Vakuumpumpen einsetzbar, die automatisch zu festgelegten Zeiten eine bestimmte Probenmenge abpumpen (z. B. kontinuierliche Beprobung eines Flusses).

6. Wo kommt bei der Probenahme eine Schaufel zum Einsatz?

Eine Schaufel eignet sich zur Entnahme von Stich- oder Mischproben aus einem Feststoff.

16.3 Probenkonservierung

1. Warum müssen Proben konserviert werden?

Die Probenkonservierung dient der Verhinderung von chemischen und/oder physikalischen Veränderungen, z. B. durch:

- Oxidation oder Reduktion,
- Ausfällen,
- Zersetzung,
- Veränderung der Sauerstoffsättigung,
- Kontaminierung durch Eintrag von Fremdstoffen oder Ionenaustausch mit der Behälteroberfläche,
- Bakterienbefall,
- irreversible Adsorption.

2. Nennen Sie Möglichkeiten zur Probenkonservierung.

Zur Probenkonservierung dienen:

- die Einstellung eines bestimmten pH-Wertes, z. B. durch Ansäuern,
- Kühlung oder Einfrieren,
- Zusatz von Stabilisierungs- und/oder Konservierungsmitteln,
- UV-Bestrahlung.

16

16.4 Probenvorbereitung

1. Warum soll eine Probe eher mit einer Mikrowelle als mit einer Heizplatte erwärmt werden?

Durch eine direktere und intensivere Beheizung wird Zeit gespart und die Möglichkeit einer Probenkontamination verringert.

2. Wie kann bei analytischen Messungen die Erfassungsgrenze der Probe verbessert werden?

Die Probe lässt sich besser und genauer vermessen, wenn Störungen, z. B. durch Untergrundsignale, verringert werden. Dies ist durch das Abtrennen der Matrix aus der Probe möglich. Möglichkeiten zur Matrixabtrennung sind Aufschlüsse oder Extraktion der Probe.

3. Mit welchen Maßnahmen lässt sich die Nachweisgrenze einer Probe verbessern?

Zur Verbesserung der Nachweisgrenze muss die Konzentration in der Probe erhöht werden. Dazu kann die Lösemittelmenge, z. B. durch Abdampfen oder Abdestillieren, verringert werden. Eine weitere Möglichkeit ist die Verwendung einer größeren Probemenge (erhöhte Einwaage der Probe).

4. Wozu dient ein Schmelzpunktaufschluss bei der Probenvorbereitung?

Mit einem Schmelzpunktaufschluss von Probenrückständen sollen schwerlösliche Verbindungen in lösliche überführt werden (z. B. Soda-Pottasche- oder Freiberger-Aufschluss). Dadurch wird die Löslichkeit der Probe verbessert und es ist möglich, alle Probenbestandteile zu erfassen.

16.5 Fehler und Fehlerquellen

1. Nennen Sie mögliche Fehlerquellen bei der Probenahme.

Bei einer Probenahme können:
- organisatorische und technische Fehler
- eine Kontamination der Probe
- Probenverluste

auftreten.

2. Wie können organisatorisch-technische Fehler vermieden werden?

Zur Vermeidung der Fehler sollte nach einer Standardarbeitsanweisung gearbeitet werden. Die Probenahme muss eindeutig abgesprochen werden und die Probenbehältnisse müssen sofort und eindeutig beschriftet werden.

3. Warum hat die Reinigung von Probenbehältnissen eine besondere Bedeutung?

Eine gründliche Reinigung mit den entsprechenden Reinigungsmitteln ist notwendig, um eine Kontamination der Probe zu verhindern.

4. Warum müssen Probenahmen sehr genau protokolliert werden?

Ein exaktes Protokoll dient wie eine exakte Beschriftung der Verhinderung von Verwechslungen der Proben. Außerdem sind durch ein Protokoll die Bedingungen der Probenahme (Ort, Uhrzeit, Wetter usw.) nachvollziehbar. Im Protokoll sind auch der Probenehmer und die Art der Probenahme abzulesen.

17 Qualitätsmanagement

17.1 Qualität

1. Definieren Sie den Begriff Qualität.

Mit dem Begriff Qualität wird die Erfüllung der gestellten Anforderungen an ein Produkt – messbare Eigenschaften, Produzentenvorgaben, Kundenerwartungen – bewertet.
Je besser die gestellten Anforderungen erfüllt werden, desto besser ist die Qualität.

2. Woran orientiert sich der Qualitätsbegriff in erster Linie?

In der Qualitätsdefinition kommt zum Ausdruck, dass Qualität sich besonders an den Kundenerwartungen orientiert.
Das Preis-Leistungs-Verhältnis – die Erfüllung geforderter Aufgaben entsprechend den Kundenvorgaben zu einem möglichst geringen Preis – ist ein wichtiger Faktor bei der Beurteilung der Qualität.

3. Nennen Sie die vier Bestandteile eines Qualitätsmanagementsystems nach ISO 9000 ff.

Zu einem Qualitätsmanagementsystem nach ISO 9000 gehören:
- Qualitätsplanung,
- Qualitätslenkung,
- Qualitätssicherung,
- Qualitätsverbesserung.

4. Definieren Sie:
a) Qualitätsplanung,
b) Qualitätslenkung,
c) Qualitätssicherung,
d) Qualitätsverbesserung.

→

a) In der Phase der Qualitätsplanung werden auf Grundlage einer ermittelten Ausgangssituation Qualitätsziele sowie Maßnahmen und Ressourcen zur Erreichung dieser Ziele festgelegt.
b) Die Qualitätslenkung ist die Phase des Qualitätsmanagements, in der die Maßnahmen der Qualitätsplanung in die Praxis umgesetzt werden.
c) Die Qualitätssicherung ist die Phase des Qualitätsmanagements, in der durch Kontrolle und Überprüfung der praktischen Ergebnisse sowie dem Vergleich mit den Vorgaben der Planungsphase, d. h. die Qualitätsanforderungen, erfüllt werden.

→

d) Die Phase der Qualitätsverbesserung dient der Optimierung des Prozesses, in dem neue Ziele sowie Möglichkeiten und Fähigkeiten zu deren Erfüllung festgelegt werden.

5. Was ist eine Kontroll- bzw. Qualitätsregelkarte?

In einer Kontroll- bzw. Qualitätsregelkarte werden grafisch Messwerte oder statistische Kennwerte von Stichproben dargestellt und mit festgelegten Warn- und Eingriffsgrenzen zum Zweck der Qualitätssicherung verglichen. Sie dienen der statistischen Prozessregulierung, indem bei Unregelmäßigkeiten regulierend eingegriffen werden kann.

6. Wie erfolgt die grafische Darstellung in einer Kontroll- bzw. Qualitätsregelkarte?

In einem Koordinatensystem werden Messwerte oder errechnete statistische Kenngrößen als Funktion der Zeit eingetragen.

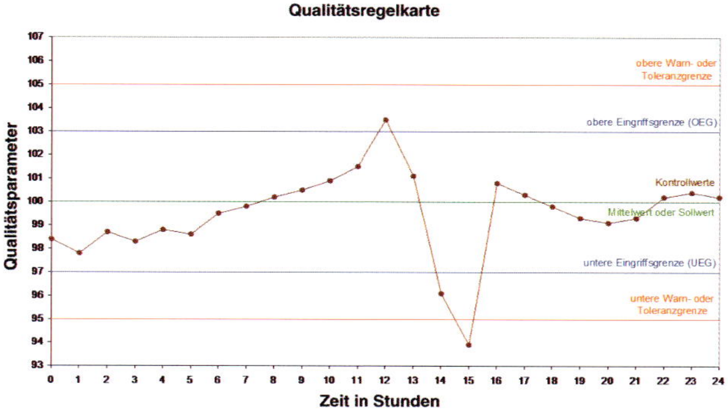

In einer Regelkarte werden als Hilfslinien die Mittellinie sowie die untere und obere Eingriffsgrenze und die untere und obere Warngrenze parallel zur x-Achse eingetragen

7. Was sind „Außer-Kontroll-Situationen" auf einer Kontroll- bzw. Qualitätsregelkarte?

Auf einer Kontroll- bzw. Qualitätsregelkarte sind „Außer-Kontroll-Situationen" durch folgende Erscheinungen gekennzeichnet:

- Mittelwertsverschiebung (RUN = Werte auf einer Seite des Mittelwertes),

- aufsteigende Werte (TREND),
- absteigende Werte (TREND),
- Werte außerhalb der unteren oder oberen Warngrenze,
- Werte außerhalb der unteren oder oberen Eingriffsgrenze,
- zyklisch veränderte Werte (regelmäßiger Wechsel).

8. Welche Aussagen lassen sich mit einer Kontroll- bzw. Qualitätsregelkarte treffen?

Kontroll- bzw. Qualitätsregelkarten dienen der Prozessüberwachung, indem die Einhaltung der unteren und oberen Eingriffsgrenze überwacht wird. Bei Unter- bzw. Überschreitung der Grenze ist durch Eingreifen eine Regulierung herbeizuführen, durch die der vorgegebene Qualitätsstandard möglichst genau eingehalten wird. Zu beachten sind dabei Erscheinungen wie der RUN oder der TREND von Werten bzw. die Lage der Werte zu nah an den Grenzen (siehe hierzu auch „Außer-Kontroll-Situationen").

9. Wie wird eine Kontroll- bzw. Qualitätsregelkarte geführt?

Die durch Stichproben ermittelten Werte werden gegebenenfalls nach statistischen Berechnungen in Tabellen eingetragen und in der Regelkarte grafisch dargestellt. Abschließend werden die Koordinatenpunkte zu einer Kurve verbunden.

10. Welches sind die Ziele der Führung einer Qualitätsregelkarte?

Die Ziele der Führung einer Qualitätsregelkarte sind:

- Dokumentation der Qualitätssicherung,
- Erhöhung der Produktivität eines Prozesses, indem die Produktion von Ausschuss verringert wird,
- Durchführung von Prozessstudien und deren Umsetzbarkeit in die Serienproduktion.

17.2 Ringversuch

1. Was ist ein Ringversuch?

Ein Ringversuch oder Laborleistungstest dient der Überprüfung von akkreditierten Laboratorien zur Kontrolle und Qualitätssicherung der angewandten Messverfahren.

2. Wie wird ein Ringversuch durchgeführt?

Bei einem Ringversuch werden in verschiedenen Laboratorien Untersuchungen an identischen Proben durchgeführt. Dabei können auch verschiedene Verfahren zur Anwendung kommen. Ein Ergebnisvergleich dient zur Bewertung der Messgenauigkeit und Messqualität der beteiligten Laboratorien.

3. Welche Ziele sollen mit einem Ringversuch erreicht werden?

Mit einem Ringversuch können die beteiligten Laboratorien:
- ihre Akkreditierung erlangen bzw. bestätigen,
- ihre fachliche Kompetenz nachweisen,
- die Genauigkeit der angewandten Analyseverfahren nachweisen,
- die Einhaltung von Qualitätsparametern bestätigen.

Ein Ringversuch dient auch der Vergleichbarkeit der Ergebnisse der einzelnen Laboratorien bzw. der einzelnen Messverfahren.

17.3 Referenzmaterial

1. Was ist ein Referenzmaterial?

Referenzmaterialien sind Feststoffe, Flüssigkeiten oder Gase, welche als Vergleichsgröße bei chemischen Analysen, Qualitätskontrollen oder Werkstoffprüfungen eingesetzt werden. Dazu muss ein Referenzmaterial bestimmte Eigenschaften besitzen und Anforderungen erfüllen.

2. Welche Anforderungen muss ein Referenzmaterial erfüllen?

Das Referenzmaterial muss:
- homogen sein (Reinheit, Feinheit),
- stabil sein (entsprechende Lagerung beachten),
- für eine Analyse in ausreichender Menge vorhanden sein,
- ohne Einfluss von Aufbewahrungsgefäßen sein,
- für analytisch wichtige Bereiche den entsprechenden Gehalt besitzen,
- repräsentativ sein,
- unveränderlich bei Entnahme von Untersuchungsproben sein.

17

17.4 Standardarbeitsanweisung

1. Was ist eine Standardarbeitsanweisung?

Eine Standardarbeitsanweisung beschreibt das Vorgehen innerhalb eines betriebswirtschaftlichen Arbeitsprozesses, indem wiederkehrende Arbeitsabläufe für die Ausführenden als Arbeitsanweisung textlich, als Flussdiagramm oder als Checkliste formuliert werden.

2. Wozu dient eine Standardarbeitsanweisung?

In einer Standardarbeitsanweisung wird der detaillierte Ablauf für einen Arbeitsprozess, für die Erstellung eines Produkts oder für einen bestimmten Arbeitsplatz beschrieben.
Sie dient der Vermeidung von Fehlern und somit der Qualitätssicherung bzw. -verbesserung. Eine Standardarbeitsanweisung eignet sich sehr gut für die Einarbeitung neuer Mitarbeiter und für die Überprüfung der Arbeitsabläufe von länger beschäftigten Mitarbeitern.

3. Wie lautet die englische Bezeichnung für Standardarbeitsanweisung?

Die englische Bezeichnung für Standardarbeitsanweisung lautet Standard Operating Procedure (SOP).

4. Welche Formalien sind bei der Erstellung einer Standardarbeitsanweisung zu beachten?

Formal muss eine Standardarbeitsanweisung folgende Angaben enthalten:

- eine eindeutige Kennzeichnung (Angaben zur Einrichtung, für die die Anweisung gilt, Datum, Versionsnummer, Seitenangaben),
- ein Gültigkeitsdatum bzw. -zeitraum,
- die Angaben der für die Ausführung verantwortlichen Stelle,
- Name, Unterschrift des Autors sowie das Erstellungsdatum,
- Prüfung durch eine zweite Person und deren Unterschrift,
- Genehmigung durch die verantwortliche Person,
- Verteilerschlüssel.

5. Nennen Sie die wichtigsten Inhalte einer Standardarbeitsanweisung.

In einer Standardarbeitsanweisung sind in einer Dokumentation Arbeitsabläufe unter Beachtung folgender Inhalte beschrieben:

- Einleitung, Zielsetzung und für die Ausführung benötigtes Material,
- Ablauf der einzelnen Arbeitsschritte und deren detaillierte Beschreibung,
- Angaben zu geforderten Dokumentationen, zu Datenerfassung und -verarbeitung zur Qualitätssicherung sowie zur Datenauswertung,
- geforderte Dokumentationsunterlagen,
- Probennahme und Probenaufbewahrung,
- Hinweise zur Archivierung der Messdaten und erfassten Angaben.

6. Wo werden Standardarbeitsanweisungen verwendet?

Standardarbeitsanweisungen kommen da zur Anwendung, wo die Einhaltung von immer gleichen Prozessabläufen gewährleistet und dokumentiert werden muss, z. B. bei chemischen Prozessen oder chemischen Analysen, bei pharmazeutischen Prozessen oder als Checklisten in der Luftfahrt.

18 Lösungswege zum Kapitel Stöchiometrie und chemisches Rechnen (Kap. 3.14)

Aufgabe 1

Berechnung der Stoffmenge:

Lösungsweg: $n = \frac{m}{M}$

Lösungen:

a) $n = \frac{25\,\text{g}}{39{,}10\,\text{g/mol}} = 0{,}6394\,\text{mol}$

b) $n = \frac{125\,\text{mg}}{147{,}01\,\text{g/mol}} = 0{,}8503\,\text{mmol} = 8{,}503 \cdot 10^{-4}\,\text{mol}$

c) $n = \frac{1000\,\text{g}}{143{,}32\,\text{g/mol}} = 6{,}9774\,\text{mol}$

Aufgabe 2

Berechnung der Masse:

Lösungsweg: $m = n \cdot M$

Lösungen:

a) $m = 1\,\text{mol} \cdot 119{,}0\,\text{g/mol} = 119{,}0\,\text{g}$

b) $m = 0{,}1\,\text{mol} \cdot 278{,}021\,\text{g/mol} = 27{,}8021\,\text{g}$

c) $m = 0{,}275\,\text{mol} \cdot 82{,}032\,\text{g/mol} = 22{,}5588\,\text{g}$

Aufgabe 3

a) Berechnung der Stoffmenge:

Lösungsweg: siehe Aufgabe 1

Lösungen:

Natriumsulfat Decahydrat $n = \frac{32{,}0\,\text{g}}{322{,}196\,\text{g/mol}} = 0{,}0993\,\text{mol}$

Natriumchlorid $n = \frac{9{,}0\,\text{g}}{58{,}44\,\text{g/mol}} = 0{,}1540\,\text{mol}$

b) Berechnung der Masse:

Lösungsweg: siehe Aufgabe 2

Lösungen: Kaliumchlorid $m = 0{,}0939\,\text{mol} \cdot 74{,}55\,\text{g/mol} = 7{,}0\,\text{g}$

c) Berechnung der Massenanteile:

Lösungsweg: $\omega_\text{i} = \frac{m_\text{i}}{m_\text{ges}}$;

$m_\text{ges} = m_1 + m_2 + m_3 = 32{,}0\,\text{g} + 9{,}0\,\text{g} + 7{,}0\,\text{g} = 48{,}0\,\text{g}$

Lösungen: Natriumsulfat Decahydrat

$$\omega_1 = \frac{m_1}{m_{ges}} = \frac{32{,}0\,g}{48{,}0\,g} = 0{,}6667 = 66{,}67\%$$

Natriumchlorid $$\omega_2 = \frac{m_2}{m_{ges}} = \frac{9{,}0\,g}{48{,}0\,g} = 0{,}1875 = 18{,}75\%$$

Kaliumchlorid $$\omega_3 = \frac{m_3}{m_{ges}} = \frac{7{,}0\,g}{48{,}0\,g} = 0{,}1458 = 14{,}58\%$$

d) Berechnung der Stoffmengenanteile:

Lösungsweg: $\chi_i = \frac{n_i}{n_{ges}}$;

$$n_{ges} = n_1 + n_2 + n_3 = 0{,}0993\,mol + 0{,}1540\,mol + 0{,}0939\,mol = 0{,}3472\,mol$$

Lösungen: Natriumsulfat Decahydrat

$$\chi_1 = \frac{n_1}{n_{ges}} = \frac{0{,}0993\,mol}{0{,}3472\,mol} = 0{,}2860 = 28{,}60\,\%$$

Natriumchlorid $$\chi_2 = \frac{n_2}{n_{ges}} = \frac{0{,}1540\,mol}{0{,}3472\,mol} = 0{,}4436 = 44{,}36\,\%$$

Kaliumchlorid $$\chi_3 = \frac{n_3}{n_{ges}} = \frac{0{,}0939\,mol}{0{,}3472\,mol} = 0{,}2704 = 27{,}04\,\%$$

Aufgabe 4

Lösungsweg: $\beta_i = \frac{m_i}{V_L}$

Lösung: $m_i = \beta_i \cdot V_L = 1{,}75\,g/l \cdot 0{,}250\,l = 0{,}4375\,g = 437{,}5\,mg$

Aufgabe 5

Reaktionsgleichung:

$$\overset{+7}{Mn}\,O_4^- + 5e^- + 8H^+ \rightarrow \overset{+2}{Mn}{}^{2+} + 4H_2O;$$

daraus folgt: $z = 5$

Lösungsweg: $c_{eq} = z \cdot c$; $n = c \cdot V$; $n = \frac{m}{M}$

Lösung: $$c = \frac{c_{eq}}{z} = \frac{0{,}1\,mol/l}{5} = 0{,}02\,mol/l$$

$$m = c \cdot V \cdot M = 0{,}02\,mol/l \cdot 2\,l \cdot 158{,}036\,g/mol = 6{,}32144\,g$$

Aufgabe 6

Lösungsweg: $c_{eq} = z \cdot c$; $\rho = \frac{m}{V}$; $\omega_{H_2SO_4} = \frac{m_{H_2SO_4}}{m_{ges}}$; $n = c \cdot V$; $n = \frac{m}{M}$

Lösung: für V = 1 Liter gilt: $m_{ges} = \rho \cdot V = 1{,}26\,g/ml \cdot 1000\,ml = 1260\,g$

$$m_{H_2SO_4} = \omega_{H_2SO_4} \cdot m_{ges} = 0,35 \cdot 1260\,g = 441\,g$$

$$c_{H_2SO_4} = \frac{m_{H_2SO_4}}{M_{H_2SO_4} \cdot V_{H_2SO_4}} = \frac{441\,g}{98{,}082\,g/mol \cdot 1\,l}$$

$$= 4{,}496\,mol/l \approx 4{,}5\,mol/l$$

da H_2SO_4 zweiprotonig, gilt $z = 2$
$c_{eq} = z \cdot c = 2 \cdot 4{,}5\,mol/l = 9\,mol/l$

Aufgabe 7

Reaktionsgleichung:

$$\overset{+6}{Cr_2}\,O_7^{2-} + 6e^- + 14H^+ \rightarrow 2\,\overset{+3}{Cr}{}^{3+} + 7H_2O;$$

daraus folgt: $z = 6$

Lösungsweg: $n = c \cdot V$; $n = \frac{m}{M}$; $c_{eq} = z \cdot c$

Lösungen: a) $m = c \cdot V \cdot M = 0{,}01\,mol/l \cdot 0{,}5\,l \cdot 294{,}185\,g/mol = 1{,}4709\,g$

b) $c = \frac{c_{eq}}{z} = \frac{0{,}1\,mol/l}{6} = 0{,}01\bar{6}\,mol/l$

$$m = c \cdot V \cdot M = 0{,}01\bar{6}\,mol/l \cdot 0{,}5\,l \cdot 294{,}185\,g/mol = 2{,}4515\,g$$

Aufgabe 8

Lösungsweg: $m_1 \cdot \omega_1 + m_2 \cdot \omega_2 + \ldots = m_M \cdot \omega_M$

Lösung: $m_M = m_1 + m_2 + m_3 = 180\,g + 350\,g + 420\,g = 950\,g$

$$180\,g \cdot 0{,}40 + 350\,g \cdot 0{,}25 + 420\,g \cdot 0{,}75 = 950\,g \cdot \omega_M$$

$$\omega_M = \frac{72 + 87{,}5 + 315}{950} = \frac{474{,}5}{950} = 0{,}49947 \approx 49{,}95\,\%$$

Aufgabe 9

Lösungsweg: siehe Aufgabe 8; es gilt: $\omega_{H_2O} = 0$

Lösung: $m_1 \cdot 0{,}549 + m_{H_2O} \cdot 0 = 2{,}358\,t \cdot 0{,}183$

$$m_1 = \frac{2{,}358t \cdot 0{,}183}{0{,}549} = 0{,}786\,t$$

$$m_{H_2O} = m_M - m_1 = 2{,}358\,t - 0{,}786\,t = 1{,}572\,t$$

Aufgabe 10

Lösungsweg: siehe Aufgabe 9; $n = \frac{m}{M}$

Lösung:

$$m_{Na_2CO_3} = \frac{m_{Na_2CO_3 \cdot 10H_2O} \cdot M_{Na_2CO_3}}{M_{Na_2CO_3 \cdot 10H_2O}} = \frac{50\,g \cdot 105{,}987\,g/mol}{286{,}137\,g/mol} = 18{,}520\,g$$

$$m_M = \frac{m_{Na_2CO_3} \cdot \omega_{Na_2CO_3}}{\omega_M} = \frac{18{,}520\,g \cdot 100\,\%}{1\,\%} = 1852{,}0\,g$$

$$m_{H_2O} = m_M - m_1 = 1852{,}0\,g - 18{,}520\,g = 1833{,}48\,g$$

Aufgabe 11

Lösungsweg: siehe Mischungskreuz S. 68

Lösung: 65%		2 Massenanteile	≡ 15kg
	2%		
0%		63 Massenanteile	≡ x
	Summe:	65 Massenanteile	

$$x = \frac{15\,kg \cdot 63}{2} = 472{,}5\,kg$$

Aufgabe 12

Lösungsweg: $m = c \cdot V \cdot M$

Lösungen: a) Natronlauge $m = c \cdot V \cdot M$

$= 0{,}1\,mol/l \cdot 0{,}25\,l \cdot 39{,}997\,g/mol = 0{,}999925\,g$

b) $FeCl_3$-Lösung

$m = c \cdot V \cdot M = 0{,}0005\,mol/l \cdot 0{,}5\,l \cdot 270{,}29\,g/mol$

$= 0{,}0675725\,g$

Aufgabe 13

Lösungsweg: $K_C = \frac{c_G^o \cdot c_H^p}{c_E^m \cdot c_F^n}$

Lösung:

$$c_H = \frac{K_C \cdot c_F^2}{c_G^2} = \frac{1{,}5 \cdot 10^{-3}\,mol/l \cdot (0{,}145\,mol/l)^2}{(0{,}035\,mol/l)^2} = 0{,}02575\,mol/l$$

Aufgabe 14

Lösungsweg: $pK_S = -\lg K_S$; $KS = \frac{c^2_{H_3O^+}}{c_{Säure}}$; $pH = -\lg(c_{H_3O^+})$; $c = \frac{n}{V}$

Lösung:

$$c_{H_3O_+} = 10^{-pH} = 10^{-2{,}8} = 1{,}585 \cdot 10^{-3} mol/l$$

$$c_{Säure} = \frac{n}{V} = \frac{0{,}2\,mol}{1\,l} = 0{,}2\,mol/l$$

$$pK_S = -\lg \frac{c^2_{H_3O^+}}{c_{Säure}} = -\lg \frac{(1{,}585 \cdot 10^{-3})^2}{0{,}2} = 4{,}90$$

Aufgabe 15

Lösungsweg: $pH = -\lg(c_{H_3O^+});\ pH = 14 - pOH;\ pH = \frac{pK_S - \lg c_{Säure}}{2}$

Lösungen: a) Natriumhydroxid:

$$c_{OH^-} = \frac{m}{M \cdot V} = \frac{2\,g}{39.997\,g/mol \cdot 1\,l} = 0{,}05\,mol/l$$

$$pH = 14 - (-\lg 0{,}05) = 14 - 1{,}3 = 12{,}7$$

b) Ethansäure: $m = \rho \cdot V = 1{,}044\,g/ml \cdot 3{,}5\,ml = 3{,}654\,g$

$$c_{H_3O^+} = \frac{m}{M \cdot V} = \frac{3{,}654\,g}{60{,}05\,g/mol \cdot 1\,l} = 0{,}0608\,mol/l$$

$$pH = \frac{pK_S - \lg c_{Säure}}{2} = \frac{4{,}75 - \lg 0{,}0608}{2} = 2{,}98$$

Aufgabe 16

Lösungsweg: $pH = -\lg(c_{H_3O^+});\ pH = \frac{pK_S - \lg c_{Säure}}{2}$

Lösungen: a) Salzsäure: c = 0,025 M = 0,025 mol/l $pH = -\lg 0{,}025 = 1{,}602$

b) Ameisensäure: c = 0,1 M = 0,1 mol/l

$$pH = \frac{pK_S - \lg c_{Säure}}{2} = \frac{3{,}75 - \lg 0{,}1}{2} = 2{,}375$$

c) Schwefelsäure: c = 0,1 N = 0,5 mol/l; $pH = -\lg 0{,}05 = 1{,}301$

Aufgabe 17

Lösungsweg: $\alpha_S = \frac{c_{H_3O^+}}{c_{0,Säure}};\ K_S = \frac{c^2_{H_3O^+}}{c_{Säure}}$

Lösung: K_S Essigsäure = $1{,}8 \cdot 10^{-5}$;

$$c_{H_3O^+} = \sqrt{K_S \cdot c_{Säure}} = \sqrt{1{,}8 \cdot 10^{-5} \cdot 0{,}01} = 4{,}2 \cdot 10^{-4}\,mol/l$$

$$\alpha_S = \frac{c_{H_3O^+}}{c_{0,Säure}} = \frac{4{,}2 \cdot 10^{-4}\,mol/l}{0{,}01\,mol/l + 4{,}2 \cdot 10^{-4}\,mol/l} = 0{,}04 \equiv 4\,\%$$

Aufgabe 18

Lösungsweg: siehe Aufgabe 15

Lösungen: a)

$$c_{H_3O^+} = \sqrt{K_S \cdot c_{Säure}} = \sqrt{1{,}5 \cdot 10^{-4} \cdot 0{,}016} = 4{,}89 \cdot 10^{-3}\,\text{mol/l}$$

b)

$$\alpha_S = \frac{c_{H_3O^+}}{c_{0,Säure}} = \frac{4{,}89 \cdot 10^{-3}\,\text{mol/l}}{0{,}016\,\text{mol/l} + 4{,}89 \cdot 10^{-3}\,\text{mol/l}} = 0{,}029 \approx 3\,\%$$

Aufgabe 19

Reaktionsgleichung:

$$CaF_2 + H_2SO_4 \rightarrow 2HF + CaSO_4$$

Lösungsweg: $m_A = \frac{z \cdot m_C \cdot M_A}{x \cdot M_C}$; $\omega_i = \frac{m_i}{m_{ges}}$;

Lösung: $m_{HF} = \omega_{HF} \cdot m_{ges} = 0{,}38 \cdot 1500\,\text{g} = 570\,\text{g}$

$$m_{CaF_2} = \frac{m_{HF} \cdot M_{CaF_2}}{2 \cdot M_{HF}} = \frac{570\,\text{g} \cdot 78{,}076\,\text{g/mol}}{2 \cdot 20{,}006\,\text{g/mol}} = 1112{,}249\,\text{g}$$

$$m_{H_2SO_4(100\,\%)} = \frac{m_{HF} \cdot M_{H_2SO_4}}{2 \cdot M_{HF}} = \frac{570\,\text{g} \cdot 98{,}082\,\text{g/mol}}{2 \cdot 20{,}006\,\text{g/mol}} = 1397{,}249\,\text{g}$$

$$m_{H_2SO_4(98\,\%)} = \frac{m_{H_2SO_4(100\,\%)}}{\omega_{H_2SO_4}} = \frac{1397{,}249\,\text{g}}{0{,}98} = 1425{,}764\,\text{g}$$

Aufgabe 20

Lösungsweg: $U_{AS} = \frac{m_{AS_0} - m_{AS}}{m_{AS_0}}$

Lösung:

$$U_{Ethanol} = \frac{m_{Ethanol_0} - m_{Ethanol}}{m_{Ethanol_0}} = \frac{114\,\text{g} - 30\,\text{g}}{114\,\text{g}} = 0{,}7368 \equiv 73{,}68\,\%$$

Aufgabe 21

Reaktionsgleichung:

$$MgBr_2 + Cl_2 \rightarrow MgCl_2 + Br_2$$

Lösungsweg: $m_A = \frac{z \cdot m_C \cdot M_A}{x \cdot M_C}$; $\omega_i = \frac{m_i}{m_{ges}}$; $\eta = \frac{m_P}{m_S}$

$$m_{MgBr_2} = \omega_{MgBr_2} \cdot m_{ges} = 0{,}003 \cdot 22{,}5\,\text{t} = 0{,}0675\,\text{t} = 67{,}5\,\text{kg}$$

Lösung: $$m_{Br_2,S} = \frac{m_{MgBr_2} \cdot M_{Br_2}}{M_{MgBr_2}} = \frac{67{,}5\,\text{kg} \cdot 159{,}8\,\text{g/mol}}{184{,}11\,\text{g/mol}} = 58{,}587\,\text{kg}$$

$$\eta = \frac{m_{Br_2,P}}{m_{Br_2,S}} = \frac{56{,}55\,\text{kg}}{58{,}587\,\text{kg}} = 0{,}9652 \equiv 96{,}52\,\%$$

Aufgabe 22

Reaktionsgleichung:

$$\mathrm{NaI + 3BaO_2 + 3H_2SO_4 \rightarrow NaIO_3 + 3BaSO_4 + 3H_2O}$$

Lösungsweg: siehe Aufgabe 19

Lösungen a) $$m_{NaIO_3,S} = \frac{m_{NaIO_3,P}}{\eta} = \frac{125\,\text{kg}}{0,85} = 147{,}059\,\text{kg}$$

$$m_{NaI} = \frac{m_{NaIO_3} \cdot M_{NaI}}{M_{NaIO_3}} = \frac{147{,}059\,\text{kg} \cdot 149{,}89\,\text{g/mol}}{197{,}887\,\text{g/mol}}$$
$$= 111{,}390\,\text{kg}$$

$$m_{NaI,ges} = \frac{m_{NaI}}{\omega_{NaI}} = \frac{111{,}390\,\text{kg}}{0{,}25} = 445{,}560\,\text{kg}$$

b) $$m_{H_2SO_4} = \frac{m_{NaIO_3} \cdot M_{H_2SO_4}}{M_{NaIO_3}} = \frac{147{,}059\,\text{kg} \cdot 98{,}082\,\text{g/mol} \cdot 3}{197{,}887\,\text{g/mol}}$$
$$= 218{,}668\,\text{kg}$$

$$m_{H_2SO_4,ges} = \frac{m_{H_2SO_4}}{\omega_{H_2SO_4}} = \frac{218{,}668\,\text{kg}}{0{,}96} = 227{,}779\,\text{kg}$$

Aufgabe 23

Reaktionsgleichung:

$$\mathrm{2Al + 6HCl \rightarrow 2AlCl_3 + 3H_2 \uparrow}$$

Lösungsweg: $$\frac{x \cdot m_A}{M_A} = \frac{z \cdot m_C}{M_C};\ V_G = n \cdot V_{m,n};\ n = \frac{m}{M};\ \frac{p \cdot V}{T} = \frac{p_N \cdot V_N}{T_N}$$

Lösungen: $$V_{N,H_2} = \frac{3 \cdot V_{m,n} \cdot m_{Al}}{2 \cdot M_{Al}} = \frac{3 \cdot 22{,}414\,\text{l/mol} \cdot 100\,\text{g}}{2 \cdot 26{,}98\,\text{g/mol}} = 124{,}615\,\text{l}$$

970 mbar $= 0{,}97 \cdot 10^5$ Pa $=$ 97 kPa; 10 °C = 283,15 K

$$V_{H_2} = \frac{p_N \cdot V_{N,H_2} \cdot T}{T_N \cdot p} = \frac{101{,}325\,\text{kPa} \cdot 124{,}615\,\text{l} \cdot 283{,}15\,\text{K}}{273{,}15\,\text{K} \cdot 97\,\text{kPa}} = 134{,}937\,\text{l}$$

Aufgabe 24

Reaktionsgleichung:

$$16HCl + 2KMnO_4 \rightarrow 5Cl_2 \uparrow + 2KCl + 2MnCl_2 + 8H_2O$$

Lösungsweg: $\omega_i = \frac{m_i}{m_{ges}}$; $\eta = \frac{m_P}{m_S}$; $V_G = n \cdot V_{m,n}$; $n = \frac{m}{M}$; $\frac{p \cdot V}{T} = \frac{p_N \cdot V_N}{T_N}$

Lösung: $m_{HCl} = \omega_{HCl} \cdot m_{HCl,ges} = 0{,}15 \cdot 85\,g = 12{,}75\,g$

$$m_{Cl_2(100\,\%)} = \frac{m_{HCl} \cdot 5 \cdot M_{Cl_2}}{16 \cdot M_{HCl}} = \frac{12{,}75g \cdot 5 \cdot 70{,}9\,g/mol}{16 \cdot 36{,}458\,g/mol} = 7{,}748\,g$$

$$m_{Cl_2,P} = \eta \cdot m_{Cl_2,S} = 0{,}96 \cdot 7{,}748\,g = 7{,}438\,g$$

$$V_{N,Cl_2} = \frac{m_{Cl_2} \cdot V_{m,n}}{M_{Cl_2}} = \frac{7{,}438\,g \cdot 22{,}414\,l/mol}{70{,}9\,g/mol} = 2{,}351\,l$$

1015 mbar = 101,5 kPa; 25 °C = 298,15 K

$$V_{Cl_2} = \frac{p_N \cdot V_{N,Cl_2} \cdot T}{T_N \cdot p} = \frac{101{,}325\,kPa \cdot 2{,}351\,l \cdot 298{,}15\,K}{273{,}15\,K \cdot 101{,}5\,kPa} = 2{,}562\,l$$

Aufgabe 25

Reaktionsgleichung:

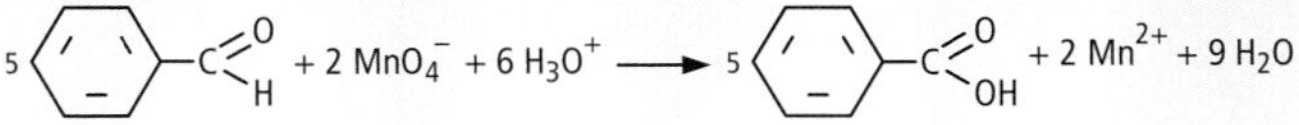

Lösungsweg: $\frac{x \cdot m_A}{M_A} = \frac{z \cdot m_C}{M_C}$; $\eta = \frac{m_P}{m_S}$; $m_S[\%] = 100\,\% - V\,[\%]$; $\rho = \frac{m}{V}$

Lösungen: $m_{Benzaldehyd} = \rho \cdot V = 1{,}0498\,g/ml \cdot 5\,ml = 5{,}249\,g$

$$m_{Benzoesäure,S} = \frac{m_{Benzaldehyd} \cdot 5 \cdot M_{Benzoesäure}}{5 \cdot M_{Benzaldehyd}}$$

$$= \frac{5{,}249\,g \cdot 5 \cdot 122{,}123\,g/mol}{5 \cdot 106{,}124\,g/mol} = 6{,}0403\,g$$

$$m_{Benzoesäure,P} = \eta \cdot m_{Benzoesäure,S} = 1{,}00 \cdot 6{,}040\,g = 6{,}0403\,g$$

$$\eta_{tatsächlich} = \frac{m_{Benzoesäure,P}}{m_{Benzoesäure,S}} = \frac{1{,}6845\,g}{6{,}0403\,g} = 0{,}2789 \equiv 27{,}89\,\%$$

$$V = m_{\text{Benzoesäure,S}} - m_{\text{Benzoesäure,P}} = 6{,}0403\,\text{g} - 1{,}6845\,\text{g} = 4{,}3558\,\text{g}$$

$$x[\%] = \frac{V \cdot 100\,\%}{m_{\text{Benzoesäure,S}}} = \frac{4{,}3558\,\text{g} \cdot 100\,\%}{6{,}0403\,\text{g}} = 72{,}11\%$$

Aufgabe 26

Reaktionsgleichung:

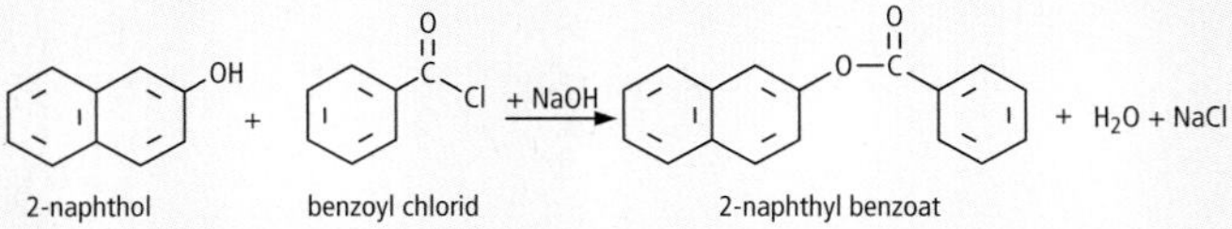

Lösungsweg: $\dfrac{x \cdot m_A}{M_A} = \dfrac{z \cdot m_C}{M_C};\ \eta = \dfrac{m_P}{m_S}$

Lösungen: $m_{\text{Ester}} = \dfrac{m_{\text{Naphthol}} \cdot M_{\text{Ester}}}{M_{\text{Naphthol}}} = \dfrac{1{,}99\,\text{g} \cdot 248{,}264\,\text{g/mol}}{144{,}173\,\text{g/mol}} = 3{,}427\,\text{g}$

$$m_{\text{Ester,P}} = \eta(100\,\%) \cdot m_{\text{Ester,S}} = 1{,}00 \cdot 3{,}427\,\text{g} = 3{,}427\,\text{g}$$

$$m_{\text{Ester,P}} = \eta(74\,\%) \cdot m_{\text{Ester,S}} = 0{,}74 \cdot 3{,}427\,\text{g} = 2{,}536\,\text{g}$$

$$\eta_{\text{erreicht}} = \frac{m_{\text{Ester,P}}}{m_{\text{Ester,S}}} = \frac{0{,}7015\,\text{g}}{2{,}536\,\text{g}} = 0{,}2766 \equiv 27{,}66\,\%$$

der max. prakt. Ausbeute

Aufgabe 27

Lösungsweg: $n_C : n_H : n_N : n_O = \dfrac{m_C}{M_C} : \dfrac{m_H}{M_H} : \dfrac{m_N}{M_N} : \dfrac{m_O}{M_O} = w : x : y : z$

Lösung: $\dfrac{m_C}{M_C} : \dfrac{m_H}{M_H} : \dfrac{m_O}{M_O} = \dfrac{0{,}024\,\text{g}}{12{,}01\,\text{g/mol}} : \dfrac{0{,}004\,\text{g}}{1{,}008\,\text{g/mol}} : \dfrac{0{,}032\,\text{g}}{15{,}999\,\text{g/mol}}$

$$= 0{,}00199 : 0{,}00397 : 0{,}00200$$

$$\frac{0{,}00199}{0{,}00199} : \frac{0{,}00397}{0{,}00199} : \frac{0{,}00200}{0{,}00199} = 1 : 1{,}99 : 1 \approx 1 : 2 : 1 \rightarrow CH_2O$$

Aufgabe 28

a) Lösungsweg: $m_C = \dfrac{n_C \cdot M_C \cdot m_{CO_2}}{n_{CO_2} \cdot M_{CO_2}};\ m_H = \dfrac{n_H \cdot M_H \cdot m_{H_2O}}{n_{H_2O} \cdot M_{H_2O}};$

$$m_O = m_E - (m_C + m_H);\ \frac{m_C}{M_C} : \frac{m_H}{M_H} : \frac{m_O}{M_O}$$

Lösung: $$m_C = \frac{n_C \cdot M_C \cdot m_{CO_2}}{n_{CO_2} \cdot M_{CO_2}} = \frac{1 \cdot 12{,}01\,g/mol \cdot 0{,}66\,g}{1 \cdot 44{,}008\,g/mol} = 0{,}1801\,g$$

$$m_H = \frac{n_H \cdot M_H \cdot m_{H_2O}}{n_{H_2O} \cdot M_{H_2O}} = \frac{2 \cdot 1{,}008\,g/mol \cdot 0{,}36\,g}{1 \cdot 18{,}015\,g/mol} = 0{,}0403\,g$$

$$m_O = m_E - (m_C + m_H) = 0{,}3\,g - (0{,}1801\,g + 0{,}0403\,g) = 0{,}0796\,g$$

$$\frac{m_C}{M_C} : \frac{m_H}{M_H} : \frac{m_O}{M_O} = \frac{0{,}1801\,g}{12{,}01\,g/mol} : \frac{0{,}0403\,g}{1{,}008\,g/mol} : \frac{0{,}0796\,g}{15{,}999\,g/mol}$$

$$= 0{,}0149 : 0{,}0399 : 0{,}00497$$

$$\frac{0{,}0149}{0{,}00497} : \frac{0{,}0399}{0{,}00497} : \frac{0{,}00497}{0{,}00497} = 2{,}99 : 8{,}03 : 1 \approx 3 : 8 : 1 \rightarrow C_3H_8O$$

b) Lösungsweg Teil 2: $\frac{p \cdot V_P}{T} = \frac{p_N \cdot V_N}{T_N}$; $M_E = m_E \cdot \frac{V_{n,m}}{V_N}$; $F = \frac{M_E}{M_V}$

Lösung:

Zimmertemperatur $\equiv$ 20 °C = 293,15 K; 101,3 kPa ≈ 101,325 kPa = p_N

$$V_N = \frac{p \cdot V_P \cdot T_N}{T \cdot p_N} = \frac{101{,}3\,kPa \cdot 48\,ml \cdot 273{,}15\,K}{293{,}15\,K \cdot 101{,}325\,kPa} = 44{,}714\,ml$$

$$M_E = m_E \cdot \frac{V_{n,m}}{V_N} = 0{,}12\,g \cdot \frac{22414\,ml/mol}{44{,}714\,ml} = 60{,}153\,g/mol$$

$$C_3H_8O \rightarrow M_V = 60{,}093\,g/mol$$

$$F = \frac{M_E}{M_V} = \frac{60{,}153\,g/mol}{60{,}093\,g/mol} = 1{,}0009 \approx 1$$

$1 \cdot C_3H_8O = C_3H_8O$ = Propanol;

Strukturformel: z. B.: $H_3C{-}CH_2{-}CH_2OH$

Aufgabe 29

Lösungsweg: siehe Aufgabe 26; $m_C = \frac{M_C \cdot V_{N,CO_2} \cdot mol}{22414 \cdot ml}$

Lösung: $$V_{N,CO_2} = \frac{p \cdot V_P \cdot T_N}{T \cdot p_N} = \frac{101{,}99\,kPa \cdot 128{,}5\,ml \cdot 273{,}15\,K}{291\,K \cdot 101{,}325\,kPa} = 121{,}409\,ml$$

$$m_C = \frac{M_C \cdot V_{N,CO_2}}{22414 \cdot ml/mol} = \frac{12{,}01\,g/mol \cdot 121{,}409\,ml}{22414\,ml/mol} = 0{,}06505\,g$$

$$m_H = \frac{n_H \cdot M_H \cdot m_{H_2O}}{n_{H_2O} \cdot M_{H_2O}} = \frac{2 \cdot 1{,}008\,g/mol \cdot 0{,}101\,g}{1 \cdot 18{,}015\,g/mol} = 0{,}01130\,g$$

$$m_O = m_E - (m_C + m_H) = 0{,}166\,g - (0{,}06505\,g + 0{,}01130\,g)$$
$$= 0{,}08965\,g$$

$$\frac{m_C}{M_C} : \frac{m_H}{M_H} : \frac{m_O}{M_O} = \frac{0{,}06505\,g}{12{,}01\,g/mol} : \frac{0{,}01130\,g}{1{,}008\,g/mol} : \frac{0{,}08965\,g}{15{,}999\,g/mol}$$
$$= 0{,}0054 : 0{,}0112 : 0{,}0056$$

$$\frac{0{,}0054}{0{,}0054} : \frac{0{,}0112}{0{,}0054} : \frac{0{,}0056}{0{,}0054} = 1 : 2{,}07 : 1{,}04 \approx 1 : 2 : 1 \rightarrow CH_2O$$
$$\rightarrow M_V = 30{,}025\,g/mol$$

$$V_N = \frac{p \cdot V_P \cdot T_N}{T \cdot p_N} = \frac{101{,}99\,kPa \cdot 44{,}3\,ml \cdot 273{,}15\,K}{291\,K \cdot 101{,}325\,kPa} = 41{,}856\,ml$$

$$M_E = m_E \cdot \frac{V_{n,m}}{V_N} = 0{,}119\,g \cdot \frac{22414\,ml/mol}{41{,}856\,ml} = 63{,}725\,g/mol$$

$$F = \frac{M_E}{M_V} = \frac{63{,}725\,g/mol}{30{,}025\,g/mol} = 2{,}122 \approx 2 \quad 2 \cdot CH_2O = C_2H_4O_2$$

Aufgabe 30

Lösungsweg: $x = \frac{M_{Verb} \cdot \chi_A \text{in}\,\%}{M_A \cdot 100\,\%}$

Lösung: Summenformel = $C_xH_yO_zS_wN_u$

$$x = \frac{M_{Verb} \cdot \chi_C \text{in}\,\%}{M_C \cdot 100\,\%} = \frac{183{,}18\,g/mol \cdot 45{,}9\,\%}{12{,}01\,g/mol \cdot 100\,\%} = 6{,}99 \approx 7$$

$$y = \frac{M_{Verb} \cdot \chi_H \text{in}\,\%}{M_H \cdot 100\,\%} = \frac{183{,}18\,g/mol \cdot 2{,}75\,\%}{1{,}008\,g/mol \cdot 100\,\%} = 4{,}99 \approx 5$$

$$z = \frac{M_{Verb} \cdot \chi_O \text{in}\,\%}{M_O \cdot 100\,\%} = \frac{183{,}18\,g/mol \cdot 26{,}2\,\%}{15{,}999\,g/mol \cdot 100\,\%} = 2{,}99 \approx 3$$

$$w = \frac{M_{Verb} \cdot \chi_S \text{in}\,\%}{M_S \cdot 100\,\%} = \frac{183{,}18\,g/mol \cdot 17{,}5\,\%}{32{,}07\,g/mol \cdot 100\,\%} = 0{,}99 \approx 1$$

$$u = \frac{M_{Verb} \cdot \chi_N \text{in}\,\%}{M_N \cdot 100\,\%} = \frac{183{,}18\,g/mol \cdot 7{,}65\,\%}{14{,}007\,g/mol \cdot 100\,\%} = 1{,}00 \approx 1$$
$$\rightarrow C_7H_5O_3SN$$

Aufgabe 31

Lösungsweg: $\bar{x} = \frac{1}{n}\sum_{i=1}^{n} x_i$; $s_x = \sqrt{\frac{\sum_{i=1}^{n}(x_i - \bar{x})^2}{n-1}}$; $\Delta\bar{x} = \frac{\bar{s}}{\sqrt{n}} = \sqrt{\frac{\sum_{i=1}^{n}(x_i - \bar{x})^2}{n \cdot (n-1)}}$

Lösung:

i	x_i[ml]	$x_i - \bar{x}$	$(x_i - \bar{x})^2$
1	14,85	0,01	0,0001
2	14,80	–0,04	0,0016
3	14,87	0,03	0,0009
4	14,85	0,01	0,0001
5	14,82	–0,02	0,0004
6	14,85	0,01	0,0001
	$\bar{x} = 14,84$		$\sum = 0,0032$

$$s_x = \sqrt{\frac{\sum_{i=1}^{n}(x_i - \bar{x})^2}{n-1}} = \sqrt{\frac{0,0032}{6-1}} = 0,025298\,\text{ml}$$

$$\Delta\bar{x} = \frac{\bar{s}}{\sqrt{n}} = \frac{0,025298\,\text{ml}}{\sqrt{6}} = 0,01032\,\text{ml} \approx 0,01\,\text{ml}$$

$$x = \bar{x} \pm \Delta\bar{x} = (14,84 \pm 0,01)\,\text{ml}$$

$\rightarrow$ 14,84 ml · 40,08 mg/ml = 594,7872 mg
0,01 ml · 40,08 mg/ml = 0,4008 mg

$\rightarrow Ca^{2+} = (594,7872 \pm 0,4008)$ mg

Aufgabe 32

Lösungsweg: $\bar{x} = \frac{1}{n}\sum_{i=1}^{n} x_i$; $\Delta x = x_i - \bar{x}$; $R = x_{\max} - x_{\min}$; $\Delta\bar{x} = \frac{\bar{s}}{\sqrt{n}}$;

$$M = \frac{\left(\frac{n}{2}\right) + \left(\frac{n}{2} + 1\right)}{2}$$

Lösung:

i	x_i [g]	$\Delta x = x_i - \bar{x}$	$(x_i - \bar{x})^2$
1	0,2003	0,00107	$1{,}1449 \cdot 10^{-6}$
2	0,1997	0,00047	$2{,}209 \cdot 10^{-7}$
3	0,1983	–0,00093	$8{,}649 \cdot 10^{-7}$
4	0,1990	–0,00023	$5{,}29 \cdot 10^{-8}$
5	0,1990	–0,00023	$5{,}29 \cdot 10^{-8}$
6	0,1977	–0,00153	$2{,}3409 \cdot 10^{-6}$
7	0,1986	–0,00063	$3{,}969 \cdot 10^{-7}$
8	0,2006	0,00137	$1{,}8769 \cdot 10^{-6}$
9	0,2003	0,00107	$1{,}1449 \cdot 10^{-6}$
10	0,1988	–0,00043	$1{,}849 \cdot 10^{-7}$
	$\bar{x} = 0{,}19923$		$\sum = 0{,}000008281$

$$s_x = \sqrt{\frac{\sum_{i=1}^{n} (x_i - \bar{x})^2}{n-1}} = \sqrt{\frac{0{,}000008281}{10-1}} = 0{,}000959\,\mathrm{g}$$

$$\Delta\bar{x} = \frac{\bar{s}}{\sqrt{n}} = \frac{0{,}000959\,\mathrm{g}}{\sqrt{10}} = 0{,}000303\,\mathrm{g} \approx 0{,}0003\,\mathrm{g}$$

$$x = \bar{x} \pm \Delta\bar{x} = (0{,}19923 \pm 0{,}0003)\,\mathrm{g}$$

$$R = x_{\max} - x_{\min} = 0{,}2006\,\mathrm{g} - 0{,}1977\,\mathrm{g} = 0{,}0029\,\mathrm{g}$$

Werte der Größe nach geordnet: 0,1977; 0,1983; 0,1986; 0,1988; 0,1990; 0,1990; 0,1997; 0,2003; 0,2003; 0,2006;

$$M = \frac{\left(\frac{10}{2}\right) + \left(\frac{10}{2} + 1\right)}{2} = \frac{(\text{Wert}\,5) + (\text{Wert}\,6)}{2} = \frac{0{,}1990 + 0{,}1990}{2} = 0{,}1990$$

Aufgabe 33

Lösungsweg: $a = \dfrac{\sum_{i=1}^{n} x_i y_i - \bar{y}\sum_{i=1}^{n} x_i}{\sum_{i=1}^{n} x_i^2 - \bar{x}\sum_{i=1}^{n} x_i}$; $b = \bar{y} - a\bar{x}$;

$$r = \frac{\sum_{i=1}^{n} x_i y_i - n\bar{x}\bar{y}}{\sqrt{\left(\sum_{i=1}^{n} x_i^2 - n\bar{x}^2\right) \cdot \left(\sum_{i=1}^{n} y_i^2 - n\bar{y}^2\right)}}$$

Lösung:

Ort	Höhe [m] (x)	Temp. [°C] (y)	x_i^2	y_i^2	$x_i \cdot y_i$
Wien	203	9,1	41202	82,81	1847,3
Salzburg	437	8,6	190969	73,96	3758,2
Innsbruck	579	8,4	335241	70,56	4863,6
Graz	342	9,4	116964	88,36	3214,8
Klagenfurt	448	8,1	200704	65,61	3628,8
$\sum$	2009	43,6	885097	381,3	17312,7
Mittelwert	401,8	8,72			
Mittelwert^2	161443,24	76,04			

$$a = \frac{\sum_{i=1}^{n} x_i y_i - \bar{y}\sum_{i=1}^{n} x_i}{\sum_{i=1}^{n} x_i^2 - \bar{x}\sum_{i=1}^{n} x_i} = \frac{17312{,}7 - (8{,}72 \cdot 2009)}{885097 - (401{,}8 \cdot 2009)} = \frac{-205{,}78}{77880{,}8} = -0{,}0026$$

$b = \bar{y} - a\bar{x} = 8{,}72 - (-0{,}0026 \cdot 401{,}8) = 8{,}72 + 1{,}04 = 9{,}76$

$\rightarrow y = -0{,}0026\,x + 9{,}76 \rightarrow \mathrm{T} = -0{,}0026\,h + 9{,}76$

$$r = \frac{\sum_{i=1}^{n} x_i y_i - n\bar{x}\bar{y}}{\sqrt{\left(\sum_{i=1}^{n} x_i^2 - n\bar{x}^2\right) \cdot \left(\sum_{i=1}^{n} y_i^2 - n\bar{y}^2\right)}}$$

$$= \frac{17312{,}7 - (5 \cdot 401{,}8 \cdot 8{,}72)}{\sqrt{(885097 - (5 \cdot 161443{,}24)) \cdot (381{,}3 - (5 \cdot 76{,}04))}} = \frac{-205{,}78}{292{,}69} = -0{,}70$$

$|r| = 0{,}70 \rightarrow$ mittlerer Zusammenhang

T für h = 1000 m: $T = -0{,}0026h + 9{,}76 = -0{,}0026 \cdot 1000 + 9{,}76 = 7{,}16\,°C$

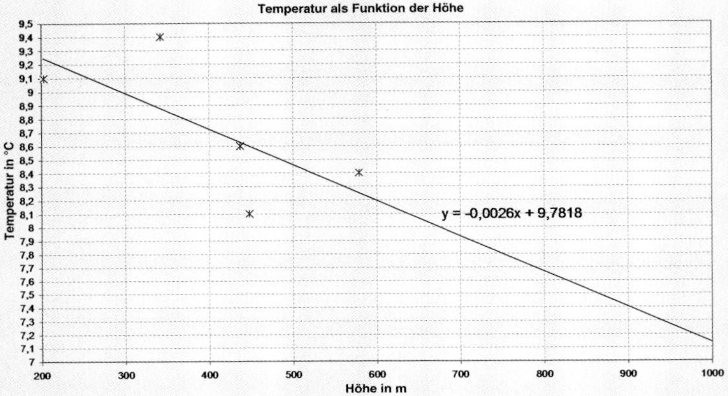

Aufgabe 34

Lösungsweg: $a = \dfrac{\sum_{i=1}^{n} x_i y_i - \bar{y}\sum_{i=1}^{n} x_i}{\sum_{i=1}^{n} x_i^2 - \bar{x}\sum_{i=1}^{n} x_i}$; $b = \bar{y} - a\bar{x}$;

Lösung:

	δ [°C] (x)	V [ml] (y)	x_i^2	y_i^2	$x_i \cdot y_i$
	20	500	400	250000	10000
	30	551	900	303601	16530
	60	602	3600	362404	36120
	90	653	8100	426409	58770
	100	705	10000	497025	70500
$\sum$	300	3011	23000	1839439	191920
Mittelwert	60	602,2			

$$a = \frac{\sum_{i=1}^{n} x_i y_i - \bar{y}\sum_{i=1}^{n} x_i}{\sum_{i=1}^{n} x_i^2 - \bar{x}\sum_{i=1}^{n} x_i} = \frac{191920 - (602{,}2 \cdot 300)}{23000 - (60 \cdot 300)} = \frac{11260}{5000} = 2{,}252$$

$$b = \bar{y} - a\bar{x} = 602{,}2 - (2{,}252 \cdot 60) = 602{,}2 - 135{,}12 = 467{,}08$$
$$\rightarrow y = 2{,}252x + 467{,}08 \rightarrow V = 2{,}252\delta + 467{,}08$$

V für δ = 50 °C: $V = 2{,}252\delta + 467{,}08 = 2{,}252 \cdot 50 + 467{,}08 = 579{,}58\ \text{ml}$

δ für V = 800 ml: $\delta = \dfrac{V - 467{,}08}{2{,}252} = \dfrac{800 - 467{,}08}{2{,}252} = 147{,}83\,^\circ\text{C}$

Aufgabe 35

Lösungsweg: $WFR = \dfrac{G_{\text{ermittelt}}}{G_{\text{enthalten}}} \cdot 100\ \%$

Lösung: a) $WFR = \dfrac{46{,}75\ \text{mg}}{50\ \text{mg} \cdot 0{,}95} \cdot 100\ \% = 98{,}42\ \%$

b) $WFR = \dfrac{94{,}20\ \text{mg}}{100\ \text{mg} \cdot 0{,}95} \cdot 100\ \% = 99{,}16\ \%$

c) $WFR = \dfrac{141{,}50\ \text{mg}}{150\ \text{mg} \cdot 0{,}95} \cdot 100\ \% = 99{,}30\ \%$

Die Wiederfindungsrate ist in diesem Fall konzentrationsabhängig und es handelt sich um eine proportional-systematische Abweichung.

Aufgabe 36

Lösungsweg: $E = \lg \dfrac{I_0}{I} = \varepsilon \cdot c \cdot d;\ c_i = \dfrac{\beta_i}{M_i}$

Lösung: $c_i = \dfrac{\beta_i}{M_i} = \dfrac{0{,}3\ \text{g/l}}{600\ \text{g/mol}} = 0{,}0005\ \text{mol/l}$

$E = \varepsilon \cdot c \cdot d = 100\ \text{l/mol} \cdot \text{cm} \cdot 0{,}0005\ \text{mol/l} \cdot 1\ \text{cm} = 0{,}05$

Aufgabe 37

Lösungsweg: siehe Aufgabe 33

Lösung: $\varepsilon = \dfrac{E}{c \cdot d} = \dfrac{0{,}22}{55 \cdot 10^{-3}\ \text{mol/l} \cdot 0{,}5\ \text{cm}} = 8\ \text{l/mol} \cdot \text{cm}$

Aufgabe 38

Lösungsweg: $SZ = \dfrac{m_{KOH}}{m_{Probe}};\ m_{KOH} = c_{KOH} \cdot t_{KOH} \cdot V_{KOH,ÄP} \cdot M_{KOH}$

Lösung:

$m_{KOH} = c_{KOH} \cdot t_{KOH} \cdot V_{KOH,ÄP} \cdot M_{KOH}$

$= 0{,}05\ \text{mol/l} \cdot 1{,}0000 \cdot 22{,}3\ \text{ml} \cdot 56{,}107\ \text{g/mol} = 62{,}559\ \text{mg}$

$SZ = \dfrac{m_{KOH}}{m_{Probe}} = \dfrac{62{,}559\ \text{mg}}{2{,}502\ \text{g}} = 25{,}004\ \text{mg/g}$

Aufgabe 39

Lösungsweg: $m_i = c_L \cdot V_L \cdot M_i$; $c_{eq} = c \cdot z$; $c = \tilde{c} \cdot t$; $c_A \cdot V_A \cdot z_A = c_B \cdot V_B \cdot z_B$

Lösung: $m_{NaOH} = c \cdot V \cdot M_{NaOH} = 0{,}1\ mol/l \cdot 0{,}25\ l \cdot 39{,}997\ g/mol$
$= 0{,}999925\ g$

$$c_{NaOH} = \frac{c_{HCl} \cdot V_{HCl}}{V_{NaOH}} = \frac{0{,}1\ mol/l \cdot 10\ ml}{10{,}3\ ml} = 0{,}09709\ mol/l$$

$$t_{NaOH} = \frac{c_{NaOH}}{\tilde{c}_{NaOH}} = \frac{0{,}09709\ mol/l}{0{,}1\ mol/l} = 0{,}9709$$

$$c_{WS} = \frac{c_{NaOH} \cdot V_{NaOH} \cdot z_{NaOH}}{V_{WS} \cdot z_{WS}} = \frac{0{,}09709\ mol/l \cdot 10{,}1\ ml \cdot 1}{10\ ml \cdot 2}$$
$$= 0{,}04903\ mol/l$$

$m_{WS} = c \cdot V \cdot M_{WS} = 0{,}04903\ mol/l \cdot 1{,}0\ l \cdot 150{,}09\ g/mol$
$= 7{,}3589\ g$

Aufgabe 40

Lösungsweg: $c_A \cdot V_A \cdot z_A = c_B \cdot V_B \cdot z_B$

Lösung: 1. Stufe:

$$c_{H_3PO_4} = \frac{c_{NaOH} \cdot V_{NaOH} \cdot z_{NaOH}}{V_{H_3PO_4} \cdot z_{H_3PO_4}} = \frac{0{,}1\ mol/l \cdot 9{,}4\ ml \cdot 1}{10\ ml \cdot 1} = 0{,}094\ mol/l$$

2. Stufe:

$$V_{NaOH} = \frac{20{,}2 + 19{,}8 + 20{,}0}{3}\ ml = 20{,}0\ ml$$

$$c_{H_3PO_4} = \frac{c_{NaOH} \cdot V_{NaOH} \cdot z_{NaOH}}{V_{H_3PO_4} \cdot z_{H_3PO_4}} = \frac{0{,}1\ mol/l \cdot 20{,}0\ ml \cdot 1}{10\ ml \cdot 2} = 0{,}1\ mol/l$$

$$c_{H_3PO_4} = \frac{0{,}094 + 0{,}1}{2}\ mol/l = 0{,}097\ mol/l$$

Aufgabe 41

Lösungsweg: siehe Aufgabe 36

Lösung: $$c_{NaOH} = \frac{c_{HCl} \cdot V_{HCl}}{V_{NaOH}} = \frac{0{,}1\ mol/l \cdot 10\ ml}{10{,}53\ ml} = 0{,}09497\ mol/l$$

$$t_{NaOH} = \frac{c_{NaOH}}{\tilde{c}_{NaOH}} = \frac{0{,}09497\ mol/l}{0{,}1\ mol/l} = 0{,}9497$$

$$c_{H_2SO_4} = \frac{c_{NaOH} \cdot V_{NaOH} \cdot z_{NaOH}}{V_{H_2SO_4} \cdot z_{H_2SO_4}} = \frac{0{,}09497\,\text{mol/l} \cdot 26{,}32\,\text{ml} \cdot 1}{25\,\text{ml} \cdot 2}$$
$$= 0{,}04999\,\text{mol/l}$$

$$m_{H_2SO_4} = c \cdot V \cdot M_{H_2SO_4} = 0{,}04999\,\text{mol/l} \cdot 25\,\text{ml} \cdot 98{,}082\,\text{g/mol}$$
$$= 122{,}578\ \text{mg}$$

122,578 mg H_2SO_4 in 25 ml bedeutet 4-fache Menge in 100 ml bzw. in 5 ml der zu analysierenden Schwefelsäure;

$$m_{H_2SO_4} = 4 \cdot 122{,}578\,\text{mg} = 490{,}312\,\text{mg}$$
$$c_{H_2SO_4} = \frac{m_{H_2SO_4}}{M_{H_2SO_4} \cdot V_{H_2SO_4}} = \frac{490{,}312\,\text{mg}}{98{,}082\,\text{g/mol} \cdot 5\,\text{ml}} = 0{,}9998\,\text{mol/l} \approx 1\,\text{mol/l}$$

Aufgabe 42

Reaktionsgleichung:

$$Cr_2O_7^{2-} + 6I^- + 14H^+ \rightarrow 2Cr^{3+} + 3I_2 + 7H_2O$$
$$3I_2 + 6S_2O_3^{2-} \rightarrow 6I^- + 3S_4O_6^{2-}$$

Lösungsweg: $c_A \cdot V_A \cdot z_A = c_B \cdot V_B \cdot z_B;\ c \cdot V = \frac{m}{M}$

Lösung:
$$m_{K_2Cr_2O_7} = \frac{\tilde{c}_{Na_2S_2O_3} \cdot V_{Na_2S_2O_3} \cdot z_{Na_2S_2O_3} \cdot M_{K_2Cr_2O_7}}{z_{K_2Cr_2O_7}}$$
$$= \frac{0{,}1\,\text{mol/l} \cdot 0{,}035\,\text{l} \cdot 1 \cdot 294{,}184\,\text{g/mol}}{6} = 0{,}1716\,\text{g} \approx 172\,\text{mg}$$

Aufgabe 43

Lösungsweg: $c \cdot V = \frac{m}{M}$

Lösung:
$$m_{KCl} = c_{AgNO_3} \cdot V_{AgNO_3} \cdot M_{KCl} = 0{,}1\,\text{mol/l} \cdot 0{,}0307\,\text{l} \cdot 73{,}55\,\text{g/mol} = 0{,}2258\,\text{g}$$

Aufgabe 44

Lösungsweg: $c_A \cdot V_A \cdot z_A = c_B \cdot V_B \cdot z_B;\ c \cdot V = \frac{m}{M};\ \omega_i = \frac{m_i}{m_{ges}};\ c = \tilde{c} \cdot t$

Lösung: a) $c_{ZnSO_4} = \tilde{c}_{ZnSO_4} \cdot t_{ZnSO_4} = 0{,}05\,\text{mol/l} \cdot 0{,}975 = 0{,}04875\,\text{mol/l}$

$$V_{EDTA,Zn} = \frac{c_{ZnSO_4} \cdot V_{ZnSO_4}}{c_{EDTA}} = \frac{0{,}04875\,\text{mol/l} \cdot 20{,}4\,\text{ml}}{0{,}05\,\text{mol/l}} = 19{,}89\,\text{ml}$$
$$V_{EDTA,Al} = V_{EDTA} - V_{EDTA,Zn} = 50\,\text{ml} - 19{,}89\,\text{ml} = 30{,}11\,\text{ml}$$

b) Stoffmenge Aluminium:

$$n_{EDTA,Al} = c_{EDTA} \cdot V_{EDTA,Al} = 0{,}05\,mol/l \cdot 30{,}11\,ml$$

$$= 1{,}5055\,mmol$$

c) Masse Aluminium pro 50 ml:

$$m_{Al} = c_{EDTA} \cdot V_{EDTA} \cdot M_{Al}$$

$$= 0{,}05\,mol/l \cdot 0{,}03011\,l \cdot 26{,}98\,g/mol = 0{,}04062\,g$$

Massenanteil Aluminium:

0,04062 g in 50 ml bedeutet in 250 ml sind 0,2031 g Aluminium

$$\omega_{Al} = \frac{m_{Al}}{m_{ges}} = \frac{0{,}2031\,g}{4{,}8234\,g} = 0{,}0421 \equiv 4{,}21\,\%$$

Aufgabe 45

Lösungsweg: $G_F = \frac{m_E}{m_T}$; G_F in $\% = \frac{G_F}{m_E} \cdot 100\,\%$

Lösung: $G_F = \frac{m_E}{m_T} = \frac{2{,}6388\,g}{1{,}6845\,g} = 1{,}56652$

$$G_F \text{ in } \% = \frac{G_F}{m_E} \cdot 100\,\% = \frac{1{,}56652}{2{,}6388} \cdot 100\,\% = 59{,}365\,\%$$

Aufgabe 46

Lösungsweg: $\frac{m_A}{M_A} = \frac{m_B}{M_B}$

Lösung: $m_{CuSO_4} = \frac{m_{CuSO_4 \cdot 5H_2O} \cdot M_{CuSO_4}}{M_{CuSO_4 \cdot 5H_2O}} = \frac{5{,}0\,g \cdot 159{,}616\,g/mol}{249{,}691\,g/mol} = 3{,}1963\,g$

$$m_{H_2O} = m_{CuSO_4 \cdot 5H_2O} - m_{CuSO_4} = 5{,}0g - 3{,}1963\,g = 1{,}8037\,g$$

Aufgabe 47

Lösungsweg: $f = \frac{a \cdot M_A}{M_{A_aB_b}}$

Lösung: $f = \frac{M_{Ba}}{M_{BaSO_4}} = \frac{137{,}33\,g/mol}{233{,}396\,g/mol} = 0{,}5884$

Aufgabe 48

Lösungsweg: siehe Aufgabe 44

Lösung: $f = \frac{2 \cdot M_{AlCl_3 \cdot 6H_2O}}{M_{Al_2O_3}} = \frac{2 \cdot 241{,}42\,g/mol}{101{,}957\,g/mol} = 4{,}7357$

Aufgabe 49

Lösungsweg: $f = \frac{a \cdot M_A}{M_{A_aB_b}}; \omega = f \cdot \frac{m_A}{m_E}$

Lösung: $f = \frac{2 \cdot M_{Sb}}{M_{Sb_2S_3}} = \frac{2 \cdot 121{,}76\,g/mol}{339{,}73\,g/mol} = 0{,}716804521$

$$\omega_{Sb} = f \cdot \frac{m_A}{m_E} = \frac{0{,}716804521 \cdot 0{,}192\,g}{0{,}2939\,g} = 0{,}4683 \equiv 46{,}83\,\%$$

Aufgabe 50

Reaktionsgleichung:

$$2NaCl + 2H_2O \rightarrow 2NaOH + Cl_2 \uparrow + H_2 \uparrow$$

Lösungsweg: $\frac{m}{M} = \frac{I \cdot t}{z \cdot F}; n = \frac{m}{M}; V_G = n \cdot V_{m,n}$

Lösung: a) $I = \frac{m \cdot z \cdot F}{M} = \frac{150 \cdot 10^6\,g \cdot 1 \cdot 96485{,}3\,As/mol}{39{,}997\,g/mol}$

$$= 3{,}61647 \cdot 10^{11}\,As \approx 100{,}5\,Ah$$

b) $V_{Gas} = \frac{m}{M \cdot z} \cdot V_{m,n} = \frac{150 \cdot 10^6\,g}{39{,}997\,g/mol \cdot 2} \cdot 22{,}414\,l/mol$

$$= 42029402{,}21\,l \approx 42000\,m^3$$

Aufgabe 51

Lösungsweg: $\frac{m}{M} = \frac{I \cdot t}{z \cdot F}; n = \frac{m}{M}; \omega_i = \frac{m_i}{m_{ges}}; \rho = \frac{m}{V}$

Lösung: $m_{Ni} = \frac{I \cdot M_{Ni}}{z \cdot F} = \frac{665\,As \cdot 58{,}69\,g/mol}{2 \cdot 96485{,}3\,As/mol} = 0{,}2023\,g$

$$m_{NiSO_4} = \frac{m_{Ni} \cdot M_{NiSO_4}}{M_{Ni}} = \frac{0{,}2023\,g \cdot 154{,}756\,g/mol}{58{,}69\,g/mol} = 0{,}5334\,g$$

0,5334 g entspricht $NiSO_4$ in 25 ml; bei 100 ml: 0,5334 g · 4 = 2,1336 g

$$m_{ges} = \rho \cdot V = 1{,}19\,g/ml \cdot 25\,ml = 29{,}75\,g$$

$$\omega_{Ni} = \frac{m_{Ni}}{m_{ges}} = \frac{2{,}1336\,g}{29{,}75\,g} = 0{,}0717 \equiv 7{,}17\,\%$$

Aufgabe 52

Lösungsweg: $E = E^0 + \frac{R \cdot T}{z \cdot F} \cdot \ln c; E = E^0 + \frac{0{,}059}{z} \cdot \log c$

Lösung: $E_{Mg} = E^0 + \frac{0{,}059\,V}{z} \cdot \log c_{Mg^{2+}} = -2{,}36V + \frac{0{,}059\,V}{2} \cdot \log(0,05)$

$= -2{,}36\,V + (-0{,}038\,V) = -2{,}398\,V$

$E_{Ni} = E^0 + \frac{0{,}059\,V}{z} \cdot \log c_{Ni^{2+}} = -0{,}23\,V + \frac{0{,}059\,V}{2} \cdot \log(1,5)$

$= -0{,}23\,V + 0{,}00519\,V = -0{,}219\,V$

$\Delta E = E_{Mg} - E_{Ni} = -2{,}398\,V - (-0{,}219\,V) = -2{,}179\,V$

Aufgabe 53

Reaktionsgleichung:

$Zn + 2H^+ \rightarrow Zn^{2+} + H_2 \uparrow$

Lösungsweg: $\Delta E = E^0 - \frac{0{,}059}{z} \cdot \ln \frac{c_1}{c_2}$; $pH = -\lg(c_{H_3O^+})$

Lösung: $\Delta E = E^0_{Zn/Zn^{2+}} - \frac{0{,}059}{z} \cdot \ln \frac{c_{Zn^{2+}}}{c^2_{H^+}} \rightarrow$

$$\ln \frac{c_{Zn^{2+}}}{c^2_{H^+}} = -\frac{(\Delta E - E^0_{Zn/Zn^{2+}}) \cdot 2}{0{,}059\,V} = -\frac{(0{,}45\,V - 0{,}76\,V) \cdot 2}{0{,}059\,V} = 10{,}5085$$

$$c_{H^+} = \sqrt{\frac{c_{Zn^{2+}}}{10^{10{,}5085}}} = \sqrt{\frac{1}{10^{10{,}5085}}} = 5{,}5687 \cdot 10^{-6}\,mol/l$$

$$pH = -\lg(c_{H_3O^+}) = -\lg 5{,}5687 \cdot 10^{-6} = 5{,}25$$

Aufgabe 54

Lösungsweg: $\Lambda_m = \frac{\chi}{c}$; $\beta_i = c_i \cdot M_i$

Lösung: $\Lambda_{m,BaSO_4} = \Lambda_{m,BaCl_2} + \Lambda_{m,K_2SO_4} - 2 \cdot \Lambda_{m,KCl}$

$= 230 + 256 - 2 \cdot 122 = 242\,cm^2/\Omega \cdot mol$

$$c_{BaSO_4} = \frac{\chi_{BaSO_4}}{\Lambda_{m,BaSO_4}} = \frac{2{,}41 \cdot 10^{-6}\,S/cm}{242\,cm^2/\Omega \cdot mol} = 9{,}959 \cdot 10^{-9}\,mol/ml$$

$\beta_{BaSO_4} = c_{BaSO_4} \cdot M_{BaSO_4} = 9{,}959 \cdot 10^{-9}\,mol/ml \cdot 233{,}396\,g/mol$

$= 2{,}324 \cdot 10^{-6}\,g/ml = 2{,}324\,mg/l$

Aufgabe 55

Lösungsweg: $R_f = \frac{s_{Substanz}}{s_{Laufmittel}}$

Lösung: a) $R_f = \frac{69{,}5\ \text{mm}}{96{,}5\ \text{mm}} = 0{,}72$ (Isoleucin)

b) $R_f = \frac{57{,}9\ \text{mm}}{96{,}5\ \text{mm}} = 0{,}60$ (Valin)

c) $R_f = \frac{36{,}7\ \text{mm}}{96{,}5\ \text{mm}} = 0{,}38$ (Alanin)

Aufgabe 56

Lösungsweg: siehe Aufgabe 54;

Lösung: a) $s_{\text{Substanz}} = R_f \cdot s_{\text{Laufmittel}} = 1{,}00 \cdot 9{,}0\ \text{cm} = 9{,}00\ \text{cm}$

b) $s_{\text{Substanz}} = R_f \cdot s_{\text{Laufmittel}} = 0{,}39 \cdot 9{,}0\text{cm} = 3{,}51\ \text{cm}$

c) $s_{\text{Substanz}} = R_f \cdot s_{\text{Laufmittel}} = 0{,}21 \cdot 9{,}0\text{cm} = 1{,}89\ \text{cm}$

d) $s_{\text{Substanz}} = R_f \cdot s_{\text{Laufmittel}} = 0{,}13 \cdot 9{,}0\text{cm} = 1{,}17\ \text{cm}$

Aufgabe 57

Lösungsweg: $\omega_i = \frac{m_i}{m_{\text{ges}}}$; $K_i = \frac{c_{\text{stationär}}(i)}{c_{\text{mobil}}(i)} = \frac{c_1(i)}{c_2(i)}$

Lösung: $m_{\text{Stoff}} = \omega_{\text{Stoff}} \cdot m_{\text{ges}} = 0{,}00025 \cdot 200\ \text{g} = 0{,}05\ \text{g}$

1. Extraktion $c_{\text{Stoff,extrahiert}} = K \cdot c_{\text{Stoff,gesamt}} = 0{,}80 \cdot 0{,}05\ \text{g} = 0{,}04\ \text{g}$

Rest $= 0{,}05\ \text{g} - 0{,}04\ \text{g} = 0{,}01\ \text{g}$

2. Extraktion $c_{\text{Stoff,extrahiert}} = K \cdot c_{\text{Stoff,gesamt}} = 0{,}80 \cdot 0{,}01\ \text{g} = 0{,}008\ \text{g}$

Rest $= 0{,}01\ \text{g} - 0{,}008\ \text{g} = 0{,}002\ \text{g}$

3.Extraktion $c_{\text{Stoff,extrahiert}} = K \cdot c_{\text{Stoff,gesamt}} = 0{,}80 \cdot 0{,}002\ \text{g} = 0{,}0016\ \text{g}$

Rest $= 0{,}0020\ \text{g} - 0{,}0016\ \text{g} = 0{,}0004\ \text{g}$

gesamt: $c_{\text{ges}} = 0{,}04\ \text{g} + 0{,}008\ \text{g} + 0{,}0016\ \text{g} = 0{,}0496\ \text{g}$
gesamte Extraktionsmasse

in der wässrigen Phase verbleibende Masse = Rest nach
3. Extraktion = 0,0004 g bzw. 0,05 g − 0,0496 g = 0,0004 g

Sachwortverzeichnis

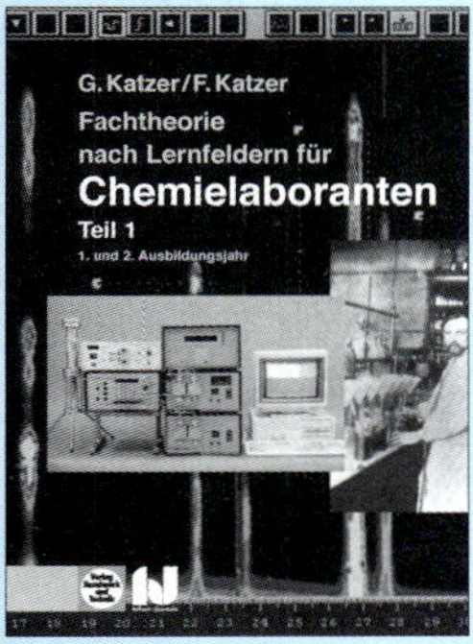

Fachtheorie nach Lernfeldern für Chemielaboranten – Teil 1
1. und 2. Ausbildungsjahr
Katzer, G./Katzer, F.

ISBN 978-3-7782-**1600**-2
352 Seiten + Aufklapptafel mit Periodensystem, mehrfarbig, zahlreiche Abbildungen

Fachtheorie nach Lernfeldern für Chemielaboranten

Teil 1, 1. und 2. Ausbildungsjahr

Konzeption und Ausführung des Buches basieren auf dem gültigen Rahmenplan für den Ausbildungsberuf Chemielaborant/Chemielaborantin. Außerdem wurden die Lehrpläne und Lehrplanrichtlinien für den fachtheoretischen Unterricht der Bundesländer berücksichtigt. Danach wird die Ausbildung von Laborantinnen und Laboranten bundeseinheitlich nach Lernfeldern gefordert, die sich an betrieblichen Handlungsabläufen orientieren. Die Autoren haben das Lehrbuch in dem Bemühen erarbeitet, eine Lernhilfe für den fachtheoretischen Unterricht zur Verfügung zu stellen.
Der Teil I enthält die beruflichen Lerninhalte für den fachtheoretischen Unterricht des 1. und 2. Ausbildungsjahres. Die Reihenfolge der Lernfelder wurde gegenüber dem Rahmenprogramm geringfügig geändert. Die Kapitel sind aber in sich abgeschlossen, sodass sie je nach Plan der jeweiligen Ausbildungseinrichtung vertauscht werden können.

Fachtheorie nach Lernfeldern für Chemielaboranten – Teil 2
3. und 4. Ausbildungsjahr
Katzer, G./Katzer, F., /Kuhn/Lamm

ISBN 978-3-7782-**1610**-1
304 Seiten + Aufklapptafel mit Periodensystem, mehrfarbig, zahlreiche Abbildungen

Fachtheorie nach Lernfeldern für Chemielaboranten

Teil 2, 3. und 4. Ausbildungsjahr

Die Fachtheorie für Laboranten Teil 2 ist die konsequente Fortsetzung des 1. Bandes. Der Aufbau des Buches ist entsprechend, auch wird in zahlreichen Verweisen auf den ersten Band Bezug genommen. Die Lernfelder der Wahlqualifikation, die chemische Themen enthalten und nach dem 2. Ausbildungsjahr gelehrt werden, wurden in diesen Band aufgenommen. Die Abfolge der Lernfelder, wie sie der Rahmenlehrplan vorsieht, wird eingehalten. Die einzelnen Kapitel sind in sich abgeschlossen, sodass sie je nach detailliertem Plan der jeweiligen Ausbildungseinrichtung auch ausgetauscht werden können. Die biochemisch orientierten Lernfelder 14 und 17 bis 18 finden sich im Band 3.

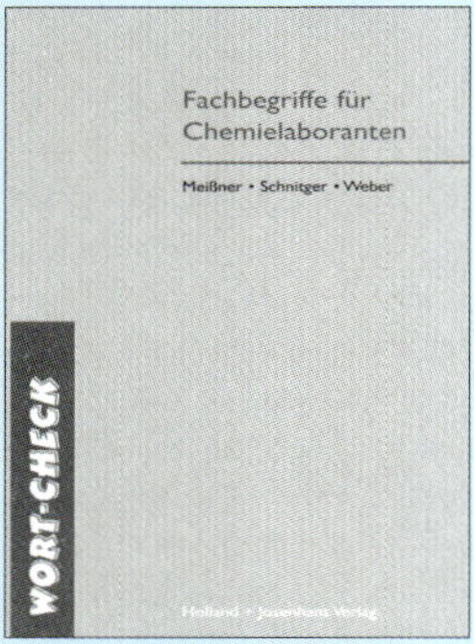

Fachbegriffe für Chemielaboranten
Meißner/Schnitger/Weber
ISBN 978-3-7782-**1631**-6
180 Seiten

Fachbegriffe für Chemielaboranten

Die Tätigkeit des Chemielaboranten erfordert einen intensiven Erwerb von Fachwörtern aus allen Bereichen der Naturwissenschaften, die oftmals aus der lateinischen oder griechischen Sprache abgeleitet sind. Mit zunehmender Komplexität des Fachwortschatzes wird es unerlässlich, diesen zu ordnen und zu systematisieren. Dieser **WORT-CHECK** verschafft mit ungefähr 1500 Fachwörten nicht nur dem Berufsanfänger einen ersten Überblick. Alle Fachbegriffe sind fachsystematisch in Kapitel eingeordnet und innerhalb dieser Kapitel alphabetisch sortiert. So lässt sich jeder Begriff einfach nachschlagen. Die begriffliche Vielfalt eines jeden Bereiches des Berufsbildes kann so effektiv erschlossen, erlernt und überprüft werden. Dem Berufseinsteiger erleichtert der **WORT-CHECK** das Beherrschen der wichtigsten Fachbegriffe und damit das erfolgreiche Führen fachlicher Gespräche.

Prüfungsbuch Gemeinschaftskunde
Nuding/Schneider/Wendel
ISBN 978-3-7782-**1175**-5
11., neu bearbeitete Auflage,
204 Seiten, zweifarbig, TB

Prüfungsbuch Gemeinschaftskunde

Die Neuauflage ist auf aktuellem Stand (z. B. EU-Erweiterung, aktuelle Eurozone, Einsatz der Bundeswehr in Krisengebieten, neue Verordnungen im Jugendschutzgesetz) und mit neuen Originalprüfungsaufgaben (2007/2008) und deren Lösungen ergänzt. Auf eine benutzerfreundliche Gestaltung wurde besonderer Wert gelegt. Diese erlaubt es, sich schnell in dem Prüfungsbuch zu orientieren. Dabei hilft ein ausführliches Sachwortverzeichnis, bestimmte Themen schnell aufzufinden. Zudem enthält das Buch ein Farbleitsystem: Auf weißem Hintergrund findet man das für die Abschlussprüfung erforderliche Grundwissen, das in Frage-und-Antwort-Form erfasst ist. Dabei werden auch Hintergrundinformationen gegeben, die das Einordnen des Wissens in einen größeren Kontext erleichtern. Die Originalprüfungsaufgaben stehen auf farbigem Hintergrund direkt nach dem Grundwissen. Grau sind schließlich die Lösungen der Originalprüfungsaufgaben hinterlegt.

INHALT: u. a. Leben in der Gesellschaft, Demokratie in Deutschland, Internationale Zusammenarbeit

Prüfungsbuch Wirtschaftskunde
Nuding

ISBN 978-3-7782-**1280**-6
13., neu bearbeitete Auflage,
257 Seiten, zweifarbig,
mit Prüfungstrainer-DVD, TB

Prüfungsbuch Wirtschaftskunde

Das regelmäßig aktualisierte Prüfungsbuch wurde erneut überarbeitet und mit aktuellen Zahlen, Daten, Fakten und Informationen auf den Stand der Zeit gebracht. Es enthält die neuesten Modalitäten der Abschlussprüfung, in der handlungsorientiertes Vorgehen gefordert wird. Zu allen Bereichen finden sich Multiple-Choice-Aufgaben (auf blauem Hintergrund) und wieder viele aktuelle Fallaufgaben (= Originalprüfungsaufgaben – auf grauem Hintergrund). Dem Buch liegt ein Prüfungstrainer (DVD) bei, der den gesamten Lehrstoff in ca. 500 Multiple-Choice-Fragen sowie 60 Fallaufgaben mit Bewertungsmöglichkeiten enthält.

INHALT: Berufsbildung und Arbeitswelt, Grundlagen des Vertragsrechts, Verbraucherbewusstes Verhalten, Umgang mit Geld, Grundlagen des Arbeitsrechts, Entlohnung der Arbeit, Soziale Marktwirtschaft, Simulation einer Unternehmensgründung, Fallaufgaben

ZIELGRUPPE: Schüler/innen an beruflichen Schulen

WISO schnell und leicht
Grützner/Klapper

ISBN 978-3-7782-**1295**-0
3. Auflage,
68 Seiten, A4, zweifarbig
CD mit Lernprogramm
OECONOMIX liegt bei

WISO schnell und leicht

Leicht verständliches Prüfungswissen für die gewerbliche Berufsausbildung

In der 3. Auflage wurden Daten und Zahlen wieder auf den neuesten Stand gebracht. Zudem hat die Kultusministerkonferenz im Mai 2007 beschlossen, die Prüfungsthemen für die gewerblich-technischen Ausbildungsberufe im Bereich Wirtschafts- und Sozialkunde zu erweitern. Daher wurde der Titel ergänzt, u. a. bei den Themen: Bezüge zur Europäischen Union, Globalisierung der Märkte, Finanzierung der staatlichen Aufgaben, Vertragsarten, Verjährungsfristen, Verbraucherschutz- und -beratung.

Zur gezielten Vorbereitung auf die Berufsabschlussprüfung im Fach Wirtschafts- und Sozialkunde. Das Prüfungswissen ist didaktisch auf das Notwendige beschränkt. Die Sprache ist schülergerecht. Aufgaben am Ende jedes Themenkomplexes sowie Musterprüfungsaufgaben bieten eine hervorragende Kontroll- und Übungsmöglichkeit.

ZIELGRUPPE: Schüler/innen an gewerblichen Schulen, Förderschüler, BVJ